北大社普通高等教育"十三五"规划教材

高等数学

（下）

主　编　陈　明
主　审　欧阳自根

内 容 简 介

本书是编者在"高等教育面向 21 世纪教学内容和课程体系改革计划"的指导下,根据多年的教学实践经验和研究成果,结合《高等数学课程教学基本要求》编写而成.

本书分为上、下两册.上册内容含函数、极限与连续,一元函数的导数与微分,一元函数微分学的应用,不定积分,定积分,定积分的应用,常微分方程与差分方程,以及一些常用的数学公式,几种常用的曲线和积分表等.下册内容含向量代数与空间解析几何,多元函数微分学,多元函数微分学的应用,重积分,曲线积分与曲面积分,无穷级数等.每章均配有习题及知识小结,书末附有习题参考答案,便于教与学.

本书可供综合性大学、高等理工科院校、高等师范院校(非数学专业)的学生使用.

图书在版编目(CIP)数据

高等数学.下/陈明主编.—北京:北京大学出版社,2021.2
ISBN 978-7-301-32028-0

Ⅰ.①高… Ⅱ.①陈… Ⅲ.①高等数学—高等学校—教材 Ⅳ.①O13

中国版本图书馆 CIP 数据核字(2021)第 033376 号

书　　　名	高等数学(下) GAODENG SHUXUE(XIA)
著作责任者	陈　明　主编
责 任 编 辑	王剑飞
标 准 书 号	ISBN 978-7-301-32028-0
出 版 发 行	北京大学出版社
地　　　址	北京市海淀区成府路 205 号　100871
网　　　址	http://www.pup.cn
电 子 邮 箱	zpup@pup.cn
新 浪 微 博	@北京大学出版社
电　　　话	邮购部 010-62752015　发行部 010-62750672　编辑部 010-62765014
印 刷 者	湖南省众鑫印务有限公司
经 销 者	新华书店
	787 毫米×1092 毫米　16 开本　16.5 印张　412 千字 2021 年 2 月第 1 版　2024 年 5 月第 4 次印刷
定　　　价	48.00 元

未经许可,不得以任何方式复制或抄袭本书之部分或全部内容.
版权所有,侵权必究
举报电话:010-62752024　电子邮箱:fd@pup.cn
图书如有印装质量问题,请与出版部联系,电话:010-62756370

总　　序

　　数学是人一生中学得最多的一门功课.中小学里就已开设了很多数学课程,涉及算术、平面几何、三角、代数、立体几何、解析几何等众多科目,看起来洋洋大观、琳琅满目,但均属于初等数学的范畴,实际上只能用来解决一些相对简单的问题,面对现实世界中一些复杂的情况则往往无能为力.正因为如此,在大学学习阶段,专攻数学专业的学生不必说了,就是广大非数学专业的大学生,也都必须选学一些数学基础课程,花相当多的时间和精力学习高等数学,这就对非数学专业的大学数学基础教材提出了迫切的需求.

　　这些年来,各种大学数学基础教材已经林林总总地出版了许多,但平心而论,除少数精品以外,大多均偏于雷同,难以使人满意.而学习数学这门学科,关键又在理解与熟练,同一类型的教材只需精读一本好的就足够了.这样,精选并推出一些优秀的大学数学基础教材,就理所当然地成为编辑出版这一丛书的宗旨.

　　大学数学基础课程的名目并不多,所涵盖的内容又大体上相似,但教材的编写不仅仅是材料的堆积和梳理,更体现编写者的教学思想和理念.同一门课程,应该鼓励有不同风格的教材来诠释和体现;针对不同程度的教学对象,也应该有不同层次的教材来使用和适应.特别是,大学非数学专业是一个相当广泛的概念,对分属工程类、财经管理类、医药类、农林类、社科类,甚至文史类的众多大学生,不分青红皂白,一刀切地采用统一的数学教材进行教学,很难密切联系有关专业的实际,很难充分针对有关专业的迫切需要和特殊要求,是不值得提倡的.相反,通过教材编写者和相应专业工作者的密切结合和协作,针对该专业的特点编写出来的教材,才能特色鲜明、有血有肉,才能深受欢迎,并产生重要而深远的影响.这是专业类大学数学基础教材应有的定位和标准,也是大家的迫切期望,但却是当前明显的短板,因而使我们对这套丛书可以大有作为有了足够的信心和依据.

　　说得更远一些,我们一些教师往往把数学看成是定义、公式、定理及证明的堆积,千方百计地要把这些知识灌输到学生头脑中去,但却忘记了有关数学最根本的三件事:一是数学知识的来龙去脉——从哪儿来,又可以到哪儿去.割断数学与生动活泼的现实世界的血肉联系,学生就不会有学习数学持续的积极性.二是数学的精神实质和思想方法.只讲知识,不讲精神,只讲技巧,不讲思想,学生就不可能学到数学的精髓,不能对数学有真正的领悟. 三是数学的人文内涵. 数学在人类认识世界和改造世界的过程中起着关键的、不可代替的作用,是人类文明的坚实基础和重要支柱. 不自觉地接受数学文化的熏陶,是不可能真正走近数学、了解数学、领悟数学并热爱数学的. 在数学教学中抓住了上面这三点,就抓住了数学的灵魂,学生对数学的学习就一定会更有成效. 但客观地说,现有的大学数学基础教材,能够真正体现这三方面要求的,恐怕为数不多. 这一现实为大学数学基础教材的编写提供了广阔的发展空间,很多探索有待进行,很多经验有待总结,可以说是任重而道远. 从这个意义上说,由北京大学出版社推出的这套大学数学丛书实际上已经为一批有特色、高品质的大学数学基础教材的面世搭建了一个很好的平台,特别值得称道,也相信一定会得到各方面广泛而有力的支持.

特为之序.

李大潜

前　言

　　数学是一门重要且应用广泛的学科,被誉为锻炼思维的体操和人类智慧之冠上最明亮的宝石.不仅如此,数学还是各类科学和技术的基础,它的应用几乎涉及所有的学科领域,对于世界文化的发展有着深远的影响.高等学校作为培育人才的摇篮,其数学课程的开设也就具有特别重要的意义.

　　近年来,随着我国经济建设与科学技术的迅猛发展,高等教育进入了一个飞速发展时期,已经突破了以前的精英式教育模式,发展成为一种在终身学习的大背景下极具创造性和再创造性的基础学科教育.高等学校教育教学理念不断更新,教学改革不断深入,办学规模不断扩大,数学课程开设的专业覆盖面也不断增大.为了适应这一发展需要,经众多一线数学教师多次研究讨论,倾力编写了这套高质量的高等学校非数学专业的数学教材.

　　本教材是为普通高等学校非数学专业学生编写的,也可供各类需要提高数学素质和能力的人员使用.为适应分层次教学的需要,选修内容用"*"号标出,可供对数学要求稍高的专业采用.教材中,概念、定理及理论叙述准确、精练,符号使用标准、规范,知识点突出,难点分散,证明和计算过程严谨,例题、习题等均经过精选,具有代表性和启发性.

　　《高等数学(上)》由廖新元主编,参与编写的人员有陈明、廖茂新等;《高等数学(下)》由陈明主编,参与编写的人员有廖新元、廖茂新等.欧阳自根教授认真审查了全书,赵子平筹备策划了教学资源,魏楠、苏娟提供了版式和装帧设计方案,在此表示感谢.

　　书中难免有不妥之处,希望使用本教材的教师和学生提出宝贵意见或建议.

编　者

目 录

第八章 向量代数与空间解析几何 ··· 1

第一节 二阶、三阶行列式 ··· 2
一、二阶行列式(2) 二、三阶行列式(3)
三、行列式按行(列)展开法则(5)

第二节 空间直角坐标系 ··· 6
一、空间直角坐标系的概念(6) 二、空间两点间的距离(8)

第三节 向量代数 ··· 8
一、向量及其线性运算(8) 二、向量的坐标表示(10)
三、向量的数量积与向量积(15)

第四节 平面 ··· 19
一、曲面方程的概念(19) 二、平面及其方程(20)
三、两平面的夹角及平行、垂直的条件(23)
四、点到平面的距离(24)

第五节 空间直线 ··· 25
一、空间曲线方程的概念(25) 二、空间直线及其方程(26)
三、两直线的夹角及平行、垂直的条件(28)
四、直线与平面的夹角及平行、垂直的条件(30) 五、平面束(30)

第六节 几种常见的曲面与空间曲线 ··································· 31
一、几类常见的曲面(31) 二、常见的空间曲线(37)
三、空间曲线在坐标面上的投影(38)

习题八 ·· 42

第九章 多元函数微分学 ··· 46

第一节 多元函数的基本概念 ··· 47
一、平面点集(47) 二、n 维空间(48)
三、多元函数的定义(49) *四、多元函数的运算(51)
*五、多元复合函数及隐函数(52)

第二节 多元函数的极限与连续性 ····································· 52
一、多元函数的极限(52) 二、多元函数的连续性(54)

第三节 偏导数 ··· 55

　　　　　　一、偏导数的定义及其计算(55)　二、偏导数的几何意义(58)
　　　　　　三、高阶偏导数(58)
　　第四节　全微分及其应用 ································· 60
　　　　　　一、全微分的定义(60)　二、全微分的应用(65)
　　　　　*三、高阶微分(67)
　　第五节　多元复合函数的偏导数 ························· 67
　　　　　　一、多元复合函数的求导法则(67)　二、全微分的形式不变性(72)
　　第六节　多元隐函数的导数 ······························ 73
　　　　　　一、一个方程的情形(73)　二、方程组的情形(76)
　　*第七节　二元函数的泰勒公式 ···························· 79
　　习题九 ·· 84

第十章　多元函数微分学的应用 ······························ 90
　　第一节　空间曲线的切线与法平面 ······················ 91
　　第二节　曲面的切平面与法线 ···························· 94
　　第三节　方向导数与梯度 ·································· 97
　　　　　　一、方向导数(97)　二、梯度(101)　三、梯度的几何解释(102)
　　　　　　四、数量场与向量场概念(103)
　　第四节　多元函数的极值、最值及求法 ················· 103
　　　　　　一、无约束极值(104)　二、多元函数的最值(105)　三、有约束极值(107)
　　　　　　四、最小二乘法(112)
　　习题十 ·· 116

第十一章　重积分 ·· 119
　　第一节　二重积分的概念与性质 ························· 120
　　　　　　一、二重积分的概念(120)　二、二重积分的性质(122)
　　第二节　二重积分的计算 ·································· 123
　　　　　　一、在直角坐标系下计算二重积分(124)　二、二重积分的换元法(128)
　　第三节　三重积分 ·· 133
　　　　　　一、三重积分的概念(133)　二、在直角坐标系下计算三重积分(134)
　　　　　　三、三重积分的换元法(136)
　　第四节　重积分的应用 ····································· 139
　　　　　　一、曲面的面积(140)　二、质心(141)
　　　　　　三、转动惯量(143)　四、引力(144)
　　习题十一 ·· 148

第十二章 曲线积分与曲面积分 ············ 154
第一节 对弧长的曲线积分 ············ 155
一、对弧长的曲线积分的概念与性质(155)

二、对弧长的曲线积分的计算(156)

第二节 对坐标的曲线积分 ············ 158
一、对坐标的曲线积分的概念与性质(158)

二、对坐标的曲线积分的计算(160)　三、两类曲线积分之间的联系(163)

第三节 格林公式及其应用 ············ 163
一、格林公式(163)　二、平面曲线积分与路径无关的条件(167)

三、二元函数的全微分求积(168)　*四、全微分方程及其解法(170)

*五、积分因子法(171)

第四节 对面积的曲面积分 ············ 172
一、对面积的曲面积分的概念与性质(172)

二、对面积的曲面积分的计算(172)

第五节 对坐标的曲面积分 ············ 174
一、对坐标的曲面积分的概念与性质(174)

二、对坐标的曲面积分的计算(176)　三、两类曲面积分之间的联系(179)

第六节 高斯公式和斯托克斯公式 ············ 180
一、高斯公式(180)　二、斯托克斯公式(183)

第七节 场论初步 ············ 185
一、散度(185)　二、旋度(187)

习题十二 ············ 192

第十三章 无穷级数 ············ 197
第一节 常数项级数的概念与性质 ············ 198
一、常数项级数的概念(198)　二、收敛级数的基本性质(200)

*三、柯西审敛原理(202)

第二节 常数项级数的审敛法 ············ 202
一、正项级数及其审敛法(202)　二、交错级数及其审敛法(207)

三、绝对收敛与条件收敛(208)

第三节 幂级数 ············ 209
一、函数项级数的概念(209)　二、幂级数及其收敛域(210)

三、幂级数的运算(214)

第四节 函数展开成幂级数 ············ 215
一、泰勒级数(215)　二、将函数展开成 x 的幂级数(217)

第五节 函数的幂级数展开式在近似计算中的应用 ············ 221

第六节 傅里叶级数 ·· 222
　　一、三角函数系与三角级数(223)　二、周期函数展开成傅里叶级数(223)
　　三、奇、偶函数的傅里叶级数(227)
第七节 一般周期函数的傅里叶级数 ·· 229
习题十三 ·· 236

习题参考答案 ·· 241

第八章
向量代数与空间解析几何

　　空间解析几何是通过空间直角坐标系建立起数与点的一一对应关系,从而把数学研究的两个基本对象——数和形结合起来,使得人们既可以用代数方法来解决几何问题,也可以用几何方法来解决代数问题.

　　平面解析几何的知识对于学习一元函数微积分是很重要的.同样,空间解析几何的知识对于学习多元函数微积分来说也是必不可少的.

　　本章首先介绍有关二阶、三阶行列式的一些基础知识和如何建立空间直角坐标系,然后引入有广泛应用的向量代数,并以它为工具,讨论空间的平面和直线,最后叙述空间曲面和空间曲线的部分内容.

第一节 二阶、三阶行列式

行列式是在求解线性方程组的过程中产生的,它是一个重要的数学工具,在科学技术的各个领域均有广泛的应用.

一、二阶行列式

设二元线性方程组

$$\begin{cases} a_{11}x_1 + a_{12}x_2 = b_1, \\ a_{21}x_1 + a_{22}x_2 = b_2, \end{cases} \tag{8.1.1}$$

其中 x_1, x_2 为未知量,$a_{11}, a_{12}, a_{21}, a_{22}$ 为未知量的系数,b_1, b_2 为常数项.下面用消元法解线性方程组(8.1.1).

为了消去未知量 x_2,用 a_{22} 和 a_{12} 分别乘以方程组(8.1.1)中的两个方程,并相减,得

$$(a_{11}a_{22} - a_{12}a_{21})x_1 = b_1 a_{22} - a_{12} b_2.$$

同理,从方程组(8.1.1)中消去未知量 x_1,得

$$(a_{11}a_{22} - a_{12}a_{21})x_2 = a_{11}b_2 - b_1 a_{21}.$$

于是,当 $a_{11}a_{22} - a_{12}a_{21} \neq 0$ 时,求得方程组(8.1.1)的解为

$$x_1 = \frac{b_1 a_{22} - a_{12} b_2}{a_{11}a_{22} - a_{12}a_{21}}, \quad x_2 = \frac{a_{11}b_2 - b_1 a_{21}}{a_{11}a_{22} - a_{12}a_{21}}. \tag{8.1.2}$$

为了便于记忆,引入记号

$$D = \begin{vmatrix} a_{11} & a_{12} \\ a_{21} & a_{22} \end{vmatrix} = a_{11}a_{22} - a_{12}a_{21}, \tag{8.1.3}$$

称 D 为**二阶行列式**,数 $a_{ij}(i=1,2;j=1,2)$ 为行列式 D 的**元素**.称横排为**行**,竖排为**列**.称元素 a_{ij} 的第一个下标 i 为**行标**,表明该元素位于第 i 行;第二个下标 j 为**列标**,表明该元素位于第 j 列.

二阶行列式 $\begin{vmatrix} a_{11} & a_{12} \\ a_{21} & a_{22} \end{vmatrix}$ 的值等于从左上角到右下角的对角线上的两元素之积减去从右上角到左下角的对角线上的两元素之积(这种方法称为**对角线法则**).

根据二阶行列式的定义,二元线性方程组(8.1.1)的解(8.1.2)可用二阶行列式来表示.事实上,若记

$$D_1 = \begin{vmatrix} b_1 & a_{12} \\ b_2 & a_{22} \end{vmatrix} = b_1 a_{22} - a_{12} b_2, \quad D_2 = \begin{vmatrix} a_{11} & b_1 \\ a_{21} & b_2 \end{vmatrix} = a_{11}b_2 - b_1 a_{21},$$

其中 $D_i(i=1,2)$ 表示把行列式 D 中第 i 列元素用方程组(8.1.1)的常数项替换后所得到的行列式,则当 $D \neq 0$ 时,解(8.1.2)就可唯一地表示为

$$x_1 = \frac{\begin{vmatrix} b_1 & a_{12} \\ b_2 & a_{22} \end{vmatrix}}{\begin{vmatrix} a_{11} & a_{12} \\ a_{21} & a_{22} \end{vmatrix}} = \frac{D_1}{D}, \quad x_2 = \frac{\begin{vmatrix} a_{11} & b_1 \\ a_{21} & b_2 \end{vmatrix}}{\begin{vmatrix} a_{11} & a_{12} \\ a_{21} & a_{22} \end{vmatrix}} = \frac{D_2}{D}. \tag{8.1.4}$$

例 1 求解二元线性方程组 $\begin{cases} x_1 - 2x_2 = 1, \\ x_1 + 2x_2 = 2. \end{cases}$

解 计算二阶行列式

$$D = \begin{vmatrix} 1 & -2 \\ 1 & 2 \end{vmatrix} = 4, \quad D_1 = \begin{vmatrix} 1 & -2 \\ 2 & 2 \end{vmatrix} = 6, \quad D_2 = \begin{vmatrix} 1 & 1 \\ 1 & 2 \end{vmatrix} = 1,$$

故所求线性方程组的解为

$$x_1 = \frac{D_1}{D} = \frac{3}{2}, \quad x_2 = \frac{D_2}{D} = \frac{1}{4}.$$

二、三阶行列式

同样,对于三元线性方程组

$$\begin{cases} a_{11}x_1 + a_{12}x_2 + a_{13}x_3 = b_1, \\ a_{21}x_1 + a_{22}x_2 + a_{23}x_3 = b_2, \\ a_{31}x_1 + a_{32}x_2 + a_{33}x_3 = b_3, \end{cases} \tag{8.1.5}$$

也可利用行列式来表示它的解.

定义 1 记号

$$D = \begin{vmatrix} a_{11} & a_{12} & a_{13} \\ a_{21} & a_{22} & a_{23} \\ a_{31} & a_{32} & a_{33} \end{vmatrix}$$

$$= a_{11}a_{22}a_{33} + a_{12}a_{23}a_{31} + a_{13}a_{21}a_{32} - a_{13}a_{22}a_{31} - a_{11}a_{23}a_{32} - a_{12}a_{21}a_{33}$$

称为**三阶行列式**. D 也称为线性方程组(8.1.5)的**系数行列式**.

若记

$$D_1 = \begin{vmatrix} b_1 & a_{12} & a_{13} \\ b_2 & a_{22} & a_{23} \\ b_3 & a_{32} & a_{33} \end{vmatrix}$$

$$= b_1 a_{22} a_{33} + a_{12} a_{23} b_3 + a_{13} b_2 a_{32} - a_{13} a_{22} b_3 - b_1 a_{23} a_{32} - a_{12} b_2 a_{33},$$

$$D_2 = \begin{vmatrix} a_{11} & b_1 & a_{13} \\ a_{21} & b_2 & a_{23} \\ a_{31} & b_3 & a_{33} \end{vmatrix}$$

$$= a_{11} b_2 a_{33} + b_1 a_{23} a_{31} + a_{13} a_{21} b_3 - a_{13} b_2 a_{31} - b_1 a_{21} a_{33} - a_{11} a_{23} b_3,$$

$$D_3 = \begin{vmatrix} a_{11} & a_{12} & b_1 \\ a_{21} & a_{22} & b_2 \\ a_{31} & a_{32} & b_3 \end{vmatrix}$$

$$= a_{11}a_{22}b_3 + a_{12}b_2a_{31} + b_1a_{21}a_{32} - b_1a_{22}a_{31} - a_{12}a_{21}b_3 - a_{11}b_2a_{32},$$

则当 $D \neq 0$ 时，由消元法所求得的三元线性方程组(8.1.5)的解可唯一地表示为

$$x_1 = \frac{D_1}{D}, \quad x_2 = \frac{D_2}{D}, \quad x_3 = \frac{D_3}{D}.$$

上面定义中的三阶行列式共有六项，每一项均为不同行、不同列的三个元素之积并带有正、负号，其运算规律可用对角线法则(见图 8-1)或沙路法则(见图 8-2)来记忆.

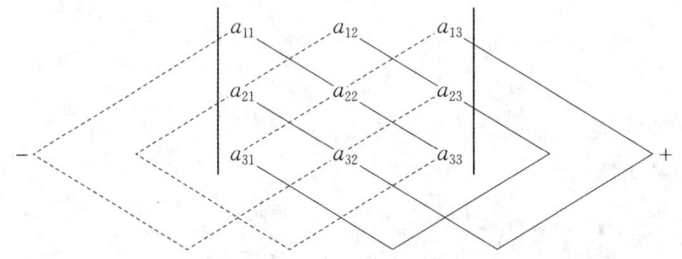

图 8-1

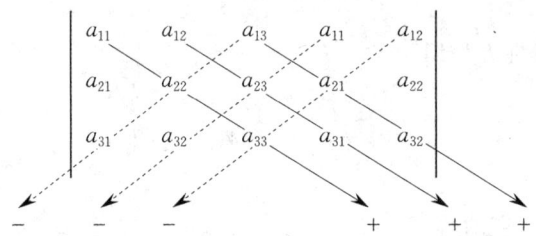

图 8-2

例 2 计算三阶行列式 $\begin{vmatrix} 3 & 1 & 1 \\ 1 & 1 & -1 \\ 1 & 2 & 3 \end{vmatrix}$.

解 $\begin{vmatrix} 3 & 1 & 1 \\ 1 & 1 & -1 \\ 1 & 2 & 3 \end{vmatrix} = 3 \times 1 \times 3 + 1 \times (-1) \times 1 + 1 \times 2 \times 1$
$- 1 \times 1 \times 1 - 3 \times (-1) \times 2 - 1 \times 1 \times 3 = 12.$

例 3 解三元线性方程组 $\begin{cases} x_1 - 2x_2 + x_3 = -2, \\ 2x_1 + x_2 - 3x_3 = 1, \\ -x_1 + x_2 - x_3 = 0. \end{cases}$

解 因

$$D = \begin{vmatrix} 1 & -2 & 1 \\ 2 & 1 & -3 \\ -1 & 1 & -1 \end{vmatrix} = -5 \neq 0, \quad D_1 = \begin{vmatrix} -2 & -2 & 1 \\ 1 & 1 & -3 \\ 0 & 1 & -1 \end{vmatrix} = -5,$$

$$D_2 = \begin{vmatrix} 1 & -2 & 1 \\ 2 & 1 & -3 \\ -1 & 0 & -1 \end{vmatrix} = -10, \quad D_3 = \begin{vmatrix} 1 & -2 & -2 \\ 2 & 1 & 1 \\ -1 & 1 & 0 \end{vmatrix} = -5,$$

故所求线性方程组的解为

$$x_1 = \frac{D_1}{D} = 1, \quad x_2 = \frac{D_2}{D} = 2, \quad x_3 = \frac{D_3}{D} = 1.$$

三、行列式按行(列)展开法则

在计算三阶或更高阶行列式时,往往需要把高阶行列式化成低一阶的行列式来计算. 为此,我们引入余子式和代数余子式的概念.

定义 2 在 n 阶行列式 D 中去掉元素 a_{ij} 所在的第 i 行和第 j 列后,剩下的元素按原来顺序构成的 $n-1$ 阶行列式,称为元素 a_{ij} 的**余子式**,记作 M_{ij}. 记 $A_{ij} = (-1)^{i+j} M_{ij}$,称 A_{ij} 为元素 a_{ij} 的**代数余子式**.

例如,在三阶行列式

$$D = \begin{vmatrix} a_{11} & a_{12} & a_{13} \\ a_{21} & a_{22} & a_{23} \\ a_{31} & a_{32} & a_{33} \end{vmatrix}$$

中,元素 a_{21} 的余子式和代数余子式分别为

$$M_{21} = \begin{vmatrix} a_{12} & a_{13} \\ a_{32} & a_{33} \end{vmatrix}, \quad A_{21} = (-1)^{2+1} M_{21} = -\begin{vmatrix} a_{12} & a_{13} \\ a_{32} & a_{33} \end{vmatrix}.$$

定理 1 行列式等于它的任一行(列)的各元素与其对应的代数余子式的乘积之和.

例如,对于三阶行列式 D,有

$$D = a_{i1} A_{i1} + a_{i2} A_{i2} + a_{i3} A_{i3} \quad (i = 1, 2, 3)$$

或

$$D = a_{1j} A_{1j} + a_{2j} A_{2j} + a_{3j} A_{3j} \quad (j = 1, 2, 3).$$

分别取 $i = 1, 2$,即得

$$D = \begin{vmatrix} a_{11} & a_{12} & a_{13} \\ a_{21} & a_{22} & a_{23} \\ a_{31} & a_{32} & a_{33} \end{vmatrix} = a_{11} \begin{vmatrix} a_{22} & a_{23} \\ a_{32} & a_{33} \end{vmatrix} - a_{12} \begin{vmatrix} a_{21} & a_{23} \\ a_{31} & a_{33} \end{vmatrix} + a_{13} \begin{vmatrix} a_{21} & a_{22} \\ a_{31} & a_{32} \end{vmatrix}$$

$$= -a_{21} \begin{vmatrix} a_{12} & a_{13} \\ a_{32} & a_{33} \end{vmatrix} + a_{22} \begin{vmatrix} a_{11} & a_{13} \\ a_{31} & a_{33} \end{vmatrix} - a_{23} \begin{vmatrix} a_{11} & a_{12} \\ a_{31} & a_{32} \end{vmatrix}.$$

这个定理也称为**行列式按行(列)展开法则**.

例 4 利用行列式按行(列)展开法则计算下列行列式:

(1) $\begin{vmatrix} 3 & 1 & 1 \\ 0 & 1 & -1 \\ 1 & 2 & 3 \end{vmatrix}$; (2) $\begin{vmatrix} \boldsymbol{i} & \boldsymbol{j} & \boldsymbol{k} \\ 2 & 1 & -1 \\ 1 & -1 & 2 \end{vmatrix}$.

解 (1) 将行列式按第一列展开,得

$$\begin{vmatrix} 3 & 1 & 1 \\ 0 & 1 & -1 \\ 1 & 2 & 3 \end{vmatrix} = 3 \times \begin{vmatrix} 1 & -1 \\ 2 & 3 \end{vmatrix} - 0 \times \begin{vmatrix} 1 & 1 \\ 2 & 3 \end{vmatrix} + 1 \times \begin{vmatrix} 1 & 1 \\ 1 & -1 \end{vmatrix}$$

$$= 15 - 0 - 2 = 13.$$

(2) 将行列式按第一行展开,得

$$\begin{vmatrix} i & j & k \\ 2 & 1 & -1 \\ 1 & -1 & 2 \end{vmatrix} = \begin{vmatrix} 1 & -1 \\ -1 & 2 \end{vmatrix} i - \begin{vmatrix} 2 & -1 \\ 1 & 2 \end{vmatrix} j + \begin{vmatrix} 2 & 1 \\ 1 & -1 \end{vmatrix} k$$

$$= i - 5j - 3k.$$

定理 2 行列式某一行(列)的元素与另一行(列)的对应元素的代数余子式的乘积之和等于零.

第二节 空间直角坐标系

在平面上,通过建立平面直角坐标系,可以将平面上的任一点与二元有序数组建立起一一对应关系,于是平面上的任一曲线也可以与二元方程相互对应.类似地,我们将建立空间直角坐标系.

一、空间直角坐标系的概念

在空间中取一定点 O,过点 O 作三条两两互相垂直的数轴,在各轴上规定一个共同的

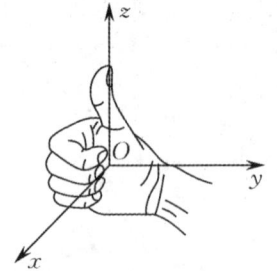

图 8-3

长度单位,点 O 叫作**坐标原点**,这三条数轴分别叫作 x 轴(横轴)、y 轴(纵轴)、z 轴(竖轴),它们统称为**坐标轴**.通常把 x 轴和 y 轴配置在水平面上,而 z 轴则是铅垂线,它们的正向按右手法则确定,即以右手握住 z 轴,当右手的四个手指指向 x 轴的正向,并以 $\frac{\pi}{2}$ 的角度转向 y 轴的正向时,大拇指的指向就是 z 轴的正向(见图 8-3).这样就组成了一个空间直角坐标系 $Oxyz$.

三条坐标轴中的任意两条都可确定一个平面,x 轴和 y 轴所确定的平面称为 xOy 面,y 轴和 z 轴所确定的平面称为 yOz 面,z 轴和 x 轴所确定的平面称为 zOx 面,这三个平面统称为**坐标面**.三个坐标面把空间分成八个部分,每个部分都称为一个**卦限**.含有 x 轴、y 轴、z 轴正半轴的那个卦限叫作第一卦限,从第一卦限起,xOy 面上方的其他三个卦限按逆时针方向分别叫作第二、第三、第四卦限($z > 0$).第一卦限下方的卦限叫作第五卦限,剩余的三个卦限按逆时针方向分别叫作第六、第七、第八卦限

($z<0$). 这八个卦限分别用字母 Ⅰ,Ⅱ,Ⅲ,Ⅳ,Ⅴ,Ⅵ,Ⅶ,Ⅷ 来表示(见图 8-4).

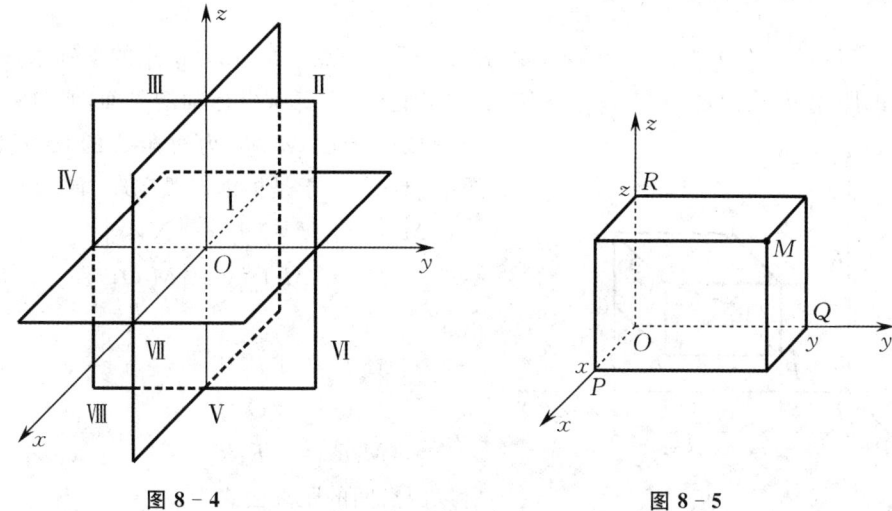

图 8-4　　　　　　　　　　　　图 8-5

确定了空间直角坐标系后,就可以建立起空间中的点与三元有序数组之间的对应关系.

设 M 为空间中的一点.过点 M 作三个平面分别垂直于三条坐标轴,它们与 x 轴、y 轴、z 轴的交点依次为 P,Q,R(见图 8-5),这三点在 x 轴、y 轴、z 轴上的坐标依次为 x,y,z,这样空间中的一点 M 就唯一地确定了一个三元有序数组 (x,y,z).反过来,给定一个三元有序数组 (x,y,z),我们可以在 x 轴上取坐标为 x 的点 P,在 y 轴上取坐标为 y 的点 Q,在 z 轴上取坐标为 z 的点 R,然后通过 P,Q,R 这三点分别作 x 轴、y 轴、z 轴的垂直平面(见图 8-5),则这三个平面的交点 M 就是由有序数组 (x,y,z) 唯一确定的点,即对于一个有序数组 (x,y,z),必有空间中唯一的一点 M 与之对应.综上所述,这样就建立起了空间中的点 M 和有序数组 (x,y,z) 之间的一一对应关系.

有序数组 (x,y,z) 称为点 M 的**直角坐标**,并依次把 x,y 和 z 称为点 M 的**横坐标**、**纵坐标和竖坐标**.坐标为 (x,y,z) 的点 M 通常记作 $M(x,y,z)$.

特别地,x 轴、y 轴和 z 轴上的点的坐标分别具有形如 $(x,0,0)$,$(0,y,0)$ 和 $(0,0,z)$ 的形式;xOy 面、yOz 面和 zOx 面上的点的坐标分别具有形如 $(x,y,0)$,$(0,y,z)$,$(x,0,z)$ 的形式;坐标原点 O 的坐标为 $(0,0,0)$.

各卦限内点的坐标的正、负号规律如表 8-1 所示,它们各具有一定的特征,应注意区分.

表 8-1

坐标	卦限							
	Ⅰ	Ⅱ	Ⅲ	Ⅳ	Ⅴ	Ⅵ	Ⅶ	Ⅷ
x	+	−	−	+	+	−	−	+
y	+	+	−	−	+	+	−	−
z	+	+	+	+	−	−	−	−

二、空间两点间的距离

设 $M_1(x_1,y_1,z_1)$,$M_2(x_2,y_2,z_2)$ 为空间中任意两点. 为了用这两点的坐标来表示它们之间的距离 d,我们过点 M_1,M_2 各作三个分别垂直于三条坐标轴的平面,则这六个平面围成一个以 M_1M_2 为对角线的长方体,如图 8-6 所示. 于是根据勾股定理,有

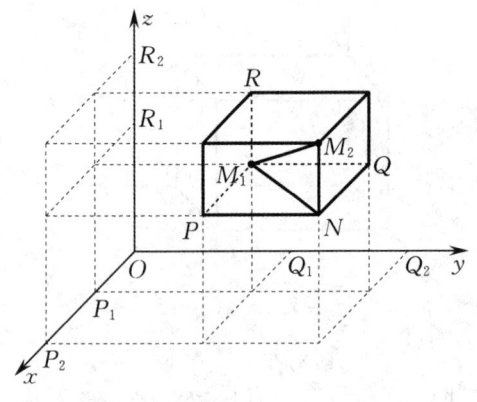

图 8-6

$$|M_1M_2|^2 = |M_1N|^2 + |NM_2|^2$$
$$= |M_1P|^2 + |M_1Q|^2 + |M_1R|^2.$$

由于

$$|M_1P| = |P_1P_2| = |x_2 - x_1|,$$
$$|M_1Q| = |Q_1Q_2| = |y_2 - y_1|,$$
$$|M_1R| = |R_1R_2| = |z_2 - z_1|,$$

所以两点间的距离公式为

$$d = |M_1M_2|$$
$$= \sqrt{(x_2-x_1)^2 + (y_2-y_1)^2 + (z_2-z_1)^2}.$$

特别地,点 $M(x,y,z)$ 与坐标原点 $O(0,0,0)$ 的距离为

$$d = |OM| = \sqrt{x^2 + y^2 + z^2}.$$

第三节 向量代数

一、向量及其线性运算

1. 向量概念及表示

我们所遇到的物理量可以分为两种:一种是只有大小的量,称为**数量**,如时间、温度、距离、质量等;另一种是既有大小又有方向的量,称为**向量**或**矢量**,如速度、加速度、力等.

在数学上,往往用一条有向线段来表示向量,有向线段的长度表示向量的大小,有向线段的方向表示向量的方向. 如图 8-7 所示,以 M_1 为始点,以 M_2 为终点的有向线段所表示的向量用记号 $\overrightarrow{M_1M_2}$ 表示. 有时也用一个黑体字母或一个上面加箭头的字母来表示向量,例如向量 $\boldsymbol{a},\boldsymbol{b},\boldsymbol{i},\boldsymbol{F}$ 或 $\vec{a},\vec{b},\vec{i},\vec{F}$ 等.

图 8-7

向量的大小称为向量的**模**. 向量 $\overrightarrow{M_1M_2}$,$\boldsymbol{a}$ 的模分别记作 $|\overrightarrow{M_1M_2}|$,$|\boldsymbol{a}|$.

在研究向量的运算时,将会用到以下几个特殊向量.

(1) 单位向量. 模等于 1 的向量称为**单位向量**.

（2）逆向量（或负向量）．与向量 a 的模相等而方向相反的向量称为 a 的**逆向量**，记作 $-a$．

（3）零向量．模等于零的向量称为**零向量**，记作 **0**．零向量没有确定的方向，也可以说它的方向是任意的．

（4）相等向量．如果两个向量 a 与 b 同向且模相等，那么称这两个向量**相等**，记作 $a=b$．

（5）自由向量．与始点位置无关的向量称为**自由向量**（向量在空间中平行移动，所得向量与原向量相等）．我们研究的向量均为自由向量，今后若有必要，我们可以把一个向量平行移动到空间中任一位置．

2. 向量的线性运算

1）向量的加（减）法

仿照物理学中力的合成，我们可规定向量的加（减）法．

定义 1 设 a,b 为两个（非零）向量，把 a,b 平行移动使得它们的始点重合于点 M，并以 a,b 为邻边作平行四边形（见图 8-8），则称对角线向量 $\overrightarrow{MN}$ 为 a,b 的**和向量**（简称和），记作 $a+b$，读作 a 加 b．这种用平行四边形的对角线来求两个向量的和的方法称为**平行四边形法则**．

由于平行四边形的对边平行且相等，所以由图 8-8 可以看出，$a+b$ 也可以按下列方法得出：把 b 平行移动，使得它的始点与 a 的终点重合，如图 8-9 所示，这时从 a 的始点到 b 的终点的有向线段 $\overrightarrow{MN}$ 就表示向量 a 与 b 的和 $a+b$．这种方法称为**三角形法则**．

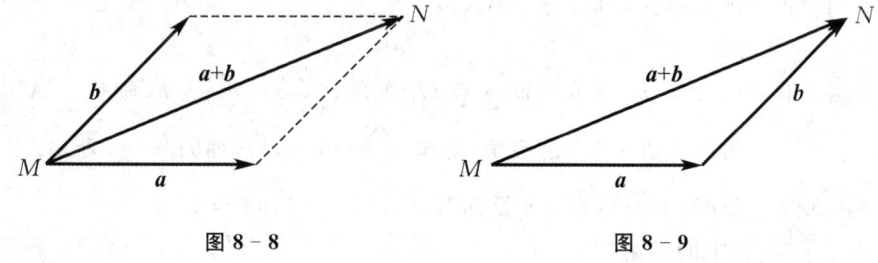

图 8-8　　　　　图 8-9

定义 2 把 a 与 b 的逆向量 $-b$ 的和向量称为 a 与 b 的**差向量**（简称差），记作 $a-b$，读作 a 减 b，即

$$a-b = a+(-b).$$

按定义，容易由平行四边形法则得到向量 a 与 b 的差．又由平行四边形的性质可知，若把向量 a 与 b 的始点放在一起，则从 b 的终点到 a 的终点的向量就是 a 与 b 的差 $a-b$，如图 8-10 所示．

向量的加法满足下列性质：

（1）**交换律**　$a+b = b+a$；

（2）**结合律**　$(a+b)+c = a+(b+c)$；

（3）$a+0 = a$；

（4）$a+(-a) = 0$．

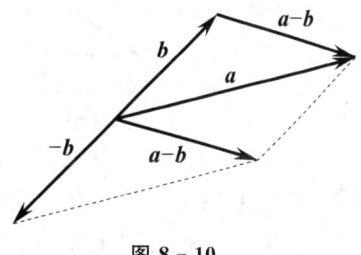

图 8-10

2）向量与数量的乘法

定义 3　设 λ 是一实数,向量 a 与 λ 的乘积记作 λa,并规定:当 $\lambda > 0$ 时,λa 的方向与 a 的方向相同,它的模等于 $|a|$ 的 λ 倍,即

$$|\lambda a| = \lambda |a|;$$

当 $\lambda < 0$ 时,λa 的方向与 a 的方向相反,它的模等于 $|a|$ 的 $|\lambda|$ 倍,即

$$|\lambda a| = |\lambda||a|;$$

当 $\lambda = 0$ 时,λa 是零向量,即 $\lambda a = \mathbf{0}$.

向量与数量的乘法满足下列性质(λ,μ 为任意实数):

(1) **结合律**　$\lambda(\mu a) = (\lambda\mu)a$;

(2) **分配律**　$(\lambda + \mu)a = \lambda a + \mu a, \lambda(a+b) = \lambda a + \lambda b$.

设 e_a 是与 a 同方向的单位向量,则根据向量与数量的乘法的定义,可以将 a 写成

$$a = |a|e_a,$$

这样就把一个向量的大小和方向都明显地表示出来. 由此也有

$$e_a = \frac{a}{|a|},$$

即把一个非零向量除以它的模,就能得到与它同方向的单位向量.

二、向量的坐标表示

1. 向量在轴上的投影

为了用分析方法来研究向量,需要引入以下概念.

1) 两向量的夹角

设有两个非零向量 a,b,任取空间一点 O,作 $\overrightarrow{OA} = a, \overrightarrow{OB} = b$,则称 $\angle AOB = \theta$(规定 $0 \leqslant \theta \leqslant \pi$)为**两向量 a 与 b 的夹角**,记作 $(\widehat{a,b})$ 或 $(\widehat{b,a})$,如图 8-11 所示. 当 a 与 b 同向时,$(\widehat{a,b}) = (\widehat{b,a}) = 0$;当 a 与 b 反向时,$(\widehat{a,b}) = (\widehat{b,a}) = \pi$.

2) 点 A 在 x 轴上的投影

过点 A 作与 x 轴垂直的平面,若该平面交 x 轴于点 A',则称点 A' 为**点 A 在 x 轴上的投影**,如图 8-12 所示.

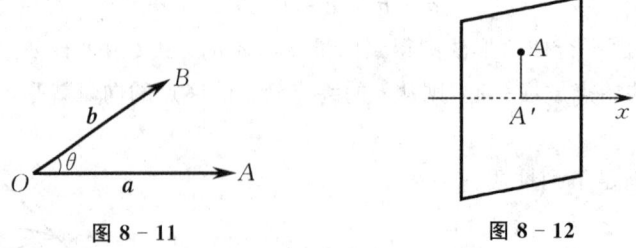

图 8-11　　　　　图 8-12

3) 向量 $\overrightarrow{AB}$ 在 x 轴上的投影

首先我们引入轴上有向线段的值的概念.

设有一 x 轴,$\overrightarrow{AB}$ 是 x 轴上的有向线段. 如果数 λ 满足 $|\lambda| = |\overrightarrow{AB}|$,且当 $\overrightarrow{AB}$ 与 x 轴同向时,λ 是正的;当 $\overrightarrow{AB}$ 与 x 轴反向时,λ 是负的,那么就称数 λ 为 x **轴上有向线段 $\overrightarrow{AB}$ 的**

值,记作 AB,即 $\lambda = AB$.

设 A,B 两点在 x 轴上的投影分别为 A',B'(见图 8-13),则称有向线段 $\overrightarrow{A'B'}$ 的值 $A'B'$ 为**向量 $\overrightarrow{AB}$ 在 x 轴上的投影**,记作 $\mathrm{Prj}_x\overrightarrow{AB} = A'B'$,它是一个数量. 此时,$x$ 轴称为**投影轴**. 这里应特别指出,向量在轴上的投影既不是向量,也不是长度,而是数量,它可正,可负,也可以是零.

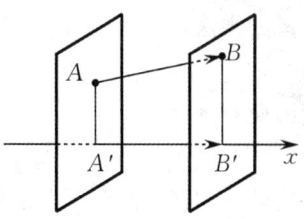

图 8-13

关于向量的投影,我们从图 8-14 和图 8-15 可以很容易地得到下面两个重要的定理.

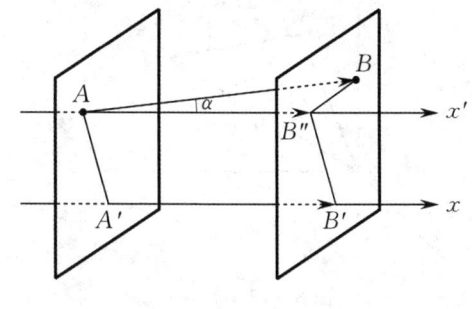

图 8-14

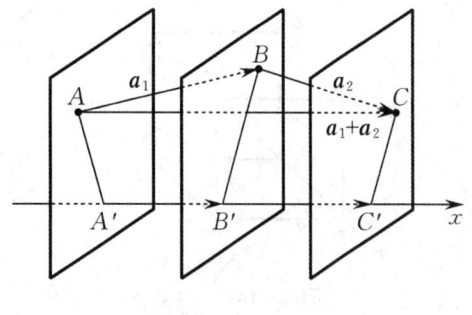

图 8-15

定理 1 向量 $\overrightarrow{AB}$ 在 x 轴上的投影等于向量 $\overrightarrow{AB}$ 的模乘以 x 轴与向量 $\overrightarrow{AB}$ 的夹角 α 的余弦,即

$$\mathrm{Prj}_x\overrightarrow{AB} = |\overrightarrow{AB}|\cos\alpha.$$

由定理 1 可知,当 α 是锐角时,投影为正值;当 α 是钝角时,投影为负值;当 α 是直角时,投影为 0.

定理 2 两个向量的和在 x 轴上的投影等于这两个向量在 x 轴上的投影之和,即

$$\mathrm{Prj}_x(\boldsymbol{a}_1 + \boldsymbol{a}_2) = \mathrm{Prj}_x\boldsymbol{a}_1 + \mathrm{Prj}_x\boldsymbol{a}_2.$$

定理 2 可推广到任意有限个向量的情形,即

$$\mathrm{Prj}_x(\boldsymbol{a}_1 + \boldsymbol{a}_2 + \cdots + \boldsymbol{a}_n) = \mathrm{Prj}_x\boldsymbol{a}_1 + \mathrm{Prj}_x\boldsymbol{a}_2 + \cdots + \mathrm{Prj}_x\boldsymbol{a}_n.$$

2. 空间直角坐标系中向量的表示及线性运算

1) 向量的分解式

在空间直角坐标系 $Oxyz$ 下,用 $\boldsymbol{i},\boldsymbol{j},\boldsymbol{k}$ 分别表示沿 x 轴、y 轴、z 轴正向的单位向量,并称它们为这一坐标系的**基本单位向量**. 始点为坐标原点 O,终点为 M 的向量 $\boldsymbol{r} = \overrightarrow{OM}$ 称为点 M 关于坐标原点 O 的**向径**.

设向径 $\overrightarrow{OM}$ 的终点 M 的坐标为 (x,y,z). 过点 M 作三个分别与三条坐标轴垂直的平面,它们依次交坐标轴于点 P,Q,R,如图 8-16 所示. 因为

$$\overrightarrow{PN} = \overrightarrow{OR},\quad \overrightarrow{NM} = \overrightarrow{OQ},$$

所以根据向量的加法,有

$$\boldsymbol{r} = \overrightarrow{OM} = \overrightarrow{OP} + \overrightarrow{PN} + \overrightarrow{NM} = \overrightarrow{OP} + \overrightarrow{OR} + \overrightarrow{OQ}.$$

这里,向量 $\overrightarrow{OP},\overrightarrow{OQ},\overrightarrow{OR}$ 分别称为向量 $r = \overrightarrow{OM}$ 在 x,y,z 轴上的**分向量**. 又根据向量与数量的乘法,得
$$\overrightarrow{OP} = xi, \quad \overrightarrow{OQ} = yj, \quad \overrightarrow{OR} = zk,$$
因此有
$$r = \overrightarrow{OM} = xi + yj + zk.$$
这就是向量 r 在空间直角坐标系中的分解式,其中 x,y,z 这三个数分别是向量 $r = \overrightarrow{OM}$ 在 x 轴、y 轴、z 轴上的投影.

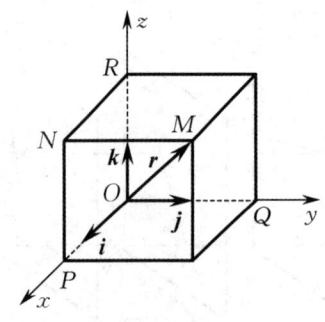
图 8 - 16

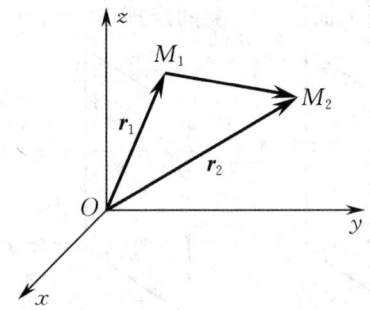
图 8 - 17

一般地,如图 8 - 17 所示,设点 M_1,M_2 的坐标分别为 (x_1,y_1,z_1) 及 (x_2,y_2,z_2),由于
$$\overrightarrow{M_1M_2} = \overrightarrow{OM_2} - \overrightarrow{OM_1} = r_2 - r_1,$$
而
$$r_1 = x_1i + y_1j + z_1k, \quad r_2 = x_2i + y_2j + z_2k,$$
所以
$$\overrightarrow{M_1M_2} = (x_2i + y_2j + z_2k) - (x_1i + y_1j + z_1k)$$
$$= (x_2 - x_1)i + (y_2 - y_1)j + (z_2 - z_1)k.$$
该式称为**向量 $\overrightarrow{M_1M_2}$ 按基本单位向量的分解式**,其中 $x_2 - x_1, y_2 - y_1, z_2 - z_1$ 这三个数分别是向量 $\overrightarrow{M_1M_2}$ 在三条坐标轴上的投影.

2) 向量的坐标表示式

向量 a 在三条坐标轴上的投影 a_x, a_y, a_z 称为**向量 a 的坐标**,并将向量 a 表示为
$$a = (a_x, a_y, a_z),$$
上式称为**向量 a 的坐标表示式**.

显然,基本单位向量的坐标表示式分别为
$$i = (1,0,0), \quad j = (0,1,0), \quad k = (0,0,1).$$
始点为 $M_1(x_1,y_1,z_1)$,终点为 $M_2(x_2,y_2,z_2)$ 的向量的坐标表示式为
$$\overrightarrow{M_1M_2} = (x_2 - x_1, y_2 - y_1, z_2 - z_1).$$
特别地,点 $M(x,y,z)$ 关于坐标原点 O 的向径的坐标表示式为 $\overrightarrow{OM} = (x,y,z)$.

3) 用坐标进行向量的线性运算

利用向量的分解式和坐标表示式,可得向量的加法、减法及向量与数量的乘法的运算如下:

设向量 $\boldsymbol{a} = a_x\boldsymbol{i} + a_y\boldsymbol{j} + a_z\boldsymbol{k}, \boldsymbol{b} = b_x\boldsymbol{i} + b_y\boldsymbol{j} + b_z\boldsymbol{k}$，则

$$\boldsymbol{a} + \boldsymbol{b} = (a_x + b_x)\boldsymbol{i} + (a_y + b_y)\boldsymbol{j} + (a_z + b_z)\boldsymbol{k},$$
$$\boldsymbol{a} - \boldsymbol{b} = (a_x - b_x)\boldsymbol{i} + (a_y - b_y)\boldsymbol{j} + (a_z - b_z)\boldsymbol{k},$$
$$\lambda\boldsymbol{a} = \lambda(a_x\boldsymbol{i} + a_y\boldsymbol{j} + a_z\boldsymbol{k}) = \lambda a_x\boldsymbol{i} + \lambda a_y\boldsymbol{j} + \lambda a_z\boldsymbol{k},$$

于是有

$$\boldsymbol{a} + \boldsymbol{b} = (a_x, a_y, a_z) + (b_x, b_y, b_z) = (a_x + b_x, a_y + b_y, a_z + b_z),$$
$$\boldsymbol{a} - \boldsymbol{b} = (a_x, a_y, a_z) - (b_x, b_y, b_z) = (a_x - b_x, a_y - b_y, a_z - b_z),$$
$$\lambda\boldsymbol{a} = \lambda(a_x, a_y, a_z) = (\lambda a_x, \lambda a_y, \lambda a_z).$$

这就是说，两向量的和（差）向量的坐标等于这两向量坐标的和（差）；向量与数的乘积的坐标等于此数乘以该向量的坐标.

4) 向量的模与方向余弦的坐标表示式

向量可以用它的坐标来表示，也可以用它的模和方向来表示. 下面我们就来找出向量的坐标与向量的模、方向之间的联系.

设向量 $\boldsymbol{a} = a_x\boldsymbol{i} + a_y\boldsymbol{j} + a_z\boldsymbol{k}$ 或 $\boldsymbol{a} = (a_x, a_y, a_z)$，则由空间两点间的距离公式可得向量 $\boldsymbol{a}$ 的模为

$$|\boldsymbol{a}| = \sqrt{a_x^2 + a_y^2 + a_z^2}.$$

设两点 $M_1(x_1, y_1, z_1)$ 和 $M_2(x_2, y_2, z_2)$，向量 $\overrightarrow{M_1M_2}$ 的坐标表示式为

$$\overrightarrow{M_1M_2} = (x_2 - x_1, y_2 - y_1, z_2 - z_1),$$

则同样由空间两点间的距离公式可得向量 $\overrightarrow{M_1M_2}$ 的模为

$$|\overrightarrow{M_1M_2}| = \sqrt{(x_2 - x_1)^2 + (y_2 - y_1)^2 + (z_2 - z_1)^2}.$$

非零向量 $\boldsymbol{a} = \overrightarrow{M_1M_2} = (a_x, a_y, a_z)$ 与三条坐标轴（正向）的夹角 α, β, γ 称为向量 $\boldsymbol{a}$ 的**方向角**，即有 $0 \leqslant \alpha \leqslant \pi$，$0 \leqslant \beta \leqslant \pi, 0 \leqslant \gamma \leqslant \pi$.

如图 8-18 所示，过点 M_1, M_2 各作三个分别垂直于三条坐标轴的平面，由于 $\angle PM_1M_2 = \alpha$，且 $M_2P \perp M_1P$，所以

$$a_x = M_1P = |\overrightarrow{M_1M_2}|\cos\alpha = |\boldsymbol{a}|\cos\alpha.$$

同理，有

$$a_y = M_1Q = |\overrightarrow{M_1M_2}|\cos\beta = |\boldsymbol{a}|\cos\beta,$$
$$a_z = M_1R = |\overrightarrow{M_1M_2}|\cos\gamma = |\boldsymbol{a}|\cos\gamma.$$

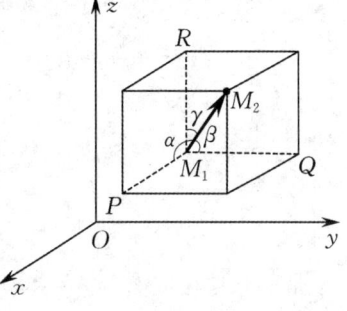

图 8-18

因此，有

$$\cos\alpha = \frac{a_x}{\sqrt{a_x^2 + a_y^2 + a_z^2}},$$
$$\cos\beta = \frac{a_y}{\sqrt{a_x^2 + a_y^2 + a_z^2}}, \tag{8.3.1}$$
$$\cos\gamma = \frac{a_z}{\sqrt{a_x^2 + a_y^2 + a_z^2}}.$$

(8.3.1)式中出现的不是方向角 α,β,γ 本身,而是它们的余弦,因而通常也用有序数组$(\cos\alpha,\cos\beta,\cos\gamma)$来表示向量 a 的方向,叫作向量 a 的**方向余弦**.

把(8.3.1)式代入向量的坐标表示式,就可以得到用向量的模及方向余弦来表示向量的表示式

$$a=|a|(\cos\alpha,\cos\beta,\cos\gamma). \qquad (8.3.2)$$

把(8.3.1)式的三个等式两边分别平方后相加,便得到

$$\cos^2\alpha+\cos^2\beta+\cos^2\gamma=1,$$

即任一向量的方向余弦的平方和都等于 1. 由此可得出一个重要结论:由向量 a 的方向余弦所组成的向量$(\cos\alpha,\cos\beta,\cos\gamma)$就是与 a 同向的单位向量.

例1 已知两点 $P_1(2,-2,5)$ 和 $P_2(-1,6,7)$,试求:(1) 向量 $\overrightarrow{P_1P_2}$ 在三条坐标轴上的投影及在 z 轴上的分向量;(2) 向量 $\overrightarrow{P_1P_2}$ 的模;(3) 向量 $\overrightarrow{P_1P_2}$ 的方向余弦;(4) 与向量 $\overrightarrow{P_1P_2}$ 同向的单位向量 $e_{\overrightarrow{P_1P_2}}$.

解 (1) 由于

$$\overrightarrow{P_1P_2}=(-1-2)i+[6-(-2)]j+(7-5)k=-3i+8j+2k,$$

故 $\overrightarrow{P_1P_2}$ 在三条坐标轴上的投影分别为 $-3,8,2$,且在 z 轴上的分向量为 $2k$.

(2) $|\overrightarrow{P_1P_2}|=\sqrt{(-3)^2+8^2+2^2}=\sqrt{77}$.

(3) $\cos\alpha=\dfrac{-3}{\sqrt{77}},\cos\beta=\dfrac{8}{\sqrt{77}},\cos\gamma=\dfrac{2}{\sqrt{77}}$.

(4) $e_{\overrightarrow{P_1P_2}}=\dfrac{1}{\sqrt{77}}(-3i+8j+2k)$.

例2 已知向量 $a=2i-j+2k,b=3i+4j-5k$,求与 $3a-b$ 同向的单位向量.

解 因为

$$c=3a-b=3(2i-j+2k)-(3i+4j-5k)=3i-7j+11k,$$

所以

$$|c|=\sqrt{3^2+(-7)^2+11^2}=\sqrt{179},$$

于是所求单位向量为

$$e_c=\dfrac{c}{|c|}=\dfrac{1}{\sqrt{179}}(3i-7j+11k).$$

例3 从点 $A(1,-2,4)$ 沿向量 $a=8i+9j-12k$ 的方向取线段 AB,并使得 $|\overrightarrow{AB}|=34$,求点 B 的坐标.

解 设点 B 的坐标为(x,y,z),则

$$\overrightarrow{AB}=(x-1)i+(y+2)j+(z-4)k.$$

由题意可知,$\overrightarrow{AB}$ 上的单位向量与 a 上的单位向量相等,即

$$e_{\overrightarrow{AB}}=e_a.$$

因为 $|\overrightarrow{AB}|=34,|a|=\sqrt{8^2+9^2+(-12)^2}=17$,所以

$$e_{\overrightarrow{AB}} = \frac{\overrightarrow{AB}}{|\overrightarrow{AB}|} = \frac{x-1}{34}\boldsymbol{i} + \frac{y+2}{34}\boldsymbol{j} + \frac{z-4}{34}\boldsymbol{k},$$

$$e_a = \frac{\boldsymbol{a}}{|\boldsymbol{a}|} = \frac{8}{17}\boldsymbol{i} + \frac{9}{17}\boldsymbol{j} - \frac{12}{17}\boldsymbol{k}.$$

于是由 $e_{\overrightarrow{AB}} = e_a$ 得

$$\frac{x-1}{34} = \frac{8}{17}, \quad \frac{y+2}{34} = \frac{9}{17}, \quad \frac{z-4}{34} = -\frac{12}{17},$$

解得

$$x = 17, \quad y = 16, \quad z = -20.$$

故点 B 的坐标为 $(17, 16, -20)$.

例 4 设点 A 位于第 I 卦限,向径 $\overrightarrow{OA}$ 与 x 轴、y 轴的夹角依次是 $\frac{\pi}{3}$ 和 $\frac{\pi}{4}$,且 $|\overrightarrow{OA}| = 6$,求点 A 的坐标.

解 因为 $\alpha = \frac{\pi}{3}, \beta = \frac{\pi}{4}$,所以由关系式 $\cos^2\alpha + \cos^2\beta + \cos^2\gamma = 1$ 得

$$\cos^2\gamma = 1 - \left(\frac{1}{2}\right)^2 - \left(\frac{\sqrt{2}}{2}\right)^2 = \frac{1}{4}.$$

而由点 A 位于第 I 卦限可知 $\cos\gamma > 0$,故 $\cos\gamma = \frac{1}{2}$. 于是

$$\overrightarrow{OA} = (|\overrightarrow{OA}|\cos\alpha, |\overrightarrow{OA}|\cos\beta, |\overrightarrow{OA}|\cos\gamma) = (3, 3\sqrt{2}, 3),$$

即点 A 的坐标为 $(3, 3\sqrt{2}, 3)$.

三、向量的数量积与向量积

1. 两向量的数量积

由物理学知识我们知道,当物体在力 $\boldsymbol{F}$ 的作用下(见图 8-19)产生位移 $\boldsymbol{s}$ 时,力 $\boldsymbol{F}$ 所做的功为

$$W = |\boldsymbol{F}|\cos(\widehat{\boldsymbol{F}, \boldsymbol{s}}) \cdot |\boldsymbol{s}| = |\boldsymbol{F}||\boldsymbol{s}|\cos(\widehat{\boldsymbol{F}, \boldsymbol{s}}).$$

这样,两个向量 $\boldsymbol{F}$ 和 $\boldsymbol{s}$ 就决定了一个数量 $|\boldsymbol{F}||\boldsymbol{s}|\cos(\widehat{\boldsymbol{F}, \boldsymbol{s}})$. 根据这一实际背景,我们把由两个向量 $\boldsymbol{F}$ 和 $\boldsymbol{s}$ 所确定的数量 $|\boldsymbol{F}||\boldsymbol{s}|\cos(\widehat{\boldsymbol{F}, \boldsymbol{s}})$ 定义为两向量 $\boldsymbol{F}$ 与 $\boldsymbol{s}$ 的数量积.

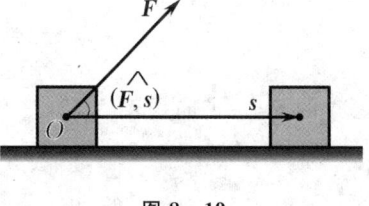

图 8-19

定义 4 两向量 $\boldsymbol{a}, \boldsymbol{b}$ 的模与它们夹角的余弦的乘积,称为 $\boldsymbol{a}$ 与 $\boldsymbol{b}$ 的**数量积**,记作 $\boldsymbol{a} \cdot \boldsymbol{b}$,即

$$\boldsymbol{a} \cdot \boldsymbol{b} = |\boldsymbol{a}||\boldsymbol{b}|\cos(\widehat{\boldsymbol{a}, \boldsymbol{b}}).$$

因 $|\boldsymbol{b}|\cos(\widehat{\boldsymbol{a}, \boldsymbol{b}})$ 是向量 $\boldsymbol{b}$ 在向量 $\boldsymbol{a}$ 上的投影,故 $\boldsymbol{a}$ 与 $\boldsymbol{b}$ 的数量积又可表示为

$$\boldsymbol{a} \cdot \boldsymbol{b} = |\boldsymbol{a}|\text{Prj}_{\boldsymbol{a}}\boldsymbol{b}.$$

同样,有

$$a \cdot b = |b| \, \mathrm{Prj}_b a.$$

数量积满足下列规律:

(1) **交换律** $a \cdot b = b \cdot a$;

(2) **分配律** $a \cdot (b+c) = a \cdot b + a \cdot c$;

(3) **结合律** $(\lambda a) \cdot b = \lambda (a \cdot b) = a \cdot (\lambda b)$.

由数量积的定义,容易得出下面的结论:

(1) $a \cdot a = |a|^2$;

(2) 两个非零向量 a 与 b 互相垂直的充要条件为 $a \cdot b = 0$.

下面给出数量积的坐标表示式.

设向量 $a = a_x i + a_y j + a_z k, b = b_x i + b_y j + b_z k$,则由数量积的性质可得

$$\begin{aligned} a \cdot b &= (a_x i + a_y j + a_z k) \cdot (b_x i + b_y j + b_z k) \\ &= a_x b_x i \cdot i + a_x b_y i \cdot j + a_x b_z i \cdot k + a_y b_x j \cdot i + a_y b_y j \cdot j \\ &\quad + a_y b_z j \cdot k + a_z b_x k \cdot i + a_z b_y k \cdot j + a_z b_z k \cdot k. \end{aligned}$$

由于基本单位向量 i, j, k 两两互相垂直,从而

$$i \cdot j = j \cdot k = k \cdot i = j \cdot i = k \cdot j = i \cdot k = 0.$$

又因为 i, j, k 的模都是 1,所以

$$i \cdot i = j \cdot j = k \cdot k = 1.$$

因此,数量积的坐标表示式为

$$a \cdot b = a_x b_x + a_y b_y + a_z b_z,$$

即两向量的数量积等于它们对应坐标的乘积之和.

由于 $a \cdot b = |a| \, |b| \cos(\widehat{a,b})$,故当 a, b 都是非零向量时,有

$$\cos(\widehat{a,b}) = \frac{a \cdot b}{|a| \, |b|} = \frac{a_x b_x + a_y b_y + a_z b_z}{\sqrt{a_x^2 + a_y^2 + a_z^2} \sqrt{b_x^2 + b_y^2 + b_z^2}},$$

这就是两向量夹角余弦的坐标表示式.从这个公式可以看出,两非零向量 a 和 b 互相垂直的充要条件为

$$a_x b_x + a_y b_y + a_z b_z = 0.$$

例 5 求向量 $a = (3, -2, 2\sqrt{3})$ 和 $b = (3, 0, 0)$ 的夹角,并求 a 在 b 上的投影.

解 因为

$$a \cdot b = 3 \cdot 3 + (-2) \cdot 0 + 2\sqrt{3} \cdot 0 = 9,$$
$$|a| = \sqrt{3^2 + (-2)^2 + (2\sqrt{3})^2} = 5,$$
$$|b| = \sqrt{3^2 + 0^2 + 0^2} = 3,$$

所以

$$\cos(\widehat{a,b}) = \frac{a \cdot b}{|a| \, |b|} = \frac{9}{5 \times 3} = \frac{3}{5},$$

故

$$(\widehat{\boldsymbol{a},\boldsymbol{b}}) = \arccos\frac{3}{5},$$

$$\text{Prj}_b \boldsymbol{a} = |\boldsymbol{a}|\cos(\widehat{\boldsymbol{a},\boldsymbol{b}}) = 5\times\frac{3}{5} = 3.$$

例6 在 xOy 面上求一单位向量,使其与向量 $\boldsymbol{p} = (-4,3,7)$ 垂直.

解 设所求向量为 (a,b,c),因为它在 xOy 面上,所以 $c = 0$. 又 $(a,b,0)$ 与 $\boldsymbol{p} = (-4,3,7)$ 垂直,且是单位向量,故有

$$-4a + 3b = 0, \quad a^2 + b^2 = 1,$$

解得

$$\begin{cases} a = \dfrac{3}{5}, \\ b = \dfrac{4}{5} \end{cases} \quad \text{或} \quad \begin{cases} a = -\dfrac{3}{5}, \\ b = -\dfrac{4}{5}. \end{cases}$$

因此,所求向量为

$$\left(\frac{3}{5}, \frac{4}{5}, 0\right) \quad \text{或} \quad \left(-\frac{3}{5}, -\frac{4}{5}, 0\right).$$

2. 两向量的向量积

在物理学中研究物体转动问题时,不但要考虑物体所受的力,还要分析这些力所产生的力矩.下面举例说明表示力矩的方法.

设 O 为杠杆 L 的支点,力 $\boldsymbol{F}$ 作用于该杠杆上点 P 处,$\boldsymbol{F}$ 与 $\overrightarrow{OP}$ 的夹角为 θ,如图 8-20 所示.由物理学知识可知,力 $\boldsymbol{F}$ 对支点 O 的力矩是一向量 $\boldsymbol{M}$,它的模为

$$|\boldsymbol{M}| = |\overrightarrow{OQ}||\boldsymbol{F}| = |\overrightarrow{OP}||\boldsymbol{F}|\sin\theta,$$

而 $\boldsymbol{M}$ 的方向垂直于 $\overrightarrow{OP}$ 与 $\boldsymbol{F}$ 所确定的平面($\boldsymbol{M}$ 既垂直于 $\overrightarrow{OP}$,又垂直于 $\boldsymbol{F}$),并按右手法则确定(当右手的四个手指从 $\overrightarrow{OP}$ 以不超过 π 的角度转向 $\boldsymbol{F}$ 握拳时,大拇指的指向就是 $\boldsymbol{M}$ 的方向).

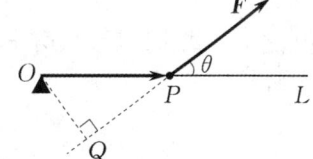

图 8-20

由两个已知向量按上述规则来确定另一向量,在其他物理问题中也会遇到,把它抽象出来,就是两个向量的向量积的概念.

定义5 两向量 $\boldsymbol{a}$ 与 $\boldsymbol{b}$ 的**向量积**是一个向量 $\boldsymbol{c}$,记作 $\boldsymbol{c} = \boldsymbol{a}\times\boldsymbol{b}$,它的大小与方向规定如下:

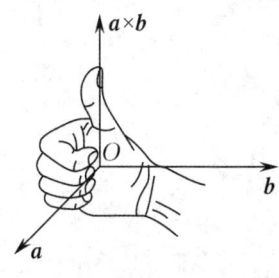

图 8-21

(1) $|\boldsymbol{a}\times\boldsymbol{b}| = |\boldsymbol{a}||\boldsymbol{b}|\sin(\widehat{\boldsymbol{a},\boldsymbol{b}})$,即 $\boldsymbol{a}$ 与 $\boldsymbol{b}$ 的向量积的模等于以 $\boldsymbol{a},\boldsymbol{b}$ 为邻边的平行四边形的面积;

(2) $\boldsymbol{a}\times\boldsymbol{b}$ 垂直于 $\boldsymbol{a},\boldsymbol{b}$ 所确定的平面,$\boldsymbol{a}\times\boldsymbol{b}$ 的方向按右手法则从 $\boldsymbol{a}$ 以不超过 π 的角度转向 $\boldsymbol{b}$ 来确定,如图 8-21 所示.

向量积满足下列规律:

(1) $\boldsymbol{a}\times\boldsymbol{b} = -\boldsymbol{b}\times\boldsymbol{a}$(向量积不满足交换律);

(2) **分配律** $(\boldsymbol{a}+\boldsymbol{b})\times\boldsymbol{c} = \boldsymbol{a}\times\boldsymbol{c} + \boldsymbol{b}\times\boldsymbol{c}$;

(3) **结合律** $(\lambda a) \times b = a \times (\lambda b) = \lambda(a \times b)$.

由向量积的定义,容易得出下面的结论:

(1) $a \times a = 0$;

(2) 两个非零向量 a 与 b 互相平行的充要条件为 $a \times b = 0$.

下面给出向量积的坐标表示式.

设向量 $a = a_x i + a_y j + a_z k, b = b_x i + b_y j + b_z k$,则

$$a \times b = (a_x i + a_y j + a_z k) \times (b_x i + b_y j + b_z k)$$
$$= a_x b_x (i \times i) + a_x b_y (i \times j) + a_x b_z (i \times k) + a_y b_x (j \times i) + a_y b_y (j \times j)$$
$$+ a_y b_z (j \times k) + a_z b_x (k \times i) + a_z b_y (k \times j) + a_z b_z (k \times k).$$

由于

$$i \times i = j \times j = k \times k = 0,$$
$$i \times j = k, \quad j \times k = i, \quad k \times i = j,$$
$$j \times i = -k, \quad k \times j = -i, \quad i \times k = -j,$$

因此向量积的坐标表示式为

$$a \times b = (a_y b_z - a_z b_y) i + (a_z b_x - a_x b_z) j + (a_x b_y - a_y b_x) k.$$

为了便于记忆,常用行列式来表示上述公式,即

$$a \times b = \begin{vmatrix} i & j & k \\ a_x & a_y & a_z \\ b_x & b_y & b_z \end{vmatrix}.$$

从这个公式可以看出,两非零向量 a 和 b 互相平行的充要条件为

$$\frac{a_x}{b_x} = \frac{a_y}{b_y} = \frac{a_z}{b_z}.$$

例7 设向量 $a = 2i + j - k, b = i - j + 2k$,计算 $a \times b$.

解 $a \times b = \begin{vmatrix} i & j & k \\ 2 & 1 & -1 \\ 1 & -1 & 2 \end{vmatrix}$

$$= [1 \times 2 - (-1)^2] i + [(-1) \times 1 - 2 \times 2] j + [2 \times (-1) - 1 \times 1] k$$
$$= i - 5j - 3k.$$

例8 求以三点 $A(1,2,3), B(3,4,5), C(2,4,7)$ 为顶点的三角形的面积 S.

解 根据向量积的定义,所求三角形的面积为

$$S = \frac{1}{2} |\overrightarrow{AB} \times \overrightarrow{AC}|.$$

因为

$$\overrightarrow{AB} = 2i + 2j + 2k, \quad \overrightarrow{AC} = i + 2j + 4k,$$

$$\overrightarrow{AB} \times \overrightarrow{AC} = \begin{vmatrix} i & j & k \\ 2 & 2 & 2 \\ 1 & 2 & 4 \end{vmatrix} = 4i - 6j + 2k,$$

所以
$$S = \frac{1}{2}|\overrightarrow{AB} \times \overrightarrow{AC}| = \frac{1}{2}\sqrt{4^2+(-6)^2+2^2} = \sqrt{14}.$$

例 9 已知向量 $a=(2,1,1)$，$b=(1,-1,1)$，求与 a 和 b 都垂直的单位向量.

解 设向量 $c=a\times b$，则 c 同时垂直于 a 和 b. 于是，与 c 平行的单位向量即为所求的单位向量. 因为

$$c = a \times b = \begin{vmatrix} i & j & k \\ 2 & 1 & 1 \\ 1 & -1 & 1 \end{vmatrix} = 2i - j - 3k = (2,-1,-3),$$

$$|c| = \sqrt{2^2+(-1)^2+(-3)^2} = \sqrt{14},$$

所以所求的单位向量为

$$\pm \frac{c}{|c|} = \pm \left(\frac{2}{\sqrt{14}}, \frac{-1}{\sqrt{14}}, \frac{-3}{\sqrt{14}}\right).$$

第四节 平　　面

一、曲面方程的概念

平面解析几何把曲线看作动点的轨迹. 类似地，空间解析几何把曲面看作动点或动曲线按一定规律运动而产生的轨迹.

一般地，如果曲面 S 与三元方程 $F(x,y,z)=0$ 之间存在如下关系：

(1) 曲面 S 上任一点的坐标都满足方程 $F(x,y,z)=0$；

(2) 不在曲面 S 上的点的坐标都不满足方程 $F(x,y,z)=0$，即满足该方程的点都在曲面 S 上，

那么称 $F(x,y,z)=0$ 为**曲面 S 的方程**，而曲面 S 称为该方程的图形.

例 1 建立球心在点 $M_0(x_0,y_0,z_0)$，半径为 R 的球面方程.

解 设 $M(x,y,z)$ 是所求球面上的任一点，则
$$|M_0M| = R,$$
即
$$\sqrt{(x-x_0)^2+(y-y_0)^2+(z-z_0)^2} = R.$$
上式两边平方，得
$$(x-x_0)^2+(y-y_0)^2+(z-z_0)^2 = R^2. \tag{8.4.1}$$

显然，所求球面上的点的坐标都满足这个方程，而不在所求球面上的点的坐标都不满足这个方程，所以方程 (8.4.1) 就是以点 $M_0(x_0,y_0,z_0)$ 为球心，以 R 为半径的球面方程.

特别地,如果球心 M_0 为坐标原点,即 $x_0 = y_0 = z_0 = 0$,则所求球面方程为
$$x^2 + y^2 + z^2 = R^2. \tag{8.4.2}$$

例 2 方程 $x^2 + y^2 + z^2 - 4x + 8y = 0$ 表示怎样的曲面?

解 原方程可改写为
$$(x-2)^2 + (y+4)^2 + z^2 = 20.$$
与方程(8.4.1)比较可知,原方程表示球心在点 $M_0(2,-4,0)$,半径 R 为 $2\sqrt{5}$ 的球面.

二、平面及其方程

空间直角坐标系中最简单且最重要的一种曲面就是平面.下面我们将以向量为工具,在空间直角坐标系中建立平面方程.

1. 平面的点法式方程

垂直于平面 Π 的非零向量 $\boldsymbol{n}$ 称为该平面的**法线向量**,简称**法向量**.

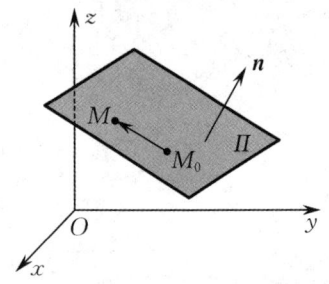

图 8-22

我们知道,如果已知平面 Π 上的一点 $M_0(x_0, y_0, z_0)$ 和它的法向量 $\boldsymbol{n} = (A, B, C)$,那么平面 Π 的位置就完全确定了.下面我们将依此假设来建立该平面方程.

设 $M(x, y, z)$ 是平面 Π 上的任一点(见图 8-22),由立体几何知识可知,平面上的任一向量都与该平面的法向量垂直,所以 $\overrightarrow{M_0 M} \perp \boldsymbol{n}$,即
$$\boldsymbol{n} \cdot \overrightarrow{M_0 M} = 0.$$
由于 $\overrightarrow{M_0 M} = (x - x_0, y - y_0, z - z_0)$,所以
$$A(x - x_0) + B(y - y_0) + C(z - z_0) = 0, \tag{8.4.3}$$
故平面 Π 上任一点的坐标都满足方程(8.4.3).

若设点 $M'(x, y, z)$ 不在平面 Π 上,则向量 $\overrightarrow{M_0 M'}$ 就不与法向量 $\boldsymbol{n}$ 垂直,即
$$\boldsymbol{n} \cdot \overrightarrow{M_0 M'} \neq 0,$$
故不在平面 Π 上的点的坐标都不满足方程(8.4.3).

因此,方程(8.4.3)就是所求平面的方程,而平面 Π 就是方程(8.4.3)的图形.由于方程(8.4.3)是由已知平面 Π 上的一点 $M_0(x_0, y_0, z_0)$ 和它的法向量 $\boldsymbol{n} = (A, B, C)$ 来确定的,故也称方程(8.4.3)为**平面的点法式方程**.

2. 平面的一般式方程

将方程(8.4.3)化简得
$$Ax + By + Cz - Ax_0 - By_0 - Cz_0 = 0.$$
令 $D = -Ax_0 - By_0 - Cz_0$,则上式成为
$$Ax + By + Cz + D = 0.$$
由于上述方程是 x, y, z 的一次方程,因此任一平面都可以用三元一次方程来表示.

反过来,对于任给的一个三元一次方程

$$Ax + By + Cz + D = 0, \quad (8.4.4)$$

取满足该方程的一组解 x_0, y_0, z_0,则有

$$Ax_0 + By_0 + Cz_0 + D = 0. \quad (8.4.5)$$

由方程(8.4.4)减去方程(8.4.5),得

$$A(x - x_0) + B(y - y_0) + C(z - z_0) = 0.$$

把上述方程与方程(8.4.3)相比较便知,它是通过点 $M_0(x_0, y_0, z_0)$ 且以 $\boldsymbol{n} = (A, B, C)$ 为法向量的平面方程. 因为上述方程与方程(8.4.4)同解,所以三元一次方程(8.4.4)的图形是一个平面.

方程(8.4.4)称为**平面的一般式方程**,其中 x, y, z 的系数是该平面的法向量 $\boldsymbol{n}$ 的坐标,即 $\boldsymbol{n} = (A, B, C)$.

例 3 求过点 $(2, -3, 0)$ 且与平面 $2x + 2y + 3z = 6$ 平行的平面方程.

解 因为所求平面与已知平面平行,而已知平面的法向量为 $\boldsymbol{n}_1 = (2, 2, 3)$,所以向量 $\boldsymbol{n}_1$ 也是所求平面的法向量,故所求平面方程为

$$2(x - 2) + 2(y + 3) + 3z = 0,$$

即

$$2x + 2y + 3z + 2 = 0.$$

例 4 求过三点 $A(2, -3, 0), B(1, 3, -2)$ 和 $C(0, 2, 3)$ 的平面方程.

解 设所求平面的法向量为 $\boldsymbol{n}$,则 $\boldsymbol{n}$ 与向量 $\overrightarrow{AB}, \overrightarrow{AC}$ 都垂直. 而

$$\overrightarrow{AB} = (-1, 6, -2), \quad \overrightarrow{AC} = (-2, 5, 3),$$

故可取 $\boldsymbol{n} = \overrightarrow{AB} \times \overrightarrow{AC}$,即

$$\boldsymbol{n} = \overrightarrow{AB} \times \overrightarrow{AC} = \begin{vmatrix} \boldsymbol{i} & \boldsymbol{j} & \boldsymbol{k} \\ -1 & 6 & -2 \\ -2 & 5 & 3 \end{vmatrix} = 28\boldsymbol{i} + 7\boldsymbol{j} + 7\boldsymbol{k}.$$

于是,根据平面的点法式方程可得此平面方程为

$$28(x - 2) + 7(y + 3) + 7(z - 0) = 0,$$

即

$$28x + 7y + 7z - 35 = 0.$$

例 5 如图 8-23 所示,已知平面 Π 在三条坐标轴上的截距分别为 $a, b, c (a \neq 0, b \neq 0, c \neq 0)$,求该平面方程.

解 因为 a, b, c 分别表示平面 Π 在 x 轴、y 轴、z 轴上的截距,所以平面 Π 通过三点 $A(a, 0, 0), B(0, b, 0), C(0, 0, c)$,且这三点不在同一直线上.

由于向量 $\overrightarrow{AB} = (-a, b, 0), \overrightarrow{AC} = (-a, 0, c)$ 都在平面 Π 上,所以 Π 的法向量 $\boldsymbol{n}$ 与 $\overrightarrow{AB}, \overrightarrow{AC}$ 都垂直,故可取

$$\boldsymbol{n} = \overrightarrow{AB} \times \overrightarrow{AC} = \begin{vmatrix} \boldsymbol{i} & \boldsymbol{j} & \boldsymbol{k} \\ -a & b & 0 \\ -a & 0 & c \end{vmatrix} = bc\boldsymbol{i} + ac\boldsymbol{j} + ab\boldsymbol{k}.$$

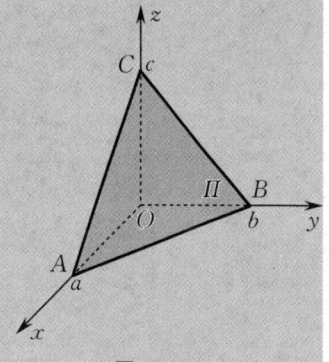

图 8-23

于是，平面 Π 的方程为
$$bc(x-a)+ac(y-0)+ab(z-0)=0.$$
由于 $a\neq 0, b\neq 0, c\neq 0$，因此上式可改写为
$$\frac{x}{a}+\frac{y}{b}+\frac{z}{c}=1. \tag{8.4.6}$$
方程(8.4.6)称为**平面的截距式方程**.

例 6 已知平面与三条坐标轴分别交于点 $A(-2,0,0), B(0,3,0), C(0,0,2)$，求该平面方程.

解 因为平面在 x 轴、y 轴、z 轴上的截距依次为 $a=-2, b=3, c=2$，所以该平面方程为
$$\frac{x}{-2}+\frac{y}{3}+\frac{z}{2}=1 \quad \text{或} \quad 3x-2y-3z+6=0.$$

3. 特殊位置的平面方程

1) 过坐标原点的平面方程

过坐标原点的平面方程为 $Ax+By+Cz=0$.

2) 平行于坐标轴的平面方程

平行于 x 轴的平面方程为 $By+Cz+D=0$；

平行于 y 轴的平面方程为 $Ax+Cz+D=0$；

平行于 z 轴的平面方程为 $Ax+By+D=0$.

3) 过坐标轴的平面方程

过 x 轴的平面方程为 $By+Cz=0$；

过 y 轴的平面方程为 $Ax+Cz=0$；

过 z 轴的平面方程为 $Ax+By=0$.

4) 垂直于坐标轴的平面方程

垂直于 x 轴（或平行于 yOz 面）的平面方程为 $Ax+D=0$；

垂直于 y 轴（或平行于 zOx 面）的平面方程为 $By+D=0$；

垂直于 z 轴（或平行于 xOy 面）的平面方程为 $Cz+D=0$.

例 7 指出下列平面的位置特点，并作出其图形：

(1) $x+y=4$；　　　　　　　　　(2) $z=2$.

解 (1) 由于方程中不含 z 的项，因此该平面平行于 z 轴，如图 8-24 所示.

(2) 方程 $z=2$ 表示过点 $(0,0,2)$ 且垂直于 z 轴的平面，如图 8-25 所示.

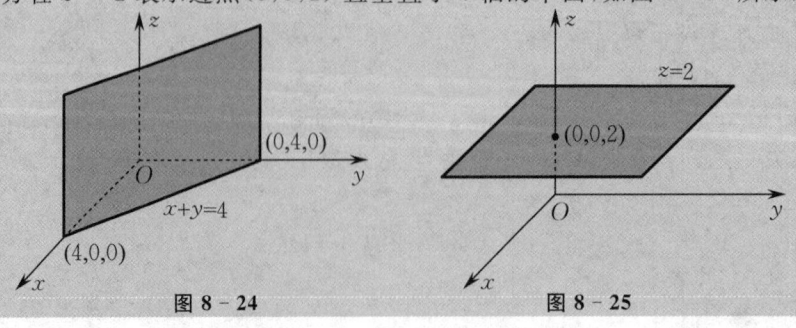

图 8-24　　　　　　　　图 8-25

例8 求过 x 轴和点 $(4,-3,-1)$ 的平面方程.

解法一 因为所求平面过 x 轴,所以该平面过坐标原点 $(0,0,0)$ 和点 $(1,0,0)$. 又已知该平面过点 $(4,-3,-1)$,设所求平面的法向量为 $\boldsymbol{n}$,故可取

$$\boldsymbol{n}=\begin{vmatrix} \boldsymbol{i} & \boldsymbol{j} & \boldsymbol{k} \\ 1 & 0 & 0 \\ 4 & -3 & -1 \end{vmatrix}=0\boldsymbol{i}+\boldsymbol{j}-3\boldsymbol{k},$$

于是所求平面方程为

$$0(x-0)+1(y-0)-3(z-0)=0, \quad 即 \quad y-3z=0.$$

解法二 因为所求平面过 x 轴,所以可设所求平面方程为

$$By+Cz=0.$$

又因为所求平面过点 $(4,-3,-1)$,所以 $-3B-C=0$,即 $C=-3B$.

不妨取 $B=1$,得 $C=-3$,故所求平面方程为

$$y-3z=0.$$

三、两平面的夹角及平行、垂直的条件

如果两个平面相交,那么它们之间有两个互补的二面角,如图8-26所示,我们把两个平面的法向量的夹角(通常取锐角或直角)称为**两平面的夹角**.

设平面 Π_1 与 Π_2 的方程分别为 $A_1x+B_1y+C_1z+D_1=0$ 和 $A_2x+B_2y+C_2z+D_2=0$,它们的法向量分别为 $\boldsymbol{n}_1=(A_1,B_1,C_1)$ 和 $\boldsymbol{n}_2=(A_2,B_2,C_2)$,则根据两向量的夹角余弦公式,得两平面 Π_1,Π_2 的夹角 θ 的余弦为

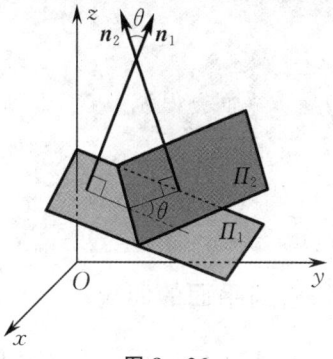

图 8-26

$$\cos\theta=|\cos(\widehat{\boldsymbol{n}_1,\boldsymbol{n}_2})|=\frac{|A_1A_2+B_1B_2+C_1C_2|}{\sqrt{A_1^2+B_1^2+C_1^2}\sqrt{A_2^2+B_2^2+C_2^2}}. \tag{8.4.7}$$

从上式可得以下结论:

(1) 两平面 Π_1,Π_2 互相垂直的充要条件为

$$A_1A_2+B_1B_2+C_1C_2=0.$$

(2) 两平面 Π_1,Π_2 互相平行的充要条件为

$$\frac{A_1}{A_2}=\frac{B_1}{B_2}=\frac{C_1}{C_2}.$$

(3) 两平面 Π_1,Π_2 重合的充要条件为

$$\frac{A_1}{A_2}=\frac{B_1}{B_2}=\frac{C_1}{C_2}=\frac{D_1}{D_2}.$$

例9 判别以下各组中两平面的位置关系:

(1) $\Pi_1:x-y+2z-6=0,\Pi_2:2x+y+z-5=0$;

(2) $\Pi_1:2x-y+z-1=0,\Pi_2:-4x+2y-2z-1=0$.

解 (1) 所给两平面的法向量分别为 $\boldsymbol{n}_1=(1,-1,2),\boldsymbol{n}_2=(2,1,1)$. 因为

$$\cos\theta = |\cos(\widehat{\boldsymbol{n}_1, \boldsymbol{n}_2})| = \frac{|1\times 2 + (-1)\times 1 + 2\times 1|}{\sqrt{1^2+(-1)^2+2^2}\sqrt{2^2+1^2+1^2}} = \frac{1}{2},$$

所以平面 Π_1 与 Π_2 相交,且夹角为 $\theta = \dfrac{\pi}{3}$.

(2) 所给两平面的法向量分别为 $\boldsymbol{n}_1 = (2,-1,1), \boldsymbol{n}_2 = (-4,2,-2)$. 因为

$$\frac{2}{-4} = \frac{-1}{2} = \frac{1}{-2} \neq \frac{-1}{-1},$$

所以两平面 Π_1 与 Π_2 平行但不重合.

例 10 一平面过点 $P_1(1,1,1)$ 和 $P_2(0,1,-1)$,且垂直于平面 $x+y+z=0$,求该平面方程.

解 平面 $x+y+z=0$ 的法向量为 $\boldsymbol{n}_1 = (1,1,1)$,且向量 $\overrightarrow{P_1P_2} = (-1,0,-2)$ 在所求平面上.设所求平面的法向量为 $\boldsymbol{n}$,则 $\boldsymbol{n}$ 同时垂直于 $\overrightarrow{P_1P_2}$ 及 $\boldsymbol{n}_1$,所以可取

$$\boldsymbol{n} = \boldsymbol{n}_1 \times \overrightarrow{P_1P_2} = \begin{vmatrix} \boldsymbol{i} & \boldsymbol{j} & \boldsymbol{k} \\ 1 & 1 & 1 \\ -1 & 0 & -2 \end{vmatrix} = (-2, 1, 1).$$

故所求平面方程为

$$-2(x-1) + (y-1) + (z-1) = 0,$$

即

$$2x - y - z = 0.$$

四、点到平面的距离

设 $M_0(x_0, y_0, z_0)$ 是平面 $\Pi: Ax+By+Cz+D=0$ 上的一点,$M_1(x_1, y_1, z_1)$ 是平面 Π 外的一点(见图 8-27),点 M_1 到平面 Π 的距离为 d,则

$$d = |\text{Prj}_{\boldsymbol{n}} \overrightarrow{M_0M_1}| = \frac{|\boldsymbol{n} \cdot \overrightarrow{M_0M_1}|}{|\boldsymbol{n}|},$$

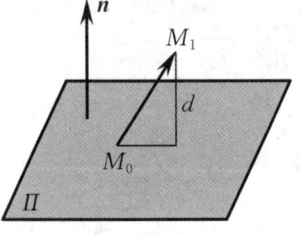

图 8-27

其中 $\boldsymbol{n} = (A, B, C)$ 为平面 Π 的法向量.因为

$$|\boldsymbol{n} \cdot \overrightarrow{M_0M_1}| = |A(x_1-x_0) + B(y_1-y_0) + C(z_1-z_0)|$$
$$= |Ax_1 + By_1 + Cz_1 - Ax_0 - By_0 - Cz_0|,$$

而点 $M_0(x_0, y_0, z_0)$ 在平面 Π 上,故有

$$Ax_0 + By_0 + Cz_0 + D = 0,$$

即

$$Ax_0 + By_0 + Cz_0 = -D,$$

从而可得

$$|\boldsymbol{n} \cdot \overrightarrow{M_0M_1}| = |Ax_1 + By_1 + Cz_1 + D|,$$

所以

$$d = \frac{|Ax_1 + By_1 + Cz_1 + D|}{\sqrt{A^2 + B^2 + C^2}}. \qquad (8.4.8)$$

(8.4.8) 式称为**点到平面的距离公式**.

例 11 求两平行平面 $\Pi_1: 2x-y+z-1=0$ 和 $\Pi_2: -4x+2y-2z-1=0$ 之间的距离 d.

解 因为平面 Π_1 与 Π_2 平行,所以在平面 Π_1 上任取一点,该点到平面 Π_2 的距离即为所求距离. 为此,在平面 Π_1 上取一点 $(1,1,0)$,则由公式 $(8.4.8)$ 得

$$d = \frac{|-4 \times 1 + 2 \times 1 - 2 \times 0 - 1|}{\sqrt{(-4)^2 + 2^2 + (-2)^2}} = \frac{\sqrt{6}}{4}.$$

第五节 空间直线

一、空间曲线方程的概念

1. 空间曲线的一般方程

空间曲线可以看作两个曲面的交线. 设两曲面方程分别为 $F_1(x,y,z)=0$ 和 $F_2(x,y,z)=0$,则它们的交线 C 上的点同时在这两个曲面上,其坐标必同时满足这两个方程. 反之,坐标同时满足这两个方程的点也一定在这两个曲面的交线 C 上. 因此,联立方程组

$$\begin{cases} F_1(x,y,z)=0, \\ F_2(x,y,z)=0, \end{cases} \quad (8.5.1)$$

此即为空间曲线 C 的方程. 方程组 $(8.5.1)$ 称为**空间曲线的一般方程**.

例如,方程组 $\begin{cases} x^2+y^2+z^2=2, \\ z=1 \end{cases}$ 表示平面 $z=1$ 与以坐标原点为球心,以 $\sqrt{2}$ 为半径的球面的交线. 如果将 $z=1$ 代入第一个方程中,得 $x^2+y^2=1$,所以该曲线是平面 $z=1$ 上以 $(0,0,1)$ 为圆心的单位圆,如图 8-28 所示.

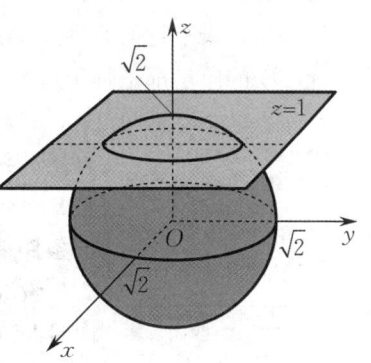

图 8-28

2. 空间曲线的参数方程

对于空间曲线,除了上面的一般方程外,还可以用参数方程来表示,即将空间曲线 C 上的点的坐标 x,y,z 用同一参变量 t 的函数

$$\begin{cases} x = x(t), \\ y = y(t), \quad (t_1 \leqslant t \leqslant t_2) \\ z = z(t) \end{cases} \quad (8.5.2)$$

表示. 当给定 t 的一个值时,由方程组 $(8.5.2)$ 可得到曲线 C 上的一个点的坐标;当 t 在区间 $[t_1, t_2]$ 上变动时,就可得到曲线 C 上的所有点. 方程组 $(8.5.2)$ 称为**空间曲线的参数方程**.

二、空间直线及其方程

空间直角坐标系中最简单且最重要的一种曲线就是空间直线.下面我们将以向量为工具,在空间直角坐标系中建立空间直线方程.

1. 空间直线的一般方程

空间直线 L 可以看作两个相交平面 Π_1 和 Π_2 的交线.设平面 Π_1 和 Π_2 的方程分别为 $A_1 x + B_1 y + C_1 z + D_1 = 0$ 和 $A_2 x + B_2 y + C_2 z + D_2 = 0$,则空间直线 L 上点的坐标应同时满足这两个平面方程,即应满足方程组

$$\begin{cases} A_1 x + B_1 y + C_1 z + D_1 = 0, \\ A_2 x + B_2 y + C_2 z + D_2 = 0. \end{cases} \tag{8.5.3}$$

反过来,如果点 M 不在直线 L 上,那么它不可能同时在平面 Π_1 和 Π_2 上,所以它的坐标不满足方程组(8.5.3).因此,方程组(8.5.3)即为空间直线 L 的方程.方程组(8.5.3)称为**空间直线的一般方程**.

需要指出的是,通过空间一直线 L 的平面有无穷多个,在这无穷多个平面中任选两个,并把它们的方程联立起来,则所得方程组均可作为直线 L 的一般方程.由此可见,表示直线 L 的一般方程不是唯一的.

2. 空间直线的标准式方程

为了建立空间直线的标准式方程,我们先引入空间直线的方向向量的概念.

与已知直线平行的非零向量称为该直线的**方向向量**.显然,直线上任意两个不重合的点所构成的向量都平行于该直线,也就是说,这个向量是该直线的一个方向向量.

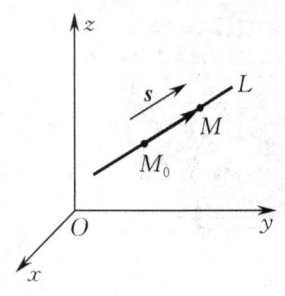

图 8-29

我们知道,过空间一点可作且只可作一条直线平行于已知直线.因此,当已知直线 L 上一点 $M_0(x_0, y_0, z_0)$ 和它的方向向量 $s = (m, n, p)$ 时,直线 L 的位置就完全确定了.下面根据此假设条件来建立直线 L 的方程.

设 $M(x, y, z)$ 是直线 L 上的任意一点,如图 8-29 所示,那么向量 $\overrightarrow{M_0 M}$ 与 L 的方向向量 s 平行,所以两向量的对应坐标成比例.由于 $\overrightarrow{M_0 M} = (x - x_0, y - y_0, z - z_0), s = (m, n, p)$,从而有

$$\frac{x - x_0}{m} = \frac{y - y_0}{n} = \frac{z - z_0}{p}. \tag{8.5.4}$$

反过来,如果点 M 不在直线 L 上,那么由于 $\overrightarrow{M_0 M}$ 与 s 不平行,故两向量的对应坐标就不成比例,即方程组(8.5.4)不成立.因此,方程组(8.5.4)就是直线 L 的方程,称为**直线的标准式(或对称式、点向式)方程**.

当 m, n, p 中有一个为零,如 $m = 0$ 时,方程组(8.5.4)应理解为

$$\begin{cases} x - x_0 = 0, \\ \dfrac{y - y_0}{n} = \dfrac{z - z_0}{p}. \end{cases}$$

当 m, n, p 中有两个为零,如 $m = n = 0$ 时,方程组(8.5.4)应理解为

$$\begin{cases} x - x_0 = 0, \\ y - y_0 = 0. \end{cases}$$

3. 空间直线的参数方程

若在直线 L 的标准式方程中,令

$$\frac{x-x_0}{m} = \frac{y-y_0}{n} = \frac{z-z_0}{p} = t,$$

则

$$\begin{cases} x - x_0 = mt, \\ y - y_0 = nt, \\ z - z_0 = pt, \end{cases}$$

即

$$\begin{cases} x = x_0 + mt, \\ y = y_0 + nt, \\ z = z_0 + pt. \end{cases} \tag{8.5.5}$$

方程组(8.5.5)称为**直线的参数方程**.

例1 求过两点 $M_1(x_1,y_1,z_1)$, $M_2(x_2,y_2,z_2)$ 的直线方程.

解 可取方向向量为

$$\boldsymbol{s} = \overrightarrow{M_1M_2} = (x_2 - x_1, y_2 - y_1, z_2 - z_1),$$

于是由直线的标准式方程可知,过两点 M_1, M_2 的直线方程为

$$\frac{x-x_1}{x_2-x_1} = \frac{y-y_1}{y_2-y_1} = \frac{z-z_1}{z_2-z_1}. \tag{8.5.6}$$

方程组(8.5.6)称为**直线的两点式方程**.

例2 求过点 $M(2,-1,3)$ 且垂直于平面 $3y+z=0$ 的直线方程.

解 因为所求直线与已知平面垂直,所以直线与该平面的法向量 $\boldsymbol{n}=(0,3,1)$ 平行,从而可取直线的方向向量为 $\boldsymbol{s}=(0,3,1)$. 故所求直线的标准式方程为

$$\begin{cases} x - 2 = 0, \\ \dfrac{y+1}{3} = \dfrac{z-3}{1}. \end{cases}$$

例3 用标准式方程及参数方程表示直线

$$\begin{cases} x+y+z+1=0, \\ 2x+y+3z+4=0. \end{cases}$$

解 先找出这条直线上的一点 (x_0,y_0,z_0). 例如,可以取 $x_0=1$,代入题设方程组,得

$$\begin{cases} y_0 + z_0 = -2, \\ y_0 + 3z_0 = -6, \end{cases}$$

解该二元一次方程组,得

$$y_0 = 0, \quad z_0 = -2,$$

即 $(1,0,-2)$ 是这条直线上的一点.

然后寻找这条直线的方向向量 s. 注意到这条直线作为两平面的交线, 自然与这两个平面的法向量 $n_1 = (1,1,1)$, $n_2 = (2,1,3)$ 都垂直, 所以可取其方向向量为

$$s = n_1 \times n_2 = \begin{vmatrix} i & j & k \\ 1 & 1 & 1 \\ 2 & 1 & 3 \end{vmatrix} = 2i - j - k = (2,-1,-1).$$

因此, 所给直线的标准式方程为

$$\frac{x-1}{2} = \frac{y}{-1} = \frac{z+2}{-1}.$$

令上式比值等于 t, 则又可得所给直线的参数方程为

$$\begin{cases} x = 1 + 2t, \\ y = -t, \\ z = -2 - t. \end{cases}$$

例 4 将直线的标准式方程 $\dfrac{x-1}{2} = \dfrac{y}{-1} = \dfrac{z+2}{-1}$ 化为一般方程.

解 将方程 $\dfrac{x-1}{2} = \dfrac{y}{-1} = \dfrac{z+2}{-1}$ 写成

$$\frac{x-1}{2} = \frac{y}{-1}, \quad \frac{y}{-1} = \frac{z+2}{-1},$$

整理得

$$\begin{cases} 2y + x - 1 = 0, \\ y - z - 2 = 0, \end{cases}$$

此即为所求直线的一般方程.

注 例 3 提供了将直线的一般方程化为标准式方程和参数方程的方法; 例 4 提供了将直线的标准式方程化为一般方程的方法.

三、两直线的夹角及平行、垂直的条件

设两直线 L_1 和 L_2 的标准式方程分别为

$$\frac{x-x_1}{m_1} = \frac{y-y_1}{n_1} = \frac{z-z_1}{p_1}, \quad \frac{x-x_2}{m_2} = \frac{y-y_2}{n_2} = \frac{z-z_2}{p_2}.$$

它们的方向向量分别为 $s_1 = (m_1, n_1, p_1)$ 和 $s_2 = (m_2, n_2, p_2)$, 称这两个方向向量的夹角(通常取锐角或直角)为**两直线 L_1 和 L_2 的夹角**, 记作 θ, 即有

$$\cos \theta = |\cos(\widehat{s_1, s_2})| = \frac{|m_1 m_2 + n_1 n_2 + p_1 p_2|}{\sqrt{m_1^2 + n_1^2 + p_1^2} \sqrt{m_2^2 + n_2^2 + p_2^2}}. \tag{8.5.7}$$

由此推出, 两直线互相垂直的充要条件为

$$m_1 m_2 + n_1 n_2 + p_1 p_2 = 0; \tag{8.5.8}$$

两直线互相平行的充要条件为

$$\frac{m_1}{m_2} = \frac{n_1}{n_2} = \frac{p_1}{p_2}. \tag{8.5.9}$$

例 5 求直线 $L_1: \frac{x-1}{1} = \frac{y}{-4} = \frac{z+3}{1}$ 和直线 $L_2: \frac{x}{2} = \frac{y+2}{-2} = \frac{z}{-1}$ 的夹角.

解 因为直线 L_1 的方向向量为 $\boldsymbol{s}_1 = (1, -4, 1)$,直线 L_2 的方向向量为 $\boldsymbol{s}_2 = (2, -2, -1)$,所以直线 L_1 与 L_2 的夹角 θ 的余弦为

$$\cos\theta = \frac{|1 \times 2 + (-4) \times (-2) + 1 \times (-1)|}{\sqrt{1^2 + (-4)^2 + 1^2}\sqrt{2^2 + (-2)^2 + (-1)^2}} = \frac{\sqrt{2}}{2},$$

因此 $\theta = \frac{\pi}{4}$.

例 6 求过点 $(2, 0, -1)$ 且与直线

$$\begin{cases} 2x - 3y + z - 6 = 0, \\ 4x - 2y + 3z + 9 = 0 \end{cases}$$

平行的直线方程.

解 因所求直线与已知直线平行,故其方向向量可取为

$$\boldsymbol{s} = \boldsymbol{n}_1 \times \boldsymbol{n}_2 = (2, -3, 1) \times (4, -2, 3) = (-7, -2, 8),$$

从而根据直线的标准式方程,得所求直线方程为

$$\frac{x-2}{-7} = \frac{y}{-2} = \frac{z+1}{8}.$$

例 7 求过点 $(2, 1, 3)$ 且与直线 $\frac{x+1}{3} = \frac{y-1}{2} = \frac{z}{-1}$ 垂直相交的直线方程.

解 先作一平面过点 $(2, 1, 3)$ 且垂直于已知直线,则该平面方程应为

$$3(x-2) + 2(y-1) - (z-3) = 0.$$

再求该平面与已知直线的交点. 把已知直线的参数方程

$$\begin{cases} x = -1 + 3t, \\ y = 1 + 2t, \\ z = -t \end{cases}$$

代入上述所得平面方程,解得 $t = \frac{3}{7}$. 再将求得的 t 值代入上述直线的参数方程,即得

$$x = \frac{2}{7}, \quad y = \frac{13}{7}, \quad z = -\frac{3}{7},$$

所以交点坐标为 $\left(\frac{2}{7}, \frac{13}{7}, -\frac{3}{7}\right)$.

于是,由上述所求交点与点 $(2, 1, 3)$ 构成的向量 $\left(\frac{2}{7} - 2, \frac{13}{7} - 1, -\frac{3}{7} - 3\right)$ 就是所求直线的一个方向向量,故所求直线方程为

$$\frac{x-2}{\frac{2}{7}-2} = \frac{y-1}{\frac{13}{7}-1} = \frac{z-3}{-\frac{3}{7}-3},$$

即

$$\frac{x-2}{2} = \frac{y-1}{-1} = \frac{z-3}{4}.$$

四、直线与平面的夹角及平行、垂直的条件

当直线与平面不垂直时,直线与它在平面上的投影直线的夹角(取锐角)称为**直线与平面的夹角**,如图 8-30 所示. 当直线与平面垂直时,规定直线与平面的夹角为 $\frac{\pi}{2}$.

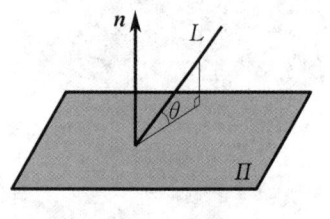

图 8-30

设直线 L 的方向向量为 $\boldsymbol{s}=(m,n,p)$,平面 Π 的法向量为 $\boldsymbol{n}=(A,B,C)$,则

$$\cos\left(\frac{\pi}{2}-\theta\right)=\frac{|\boldsymbol{n}\cdot\boldsymbol{s}|}{|\boldsymbol{n}||\boldsymbol{s}|},$$

即

$$\sin\theta=\frac{|Am+Bn+Cp|}{\sqrt{A^2+B^2+C^2}\sqrt{m^2+n^2+p^2}}. \tag{8.5.10}$$

由此推出,直线 L 与平面 Π 平行的充要条件为

$$Am+Bn+Cp=0; \tag{8.5.11}$$

直线 L 与平面 Π 垂直的充要条件为

$$\frac{A}{m}=\frac{B}{n}=\frac{C}{p}. \tag{8.5.12}$$

例 8 求过点 $(2,1,3)$ 且与平面 $2x-3y+z-4=0$ 垂直的直线方程.

解 因为所求直线垂直于已知平面,所以可以取已知平面的一个法向量 $(2,-3,1)$ 作为所求直线的方向向量,从而所求直线方程为

$$\frac{x-2}{2}=\frac{y-1}{-3}=\frac{z-3}{1}.$$

五、平面束

通过空间的一条直线可作无穷多个平面,通过同一直线的所有平面的全体称为一个**平面束**. 设空间直线 L 的一般方程为

$$\begin{cases}A_1x+B_1y+C_1z+D_1=0,\\ A_2x+B_2y+C_2z+D_2=0,\end{cases}$$

则称方程

$$(A_1x+B_1y+C_1z+D_1)+\lambda(A_2x+B_2y+C_2z+D_2)=0 \tag{8.5.13}$$

为**过直线 L 的平面束方程**(实际上,方程(8.5.13)表示缺少平面 $A_2x+B_2y+C_2z+D_2=0$ 的平面束),其中 λ 为任意常数.

例 9 求直线 $L:\begin{cases}2x-3y+z-6=0,\\ 4x-2y+3z+9=0\end{cases}$ 在平面 $x+y-z=0$ 上的投影直线方程.

解 设过直线 $L:\begin{cases}2x-3y+z-6=0,\\ 4x-2y+3z+9=0\end{cases}$ 的平面束方程为

$$(2x-3y+z-6)+\lambda(4x-2y+3z+9)=0,$$

即

$$(4\lambda+2)x-(2\lambda+3)y+(3\lambda+1)z+(9\lambda-6)=0,$$

其中 λ 为待定常数. 于是,该平面束与平面 $x+y-z=0$ 垂直的条件是

$$(4\lambda+2)\times 1-(2\lambda+3)\times 1+(3\lambda+1)\times(-1)=0,$$

解得

$$\lambda=-2.$$

因此,过直线 L 且与平面 $x+y-z=0$ 垂直的平面方程为

$$6x-y+5z+24=0,$$

所求投影直线方程为

$$\begin{cases}6x-y+5z+24=0,\\ x+y-z=0.\end{cases}$$

第六节 几种常见的曲面与空间曲线

前面,我们简单介绍了曲面、空间曲线方程的概念,并考察了最简单的曲面——平面,以及最简单的空间曲线——直线,建立了它们的方程. 在本节中,我们将介绍几类常见的曲面与空间曲线.

一、几类常见的曲面

1. 柱面

沿定曲线 C 平行移动的动直线 l 所形成的轨迹称为柱面,其中定曲线 C 称为**柱面的准线**,动直线 l 称为**柱面的母线**,如图 8-31 所示.

柱面方程与选取的坐标系有关. 若要使得柱面方程简单,则需选取坐标轴与母线平行的坐标系. 下面我们只讨论母线平行于坐标轴的柱面的情况.

如果柱面的准线是 xOy 面上的曲线 C,其方程为

$$f(x,y)=0, \qquad (8.6.1)$$

且柱面的母线平行于 z 轴(见图 8-31),则方程

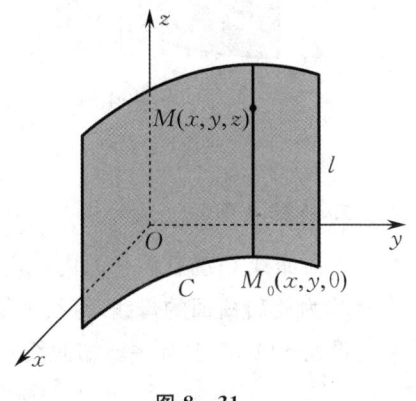

图 8-31

$f(x,y) = 0$ 就是该柱面的方程. 事实上,在该柱面上任取一点 $M(x,y,z)$,过点 M 作直线平行于 z 轴,则该直线与 xOy 面相交于点 $M_0(x,y,0)$,而点 M_0 就是点 M 在 xOy 面上的投影,于是点 M_0 必落在准线 C 上,即它在 xOy 面上的坐标 (x,y) 必满足方程 $f(x,y) = 0$. 又因为这个方程不含 z 的项,所以点 M 的坐标 (x,y,z) 也满足方程 $f(x,y) = 0$.

因此,在空间直角坐标系中,方程 $f(x,y) = 0$ 所表示的图形就是母线平行于 z 轴的柱面.

同理可知,只含 y,z 而不含 x 的方程 $\varphi(y,z) = 0$ 和只含 z,x 而不含 y 的方程 $\psi(z,x) = 0$ 分别表示母线平行于 x 轴和母线平行于 y 轴的柱面.

通常,柱面以其准线的名称来命名. 例如,方程 $x^2 + y^2 = a^2$,$\dfrac{x^2}{a^2} + \dfrac{y^2}{b^2} = 1$,$\dfrac{x^2}{a^2} - \dfrac{y^2}{b^2} = 1$,$x^2 = 2py$ 分别表示母线平行于 z 轴的**圆柱面**、**椭圆柱面**、**双曲柱面**和**抛物柱面**,如图 8-32 所示. 因为它们的方程都是二次的,所以又将它们统称为**二次柱面**.

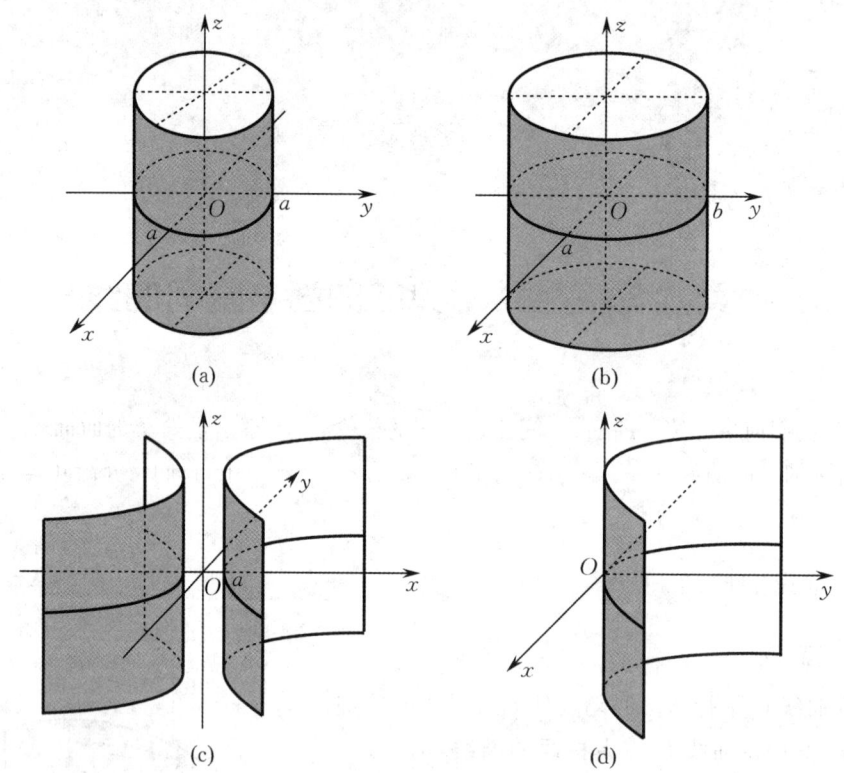

图 8-32

2. 旋转曲面

平面曲线 C 绕着该平面内一定直线 l 旋转一周所形成的曲面称为**旋转曲面**,其中曲线 C 称为**旋转曲面的母线**,直线 l 称为**旋转曲面的轴**.

设在 yOz 面上有一已知曲线 C,它的方程为
$$f(y,z) = 0,$$

将该曲线绕 z 轴旋转一周,就得到一个以 z 轴为轴的旋转曲面,如图 8-33 所示. 下面我们就来推导这个旋转曲面的方程.

在所求旋转曲面上任取一点 $M(x,y,z)$,设该点是母线 C 上的点 $M_1(0,y_1,z_1)$ 绕 z 轴旋转而得到的点(见图 8-33),则点 M 与点 M_1 的竖坐标相同,且它们到 z 轴的距离相等,即有

$$\begin{cases} z = z_1, \\ \sqrt{x^2+y^2} = |y_1|. \end{cases}$$

因为点 M_1 在曲线 C 上,所以 $f(y_1,z_1)=0$,将上述关系代入该方程中,得

$$f(\pm\sqrt{x^2+y^2},z)=0. \qquad (8.6.2)$$

因此,所求旋转曲面上任意点 M 的坐标 (x,y,z) 都满足方程 (8.6.2). 反之,如果点 $M(x,y,z)$ 不在所求旋转曲面上,那么它的坐标就不满足方程 (8.6.2). 故方程 (8.6.2) 就是所求旋转曲面的方程.

由上述推导过程可知,只要在 yOz 面上的曲线 C 的方程 $f(y,z)=0$ 中,将变量 y 换成 $\pm\sqrt{x^2+y^2}$,就可得到曲线 C 绕 z 轴旋转一周所形成的旋转曲面方程,即

$$f(\pm\sqrt{x^2+y^2},z)=0.$$

同理,将 yOz 面上的曲线 C 绕 y 轴旋转一周,所得旋转曲面方程为

$$f(y,\pm\sqrt{x^2+z^2})=0.$$

对于其他坐标面上的曲线绕该坐标面内任一坐标轴旋转一周所形成的旋转曲面方程,也可用类似的方法求得.

例 1 一动直线绕与它相交的另一条定直线旋转一周所形成的曲面称为**圆锥面**,其中动直线与定直线的交点称为**圆锥面的顶点**,两直线的夹角称为**圆锥面的半顶角**. 如图 8-34 所示,试建立顶点在坐标原点 O,旋转轴为 z 轴,半顶角为 α 的圆锥面方程.

解 在 yOz 面上,已知该圆锥面的母线方程为 $z=y\cot\alpha$,令 $k=\cot\alpha$,则 $z=ky$.

因为旋转轴为 z 轴,所以只要将方程 $z=ky$ 中的 y 改成 $\pm\sqrt{x^2+y^2}$,便可得到该旋转曲面方程,即所求圆锥面方程为

$$z=\pm k\sqrt{x^2+y^2}$$

或

$$z^2=k^2(x^2+y^2).$$

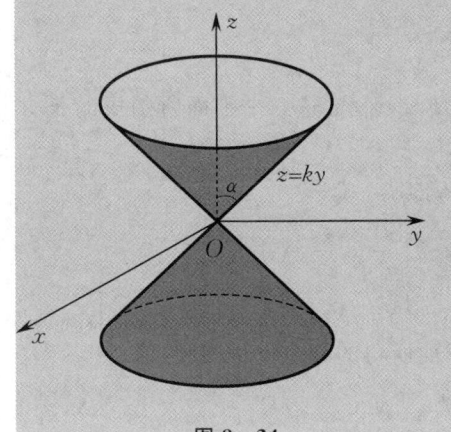

图 8-34

例 2 将 xOy 面上的双曲线
$$\frac{x^2}{a^2} - \frac{y^2}{b^2} = 1$$
分别绕 x 轴和 y 轴旋转一周,求所形成的旋转曲面方程.

解 绕 x 轴旋转一周所形成的旋转曲面方程为
$$\frac{x^2}{a^2} - \frac{y^2 + z^2}{b^2} = 1.$$
绕 y 轴旋转一周所形成的旋转曲面方程为
$$\frac{x^2 + z^2}{a^2} - \frac{y^2}{b^2} = 1.$$

3. 二次曲面

在空间直角坐标系中,方程 $F(x,y,z)=0$ 的图形一般是曲面. 若 $F(x,y,z)=0$ 为一次方程,则它的图形是平面,此时也称之为**一次曲面**. 自然地,二次方程 $F(x,y,z)=0$ 所表示的曲面称为**二次曲面**. 下面我们将讨论几种简单的二次曲面.

为了了解二次曲面的形状,我们利用一系列平行于坐标面的平面去截割曲面,得到一系列交线(截痕),通过对截痕的变化进行综合分析,就可以了解整个曲面的形状,这种方法称为**截痕法**. 下面我们用截痕法来研究几个二次曲面的形状.

1) 椭球面

方程
$$\frac{x^2}{a^2} + \frac{y^2}{b^2} + \frac{z^2}{c^2} = 1 \quad (a>0, b>0, c>0) \tag{8.6.3}$$
所表示的曲面称为**椭球面**,其中 a,b,c 称为**椭球面的半轴**.

由方程(8.6.3)可知,
$$\frac{x^2}{a^2} \leqslant 1, \quad \frac{y^2}{b^2} \leqslant 1, \quad \frac{z^2}{c^2} \leqslant 1,$$
即
$$|x| \leqslant a, \quad |y| \leqslant b, \quad |z| \leqslant c.$$
这说明,椭球面(8.6.3)完全包含在 $x=\pm a, y=\pm b, z=\pm c$ 这六个平面所围成的长方体内.

用三个坐标面截该椭球面所得的截痕都是椭圆,即
$$\begin{cases} \dfrac{x^2}{a^2} + \dfrac{y^2}{b^2} = 1, \\ z = 0; \end{cases} \quad \begin{cases} \dfrac{y^2}{b^2} + \dfrac{z^2}{c^2} = 1, \\ x = 0; \end{cases} \quad \begin{cases} \dfrac{x^2}{a^2} + \dfrac{z^2}{c^2} = 1, \\ y = 0. \end{cases}$$

用平行于 xOy 面的平面 $z = h(|h| \leqslant c)$ 截该椭球面所得的截痕也是椭圆,即
$$\begin{cases} \dfrac{x^2}{a^2} + \dfrac{y^2}{b^2} = 1 - \dfrac{h^2}{c^2}, \\ z = h. \end{cases}$$

上述椭圆的半轴分别为 $\dfrac{a}{c}\sqrt{c^2-h^2}$ 和 $\dfrac{b}{c}\sqrt{c^2-h^2}$. 当 $|h|$ 由 0 逐渐增大到 c 时,椭圆由

大变小，最后（当 $|h|=c$ 时）缩成一个点，即顶点 $(0,0,c)$ 和 $(0,0,-c)$. 如果 $|h|>c$，那么平面 $z=h$ 与该椭球面不相交.

同理，用平面 $y=k(|k|\leqslant b)$ 和 $x=r(|r|\leqslant a)$ 去截该椭球面，可得到类似的结果.

综合以上讨论便知椭球面(8.6.3)的形状，如图 8-35 所示.

特别地，当 $a=b=c$ 时，椭球面方程变为
$$x^2+y^2+z^2=a^2,$$
这是以坐标原点为圆心，半径为 a 的球面方程.

若有两个半轴相等，如 $a=b\neq c$，则方程(8.6.3)变为
$$\frac{x^2+y^2}{a^2}+\frac{z^2}{c^2}=1,$$

它表示 zOx 面（或 yOz 面）上的椭圆 $\frac{x^2}{a^2}+\frac{z^2}{c^2}=1$

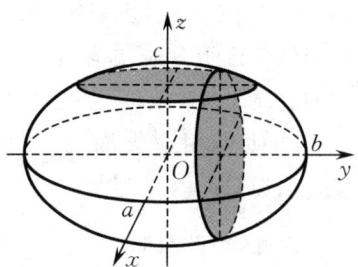

图 8-35

$\left(\text{或}\frac{y^2}{a^2}+\frac{z^2}{c^2}=1\right)$ 绕 z 轴旋转一周所形成的旋转曲面，称为**旋转椭球面**.

2) 双曲面

(1) 单叶双曲面.

方程
$$\frac{x^2}{a^2}+\frac{y^2}{b^2}-\frac{z^2}{c^2}=1 \quad (a>0,b>0,c>0)$$

所表示的曲面称为**单叶双曲面**.

下面讨论单叶双曲面 $\frac{x^2}{a^2}+\frac{y^2}{b^2}-\frac{z^2}{c^2}=1$ 的形状.

用 xOy 面 $(z=0)$ 截该曲面，所得截痕是中心在坐标原点，两个半轴分别为 a,b 的椭圆
$$\begin{cases}\frac{x^2}{a^2}+\frac{y^2}{b^2}=1,\\ z=0.\end{cases}$$

再用平行于 xOy 面的平面 $z=z_1$ 截该曲面，所得截痕是中心在 z 轴上的椭圆
$$\begin{cases}\frac{x^2}{a^2}+\frac{y^2}{b^2}=1+\frac{z_1^2}{c^2},\\ z=z_1,\end{cases}$$

它的两个半轴分别为 $\frac{a}{c}\sqrt{c^2+z_1^2}$ 和 $\frac{b}{c}\sqrt{c^2+z_1^2}$，且当 $|z_1|$ 由 0 逐渐增大时，它的两个半轴分别由 a 和 b 逐渐增大.

用 zOx 面 $(y=0)$ 截该曲面，所得截痕是中心在坐标原点的双曲线
$$\begin{cases}\frac{x^2}{a^2}-\frac{z^2}{c^2}=1,\\ y=0,\end{cases}$$

它的实轴与 x 轴相合，虚轴与 z 轴相合. 再用平行于 zOx 面的平面 $y=y_1(y_1^2\neq b^2)$ 截该

曲面,所得截痕是中心在 y 轴上的双曲线

$$\begin{cases} \dfrac{x^2}{a^2} - \dfrac{z^2}{c^2} = 1 - \dfrac{y_1^2}{b^2}, \\ y = y_1. \end{cases}$$

当 $0 < y_1^2 < b^2$ 时,该双曲线的实轴平行于 x 轴,虚轴平行于 z 轴;当 $y_1^2 > b^2$ 时,该双曲线的实轴平行于 z 轴,虚轴平行于 x 轴;当 $y_1^2 = b^2$ 时,所得截痕不再是双曲线,而是两条相交的直线.

类似地,用 yOz 面($x = 0$)和平行于 yOz 面的平面 $x = x_1$ 截该曲面,所得截痕与上述讨论类似.

因此,单叶双曲面 $\dfrac{x^2}{a^2} + \dfrac{y^2}{b^2} - \dfrac{z^2}{c^2} = 1$ 的形状如图 8-36 所示.

若将 zOx 面上的曲线 $\dfrac{x^2}{a^2} - \dfrac{z^2}{c^2} = 1$ 绕 z 轴旋转一周,则所形成的曲面方程为 $\dfrac{x^2}{a^2} + \dfrac{y^2}{a^2} - \dfrac{z^2}{c^2} = 1$,此时称该曲面为**旋转单叶双曲面**.

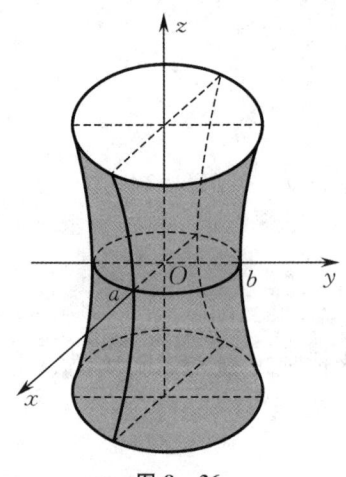

图 8-36

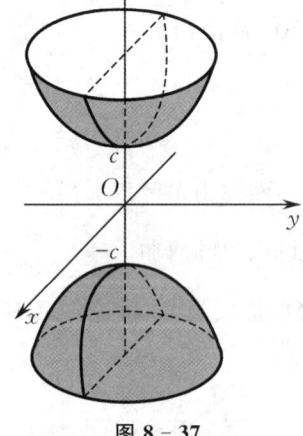

图 8-37

(2) 双叶双曲面.

方程

$$\dfrac{x^2}{a^2} + \dfrac{y^2}{b^2} - \dfrac{z^2}{c^2} = -1 \quad (a > 0, b > 0, c > 0)$$

所表示的曲面称为**双叶双曲面**.同样可用截痕法讨论得出该曲面形状,如图 8-37 所示.

若将 zOx 面上的曲线 $\dfrac{x^2}{a^2} - \dfrac{z^2}{c^2} = -1$ 绕 z 轴旋转一周,则所形成的曲面方程为 $\dfrac{x^2}{a^2} + \dfrac{y^2}{a^2} - \dfrac{z^2}{c^2} = -1$,此时称该曲面为**旋转双叶双曲面**.

3) 抛物面

(1) 椭圆抛物面.

方程

$$z = \frac{x^2}{a^2} + \frac{y^2}{b^2} \quad (a>0, b>0)$$

所表示的曲面称为**椭圆抛物面**,如图 8-38 所示. 当 $a = b$ 时,该椭圆抛物面就变成了由 zOx 面上的抛物线 $z = \frac{x^2}{a^2}$ 绕 z 轴旋转一周所形成的旋转曲面 $z = \frac{x^2}{a^2} + \frac{y^2}{a^2}$,称之为**旋转抛物面**.

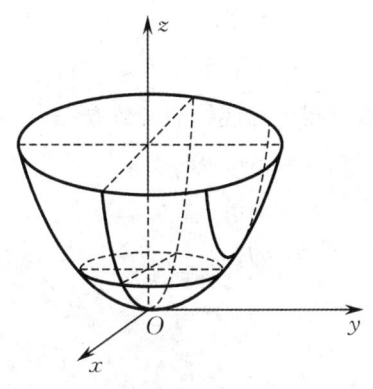

图 8-38

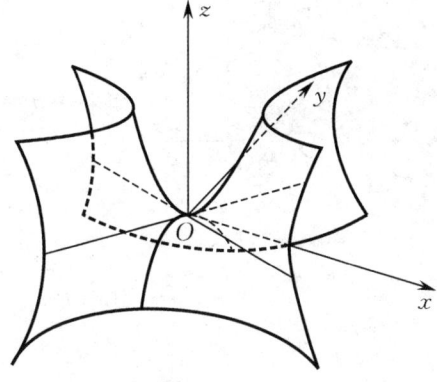

图 8-39

(2) 双曲抛物面.

方程

$$z = \frac{x^2}{a^2} - \frac{y^2}{b^2} \quad (a>0, b>0)$$

所表示的曲面称为**双曲抛物面**(或**鞍形曲面**、**马鞍面**),如图 8-39 所示.

4) 椭圆锥面

方程

$$z^2 = \frac{x^2}{a^2} + \frac{y^2}{b^2} \quad (a>0, b>0)$$

所表示的曲面称为**椭圆锥面**,如图 8-40 所示.

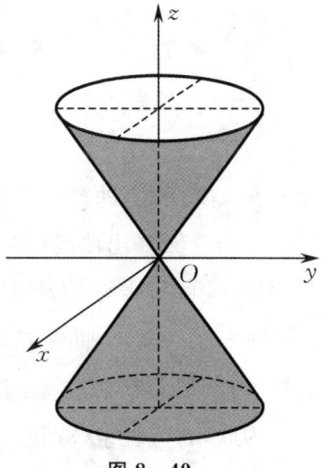

图 8-40

二、常见的空间曲线

这里只介绍一种常见的空间曲线——螺旋线.

设空间一动点 M 在圆柱面 $x^2 + y^2 = a^2 (a>0)$ 上以角速度 ω 绕 z 轴旋转,同时又以线速度 v 沿平行于 z 轴的正向上升(其中 ω, v 都是正常数),则称动点 M 的轨迹为**螺旋线**.下面我们来建立该螺旋线的方程.

如图 8-41 所示,我们取时间 t 为参数,设运动开始时 ($t = 0$) 动点 M 的位置为点 $M_0(a, 0, 0)$,经过时间 t,动点 M 的位置为 $M(x, y, z)$,此时点 M 在 xOy 面上的投影为点 $P(x, y, 0)$. 由于

$$\begin{cases} x = a\cos \omega t, \\ y = a\sin \omega t, \end{cases}$$

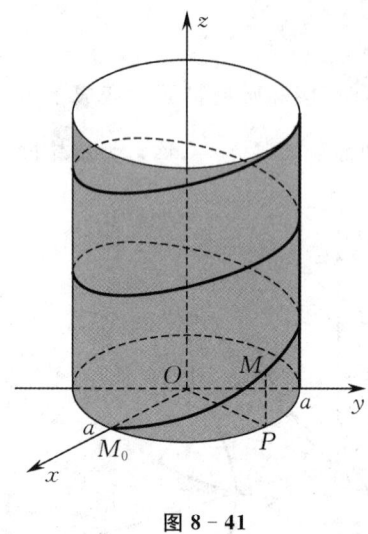

图 8-41

而动点 M 同时以线速度 v 沿平行于 z 轴的正向上升,故有

$$z = PM = vt,$$

因此该螺旋线的参数方程为

$$\begin{cases} x = a\cos \omega t, \\ y = a\sin \omega t, \\ z = vt. \end{cases}$$

如果令 $\theta = \omega t$,那么可得该螺旋线的参数方程为

$$\begin{cases} x = a\cos \theta, \\ y = a\sin \theta, \\ z = b\theta, \end{cases}$$

其中 $b = \dfrac{v}{\omega}$.

三、空间曲线在坐标面上的投影

设空间曲线 C 的方程为

$$\begin{cases} F_1(x,y,z) = 0, \\ F_2(x,y,z) = 0, \end{cases} \tag{8.6.4}$$

求它在 xOy 面上的投影曲线方程.

分析 要作出曲线 C 在 xOy 面上的投影曲线,即要通过曲线 C 上每一点作 xOy 面上的垂线,这些垂线与 xOy 面的交点形成的曲线即为所求投影曲线.这相当于作一个母线平行于 z 轴、准线为曲线 C 的柱面,该柱面与 xOy 面的交线就是曲线 C 在 xOy 面上的投影曲线,所以关键在于找出这个柱面方程.

为此,将方程组 (8.6.4) 消去变量 z,得到

$$F(x,y) = 0. \tag{8.6.5}$$

显然,方程 (8.6.5) 表示一个母线平行于 z 轴的柱面.因为该柱面是从方程组 (8.6.4) 中消去变量 z 而得到的,所以它必定包含曲线 C,即它就是我们所要找的以曲线 C 为准线、母线平行于 z 轴的柱面.这样的柱面称为曲线 C 关于 xOy 面的**投影柱面**,它与 xOy 面的交线就是空间曲线 C 在 xOy 面上的**投影曲线**,简称**投影**.由以上讨论可知,曲线 C 在 xOy 面上的投影方程为

$$\begin{cases} F(x,y) = 0, \\ z = 0, \end{cases}$$

其中方程 $F(x,y) = 0$ 可从方程组 (8.6.4) 中消去 z 得到.

同理,假设从方程组 (8.6.4) 中分别消去 x 与 y 得到 $G(y,z) = 0$ 和 $H(z,x) = 0$,则

曲线 C 在 yOz 面和 zOx 面上的投影方程分别为

$$\begin{cases} G(y,z) = 0, \\ x = 0 \end{cases} \text{和} \begin{cases} H(z,x) = 0, \\ y = 0. \end{cases}$$

例 3 已知两球面方程分别为

$$x^2 + y^2 + z^2 = 1 \tag{8.6.6}$$

和

$$x^2 + (y-1)^2 + (z-1)^2 = 1, \tag{8.6.7}$$

求它们的交线在 xOy 面上的投影方程.

解 先求包含两球面的交线且母线平行于 z 轴的柱面方程. 由方程(8.6.6)和方程(8.6.7)消去 x,得

$$y + z = 1.$$

把上式代入方程(8.6.6)或方程(8.6.7),即得所求的柱面方程为

$$x^2 + 2y^2 - 2y = 0.$$

于是,两球面的交线在 xOy 面上的投影方程为

$$\begin{cases} x^2 + 2y^2 - 2y = 0, \\ z = 0. \end{cases}$$

例 4 设一立体由上半球面 $z = \sqrt{4 - x^2 - y^2}$ 和圆锥面 $z = \sqrt{3(x^2 + y^2)}$ 所围成,求它在 xOy 面上的投影.

解 上半球面和圆锥面的交线 C 为

$$\begin{cases} z = \sqrt{4 - x^2 - y^2}, \\ z = \sqrt{3(x^2 + y^2)}. \end{cases}$$

从上述方程组中消去 z 得投影柱面为 $x^2 + y^2 = 1$,则交线 C 在 xOy 面上的投影为一个圆周

$$\begin{cases} x^2 + y^2 = 1, \\ z = 0. \end{cases}$$

故所求立体在 xOy 面上的投影为

$$\begin{cases} x^2 + y^2 \leqslant 1, \\ z = 0. \end{cases}$$

附表 8　向量代数与空间解析几何图表

空间两点间的距离、数量积、向量积	1. 空间两点间的距离公式：空间两点 $M_1(x_1,y_1,z_1)$，$M_2(x_2,y_2,z_2)$ 的距离公式为 $$|M_1M_2| = \sqrt{(x_2-x_1)^2+(y_2-y_1)^2+(z_2-z_1)^2}$$ 2. 向量：设向量的始点为 $P_1(x_1,y_1,z_1)$，终点为 $P_2(x_2,y_2,z_2)$，则 $$\overrightarrow{P_1P_2} = (x_2-x_1)\boldsymbol{i}+(y_2-y_1)\boldsymbol{j}+(z_2-z_1)\boldsymbol{k}$$ 3. 方向余弦：向量 $\boldsymbol{a}=(x_2-x_1,y_2-y_1,z_2-z_1)$ 的方向余弦为 $$\cos\alpha = \frac{x_2-x_1}{\sqrt{(x_2-x_1)^2+(y_2-y_1)^2+(z_2-z_1)^2}},$$ $$\cos\beta = \frac{y_2-y_1}{\sqrt{(x_2-x_1)^2+(y_2-y_1)^2+(z_2-z_1)^2}},$$ $$\cos\gamma = \frac{z_2-z_1}{\sqrt{(x_2-x_1)^2+(y_2-y_1)^2+(z_2-z_1)^2}}$$ 4. 两向量的数量积： (1) 定义：$\boldsymbol{a}\cdot\boldsymbol{b} = |\boldsymbol{a}||\boldsymbol{b}|\cos(\widehat{\boldsymbol{a},\boldsymbol{b}})$ (2) 性质：① $\boldsymbol{a}\cdot\boldsymbol{a} = |\boldsymbol{a}|^2$；② $\boldsymbol{a}\cdot\boldsymbol{b} = 0 \Leftrightarrow \boldsymbol{a}\perp\boldsymbol{b}$ (3) 计算：设 $\boldsymbol{a}=a_x\boldsymbol{i}+a_y\boldsymbol{j}+a_z\boldsymbol{k}$，$\boldsymbol{b}=b_x\boldsymbol{i}+b_y\boldsymbol{j}+b_z\boldsymbol{k}$，则 $$\boldsymbol{a}\cdot\boldsymbol{b} = a_xb_x+a_yb_y+a_zb_z,$$ $$\boldsymbol{a}\perp\boldsymbol{b} \Leftrightarrow a_xb_x+a_yb_y+a_zb_z = 0$$	5. 两向量的向量积： (1) 定义：$\boldsymbol{c} = \boldsymbol{a}\times\boldsymbol{b}$，其中向量 $\boldsymbol{c}$ 的方向既垂直于 $\boldsymbol{a}$，又垂直于 $\boldsymbol{b}$，且符合右手法则，向量 $\boldsymbol{c}$ 的模为 $$|\boldsymbol{c}| = |\boldsymbol{a}||\boldsymbol{b}|\sin(\widehat{\boldsymbol{a},\boldsymbol{b}})$$ (2) 性质：① $\boldsymbol{a}\times\boldsymbol{a} = \boldsymbol{0}$； ② $\boldsymbol{a}\parallel\boldsymbol{b} \Leftrightarrow \boldsymbol{a}\times\boldsymbol{b} = \boldsymbol{0}$ (3) 计算：设 $\boldsymbol{a}=a_x\boldsymbol{i}+a_y\boldsymbol{j}+a_z\boldsymbol{k}$，$\boldsymbol{b}=b_x\boldsymbol{i}+b_y\boldsymbol{j}+b_z\boldsymbol{k}$，则 $$\boldsymbol{a}\times\boldsymbol{b} = \begin{vmatrix} \boldsymbol{i} & \boldsymbol{j} & \boldsymbol{k} \\ a_x & a_y & a_z \\ b_x & b_y & b_z \end{vmatrix}$$ (4) 几何意义：$|\boldsymbol{a}\times\boldsymbol{b}|$ 表示以向量 $\boldsymbol{a}$ 和 $\boldsymbol{b}$ 为邻边的平行四边形的面积
平面及其方程	1. 平面的点法式方程：过点 (x_0,y_0,z_0) 且具有法向量 $\boldsymbol{n}=(A,B,C)$ 的平面方程为 $$A(x-x_0)+B(y-y_0)+C(z-z_0) = 0$$ 2. 平面的一般式方程： $$Ax+By+Cz+D = 0$$ 3. 平面的截距式方程： $$\frac{x}{a}+\frac{y}{b}+\frac{z}{c} = 1,$$ 其中 a,b,c 分别为该平面在 x 轴、y 轴、z 轴上的截距 注：以上三种形式可以互化 4. 两平面的夹角余弦公式：设平面 $\Pi_1:A_1x+B_1y+C_1z+D_1=0$，平面 $\Pi_2:A_2x+B_2y+C_2z+D_2=0$，则它们夹角 θ 的余弦为 $$\cos\theta = \frac{|A_1A_2+B_1B_2+C_1C_2|}{\sqrt{A_1^2+B_1^2+C_1^2}\sqrt{A_2^2+B_2^2+C_2^2}}$$	5. 两平面垂直、平行和重合的条件： (1) $\Pi_1 \perp \Pi_2 \Leftrightarrow A_1A_2+B_1B_2+C_1C_2 = 0$ (2) $\Pi_1 \parallel \Pi_2 \Leftrightarrow \dfrac{A_1}{A_2} = \dfrac{B_1}{B_2} = \dfrac{C_1}{C_2}$ (3) Π_1,Π_2 重合 $\Leftrightarrow \dfrac{A_1}{A_2} = \dfrac{B_1}{B_2} = \dfrac{C_1}{C_2} = \dfrac{D_1}{D_2}$ 6. 点到平面的距离公式：点 (x_0,y_0,z_0) 到平面 $Ax+By+Cz+D=0$ 的距离为 $$d = \frac{|Ax_0+By_0+Cz_0+D|}{\sqrt{A^2+B^2+C^2}}$$

续表

空间直线及其方程	1. 空间直线的一般方程：$$\begin{cases} A_1 x + B_1 y + C_1 z + D_1 = 0, \\ A_2 x + B_2 y + C_2 z + D_2 = 0 \end{cases}$$ 2. 空间直线的标准式方程：过点 (x_0, y_0, z_0) 且具有方向向量 $\boldsymbol{s} = (m, n, p)$ 的空间直线方程为 $$\frac{x - x_0}{m} = \frac{y - y_0}{n} = \frac{z - z_0}{p}$$ 3. 空间直线的参数方程： $$\begin{cases} x = x_0 + mt, \\ y = y_0 + nt, \\ z = z_0 + pt \end{cases}$$ 注：以上三种形式可以互化	4. 两直线的夹角余弦公式：设直线 $L_1: \dfrac{x - x_1}{m_1} = \dfrac{y - y_1}{n_1} = \dfrac{z - z_1}{p_1}$，直线 $L_2: \dfrac{x - x_2}{m_2} = \dfrac{y - y_2}{n_2} = \dfrac{z - z_2}{p_2}$，则它们夹角 θ 的余弦为 $$\cos \theta = \frac{\lvert m_1 m_2 + n_1 n_2 + p_1 p_2 \rvert}{\sqrt{m_1^2 + n_1^2 + p_1^2}\sqrt{m_2^2 + n_2^2 + p_2^2}}$$ 5. 两直线垂直、平行的条件： (1) $L_1 \perp L_2 \Leftrightarrow m_1 m_2 + n_1 n_2 + p_1 p_2 = 0$ (2) $L_1 \parallel L_2 \Leftrightarrow \dfrac{m_1}{m_2} = \dfrac{n_1}{n_2} = \dfrac{p_1}{p_2}$ 6. 直线与平面的夹角：以 $\boldsymbol{s} = (m, n, p)$ 为方向向量的直线与以 $\boldsymbol{n} = (A, B, C)$ 为法向量的平面夹角 φ 的正弦为 $$\sin \varphi = \frac{\lvert Am + Bn + Cp \rvert}{\sqrt{A^2 + B^2 + C^2}\sqrt{m^2 + n^2 + p^2}}$$
几种常见的曲面与空间曲线	1. 柱面：只含 x, y 而缺 z 的方程 $F(x, y) = 0$，表示母线平行于 z 轴的柱面，其准线为 xOy 面上的曲线 $C: \begin{cases} F(x, y) = 0, \\ z = 0 \end{cases}$ 2. 旋转曲面：yOz 面上的曲线 $f(y, z) = 0$ 绕 z 轴旋转一周所形成的旋转曲面方程为 $$f(\pm\sqrt{x^2 + y^2}, z) = 0,$$ 绕 y 轴旋转一周所形成的旋转曲面方程为 $$f(y, \pm\sqrt{x^2 + z^2}) = 0$$	3. 空间曲线在坐标面上的投影：曲线 $\begin{cases} F(x, y, z) = 0, \\ G(x, y, z) = 0 \end{cases}$ 在 xOy 面上的投影为 $$\begin{cases} H(x, y) = 0, \\ z = 0; \end{cases}$$ 在 yOz 面上的投影为 $$\begin{cases} R(y, z) = 0, \\ x = 0; \end{cases}$$ 在 zOx 面上的投影为 $$\begin{cases} T(z, x) = 0, \\ y = 0, \end{cases}$$ 其中 $H(x, y) = 0, R(y, z) = 0, T(z, x) = 0$ 由方程组 $\begin{cases} F(x, y, z) = 0, \\ G(x, y, z) = 0 \end{cases}$ 分别消去 z, x 与 y 得到

习 题 八

A 组

1. xOy 面上的点的坐标有什么特点？yOz 面和 zOx 面上的点呢？x 轴上的点的坐标有什么特点？y 轴和 z 轴上的点呢？

2. 求点 $(4,-3,5)$ 到坐标原点及各坐标轴的距离．

3. 求 z 轴上与两点 $A(-4,1,7)$ 和 $B(3,5,-2)$ 等距离的点．

4. 试证：以三点 $A(4,1,9)$，$B(10,-1,6)$ 和 $C(2,4,3)$ 为顶点的三角形是等腰直角三角形．

5. 设向量 $u=a-b+2c, v=-a+3b-c$，试用 a,b,c 表示 $2u-3v$．

6. 设向量 $\overrightarrow{OM}$ 的模为 4，它与投影轴的夹角为 $60°$，求此向量在该轴上的投影．

7. 一向量的终点为 $B(2,-1,7)$，它在三条坐标轴上的投影依次是 4，-4 和 7，求该向量的始点 A 的坐标．

8. 一向量的始点为 $P_1(4,0,5)$，终点为 $P_2(7,1,3)$，试求：

    (1) 向量 $\overrightarrow{P_1P_2}$ 在各坐标轴上的投影；　　(2) 向量 $\overrightarrow{P_1P_2}$ 的模；

    (3) 向量 $\overrightarrow{P_1P_2}$ 的方向余弦；　　(4) 与向量 $\overrightarrow{P_1P_2}$ 同向的单位向量．

9. 设三个力 $F_1=(1,2,3), F_2=(-2,3,-4), F_3=(3,-4,5)$ 同时作用于一点，求这三个力的合力 F 的大小和方向余弦．

10. 设向量 $m=3i+5j+8k, n=2i-4j-7k, p=5i+j-4k$，求向量 $a=4m+3n-p$ 在 x 轴上的投影及其在 y 轴上的分向量．

11. 已知点 P 到点 $A(0,0,12)$ 的距离为 7，向量 $\overrightarrow{OP}$ 的方向余弦为 $\left(\dfrac{2}{7}, \dfrac{3}{7}, \dfrac{6}{7}\right)$，求点 P 的坐标．

12. 向量 r 与三条坐标轴交成相等的锐角，求该向量方向上的单位向量 e_r．

13. 已知向量 a,b 的夹角为 $\varphi=\dfrac{2\pi}{3}$，且 $|a|=3, |b|=4$，计算：

    (1) $a \cdot b$;　　(2) $(3a-2b) \cdot (a+2b)$．

14. 已知向量 $a=(4,-2,4), b=(6,-3,2)$，计算：

    (1) $a \cdot b$;　　(2) $(2a-3b) \cdot (a+b)$;

    (3) $|a-b|^2$．

15. 已知四点 $A(1,-2,3), B(4,-4,-3), C(2,4,3), D(8,6,6)$，求向量 $\overrightarrow{AB}$ 在向量 $\overrightarrow{CD}$ 上的投影．

16. 设重量为 100 kg 的物体从点 $M_1(3,1,8)$ 沿直线移动到点 $M_2(1,4,2)$，计算重力对该物体所做的功（长度单位：m）．

17. 若向量 $a+3b$ 垂直于向量 $7a-5b$，向量 $a-4b$ 垂直于向量 $7a-2b$，求向量 a 和 b 的夹角．

18. 若一动点与一定点 $M_0(1,1,1)$ 连成的向量始终与向量 $n=(2,3,-4)$ 垂直，求该动点的轨迹方程．

19. 设向量 $a=(-2,7,6), b=(4,-3,-8)$．证明：以 a,b 为邻边的平行四边形的两条对角线互相垂直.

20. 已知向量 $a = 3i + 2j - k, b = i - j + 2k$,求:
   (1) $a \times b$;   (2) $2a \times 7b$;
   (3) $7b \times 2a$;   (4) $a \times a$.

21. 已知向量 a 和 b 互相垂直,且 $|a| = 3, |b| = 4$,计算:
   (1) $|(a+b) \times (a-b)|$;   (2) $|(3a+b) \times (a-2b)|$.

22. 求垂直于两向量 $3i - 4j - k$ 和 $2i - j + k$ 的单位向量,并求这两个向量夹角的正弦.

23. 一平行四边形以两向量 $a = (2,1,-1)$ 和 $b = (1,-2,1)$ 为邻边,求其对角线夹角的正弦.

24. 已知三点 $A(2,-1,5), B(0,3,-2), C(-2,3,1)$,点 M, N, P 分别是直线段 AB, BC, CA 的中点.证明:$\overrightarrow{MN} \times \overrightarrow{MP} = \frac{1}{4}(\overrightarrow{AC} \times \overrightarrow{BC})$.

25. 求同时垂直于向量 $a = (2,3,4)$ 和 x 轴的单位向量.

26. 设一四面体的顶点分别为点 $(1,1,1),(1,2,3),(1,1,2)$ 和 $(3,-1,2)$,求该四面体的表面积.

27. 已知三点 $A(2,4,1), B(3,7,5), C(4,10,9)$,证明:这三点共线.

28. 求过点 $(4,1,-2)$ 且与平面 $3x - 2y + 6z = 11$ 平行的平面方程.

29. 求过点 $M_0(1,7,-3)$ 且与线段 OM_0 垂直的平面方程,其中 O 为坐标原点.

30. 设一平面过点 $(1,2,-1)$,其在 x 轴和 z 轴上的截距相等,且为其在 y 轴上的截距的两倍,求该平面方程.

31. 求过三点 $(1,1,-1),(-2,-2,2)$ 和 $(1,-1,2)$ 的平面方程.

32. 指出下列平面的特殊位置,并作出其图形:
   (1) $y = 0$;   (2) $3x - 1 = 0$;
   (3) $2x - 3y - 6 = 0$;   (4) $2x - 3y + 4z = 0$.

33. 求过点 $(1,1,1)$ 和 $(2,2,2)$ 且垂直于平面 $x + y - z = 0$ 的平面方程.

34. 求参数 k 的值,使得平面 $x + ky - 2z = 9$ 分别满足下列条件:
   (1) 过点 $(5,-4,6)$;   (2) 与平面 $2x - 3y + z = 0$ 成 $\frac{\pi}{4}$ 的夹角.

35. 确定下列方程中的常数 l 和 m,使得:
   (1) 平面 $2x + ly + 3z - 5 = 0$ 和平面 $mx - 6y - z + 2 = 0$ 平行;
   (2) 平面 $3x - 5y + lz - 3 = 0$ 和平面 $x + 3y + 2z + 5 = 0$ 垂直.

36. 求过点 $(1,-1,1)$ 且垂直于平面 $x - y + z - 1 = 0$ 和 $2x + y + z + 1 = 0$ 的平面方程.

37. 求平行于平面 $3x - y + 7z = 5$ 且垂直于向量 $i - j + 2k$ 的单位向量.

38. 求过点 $(1,-2,1)$ 和 $(3,1,-1)$ 的直线方程.

39. 求直线 $\begin{cases} 2x + 3y - z - 4 = 0, \\ 3x - 5y + 2z + 1 = 0 \end{cases}$ 的标准式方程和参数方程.

40. 求下列各组直线与平面的交点:
   (1) $\frac{x-1}{1} = \frac{y+1}{-2} = \frac{z}{6}, 2x + 3y + z - 1 = 0$;
   (2) $\frac{x+2}{2} = \frac{y-1}{3} = \frac{z-3}{2}, x + 2y - 2z + 6 = 0$.

41. 求下列各组直线的夹角:

(1) $\begin{cases} 5x-3y+3z-9=0, \\ 3x-2y+z-1=0 \end{cases}$ 与 $\begin{cases} 2x+2y-z+23=0, \\ 3x+8y+z-18=0; \end{cases}$

(2) $\dfrac{x-2}{4} = \dfrac{y-3}{-12} = \dfrac{z-1}{3}$ 与 $\begin{cases} \dfrac{y-3}{-1} = \dfrac{z-8}{-2}, \\ x=1. \end{cases}$

42. 求满足下列各组条件的直线方程:

(1) 过点 $(2,-3,4)$ 且与平面 $3x-y+2z-4=0$ 垂直;

(2) 过点 $(0,2,4)$ 且与平面 $x+2z=1$ 和 $y-3z=2$ 平行;

(3) 过点 $(-1,2,1)$ 且与直线 $\dfrac{x}{2} = \dfrac{y-3}{-1} = \dfrac{z-1}{3}$ 平行.

43. 试确定下列各组中直线与平面的位置关系:

(1) $\dfrac{x+3}{-2} = \dfrac{y+4}{-7} = \dfrac{z}{3}$ 和 $4x-2y-2z=3$;

(2) $\dfrac{x}{3} = \dfrac{y}{-2} = \dfrac{z}{7}$ 和 $3x-2y+7z=8$;

(3) $\dfrac{x-2}{3} = \dfrac{y+2}{1} = \dfrac{z-3}{-4}$ 和 $x+y+z=3$.

44. 求过点 $(1,-2,1)$ 且垂直于直线
$$\begin{cases} x-2y+z-3=0, \\ x+y-z+3=0 \end{cases}$$
的平面方程.

45. 求过点 $(1,-2,3)$ 和两平面 $2x-3y+z=3, x+3y+2z+1=0$ 的交线的平面方程.

46. 求点 $(-1,2,0)$ 在平面 $x+2y-z+1=0$ 上的投影.

47. 求点 $(1,2,1)$ 到平面 $x+2y+2z-10=0$ 的距离.

48. 求点 $(3,-1,2)$ 到直线 $\begin{cases} x+y-z+1=0, \\ 2x-y+z-4=0 \end{cases}$ 的距离.

49. 建立以点 $(1,3,-2)$ 为球心,且通过坐标原点的球面方程.

50. 一动点到点 $(2,0,-3)$ 的距离与其到点 $(4,-6,6)$ 的距离之比为 3,求该动点的轨迹方程.

51. 指出下列方程所表示的曲面类型,并作出其图形:

(1) $\left(x-\dfrac{a}{2}\right)^2 + y = \left(\dfrac{a}{2}\right)^2;$ (2) $-\dfrac{x^2}{4} + \dfrac{y^2}{9} = 1;$

(3) $\dfrac{x^2}{9} + \dfrac{z^2}{4} = 1;$ (4) $y^2 - z = 0;$

(5) $x^2 - y^2 = 0;$ (6) $x^2 + y^2 = 0.$

52. 指出下列方程所表示的曲面类型,并作出其图形:

(1) $x^2 + \dfrac{y^2}{4} + \dfrac{z^2}{9} = 1;$ (2) $36x^2 + 9y^2 - 4z = 36;$

(3) $x^2 - \dfrac{y^2}{4} - \dfrac{z^2}{9} = 1;$ (4) $x^2 + \dfrac{y^2}{4} - \dfrac{z^2}{9} = 11;$

(5) $x^2 + y^2 - \dfrac{z^2}{9} = 0.$

53. 作出下列各组曲面所围成的立体图形:

(1) $x^2 + y^2 + z^2 = a^2, z = 0$ 及 $z = \dfrac{a}{2}(a>0);$

(2) $x+y+z=4, x=0, x=1, y=0, y=2$ 及 $z=0$;
(3) $z=4-x^2, x=0, y=0, z=0$ 及 $2x+y=4$.

54. 求下列各组曲面和直线的交点:
(1) $\dfrac{x^2}{81}+\dfrac{y^2}{36}+\dfrac{z^2}{9}=1, \dfrac{x-3}{3}=\dfrac{y-4}{-6}=\dfrac{z+2}{4}$;
(2) $\dfrac{x^2}{16}+\dfrac{y^2}{9}-\dfrac{z^2}{4}=1, \dfrac{x}{4}=\dfrac{y}{-3}=\dfrac{z+2}{4}$.

55. 设有一圆,它的圆心在 z 轴上,半径为 3,且位于距离 xOy 面 5 个单位的平面上,试建立该圆的方程.

56. 建立曲线 $x^2+y^2=z, z=x+1$ 在 xOy 面上的投影方程.

57. 求曲线 $x^2+y^2+z^2=a^2, x^2+y^2=z^2$ 在 xOy 面上的投影.

58. 试考察曲面 $\dfrac{x^2}{9}-\dfrac{y^2}{25}+\dfrac{z^2}{4}=1$ 在下列平面上的截痕的形状,并写出其方程:
(1) $x=2$;   (2) $y=0$;
(3) $y=5$;   (4) $z=2$.

59. 求单叶双曲面 $\dfrac{x^2}{16}+\dfrac{y^2}{4}-\dfrac{z^2}{5}=1$ 与平面 $x-2z+3=0$ 的交线在 xOy 面、yOz 面及 zOx 面上的投影.

B 组

1. 把 $\triangle ABC$ 的 BC 边分成五等份,设分点按点 B 到点 C 的方向依次为 D_1, D_2, D_3, D_4,再把各分点与点 A 联结,试以向量 $\overrightarrow{AB}=c, \overrightarrow{BC}=a$ 表示向量 $\overrightarrow{D_1A}, \overrightarrow{D_2A}, \overrightarrow{D_3A}$ 和 $\overrightarrow{D_4A}$.

2. 试证:空间四边形相邻各边中点的连线可构成平行四边形.

3. 已知点 $M_1(2,5,-3)$ 和 $M_2(3,-2,5)$,点 M 在线段 M_1M_2 上,且 $\overrightarrow{M_1M}=3\overrightarrow{MM_2}$,求向径 $\overrightarrow{OM}$ 的坐标.

4. 试用向量运算证明下面的正弦定理和余弦定理:
(1) $\dfrac{a}{\sin A}=\dfrac{b}{\sin B}=\dfrac{c}{\sin C}$;   (2) $c^2=a^2+b^2-2ab\cos C$,
其中 a, b, c 为 $\triangle ABC$ 的角 A, B, C 所对的边长.

5. 设向量 $a=(2,-1,-2), b=(1,1,z)$.问:当 z 为何值时,$(\widehat{a,b})$ 最小,并求出其最小值.

6. 求过点 $(-1,-2,-5)$ 且和三个坐标面都相切的球面方程.

考研真题精选八

一、填空题

点 $(2,1,0)$ 到平面 $3x+4y+5z=0$ 的距离 $d=$ _____.   (2006,数一)

二、解答题

设椭球面 S_1 由 xOy 面上的椭圆 $\dfrac{x^2}{4}+\dfrac{y^2}{3}=1$ 绕 x 轴旋转一周而成,圆锥面 S_2 由 xOy 面上的过点 $(4,0)$ 且与椭圆 $\dfrac{x^2}{4}+\dfrac{y^2}{3}=1$ 相切的直线绕 x 轴旋转一周而成.
(1) 求 S_1 及 S_2 的方程;
(2) 求由 S_1 与 S_2 所围成的立体体积.   (2009,数一)

第九章 多元函数微分学

我们前面所讨论的函数仅有一个自变量,这种函数称为一元函数.但在许多实际问题中,往往需要考虑多个变量之间的关系,即一个因变量与多个自变量的依赖关系,也就是多元函数.这就提出了多元函数的极限、连续、导数和微分等基本概念,这些概念与一元函数微分学中的概念有许多相似之处,但它们也产生了一些新的问题需要讨论.本章我们主要讨论二元函数,这是因为二元函数的有关概念、方法和结论大多有比较直观的几何解释,便于理解,而且从二元函数到二元以上的多元函数可以类推.

第一节 多元函数的基本概念

一、平面点集

在多元函数的讨论中,我们首先需要把邻域和区间的概念加以推广.

1. 邻域

设 $P_0(x_0,y_0)$ 是 xOy 面上的一个点,δ 是某一正数. 与点 $P_0(x_0,y_0)$ 的距离小于 δ 的点 $P(x,y)$ 的全体称为点 P_0 的 δ **邻域**,记作 $U(P_0,\delta)$,即
$$U(P_0,\delta) = \{P \mid |PP_0| < \delta\}$$
或
$$U(P_0,\delta) = \{(x,y) \mid \sqrt{(x-x_0)^2+(y-y_0)^2} < \delta\},$$
其中点 $P_0(x_0,y_0)$ 称为邻域的中心,δ 称为邻域的半径.

在几何上直观可见,$U(P_0,\delta)$ 就是 xOy 面上以点 $P_0(x_0,y_0)$ 为圆心,以 δ 为半径的圆内部的点 $P(x,y)$ 的全体.

此外,我们称点集 $\mathring{U}(P_0,\delta) = \{P \mid 0 < |PP_0| < \delta\}$ 为点 P_0 的**去心 δ 邻域**.

如果不需要强调邻域的半径 δ,那么用 $U(P_0)$ 表示点 P_0 的某邻域,用 $\mathring{U}(P_0)$ 表示点 P_0 的某去心邻域.

2. 开集、连通集、区域及有界点集

设 E 是平面上的一个点集,P 是平面上的一个点.

如果存在点 P 的某邻域 $U(P)$,使得 $U(P) \subset E$,那么称 P 为 E 的**内点**,如图 9-1 所示.

如果点集 E 的点都是 E 的内点,那么称 E 为**开集**. 例如,点集 $E_1 = \{(x,y) \mid 1 < x^2+y^2 < 4\}$ 中每个点都是 E_1 的内点,因此 E_1 为开集.

如果点 P 的任一邻域内既有属于 E 的点,也有不属于 E 的点(点 P 可以属于 E,也可以不属于 E),那么称 P 为 E 的**边界点**,如图 9-2 所示.

E 的边界点的全体,称为 E 的**边界**. 例如,上例中点集 E_1 的边界是圆周 $x^2+y^2=1$ 和 $x^2+y^2=4$.

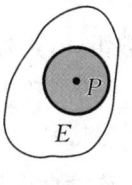

图 9-1

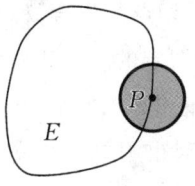

图 9-2

如果点 P 的任一邻域内总有无限多个点属于点集 E, 那么称 P 为 E 的**聚点**. 显然, E 的内点一定是 E 的聚点. 此外, E 的边界点也是 E 的聚点. 例如, 设点集 $E_2 = \{(x,y) \mid 0 < x^2 + y^2 \leqslant 1\}$, 那么点 $(0,0)$ 既是 E_2 的边界点又是 E_2 的聚点, 这个聚点不属于 E_2; 圆周 $x^2 + y^2 = 1$ 上的每个点既是 E_2 的边界点又是 E_2 的聚点, 而这些聚点属于 E_2. 因此, 点集 E 的聚点可以属于 E, 也可以不属于 E.

如果对于点集 D 内任意两点, 都可用完全属于 D 的折线联结起来, 那么称 D 为**连通集**; 否则, 称 D 为**非连通集**. 例如, 图 9-3 中所示的点集 D_1 和 D_2 是 $\mathbb{R}^2$ 上的连通集, 点集 D_3 是 $\mathbb{R}^2$ 上的非连通集.

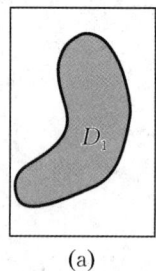
(a)
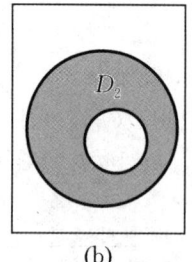
(b)
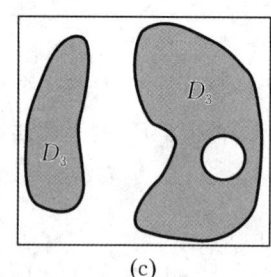
(c)

图 9-3

连通的开集称为**区域**或**开区域**. 例如, 点集 $\{(x,y) \mid x+y>0\}$ 及 $\{(x,y) \mid 1 < x^2 + y^2 < 4\}$ 都是区域.

开区域连同它的边界一起所构成的点集, 称为**闭区域**. 例如, 点集 $\{(x,y) \mid x+y \geqslant 0\}$ 及 $\{(x,y) \mid 1 \leqslant x^2 + y^2 \leqslant 4\}$ 都是闭区域.

对于点集 E, 如果存在正数 K, 使得一切点 $P \in E$ 与某一定点 A 间的距离 $|AP|$ 都不超过 K, 即

$$|AP| \leqslant K \quad (\forall P \in E),$$

那么称 E 为**有界点集**; 否则, 称 E 为**无界点集**. 例如, 点集 $\{(x,y) \mid 1 \leqslant x^2 + y^2 \leqslant 4\}$ 是有界闭区域, 点集 $\{(x,y) \mid x+y>0\}$ 是无界开区域.

二、n 维空间

我们知道, 数轴上的点与实数一一对应, 实数的全体组成的集合记作 $\mathbb{R}$, 它表示数轴上一切点的集合. 平面上的点与二元有序数组 (x,y) 一一对应, 从而二元有序数组 (x,y) 的全体组成的集合记作 $\mathbb{R}^2$, 它表示平面上一切点的集合, 称为**二维空间**. 空间中的点与三元有序数组 (x,y,z) 一一对应, 从而三元有序数组 (x,y,z) 的全体组成的集合记作 $\mathbb{R}^3$, 它表示空间中一切点的集合, 称为**三维空间**.

一般地, 设 n 为取定的一个正整数, 我们称 n 元有序数组 $(x_1, x_2, \cdots, x_n)$ 的全体组成的集合为 n **维空间**, 记作 $\mathbb{R}^n$. 而每个 n 元有序数组 $(x_1, x_2, \cdots, x_n)$ 称为 n 维空间 $\mathbb{R}^n$ 中的一个**点**或 n **维向量**, 有时也用单个黑体字母 $\boldsymbol{x}$ 来表示, 即 $\boldsymbol{x} = (x_1, x_2, \cdots, x_n)$, 其中数 x_i ($i = 1, 2, \cdots, n$) 称为点 $\boldsymbol{x}$ 的**第 i 个坐标**. 当所有的 x_i 都为 0 时, 这个点称为 n 维空间的坐标原

点,记作 O.

n 维空间中任意两点 $P(x_1, x_2, \cdots, x_n)$ 及 $Q(y_1, y_2, \cdots, y_n)$ 间的距离规定为
$$|PQ| = \sqrt{(y_1-x_1)^2 + (y_2-x_2)^2 + \cdots + (y_n-x_n)^2}.$$
当 $n=1,2,3$ 时,上式便是解析几何中关于数轴、平面、空间上两点间的距离.

前面就平面点集所陈述的一系列概念,都可推广到 n 维空间中去. 例如,设 $P_0 \in \mathbb{R}^n$,δ 是某一正数,则 n 维空间内的点集
$$U(P_0, \delta) = \{P \mid |PP_0| < \delta, P \in \mathbb{R}^n\}$$
定义为点 P_0 的 δ 邻域. 以邻域为基础,类似可定义 n 维空间中的去心邻域、内点、边界点、区域、聚点等一系列概念.

三、多元函数的定义

1. 多元函数的概念

在许多实际问题和数学理论中,经常会遇到多个变量之间的依赖关系,如下面两个例子.

例 1 设长方形的长为 x,宽为 y,则这个长方形的面积 S 为
$$S = xy.$$

例 2 在教室内建立空间直角坐标系,则教室内任一点 $P(x,y,z)$ 的温度 T 与点 P 的三个坐标 x,y,z 以及时间 t 四个量对应,它们的对应关系可记作
$$T = T(x,y,z,t).$$

定义 1 设 D 是 $\mathbb{R}^2$ 的一个非空子集. 如果对于每个点 $P(x,y) \in D$,变量 x,y 按照一定法则总有确定的值 $z \in \mathbb{R}$ 与它对应,那么称 z 为变量 x,y 的**二元函数**(或点 P 的函数),记作
$$z = f(x,y), (x,y) \in D \quad \text{或} \quad z = f(P), P \in D.$$
这里,点集 D 称为该函数的**定义域**,x,y 称为**自变量**,z 称为**因变量**. 数集
$$\{z \mid z = f(x,y), (x,y) \in D\}$$
称为该函数的**值域**.

变量 x,y 的二元函数 z,也可记作 $z = z(x,y), z = \varphi(x,y)$ 等.

类似地,可将二元函数的概念推广到 n 元函数.

定义 2 设 D 是 n 维空间 $\mathbb{R}^n$ 的一个非空子集. 如果 $\forall P(x_1, x_2, \cdots, x_n) \in D$,按照一定法则总有确定的值 $y \in \mathbb{R}$ 与它对应,那么称 y 为变量 $x_1, x_2, \cdots, x_n$ 的 n **元函数**,记作
$$y = f(x_1, x_2, \cdots, x_n), (x_1, x_2, \cdots, x_n) \in D \quad \text{或} \quad y = f(P), P \in D.$$
当 $n=1$ 时,n 元函数即为一元函数;当 $n \geq 2$ 时,n 元函数统称为**多元函数**.

多元函数定义域的定义与一元函数类似. 我们约定,在讨论用算式表达的多元函数 $y = f(P)$ 的定义域时,就以使得这个算式有意义的点 P 全体所组成的点集作为该多元函数的定义域.

例 3 确定二元函数 $z = \ln(x+y)$ 的定义域.

解 因为对数函数的真数大于零,所以该二元函数的定义域为
$$D = \{(x,y) \mid x+y > 0\},$$
即定义域 D 是直线 $x+y=0$ 上方的无界区域,如图 9-4 所示.

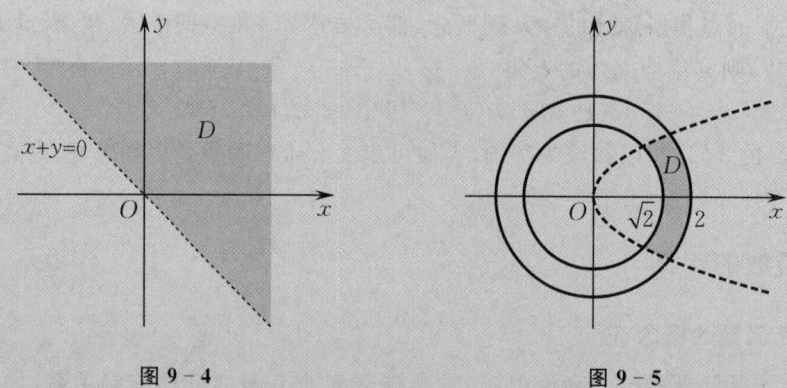

图 9-4　　　　　　　图 9-5

例 4 确定二元函数 $z = \dfrac{\arcsin(3-x^2-y^2)}{\sqrt{x-y^2}}$ 的定义域.

解 要使得该函数的表达式有意义,需
$$\begin{cases} |3-x^2-y^2| \leqslant 1, \\ x-y^2 > 0, \end{cases}$$
即
$$\begin{cases} 2 \leqslant x^2+y^2 \leqslant 4, \\ x > y^2. \end{cases}$$
故所求函数的定义域为
$$D = \{(x,y) \mid 2 \leqslant x^2+y^2 \leqslant 4, x > y^2\},$$
如图 9-5 所示.

例 5 已知二元函数 $f(x+y, x-y) = \dfrac{x^2-y^2}{x^2+y^2}$,求 $f(x,y)$.

解 设 $u = x+y, v = x-y$,则
$$x = \frac{u+v}{2}, \quad y = \frac{u-v}{2},$$
所以
$$f(x+y, x-y) = f(u,v) = \frac{\left(\dfrac{u+v}{2}\right)^2 - \left(\dfrac{u-v}{2}\right)^2}{\left(\dfrac{u+v}{2}\right)^2 + \left(\dfrac{u-v}{2}\right)^2} = \frac{2uv}{u^2+v^2},$$
故
$$f(x,y) = \frac{2xy}{x^2+y^2}.$$

2. 二元函数的几何意义

设二元函数 $z=f(x,y)$ 的定义域为 D,则对于任意取定的点 $P(x_0,y_0)\in D$,对应的函数值为 $z_0=f(x_0,y_0)$. 这样,在空间中就有唯一确定的以 x_0 为横坐标,以 y_0 为纵坐标,以 z_0 为竖坐标的点 $M(x_0,y_0,z_0)$,如图 9-6 所示. 当 (x,y) 取遍 D 上的一切点时,得到空间中点的集合 $S=\{(x,y,z)\mid z=f(x,y),(x,y)\in D\}$,称之为**二元函数 $z=f(x,y)$ 的图形**. 通常我们也说,二元函数 $z=f(x,y)$ 的图形是一张曲面,定义域 D 就是这个曲面在 xOy 面上的投影区域.

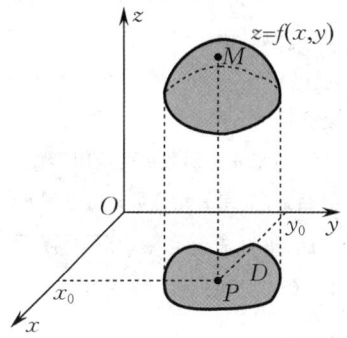

图 9-6

例如,线性函数
$$z=ax+by+c$$
的图形是一张平面,它的定义域就是整个 xOy 面.

二元函数
$$z=\sqrt{a^2-x^2-y^2}$$
的图形是球心在坐标原点、半径为 a 的上半球面,它的定义域 D 是 xOy 面上以坐标原点为圆心、半径为 a 的圆形闭区域
$$D=\{(x,y)\mid x^2+y^2\leqslant a^2\}.$$

方程
$$x^2+y^2+z^2=a^2$$
所确定的二元函数 $z=f(x,y)$ 的图形是球心在坐标原点、半径为 a 的球面,它的定义域 D 是圆形闭区域
$$D=\{(x,y)\mid x^2+y^2\leqslant a^2\}.$$

不难发现,在 D 内任一点 (x,y) 处,该函数都有两个对应值,分别为 $\sqrt{a^2-x^2-y^2}$ 和 $-\sqrt{a^2-x^2-y^2}$. 因此,这是一个多值函数,我们把它分成两个单值函数
$$z=\sqrt{a^2-x^2-y^2} \quad \text{及} \quad z=-\sqrt{a^2-x^2-y^2},$$
前者表示上半球面,后者表示下半球面. 今后若无特别说明,总假定所讨论的函数是单值的;如果遇到多值函数,那么可以把它拆成几个单值函数后再分别讨论.

*四、多元函数的运算

关于多元函数,我们可以定义它的运算如下:设 $F(D)$ 表示定义在点集 $D\subset\mathbb{R}^n$ 上的全体 n 元函数组成的集合,$P(x_1,x_2,\cdots,x_n)\in D, f,g\in F(D),\lambda\in\mathbb{R}$,则 n 元函数的四则运算和数量乘法的定义为
$$(f\pm g)(P)=f(P)\pm g(P),$$
$$(\lambda f)(P)=\lambda f(P),$$
$$(fg)(P)=f(P)\cdot g(P),$$
$$\left(\frac{f}{g}\right)(P)=\frac{f(P)}{g(P)} \quad (g(P)\neq 0).$$

容易验证,集合 $F(D)$ 对于上述定义的加法和数量乘法,构成实数域 $\mathbb{R}$ 上的线性空间.

*五、多元复合函数及隐函数

与一元函数的情形类似,多元函数也有函数复合运算,但情况复杂得多.

例如,函数 $u=f(xy,x^2+y^2,x-y)$ 是由三元函数 $u=f(v_1,v_2,v_3)$ 与三个二元函数 $v_1=xy$, $v_2=x^2+y^2$, $v_3=x-y$ 复合而成的二元函数,或者说,u 是以 v_1,v_2,v_3 为中间变量,以 x,y 为自变量的复合函数.

如果 n 元函数 u 直接用形如 $u=f(x_1,x_2,\cdots,x_n)$ 的表示式来表达,那么称 u 是变量 $x_1,x_2,\cdots,x_n$ 的**显函数**. 如果 n 元函数 u 由方程 $F(x_1,x_2,\cdots,x_n,u)=0$ 所确定,那么称 u 是变量 $x_1,x_2,\cdots,x_n$ 的**隐函数**. 例如,用表示式 $z=\sqrt{R^2-x^2-y^2}$ 表达的 z 是变量 x,y 的显函数,而由方程 $x^2+y^2+z^2=R^2$ 所确定的 $z(z>0$ 或 $z\leqslant 0)$ 是变量 x,y 的隐函数.

第二节 多元函数的极限与连续性

一、多元函数的极限

下面我们用"ε-δ"语言来描述二元函数 $z=f(x,y)$ 当 $(x,y)\to(x_0,y_0)$ 时的极限定义.

定义 1 设函数 $z=f(x,y)$ 的定义域为 D,$P_0(x_0,y_0)$ 是 D 的聚点. 如果 $\forall \varepsilon>0$,$\exists \delta>0$,使得 $\forall P(x,y)\in \mathring{U}(P_0,\delta)$,即当

$$0<|PP_0|=\sqrt{(x-x_0)^2+(y-y_0)^2}<\delta$$

时,总有 $|f(x,y)-A|<\varepsilon$ 成立,那么称常数 A 为**函数 $z=f(x,y)$ 当 $(x,y)\to(x_0,y_0)$ 时的极限**,记作

$$\lim_{(x,y)\to(x_0,y_0)}f(x,y)=A \quad \text{或} \quad f(x,y)\to A(\rho\to 0),$$

也可记作

$$\lim_{P\to P_0}f(P)=A \quad \text{或} \quad f(P)\to A(P\to P_0),$$

其中 $\rho=\sqrt{(x-x_0)^2+(y-y_0)^2}$.

二元函数的极限有时也称为**二重极限**.

以上关于二元函数的极限概念,可相应地推广到 n 元函数 $u=f(P)$,即 $u=f(x_1,x_2,\cdots,x_n)$ 上去.

注 (1) 多元函数的极限定义与一元函数的极限定义几乎是一样的,所以一元函数的极限的一些性质和运算法则对于多元函数也是成立的. 例如,如果多元函数的极限存在,那么其极限值是唯一的;无穷小与有界函数的乘积仍是无穷小;如果两个多元函数 f,g 的极限分别为 a,b,那么 $f\pm g$,fg,$\dfrac{f}{g}$ 的极限等于 $a\pm b$,ab,$\dfrac{a}{b}(b\neq 0)$;等等.

(2) 在多元函数的极限 $\lim\limits_{P\to P_0} f(P) = A$ 中,$P\to P_0$ 所表达的意思与一元函数不同. 在一元函数的极限 $\lim\limits_{x\to x_0} f(x) = A$ 中,$x\to x_0$ 表示点 x 在数轴上只能从点 x_0 的左右两边趋近于点 x_0;而在多元函数的极限 $\lim\limits_{P\to P_0} f(P) = A$ 中,$P\to P_0$ 表示点 P 可以从各个不同方向以不同方式趋向点 P_0. 这也是讨论多元函数的极限存在时需要特别注意的地方.

(3) 如果当点 P 以不同的方式趋向点 P_0 时,多元函数 $f(P)$ 趋于不同的值,那么可断定该函数在点 P_0 处的极限不存在.

例1 当 $(x,y) \to (0,0)$ 时,求下列二元函数的极限:

(1) $\mathrm{e}^{-\frac{1}{x^2}} \sin \dfrac{1}{x^2+y^2}$;   (2) $\dfrac{\sin(x^2+y^2)}{x^2+y^2}$;   (3) $\dfrac{\sin(x^2 y)}{x^2+y^2}$.

解 (1) 由于当 $x \to 0$ 时,有 $\mathrm{e}^{-\frac{1}{x^2}} \to 0$,而 $\sin \dfrac{1}{x^2+y^2}$ 有界,故

$$\lim_{(x,y)\to(0,0)} \mathrm{e}^{-\frac{1}{x^2}} \sin \dfrac{1}{x^2+y^2} = 0.$$

(2) 由于当 $(x,y) \to (0,0)$ 时,有 $x^2+y^2 \to 0$,于是可令 $\rho = x^2+y^2$,则有

$$\lim_{(x,y)\to(0,0)} \dfrac{\sin(x^2+y^2)}{x^2+y^2} = \lim_{\rho\to 0} \dfrac{\sin \rho}{\rho} = 1.$$

(3) 由于

$$0 \leqslant \left| \dfrac{\sin(x^2 y)}{x^2+y^2} \right| \leqslant \left| \dfrac{x^2 y}{x^2+y^2} \right| = |x| \cdot \dfrac{|xy|}{x^2+y^2} \leqslant \dfrac{1}{2} |x|,$$

且当 $(x,y) \to (0,0)$ 时,有 $\dfrac{1}{2}|x| \to 0$,因此由极限的夹逼准则得

$$\lim_{(x,y)\to(0,0)} \dfrac{\sin(x^2 y)}{x^2+y^2} = 0.$$

例2 考察二元函数

$$f(x,y) = \begin{cases} \dfrac{2xy}{x^2+y^2}, & x^2+y^2 \neq 0, \\ 0, & x^2+y^2 = 0 \end{cases}$$

当 $(x,y) \to (0,0)$ 时的极限是否存在.

解法一 当点 (x,y) 沿 x 轴趋向点 $(0,0)$ 时,

$$\lim_{(x,y)\to(0,0)} f(x,y) = \lim_{x\to 0} f(x,0) = \lim_{x\to 0} 0 = 0;$$

又当点 (x,y) 沿直线 $y = x$ 趋向点 $(0,0)$ 时,

$$\lim_{(x,y)\to(0,0)} f(x,y) = \lim_{x\to 0} f(x,x) = \lim_{x\to 0} \dfrac{2x^2}{2x^2} = 1 \neq 0,$$

故当 $(x,y) \to (0,0)$ 时,函数 $f(x,y)$ 的极限不存在.

解法二 当点 (x,y) 沿直线 $y = kx$ 趋向点 $(0,0)$ 时,

$$\lim_{(x,y)\to(0,0)} f(x,y) = \lim_{x\to 0} f(x,kx) = \lim_{x\to 0} \dfrac{2kx^2}{x^2+k^2 x^2} = \dfrac{2k}{1+k^2},$$

即函数极限随 k 值的不同而不同. 故当 $(x,y) \to (0,0)$ 时,函数 $f(x,y)$ 的极限不存在.

例3 设二元函数 $f(x,y) = e^{-\frac{x^2}{y}}$ 的定义域为 $\{(x,y) \mid y > 0, -\infty < x < +\infty\}$,试考察该函数当点 (x,y) 趋向定义域的边界点 $(c,0)$ 时的极限.

解 当 $c \neq 0$ 时,由 $(x,y) \to (c,0)$(其中 $y > 0$)可知,$\frac{x^2}{y} \to +\infty$,故
$$f(x,y) = e^{-\frac{x^2}{y}} \to 0.$$

当 $c = 0$ 时,如果点 (x,y) 沿射线 $y = x(x > 0)$ 趋向点 $(0,0)$,那么在该射线上 $f(x,y) = e^{-x}$,便有 $\lim\limits_{(x,y) \to (0,0)} f(x,y) = \lim\limits_{x \to 0} e^{-x} = 1$;如果点 (x,y) 沿抛物线 $y = x^2(x \neq 0)$ 趋向点 $(0,0)$,那么在该抛物线上 $f(x,y) = f(x,x^2) = e^{-1}$,便有 $\lim\limits_{(x,y) \to (0,0)} f(x,y) = e^{-1}$. 因此,当 $(x,y) \to (0,0)$ 时,该函数的极限不存在.

二、多元函数的连续性

定义2 设二元函数 $f(P) = f(x,y)$ 的定义域为 $D, P_0(x_0, y_0)$ 是 D 的聚点,且 $P_0 \in D$. 如果
$$\lim_{(x,y) \to (x_0, y_0)} f(x,y) = f(x_0, y_0),$$
那么称**二元函数 $f(x,y)$ 在点 $P_0(x_0, y_0)$ 处连续**.

如果函数 $f(x,y)$ 在 D 上每一点处都连续,那么称**函数 $f(x,y)$ 在 D 上连续**.

定义3 设二元函数 $f(P) = f(x,y)$ 的定义域为 $D, P_0(x_0, y_0)$ 是 D 的聚点. 若函数 $f(x,y)$ 在点 $P_0(x_0, y_0)$ 处不连续,则称 $P_0(x_0, y_0)$ 为函数 $f(x,y)$ 的**间断点**,或者称函数 $f(x,y)$ **在点 $P_0(x_0, y_0)$ 处间断**.

如例2,因为函数 $f(x,y)$ 当 $(x,y) \to (0,0)$ 时的极限不存在,所以点 $(0,0)$ 为 $f(x,y)$ 的间断点. 二元函数的间断点也可以是一条曲线,例如,函数
$$z = \frac{1}{1 - x^2 - y^2}$$
在圆周 $x^2 + y^2 = 1$ 上没有定义,所以该圆周上的点都是它的间断点.

我们很容易将函数连续与间断的定义推广到 n 元函数中去.

定义4 设 n 元函数 $f(P) = f(x_1, x_2, \cdots, x_n)$ 的定义域为 D, P_0 是 D 的聚点,且 $P_0 \in D$. 如果
$$\lim_{P \to P_0} f(P) = f(P_0),$$
那么称 n 元函数 $f(P)$ **在点 P_0 处连续**. 如果 $f(P)$ 在 D 上每一点处都连续,那么称 n 元函数 $f(P)$ **在 D 上连续**. 如果 $f(P)$ 在点 P_0 处不连续,那么称 P_0 为 n 元函数 $f(P)$ 的**间断点**.

前面已指出,一元函数中关于极限的运算法则对于多元函数仍适用,于是根据极限运算法则,多元连续函数的和、差、积、商(分母不为零)仍为连续函数,多元连续函数的复合函数也是连续函数.

分别以 $x_1, x_2, \cdots, x_n$ 为自变量的一元基本初等函数经过有限次的四则运算和复合运算后可用一个式子表示的函数,称为**多元初等函数**.

由初等函数的连续性,我们可以得到结论:一切多元初等函数在其定义区域内是连续的(定义区域是指包含在定义域内的区域或闭区域).

根据多元初等函数的连续性,如果它在点 P_0 处的极限存在,且点 P_0 在其定义区域内,那么其极限值就是函数在该点处的函数值,即
$$\lim_{P \to P_0} f(P) = f(P_0).$$

与闭区间上一元连续函数类似,有界闭区域上多元连续函数也有如下性质:

性质1(最大值和最小值定理) 多元连续函数 $f(P)$ 在有界闭区域 D 上,至少取得它的最大值和最小值各一次,即在 D 上至少存在一点 P_1 和一点 P_2,使得 $f(P_1)$ 为最大值,$f(P_2)$ 为最小值.

性质2(介值定理) 如果多元连续函数在有界闭区域 D 上取得两个不同的函数值,那么它在 D 上可以取得介于这两个值之间的任何值.

特别地,如果 u 是函数 $f(P)$ 在 D 上的最小值和最大值之间的一个数,那么在 D 上至少存在一点 P,使得 $f(P) = u$.

例 4 求 $\lim\limits_{(x,y) \to (0,1)} \left(\dfrac{1-xy}{x^2+y^2} + \dfrac{y}{\sqrt{1-x^2}} \right)$.

解 因为函数 $f(x,y) = \dfrac{1-xy}{x^2+y^2} + \dfrac{y}{\sqrt{1-x^2}}$ 在 $D = \{(x,y) \mid -1 < x < 1, 0 < y < 2\}$ 内连续,又点 $(0,1) \in D$,所以
$$\lim_{(x,y) \to (0,1)} \left(\frac{1-xy}{x^2+y^2} + \frac{y}{\sqrt{1-x^2}} \right) = f(0,1) = 2.$$

例 5 求 $\lim\limits_{(x,y) \to (0,0)} \dfrac{\sqrt{xy+1}-1}{xy}$.

解
$$\lim_{(x,y) \to (0,0)} \frac{\sqrt{xy+1}-1}{xy} = \lim_{(x,y) \to (0,0)} \frac{xy+1-1}{xy(\sqrt{xy+1}+1)}$$
$$= \lim_{(x,y) \to (0,0)} \frac{1}{\sqrt{xy+1}+1} = \frac{1}{2}.$$

第三节 偏 导 数

一、偏导数的定义及其计算

在研究一元函数时,我们由实际问题的变化率引入了导数的概念.对于多元函数,同样需要讨论它的变化率问题.在这里,我们首先考虑多元函数关于其中一个自变量的变

化率. 以二元函数 $z = f(x,y)$ 为例, 如果只有自变量 x 变化, 而自变量 y 固定(看作常量), 那么它可以看成 x 的一元函数, 此时函数对 x 的导数, 就称为二元函数 $z = f(x,y)$ 对 x 的偏导数, 即有如下定义:

定义 1 设函数 $z = f(x,y)$ 在点 (x_0, y_0) 的某邻域内有定义, 当 y 固定在 y_0, 而 x 在 x_0 处有增量 Δx 时, 函数有相应的增量 $f(x_0 + \Delta x, y_0) - f(x_0, y_0)$. 若

$$\lim_{\Delta x \to 0} \frac{f(x_0 + \Delta x, y_0) - f(x_0, y_0)}{\Delta x} \tag{9.3.1}$$

存在, 则称此极限值为函数 $z = f(x,y)$ 在点 (x_0, y_0) 处**对 x 的偏导数**, 记作 $\left.\frac{\partial z}{\partial x}\right|_{\substack{x=x_0 \\ y=y_0}}$, $\left.\frac{\partial f}{\partial x}\right|_{\substack{x=x_0 \\ y=y_0}}$, $\left.z_x\right|_{\substack{x=x_0 \\ y=y_0}}$ 或 $f_x(x_0, y_0)$, 即

$$f_x(x_0, y_0) = \lim_{\Delta x \to 0} \frac{f(x_0 + \Delta x, y_0) - f(x_0, y_0)}{\Delta x}.$$

类似地, 函数 $z = f(x,y)$ 在点 (x_0, y_0) 处**对 y 的偏导数**定义为

$$\lim_{\Delta y \to 0} \frac{f(x_0, y_0 + \Delta y) - f(x_0, y_0)}{\Delta y},$$

记作 $\left.\frac{\partial z}{\partial y}\right|_{\substack{x=x_0 \\ y=y_0}}$, $\left.\frac{\partial f}{\partial y}\right|_{\substack{x=x_0 \\ y=y_0}}$, $\left.z_y\right|_{\substack{x=x_0 \\ y=y_0}}$ 或 $f_y(x_0, y_0)$.

如果函数 $z = f(x,y)$ 在区域 D 内每一点 (x,y) 处对 x 的偏导数都存在, 那么这个偏导数就是变量 x, y 的函数, 称它为函数 $z = f(x,y)$ **对自变量 x 的偏导函数**, 记作 $\frac{\partial z}{\partial x}, \frac{\partial f}{\partial x}$, z_x 或 $f_x(x,y)$.

类似地, 可定义函数 $z = f(x,y)$ **对自变量 y 的偏导函数**, 记作 $\frac{\partial z}{\partial y}, \frac{\partial f}{\partial y}, z_y$ 或 $f_y(x,y)$.

今后在不至于混淆的情况下, 偏导函数简称为**偏导数**.

偏导数的概念可推广到二元以上的函数.

三元函数 $u = f(x,y,z)$ 在点 (x,y,z) 处对自变量 x 的偏导数定义为

$$f_x(x,y,z) = \lim_{\Delta x \to 0} \frac{f(x + \Delta x, y, z) - f(x, y, z)}{\Delta x},$$

也可记作 $\frac{\partial u}{\partial x}, \frac{\partial f}{\partial x}$ 或 u_x.

n 元函数 $u = f(x_1, x_2, \cdots, x_n)$ 在点 $(x_1, x_2, \cdots, x_n)$ 处对自变量 $x_i (i = 1, 2, \cdots, n)$ 的偏导数定义为

$$f_{x_i}(x_1, x_2, \cdots, x_n) = \lim_{\Delta x_i \to 0} \frac{f(x_1, \cdots, x_i + \Delta x_i, \cdots, x_n) - f(x_1, \cdots, x_i, \cdots, x_n)}{\Delta x_i},$$

也可记作 $\frac{\partial u}{\partial x_i}, \frac{\partial f}{\partial x_i}$ 或 u_{x_i}.

由偏导数的定义可知, 计算多元函数的偏导数并不是新的问题. 求 n 元函数对某变量的偏导数时, 只需要将这一变量看成自变量, 其余 $n-1$ 个自变量全视为常量, 然后用一元函数的求导方法即可.

例 1　求函数 $z = x^2 + 3xy + y^2$ 在点 $(1,2)$ 处的偏导数.

解　把 y 看作常量, 对 x 求导, 得
$$\frac{\partial z}{\partial x} = 2x + 3y.$$

同理有
$$\frac{\partial z}{\partial y} = 3x + 2y.$$

所以
$$\left.\frac{\partial z}{\partial x}\right|_{\substack{x=1\\y=2}} = 2\times1 + 3\times2 = 8, \quad \left.\frac{\partial z}{\partial y}\right|_{\substack{x=1\\y=2}} = 3\times1 + 2\times2 = 7.$$

例 2　设函数 $z = x^y (x > 0, x \neq 1)$, 求证:
$$\frac{x}{y} \cdot \frac{\partial z}{\partial x} + \frac{1}{\ln x} \cdot \frac{\partial z}{\partial y} = 2z.$$

证　因为 $\dfrac{\partial z}{\partial x} = yx^{y-1}, \dfrac{\partial z}{\partial y} = x^y \ln x$, 所以
$$\frac{x}{y} \cdot \frac{\partial z}{\partial x} + \frac{1}{\ln x} \cdot \frac{\partial z}{\partial y} = \frac{x}{y} yx^{y-1} + \frac{1}{\ln x} x^y \ln x = x^y + x^y = 2z.$$

例 3　求函数 $r = \sqrt{x^2 + y^2 + z^2}$ 的偏导数.

解　把 y 和 z 看作常量, 对 x 求导, 得
$$\frac{\partial r}{\partial x} = \frac{x}{\sqrt{x^2 + y^2 + z^2}} = \frac{x}{r}.$$

类似地, 有
$$\frac{\partial r}{\partial y} = \frac{y}{r}, \quad \frac{\partial r}{\partial z} = \frac{z}{r}.$$

例 4　已知理想气体状态方程为 $PV = RT$ (R 是常数), 求证:
$$\frac{\partial P}{\partial V} \cdot \frac{\partial V}{\partial T} \cdot \frac{\partial T}{\partial P} = -1.$$

证　因为
$$P = \frac{RT}{V}, \quad \frac{\partial P}{\partial V} = -\frac{RT}{V^2};$$
$$V = \frac{RT}{P}, \quad \frac{\partial V}{\partial T} = \frac{R}{P};$$
$$T = \frac{PV}{R}, \quad \frac{\partial T}{\partial P} = \frac{V}{R},$$

所以
$$\frac{\partial P}{\partial V} \cdot \frac{\partial V}{\partial T} \cdot \frac{\partial T}{\partial P} = -\frac{RT}{V^2} \cdot \frac{R}{P} \cdot \frac{V}{R} = -1.$$

对于多元函数的偏导数, 我们做如下几点说明:

(1) 偏导数的记号 $\dfrac{\partial u}{\partial x}$ 是一个整体, 不能拆开, 这与一元函数 $y = f(x)$ 的导数记号 $\dfrac{\mathrm{d}y}{\mathrm{d}x}$

的意义不同,后者可看作函数微分 dy 与自变量微分 dx 之商.

(2) 对于分段函数在分段点处的偏导数,一般要利用偏导数的定义来求.

(3) 即使多元函数在一点处连续,也不能保证它在该点处的偏导数都存在. 例如,函数 $f(x,y) = |x| + |y|$ 在点 $(0,0)$ 处的极限为

$$\lim_{(x,y)\to(0,0)} f(x,y) = \lim_{(x,y)\to(0,0)} |x| + \lim_{(x,y)\to(0,0)} |y| = 0 = f(0,0),$$

所以 $f(x,y)$ 在点 $(0,0)$ 处连续,但是一元函数 $f(x,0) = |x|$ 在 $x=0$ 处不可导,一元函数 $f(0,y) = |y|$ 在 $y=0$ 处不可导,即 $f(x,y)$ 在点 $(0,0)$ 处两个偏导数都不存在.

(4) 即使多元函数对各个变量的偏导数都存在,也不能保证它在该点连续. 例如,函数

$$f(x,y) = \begin{cases} \dfrac{2xy}{x^2+y^2}, & x^2+y^2 \neq 0, \\ 0, & x^2+y^2 = 0 \end{cases}$$

在点 $(0,0)$ 处有

$$f_x(0,0) = \lim_{\Delta x \to 0} \frac{f(0+\Delta x, 0) - f(0,0)}{\Delta x} = \lim_{\Delta x \to 0} \frac{0}{\Delta x} = 0,$$

$$f_y(0,0) = \lim_{\Delta y \to 0} \frac{f(0, 0+\Delta y) - f(0,0)}{\Delta y} = \lim_{\Delta y \to 0} \frac{0}{\Delta y} = 0,$$

但由上一节例 2 可知,该函数在点 $(0,0)$ 处不连续.

二、偏导数的几何意义

二元函数 $z = f(x,y)$ 在点 (x_0, y_0) 处的偏导数有下述几何意义.

设 $M_0(x_0, y_0, f(x_0, y_0))$ 为曲面 $z = f(x,y)$ 上的一点,过点 M_0 作平面 $y = y_0$ 截曲面得一曲线,则该平面曲线的方程为 $z = f(x, y_0)$,于是偏导数

$$f_x(x_0, y_0) = \frac{d}{dx} f(x, y_0) \bigg|_{x=x_0}$$

就是该平面曲线在点 M_0 处的切线 $M_0 T_x$ 对 x 轴正向的斜率,如图 9-7 所示. 类似地,偏导数 $f_y(x_0, y_0)$ 的几何意义是:曲面被平面 $x = x_0$ 所截得的曲线在点 M_0 处的切线 $M_0 T_y$ 对 y 轴正向的斜率,如图 9-7 所示.

对于 n 元函数 $u = f(x_1, x_2, \cdots, x_n)$,当 $n \geq 3$ 时,其偏导数在 n 维空间中无法做出直观的几何解释.

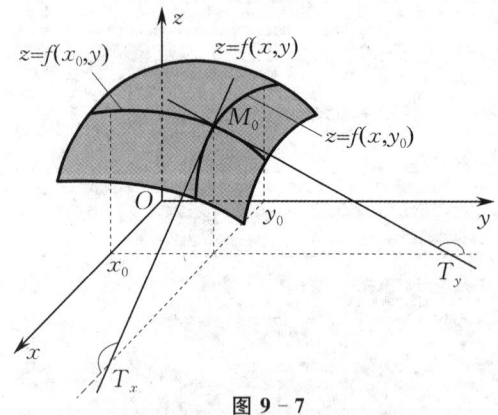

图 9-7

三、高阶偏导数

设函数 $z = f(x,y)$ 在区域 D 内具有偏导数

$$\frac{\partial z}{\partial x} = f_x(x,y), \quad \frac{\partial z}{\partial y} = f_y(x,y),$$

于是在 D 内 $f_x(x,y), f_y(x,y)$ 都是变量 x, y 的函数. 如果它们的偏导数也存在,那么称

它们的偏导数为函数 $z = f(x,y)$ 的**二阶偏导数**. 按照对变量求导次序的不同,有下列四个二阶偏导数:

$$\frac{\partial}{\partial x}\left(\frac{\partial z}{\partial x}\right) = \frac{\partial^2 z}{\partial x^2} = f_{xx}(x,y), \qquad \frac{\partial}{\partial y}\left(\frac{\partial z}{\partial x}\right) = \frac{\partial^2 z}{\partial x \partial y} = f_{xy}(x,y),$$

$$\frac{\partial}{\partial x}\left(\frac{\partial z}{\partial y}\right) = \frac{\partial^2 z}{\partial y \partial x} = f_{yx}(x,y), \qquad \frac{\partial}{\partial y}\left(\frac{\partial z}{\partial y}\right) = \frac{\partial^2 z}{\partial y^2} = f_{yy}(x,y),$$

其中第二个、第三个偏导数称为**混合偏导数**. 类似地,可得三阶、四阶……n 阶偏导数. 二阶及二阶以上的偏导数统称为**高阶偏导数**.

例 5 设函数 $z = xy^3 + e^{xy}$,求 $\frac{\partial^2 z}{\partial x^2}, \frac{\partial^2 z}{\partial y \partial x}, \frac{\partial^2 z}{\partial x \partial y}, \frac{\partial^2 z}{\partial y^2}$ 及 $\frac{\partial^3 z}{\partial x^3}$.

解 因为 $\frac{\partial z}{\partial x} = y^3 + y e^{xy}, \frac{\partial z}{\partial y} = 3xy^2 + x e^{xy}$,所以

$$\frac{\partial^2 z}{\partial x^2} = y^2 e^{xy}, \qquad \frac{\partial^2 z}{\partial x \partial y} = 3y^2 + e^{xy} + xy e^{xy},$$

$$\frac{\partial^2 z}{\partial y^2} = 6xy + x^2 e^{xy}, \qquad \frac{\partial^2 z}{\partial y \partial x} = 3y^2 + xy e^{xy} + e^{xy},$$

$$\frac{\partial^3 z}{\partial x^3} = y^3 e^{xy}.$$

值得注意的是,上例中的两个混合偏导数 $\frac{\partial^2 z}{\partial x \partial y}$ 和 $\frac{\partial^2 z}{\partial y \partial x}$ 是相等的. 下面给出的定理说明,这个结论并不是普遍成立的,它成立的一个充分条件是二阶混合偏导数连续.

定理 1 如果函数 $z = f(x,y)$ 的二阶混合偏导数 $\frac{\partial^2 z}{\partial x \partial y}$ 和 $\frac{\partial^2 z}{\partial y \partial x}$ 在区域 D 内连续,那么在该区域内这两个二阶混合偏导数必相等.

证明从略.

对于二元以上的函数,也可以类似地定义其高阶偏导数,且高阶混合偏导数在偏导数连续的条件下也与求偏导次序无关.

例 6 验证:函数 $z = \ln\sqrt{x^2+y^2}$ 满足方程

$$\frac{\partial^2 z}{\partial x^2} + \frac{\partial^2 z}{\partial y^2} = 0. \tag{9.3.2}$$

证 因为 $z = \ln\sqrt{x^2+y^2} = \frac{1}{2}\ln(x^2+y^2)$,所以

$$\frac{\partial z}{\partial x} = \frac{x}{x^2+y^2}, \qquad \frac{\partial z}{\partial y} = \frac{y}{x^2+y^2}.$$

又因为

$$\frac{\partial^2 z}{\partial x^2} = \frac{(x^2+y^2) - x \cdot 2x}{(x^2+y^2)^2} = \frac{y^2 - x^2}{(x^2+y^2)^2},$$

$$\frac{\partial^2 z}{\partial y^2} = \frac{(x^2+y^2) - y \cdot 2y}{(x^2+y^2)^2} = \frac{x^2 - y^2}{(x^2+y^2)^2},$$

所以
$$\frac{\partial^2 z}{\partial x^2} + \frac{\partial^2 z}{\partial y^2} = \frac{y^2 - x^2}{(x^2 + y^2)^2} + \frac{x^2 - y^2}{(x^2 + y^2)^2} = 0.$$

例7 验证:函数 $u = \dfrac{1}{r}$ 满足方程

$$\frac{\partial^2 u}{\partial x^2} + \frac{\partial^2 u}{\partial y^2} + \frac{\partial^2 u}{\partial z^2} = 0, \tag{9.3.3}$$

其中 $r = \sqrt{x^2 + y^2 + z^2}$.

证 因为

$$\frac{\partial u}{\partial x} = -\frac{1}{r^2} \cdot \frac{\partial r}{\partial x} = -\frac{1}{r^2} \cdot \frac{x}{r} = -\frac{x}{r^3},$$

$$\frac{\partial^2 u}{\partial x^2} = -\frac{1}{r^3} + \frac{3x}{r^4} \cdot \frac{\partial r}{\partial x} = -\frac{1}{r^3} + \frac{3x^2}{r^5},$$

于是由函数关于自变量的对称性,有

$$\frac{\partial^2 u}{\partial y^2} = -\frac{1}{r^3} + \frac{3y^2}{r^5}, \quad \frac{\partial^2 u}{\partial z^2} = -\frac{1}{r^3} + \frac{3z^2}{r^5},$$

所以

$$\frac{\partial^2 u}{\partial x^2} + \frac{\partial^2 u}{\partial y^2} + \frac{\partial^2 u}{\partial z^2} = -\frac{3}{r^3} + \frac{3(x^2 + y^2 + z^2)}{r^5} = -\frac{3}{r^3} + \frac{3r^2}{r^5} = 0.$$

例6和例7中的两个方程(9.3.2)和(9.3.3)都称为**拉普拉斯(Laplace)方程**,它是数学物理方程中一类很重要的方程.

第四节 全微分及其应用

一、全微分的定义

在实际工作中,我们需要计算二元函数 $z = f(x, y)$ 当两个自变量 x, y 都取得增量时因变量 z 的增量问题.

设二元函数 $z = f(x, y)$ 在点 $P(x, y)$ 的某邻域内有定义,$P'(x + \Delta x, y + \Delta y)$ 为该邻域内的任意一点,则称 $f(x + \Delta x, y + \Delta y) - f(x, y)$ 为该函数在点 P 处对应于自变量增量 $\Delta x, \Delta y$ 的**全增量**,记作 Δz,即

$$\Delta z = f(x + \Delta x, y + \Delta y) - f(x, y),$$

并称 $f(x + \Delta x, y) - f(x, y)$ 为函数 $z = f(x, y)$ 在点 P 处**对应于自变量 x 的偏增量**;称 $f(x, y + \Delta y) - f(x, y)$ 为函数 $z = f(x, y)$ 在点 P 处**对应于自变量 y 的偏增量**.

根据二元函数对某个自变量的偏导数的意义和一元函数微分学中增量与微分的关系,得

$$f(x+\Delta x,y) - f(x,y) = f_x(x,y)\Delta x + o(\Delta x) \approx f_x(x,y)\Delta x,$$
$$f(x,y+\Delta y) - f(x,y) = f_y(x,y)\Delta y + o(\Delta y) \approx f_y(x,y)\Delta y,$$

其中 $f_x(x,y)\Delta x, f_y(x,y)\Delta y$ 分别称为二元函数 $f(x,y)$ 在点 (x,y) 处对 x 和对 y 的**偏微分**.

一般地,计算全增量 Δz 是比较麻烦的,因此我们希望找到一个既有利于计算又能达到一定精度要求的近似公式来计算它.

与一元函数的微分定义类似,我们给出如下定义:

定义 1 若函数 $z = f(x,y)$ 在点 (x,y) 处的全增量
$$\Delta z = f(x+\Delta x, y+\Delta y) - f(x,y)$$
可表示为
$$\Delta z = A\Delta x + B\Delta y + o(\rho), \tag{9.4.1}$$
其中 A,B 的值仅与 x,y 有关,与 $\Delta x, \Delta y$ 无关,$\rho = \sqrt{(\Delta x)^2 + (\Delta y)^2}$,则称函数 $z = f(x,y)$ 在点 (x,y) 处**可微**,$A\Delta x + B\Delta y$ 称为函数 $z = f(x,y)$ 在点 (x,y) 处的**全微分**,记作 $\mathrm{d}z$,即
$$\mathrm{d}z = A\Delta x + B\Delta y.$$

若函数 $f(x,y)$ 在区域 D 内每一点处都可微,则称函数 $f(x,y)$ 在 D 内可微.

下面我们讨论函数在点 (x,y) 处可微的条件.

定理 1(必要条件) 如果函数 $z = f(x,y)$ 在点 (x,y) 处可微,那么该函数在点 (x,y) 处的偏导数 $\dfrac{\partial z}{\partial x}, \dfrac{\partial z}{\partial y}$ 必定存在,且函数 $z = f(x,y)$ 在点 (x,y) 处的全微分为
$$\mathrm{d}z = \frac{\partial z}{\partial x}\Delta x + \frac{\partial z}{\partial y}\Delta y.$$

证 若函数 $z = f(x,y)$ 在点 (x,y) 处可微,则对于点 (x,y) 的某邻域内的任意一点 $(x+\Delta x, y+\Delta y)$,(9.4.1) 式总成立. 特别地,当 $\Delta y = 0$ 时,(9.4.1) 式也成立,这时 $\rho = |\Delta x|$,(9.4.1) 式变成
$$f(x+\Delta x, y) - f(x,y) = A\Delta x + o(|\Delta x|).$$
上式两端同时除以 Δx 并取 $\Delta x \to 0$ 的极限,得
$$\lim_{\Delta x \to 0} \frac{f(x+\Delta x, y) - f(x,y)}{\Delta x} = A,$$
从而偏导数 $\dfrac{\partial z}{\partial x}$ 存在,且等于 A. 同理可证,$\dfrac{\partial z}{\partial y}$ 存在,且等于 B. 于是由全微分的定义,有
$$\mathrm{d}z = \frac{\partial z}{\partial x}\Delta x + \frac{\partial z}{\partial y}\Delta y. \qquad\blacksquare$$

关于函数 $z = f(x,y)$ 在点 (x,y) 处连续、偏导数存在及可微之间的关系,我们有下述重要结论:

(1) 即使函数 $z = f(x,y)$ 在点 (x,y) 处偏导数存在,也不能保证其在该点处连续,这在本章第三节中已有说明.

(2) 若函数 $z = f(x,y)$ 在点 (x,y) 处可微,则函数在该点处必连续.

事实上,因为 $\lim\limits_{\rho \to 0} \Delta z = \lim\limits_{\rho \to 0}(A\Delta x + B\Delta y + o(\rho)) = 0$,从而
$$\lim\limits_{(\Delta x, \Delta y) \to (0,0)} f(x+\Delta x, y+\Delta y) = \lim\limits_{\rho \to 0}(f(x,y) + \Delta z) = f(x,y),$$
所以函数 $z = f(x,y)$ 在点 (x,y) 处连续.

(3) 即使函数 $z = f(x,y)$ 在点 (x,y) 处偏导数存在,也不能保证其在该点处可微.
例如,函数
$$z = f(x,y) = \begin{cases} \dfrac{2xy}{x^2+y^2}, & x^2+y^2 \neq 0, \\ 0, & x^2+y^2 = 0 \end{cases}$$
在点 $(0,0)$ 处,有 $f_x(0,0) = 0, f_y(0,0) = 0$,所以
$$\Delta z - (f_x(0,0)\Delta x + f_y(0,0)\Delta y) = \frac{2\Delta x \Delta y}{(\Delta x)^2 + (\Delta y)^2}.$$
取 $\Delta x = \rho\cos\theta, \Delta y = \rho\sin\theta$,则当 $\theta \neq 0, \dfrac{\pi}{2}$ 时,极限
$$\lim\limits_{\rho \to 0} \frac{\Delta z - (f_x(0,0)\Delta x + f_y(0,0)\Delta y)}{\rho} = \lim\limits_{\rho \to 0} \frac{2\rho^2 \sin\theta\cos\theta}{\rho^3} = \lim\limits_{\rho \to 0} \frac{\sin 2\theta}{\rho} \neq 0.$$
这说明,当 $\rho \to 0$ 时,$\Delta z - (f_x(0,0)\Delta x + f_y(0,0)\Delta y)$ 不是比 ρ 高阶的无穷小,因此函数在点 (x,y) 处不可微,于是函数在该点处的全微分也不存在.

那么,什么样的函数在点 (x,y) 处偏导数存在就必定可微呢?

定理 2(充分条件) 若函数 $z = f(x,y)$ 的偏导数 $f_x(x,y), f_y(x,y)$ 在点 (x_0, y_0) 处连续,则该函数在点 (x_0, y_0) 处可微.

证 因为 $f_x(x,y), f_y(x,y)$ 在点 (x_0, y_0) 处连续,所以在点 (x_0, y_0) 的某邻域内,$f_x(x,y), f_y(x,y)$ 都存在. 设点 $(x_0 + \Delta x, y_0 + \Delta y)$ 为该邻域内任意一点,考察函数的全增量
$$\Delta z = f(x_0 + \Delta x, y_0 + \Delta y) - f(x_0, y_0)$$
$$= (f(x_0 + \Delta x, y_0 + \Delta y) - f(x_0, y_0 + \Delta y)) + (f(x_0, y_0 + \Delta y) - f(x_0, y_0)).$$
由于上式右端第一部分的表示式可以看作 x 的一元函数 $f(x, y_0 + \Delta y)$ 的增量,故由拉格朗日中值定理得
$$f(x_0 + \Delta x, y_0 + \Delta y) - f(x_0, y_0 + \Delta y) = f_x(x_0 + \theta_1 \Delta x, y_0 + \Delta y)\Delta x \quad (0 < \theta_1 < 1).$$
又因为 $f_x(x,y)$ 在点 (x_0, y_0) 处连续,所以上式可写为
$$f(x_0 + \Delta x, y_0 + \Delta y) - f(x_0, y_0 + \Delta y) = f_x(x_0, y_0)\Delta x + \varepsilon_1 \Delta x, \quad (9.4.2)$$
其中 ε_1 为 $\Delta x, \Delta y$ 的函数,且当 $\Delta x \to 0, \Delta y \to 0$ 时,$\varepsilon_1 \to 0$.

同理可证,第二部分的表示式可写为
$$f(x_0, y_0 + \Delta y) - f(x_0, y_0) = f_y(x_0, y_0)\Delta y + \varepsilon_2 \Delta y, \quad (9.4.3)$$
其中 ε_2 为 Δy 的函数,且当 $\Delta y \to 0$ 时,$\varepsilon_2 \to 0$.

由(9.4.2)式和(9.4.3)式可知,在偏导数连续的假定下,全增量 Δz 可表示为
$$\Delta z = f_x(x_0, y_0)\Delta x + f_y(x_0, y_0)\Delta y + \varepsilon_1 \Delta x + \varepsilon_2 \Delta y.$$
而容易看出

$$\left|\frac{\varepsilon_1 \Delta x + \varepsilon_2 \Delta y}{\rho}\right| = \left|\frac{\varepsilon_1 \Delta x + \varepsilon_2 \Delta y}{\sqrt{(\Delta x)^2 + (\Delta y)^2}}\right| \leqslant |\varepsilon_1| + |\varepsilon_2|,$$

于是当 $\Delta x \to 0, \Delta y \to 0$，即 $\rho \to 0$ 时，上式趋于零. 因此，函数 $z = f(x,y)$ 在点 (x_0, y_0) 处可微. ∎

习惯上，我们将自变量的增量 $\Delta x, \Delta y$ 分别记作 $\mathrm{d}x, \mathrm{d}y$，并分别称为自变量 x, y 的微分. 这样，函数 $z = f(x,y)$ 的全微分可表示为

$$\mathrm{d}z = \frac{\partial z}{\partial x}\mathrm{d}x + \frac{\partial z}{\partial y}\mathrm{d}y.$$

关于定理 2，需要指出的是，函数可微但其偏导数可能不连续. 故函数 $z = f(x,y)$ 的偏导数 $f_x(x,y), f_y(x,y)$ 在点 (x_0, y_0) 处连续是它在点 (x_0, y_0) 处可微的充分条件而非充要条件. 例如，可考察二元函数

$$z = f(x,y) = \begin{cases} (x^2+y^2)\sin\dfrac{1}{x^2+y^2}, & x^2+y^2 \neq 0, \\ 0, & x^2+y^2 = 0 \end{cases}$$

在点 $(0,0)$ 处的偏导数及可微性. 不难验证 $f_x(0,0) = 0, f_y(0,0) = 0$，于是有

$$\left|\frac{\Delta z - f_x(0,0)\Delta x - f_y(0,0)\Delta y}{\rho}\right| = \left|\frac{f(0+\Delta x, 0+\Delta y) - f(0,0)}{\sqrt{(\Delta x)^2 + (\Delta y)^2}}\right|$$

$$= \left|\frac{((\Delta x)^2 + (\Delta y)^2)\sin\dfrac{1}{(\Delta x)^2 + (\Delta y)^2}}{\sqrt{(\Delta x)^2 + (\Delta y)^2}}\right|$$

$$\leqslant \frac{|\Delta x|^2}{\sqrt{(\Delta x)^2 + (\Delta y)^2}} + \frac{|\Delta y|^2}{\sqrt{(\Delta x)^2 + (\Delta y)^2}}$$

$$\leqslant |\Delta x| + |\Delta y| \to 0 \quad (\Delta x \to 0, \Delta y \to 0),$$

即

$$\Delta z = f_x(0,0)\Delta x + f_y(0,0)\Delta y + o(\rho),$$

故 $z = f(x,y)$ 在点 $(0,0)$ 处可微. 但偏导数 $f_x(x,y), f_y(x,y)$ 在点 $(0,0)$ 处都不连续. 事实上，

$$f_x(x,y) = 2x\sin\frac{1}{x^2+y^2} - \frac{2x}{x^2+y^2}\cos\frac{1}{x^2+y^2} \quad (x^2+y^2 \neq 0),$$

记 $x = r\cos\theta, y = r\sin\theta$，则在圆周 $x^2 + y^2 = r^2 = \dfrac{1}{n\pi}$ 上，有

$$f_x(x,y) = (-1)^{n+1} 2\sqrt{n\pi}\cos\theta.$$

故只要 $\theta \neq \dfrac{\pi}{2}, \dfrac{3}{2}\pi$，即点 (x,y) 不在 y 轴上，就可推得当 $n \to +\infty (r \to 0$，即 $(x,y) \to (0,0))$ 时，$f_x(x,y) \to \infty$. 因此，$f_x(x,y)$ 在点 $(0,0)$ 处不连续. 同理，$f_y(x,y)$ 在点 $(0,0)$ 处也不连续.

n 元函数 $u = f(P)$ 在点 P_0 处的连续性、可微的定义和可微的条件与二元函数有类似的结论.

定理 3　若 n 元函数 $u = f(P)$ 在点 $P_0(x_1^{(0)}, x_2^{(0)}, \cdots, x_n^{(0)})$ 处可微，其全微分为
$$du = a_1 dx_1 + a_2 dx_2 + \cdots + a_n dx_n,$$
则函数 $u = f(P)$ 在点 P_0 处连续，且在该点的偏导数为
$$\left.\frac{\partial u}{\partial x_i}\right|_{P=P_0} = a_i \quad (i = 1, 2, \cdots, n).$$

定理 4　若 n 元函数 $u = f(P)$ 在开区域 D 内对各自变量的偏导数都连续，那么函数 $u = f(P)$ 在 D 内可微.

这两个定理的证明从略.

这种一阶偏导数都连续的函数也称为 C^1 类函数. 类似地，如果函数的 k 阶偏导数都连续，那么称之为 C^k 类函数. 相应地，我们把连续函数称为 C^0 类函数.

例 1　求函数 $z = e^{xy}$ 在点 $(2,1)$ 处的全微分.

解　因为
$$\frac{\partial z}{\partial x} = y e^{xy}, \quad \frac{\partial z}{\partial y} = x e^{xy}, \quad \left.\frac{\partial z}{\partial x}\right|_{\substack{x=2\\y=1}} = e^2, \quad \left.\frac{\partial z}{\partial y}\right|_{\substack{x=2\\y=1}} = 2e^2,$$
所以
$$dz = e^2 dx + 2e^2 dy.$$

例 2　求函数 $u = xy^2 + \sin\dfrac{z}{y}$ 的全微分.

解　因为
$$\frac{\partial u}{\partial x} = y^2, \quad \frac{\partial u}{\partial y} = 2xy - \frac{z}{y^2}\cos\frac{z}{y}, \quad \frac{\partial u}{\partial z} = \frac{1}{y}\cos\frac{z}{y},$$
所以
$$du = y^2 dx + \left(2xy - \frac{z}{y^2}\cos\frac{z}{y}\right)dy + \frac{1}{y}\cos\frac{z}{y} dz.$$

例 3　求函数 $u = x^{y^z}$ 的全微分.

解　因为
$$\frac{\partial u}{\partial x} = y^z x^{y^z - 1} = \frac{y^z}{x} x^{y^z},$$
$$\frac{\partial u}{\partial y} = x^{y^z}\ln x \cdot zy^{z-1} = \frac{zy^z \ln x}{y} x^{y^z},$$
$$\frac{\partial u}{\partial z} = x^{y^z}\ln x \cdot y^z \ln y = y^z \ln y \cdot \ln x \cdot x^{y^z},$$
所以
$$du = x^{y^z}\left(\frac{y^z}{x}dx + \frac{zy^z \ln x}{y}dy + y^z \ln y \cdot \ln x\, dz\right).$$

二、全微分的应用

若二元函数 $z = f(x,y)$ 的两个偏导数 $f_x(x,y)$，$f_y(x,y)$ 在点 (x_0,y_0) 处都连续，则当 $|\Delta x|$，$|\Delta y|$ 很小时，有近似公式

$$\Delta z \approx \mathrm{d}z = f_x(x_0,y_0)\Delta x + f_y(x_0,y_0)\Delta y, \quad (9.4.4)$$

这里 $\Delta x = x - x_0$，$\Delta y = y - y_0$. 上式可写成

$$f(x,y) - f(x_0,y_0) \approx f_x(x_0,y_0)(x - x_0) + f_y(x_0,y_0)(y - y_0)$$

或

$$f(x,y) \approx f(x_0,y_0) + f_x(x_0,y_0)(x - x_0) + f_y(x_0,y_0)(y - y_0). \quad (9.4.5)$$

与一元函数类似，我们可用 (9.4.4) 式和 (9.4.5) 式对二元函数做近似计算和误差估计.

若函数 $z = f(x,y)$ 在点 (x_0,y_0) 处可微，则称函数

$$L(x,y) = f(x_0,y_0) + f_x(x_0,y_0)(x - x_0) + f_y(x_0,y_0)(y - y_0)$$

为 $z = f(x,y)$ 在点 (x_0,y_0) 处的**线性化函数**. 显然，

$$f(x,y) \approx L(x,y).$$

二元函数线性化（近似计算）的几何意义就是将这个函数在点 (x,y) 处的函数值 z 用与该点邻近的某点 (x_0,y_0) 的切平面上的对应点 (x,y,z') 的竖坐标值 z' 来近似代替，如图 9-8 所示.

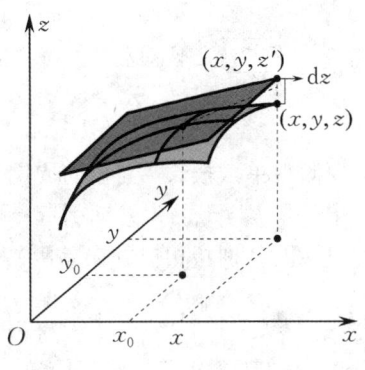

图 9-8

例 4 将函数 $f(x,y) = x^3 - xy + y^2 - 1$ 在点 $(1,2)$ 处线性化.

解 因为

$$f(1,2) = 1^3 - 1 \times 2 + 2^2 - 1 = 2,$$

$$f_x(1,2) = \frac{\partial}{\partial x}(x^3 - xy + y^2 - 1)\Big|_{\substack{x=1\\y=2}} = (3x^2 - y)\Big|_{\substack{x=1\\y=2}} = 1,$$

$$f_y(1,2) = \frac{\partial}{\partial y}(x^3 - xy + y^2 - 1)\Big|_{\substack{x=1\\y=2}} = (-x + 2y)\Big|_{\substack{x=1\\y=2}} = 3,$$

所以 $f(x,y)$ 在点 $(1,2)$ 处的线性化函数是

$$L(x,y) = f(1,2) + f_x(1,2)(x-1) + f_y(1,2)(y-2)$$
$$= 2 + (x-1) + 3(y-2) = x + 3y - 5.$$

例 5 计算 $(1.04)^{2.02}$ 的近似值.

解 设函数 $f(x,y) = x^y$. 显然，该例题就是要计算函数 $f(x,y)$ 当 $x = 1.04$，$y = 2.02$ 时的函数值 $f(1.04, 2.02)$ 的近似值.

取 $x = 1$，$y = 2$，$\Delta x = 0.04$，$\Delta y = 0.02$，由于 $f_x(1,2) = 2$，$f_y(1,2) = 0$，$f(1,2) = 1$，所以

$$(1.04)^{2.02} \approx 1 + 2 \times 0.04 + 0 \times 0.02 = 1.08.$$

例 6 设有一无盖的薄壁圆桶,其内径为 $R = 5$ cm,高为 $H = 20$ cm,侧壁与底的厚度均为 $h = 0.1$ cm,如图 9-9 所示,试求该圆桶的壳体体积的近似值.

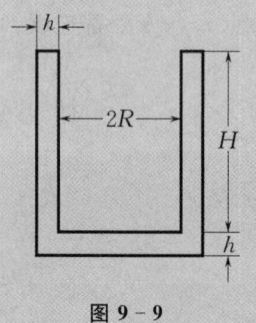

图 9-9

解 易知,该圆桶的壳体体积为
$$V = \pi(R+h)^2(H+h) - \pi R^2 H.$$
它可看作函数 $z = f(R,H) = \pi R^2 H$ 当 $\Delta R = \Delta H = h$ 时的增量 Δz. 由于 $|h|$ 很小,所以可用微分近似计算,即
$$\begin{aligned}V = \Delta z &\approx \mathrm{d}z \\ &= f_R(R,H)\Delta R + f_H(R,H)\Delta H \\ &= 2\pi R H h + \pi R^2 h \\ &= (200\pi \times 0.1 + 25\pi \times 0.1)\ \mathrm{cm}^3 \\ &\approx 70.7\ \mathrm{cm}^3.\end{aligned}$$

例 7 已知利用单摆摆动测定重力加速度 g 的计算公式是
$$g = \frac{4\pi^2 l}{T^2}.$$
现测得单摆摆长 l 与振动周期 T 分别为 $l = (100 \pm 0.1)$ cm,$T = (2 \pm 0.004)$ s. 问:由于测量 l 与 T 的误差而引起 g 的绝对误差和相对误差分别为多少(这里的绝对误差和相对误差分别指相应的误差限)?

解 因为 $\mathrm{d}g = 4\pi^2\left(\dfrac{1}{T^2}\Delta l - \dfrac{2l}{T^3}\Delta T\right)$,其中 $|\Delta l| \leqslant 0.1$ cm,$|\Delta T| \leqslant 0.004$ s($|\Delta l|$ 和 $|\Delta T|$ 都很小),$l = 100$ cm,$T = 2$ s,所以
$$|\Delta g| \approx |\mathrm{d}g| = 4\pi^2\left|\frac{1}{T^2}\Delta l - \frac{2l}{T^3}\Delta T\right| \leqslant 4\pi^2\left(\frac{1}{T^2}|\Delta l| + \frac{2l}{T^3}|\Delta T|\right).$$
故 g 的绝对误差约为
$$\delta_g = 4\pi^2\left(\frac{0.1}{2^2} + \frac{2 \times 100}{2^3} \times 0.004\right)\ \mathrm{cm/s^2} = 0.5\pi^2\ \mathrm{cm/s^2} \approx 4.93\ \mathrm{cm/s^2},$$
g 的相对误差约为
$$\frac{\delta_g}{g} = 0.5\pi^2 \bigg/ \frac{4\pi^2 \times 100}{2^2} = 0.5\%.$$

从上例可以看出,对于一般的二元函数 $z = f(x,y)$,若自变量 x,y 的绝对误差分别为 δ_x, δ_y,即
$$|\Delta x| \leqslant \delta_x,\quad |\Delta y| \leqslant \delta_y,$$
则 z 的误差
$$\begin{aligned}|\Delta z| \approx |\mathrm{d}z| &= \left|\frac{\partial z}{\partial x}\Delta x + \frac{\partial z}{\partial y}\Delta y\right| \leqslant \left|\frac{\partial z}{\partial x}\right||\Delta x| + \left|\frac{\partial z}{\partial y}\right||\Delta y| \\ &\leqslant \left|\frac{\partial z}{\partial x}\right|\delta_x + \left|\frac{\partial z}{\partial y}\right|\delta_y,\end{aligned}$$
从而得 z 的绝对误差约为
$$\delta_z = \left|\frac{\partial z}{\partial x}\right|\delta_x + \left|\frac{\partial z}{\partial y}\right|\delta_y,$$

z 的相对误差约为

$$\frac{\delta_z}{|z|} = \frac{\left|\frac{\partial z}{\partial x}\right|}{|z|}\delta_x + \frac{\left|\frac{\partial z}{\partial y}\right|}{|z|}\delta_y.$$

*三、高阶微分

我们以二元函数 $z = f(x,y)$ 为例,讨论多元函数的高阶微分.

如果函数 $z = f(x,y)$ 在开区域 D 上属于 C^1 类函数,则该函数可微,且

$$dz = \frac{\partial z}{\partial x}dx + \frac{\partial z}{\partial y}dy.$$

如果函数 $z = f(x,y)$ 在 D 上属于 C^2 类函数,那么可以继续对 dz 求微分,记作 d^2z,称为该函数的**二阶微分**,且

$$d^2z = d(dz) = \frac{\partial}{\partial x}\left(\frac{\partial z}{\partial x}dx + \frac{\partial z}{\partial y}dy\right)dx + \frac{\partial}{\partial y}\left(\frac{\partial z}{\partial x}dx + \frac{\partial z}{\partial y}dy\right)dy.$$

此时,可将 dx, dy 视为与 x, y 无关的常量,于是有

$$d^2z = \frac{\partial^2 z}{\partial x^2}dx^2 + 2\frac{\partial^2 z}{\partial x \partial y}dxdy + \frac{\partial^2 z}{\partial y^2}dy^2.$$

类似地,如果函数 $z = f(x,y)$ 是 C^3 类函数,可得出它的三阶微分为

$$d^3z = \frac{\partial^3 z}{\partial x^3}dx^3 + 3\frac{\partial^3 z}{\partial x^2 \partial y}dx^2dy + 3\frac{\partial^3 z}{\partial x \partial y^2}dxdy^2 + \frac{\partial^3 z}{\partial y^3}dy^3.$$

引入二元函数 $z = f(x,y)$ 的微分算子

$$D = \frac{\partial}{\partial x}dx + \frac{\partial}{\partial y}dy,$$

并规定

$$dz = D(z) = \left(\frac{\partial}{\partial x}dx + \frac{\partial}{\partial y}dy\right)(z) = \frac{\partial z}{\partial x}dx + \frac{\partial z}{\partial y}dy.$$

按二项式展开定理,有

$$D^n = \left(\frac{\partial}{\partial x}dx + \frac{\partial}{\partial y}dy\right)^n = \sum_{k=0}^{n} C_n^k \frac{\partial^n}{\partial x^{n-k} \partial y^k}dx^{n-k}dy^k.$$

上式中 $C_n^k = \frac{n!}{k!(n-k)!}(k=1,2,\cdots,n), C_n^0 = 1$,对应 $k = 0$ 的项为 $\frac{\partial^n}{\partial x^n}dx^n$,对应 $k = n$ 的项为 $\frac{\partial^n}{\partial y^n}dy^n$,于是

$$d^nz = D^n(z) = \sum_{k=0}^{n} C_n^k \frac{\partial^n z}{\partial x^{n-k} \partial y^k}dx^{n-k}dy^k.$$

上述高阶微分的概念可推广到一般的 n 元函数中去.

第五节 多元复合函数的偏导数

一、多元复合函数的求导法则

多元复合函数的求导运算与一元复合函数的求导运算有着类似的链式法则.多元复

合函数的求导法则是多元函数微分学中的重要组成部分.

定理 1(链式法则) 设函数 $u=u(t),v=v(t)$ 都在点 t 处可导,函数 $z=f(u,v)$ 在对应点 (u,v) 处可微,则复合函数 $z=f(u(t),v(t))$ 在点 t 处可导,且有

$$\frac{dz}{dt}=\frac{\partial z}{\partial u}\cdot\frac{du}{dt}+\frac{\partial z}{\partial v}\cdot\frac{dv}{dt}. \tag{9.5.1}$$

证 由于 $z=f(u,v)$ 在点 (u,v) 处可微,故

$$\Delta z=\frac{\partial z}{\partial u}\Delta u+\frac{\partial z}{\partial v}\Delta v+o(\sqrt{(\Delta u)^2+(\Delta v)^2}),$$

于是

$$\frac{\Delta z}{\Delta t}=\frac{\partial z}{\partial u}\cdot\frac{\Delta u}{\Delta t}+\frac{\partial z}{\partial v}\cdot\frac{\Delta v}{\Delta t}+\frac{o(\sqrt{(\Delta u)^2+(\Delta v)^2})}{\Delta t}.$$

因为 $u=u(t),v=v(t)$ 在点 t 处可导,所以

$$\lim_{\Delta t\to 0}\frac{\Delta u}{\Delta t}=\frac{du}{dt},\quad \lim_{\Delta t\to 0}\frac{\Delta v}{\Delta t}=\frac{dv}{dt}.$$

又因为

$$\lim_{\Delta t\to 0}\frac{o(\sqrt{(\Delta u)^2+(\Delta v)^2})}{\Delta t}=\lim_{\Delta t\to 0}\frac{o(\sqrt{(\Delta u)^2+(\Delta v)^2})}{\sqrt{(\Delta u)^2+(\Delta v)^2}}\sqrt{\left(\frac{\Delta u}{\Delta t}\right)^2+\left(\frac{\Delta v}{\Delta t}\right)^2}\frac{|\Delta t|}{\Delta t}=0,$$

所以

$$\lim_{\Delta t\to 0}\frac{\Delta z}{\Delta t}=\lim_{\Delta t\to 0}\left(\frac{\partial z}{\partial u}\cdot\frac{\Delta u}{\Delta t}+\frac{\partial z}{\partial v}\cdot\frac{\Delta v}{\Delta t}\right)+\lim_{\Delta t\to 0}\frac{o(\sqrt{(\Delta u)^2+(\Delta v)^2})}{\Delta t}$$

$$=\frac{\partial z}{\partial u}\cdot\frac{du}{dt}+\frac{\partial z}{\partial v}\cdot\frac{dv}{dt},$$

即

$$\frac{dz}{dt}=\frac{\partial z}{\partial u}\cdot\frac{du}{dt}+\frac{\partial z}{\partial v}\cdot\frac{dv}{dt}. \qquad\blacksquare$$

称(9.5.1)式中的导数 $\dfrac{dz}{dt}$ 为**全导数**.

定理 1 可以推广到中间变量多于两个或中间变量为多元函数的情形.下面例举几种情形加以说明,其他情形可做类似处理.以下总假定所遇到的一元函数都具有连续的导数,多元函数都具有连续的偏导数,因此定理 1 中的所需条件都满足.

(1) 设函数 $z=f(u,v,w),u=u(t),v=v(t),w=w(t)$,则

$$\frac{dz}{dt}=\frac{\partial z}{\partial u}\cdot\frac{du}{dt}+\frac{\partial z}{\partial v}\cdot\frac{dv}{dt}+\frac{\partial z}{\partial w}\cdot\frac{dw}{dt}. \tag{9.5.2}$$

(2) 设函数 $z=f(u,v),u=u(x,y),v=v(x,y)$,则

$$\frac{\partial z}{\partial x}=\frac{\partial z}{\partial u}\cdot\frac{\partial u}{\partial x}+\frac{\partial z}{\partial v}\cdot\frac{\partial v}{\partial x}, \tag{9.5.3}$$

$$\frac{\partial z}{\partial y}=\frac{\partial z}{\partial u}\cdot\frac{\partial u}{\partial y}+\frac{\partial z}{\partial v}\cdot\frac{\partial v}{\partial y}. \tag{9.5.4}$$

(3) 设函数 $z=f(u,v,w),u=u(x,y),v=v(x,y),w=w(x,y)$,则

$$\frac{\partial z}{\partial x} = \frac{\partial z}{\partial u} \cdot \frac{\partial u}{\partial x} + \frac{\partial z}{\partial v} \cdot \frac{\partial v}{\partial x} + \frac{\partial z}{\partial w} \cdot \frac{\partial w}{\partial x}, \tag{9.5.5}$$

$$\frac{\partial z}{\partial y} = \frac{\partial z}{\partial u} \cdot \frac{\partial u}{\partial y} + \frac{\partial z}{\partial v} \cdot \frac{\partial v}{\partial y} + \frac{\partial z}{\partial w} \cdot \frac{\partial w}{\partial y}. \tag{9.5.6}$$

(4) 设函数 $z = f(u,x,y), u = u(x,y)$,则

$$\frac{\partial z}{\partial x} = \frac{\partial f}{\partial u} \cdot \frac{\partial u}{\partial x} + \frac{\partial f}{\partial x}, \tag{9.5.7}$$

$$\frac{\partial z}{\partial y} = \frac{\partial f}{\partial u} \cdot \frac{\partial u}{\partial y} + \frac{\partial f}{\partial y}. \tag{9.5.8}$$

应用与(9.5.1)式类似的证明方法可得(9.5.2)式~(9.5.8)式. 例如,在求情形(2)中的偏导数 $\frac{\partial z}{\partial x}$ 时,只要将 y 看作常量,中间变量 u,v 看作 x 的一元函数即可.

注 在(9.5.7)式和(9.5.8)式中,记号 $\frac{\partial z}{\partial x}$ 和 $\frac{\partial f}{\partial x}$ 有不同的含义. 记号 $\frac{\partial z}{\partial x}$ 是把 u 看作 x 和 y 的函数,求复合函数 $z = f(u(x,y),x,y)$ 对 x 的偏导数;记号 $\frac{\partial f}{\partial x}$ 是把 u 与 x,y 都看作独立的自变量,求三元函数 $z = f(u,x,y)$ 对 x 的偏导数. 记号 $\frac{\partial z}{\partial y}$ 和 $\frac{\partial f}{\partial y}$ 也有类似的区别.

复合函数的复合情形多种多样,不可能一一列举. 如果我们把因变量、中间变量及自变量的依赖关系用复合关系图表示,如图 9-10 所示,那么求复合函数的全导数或偏导数的计算公式可按如下方法记忆:找出所有从因变量到目标自变量的"链",先将同一链上前一变量对后一变量求导数或偏导数,并相乘;再把不同链上所得的结果全部相加.

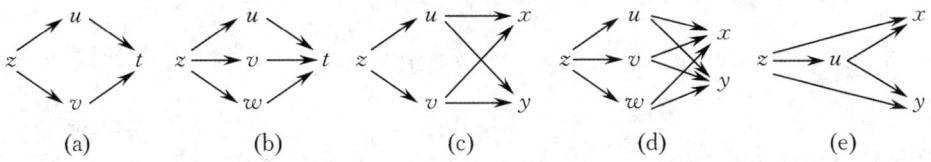

图 9-10

例 1 设函数 $z = e^u \sin v, u = xy, v = x + y$,求 $\frac{\partial z}{\partial x}$ 和 $\frac{\partial z}{\partial y}$.

解 由链式法则得

$$\frac{\partial z}{\partial x} = \frac{\partial z}{\partial u} \cdot \frac{\partial u}{\partial x} + \frac{\partial z}{\partial v} \cdot \frac{\partial v}{\partial x} = e^u \sin v \cdot y + e^u \cos v \cdot 1$$
$$= e^{xy}(y\sin(x+y) + \cos(x+y)),$$
$$\frac{\partial z}{\partial y} = \frac{\partial z}{\partial u} \cdot \frac{\partial u}{\partial y} + \frac{\partial z}{\partial v} \cdot \frac{\partial v}{\partial y} = e^u \sin v \cdot x + e^u \cos v \cdot 1$$
$$= e^{xy}(x\sin(x+y) + \cos(x+y)).$$

例 2 设函数 $z = f(u,v,t) = uv + \sin t, u = e^t, v = \cos t$,求全导数 $\frac{dz}{dt}$.

解 $\dfrac{dz}{dt} = \dfrac{\partial z}{\partial u} \cdot \dfrac{du}{dt} + \dfrac{\partial z}{\partial v} \cdot \dfrac{dv}{dt} + \dfrac{\partial f}{\partial t} = ve^t - u\sin t + \cos t$

$\qquad = e^t(\cos t - \sin t) + \cos t.$

例 3 设函数 $z = f(x^2 - y^2, xy)$，其中函数 f 具有一阶连续偏导数，求 $\dfrac{\partial z}{\partial x}$ 和 $\dfrac{\partial z}{\partial y}$.

解 记 $u = x^2 - y^2, v = xy$，由链式法则得

$$\dfrac{\partial z}{\partial x} = \dfrac{\partial z}{\partial u} \cdot \dfrac{\partial u}{\partial x} + \dfrac{\partial z}{\partial v} \cdot \dfrac{\partial v}{\partial x} = \dfrac{\partial z}{\partial u} \cdot 2x + \dfrac{\partial z}{\partial v} \cdot y = 2x\dfrac{\partial z}{\partial u} + y\dfrac{\partial z}{\partial v},$$

$$\dfrac{\partial z}{\partial y} = \dfrac{\partial z}{\partial u} \cdot \dfrac{\partial u}{\partial y} + \dfrac{\partial z}{\partial v} \cdot \dfrac{\partial v}{\partial y} = \dfrac{\partial z}{\partial u} \cdot (-2y) + \dfrac{\partial z}{\partial v} \cdot x = -2y\dfrac{\partial z}{\partial u} + x\dfrac{\partial z}{\partial v}.$$

为了书写简便，引入记号 f_1 表示函数 f 对它的第一个自变量求偏导数；引入记号 f_2 表示函数 f 对它的第二个自变量求偏导数. 利用这种记号，记 $\dfrac{\partial z}{\partial u} = f_1, \dfrac{\partial z}{\partial v} = f_2$，则例 3 的结果可表示成

$$\dfrac{\partial z}{\partial x} = 2xf_1 + yf_2, \quad \dfrac{\partial z}{\partial y} = -2yf_1 + xf_2.$$

例 4 设函数 $z = f(x, xy, x+y)$，其中函数 f 具有一阶连续偏导数，求 $\dfrac{\partial z}{\partial x}$ 和 $\dfrac{\partial z}{\partial y}$.

解 令 $u = x, v = xy, w = x + y$，则 $z = f(u, v, w)$. 记 $\dfrac{\partial z}{\partial u} = f_1, \dfrac{\partial z}{\partial v} = f_2, \dfrac{\partial z}{\partial w} = f_3$，由链式法则得

$$\dfrac{\partial z}{\partial x} = f_1 \cdot 1 + f_2 \cdot y + f_3 \cdot 1 = f_1 + yf_2 + f_3,$$

$$\dfrac{\partial z}{\partial y} = f_1 \cdot 0 + f_2 \cdot x + f_3 \cdot 1 = xf_2 + f_3.$$

例 5 设函数 $w = f(x+y+z, xyz)$，其中函数 f 具有二阶连续偏导数，求 $\dfrac{\partial w}{\partial x}$ 和 $\dfrac{\partial^2 w}{\partial x \partial z}$.

解 令 $u = x + y + z, v = xyz$，则 $w = f(u, v)$. 记 $\dfrac{\partial w}{\partial u} = f_1, \dfrac{\partial^2 w}{\partial u \partial v} = f_{12}$，这里记号 f_{12} 表示函数 f 先对它的第一个自变量求偏导数，再对它的第二个自变量求偏导数，同理有 f_{21}, f_{22} 等. 于是，有

$$\dfrac{\partial w}{\partial x} = f_1 \cdot 1 + f_2 \cdot yz = f_1 + yzf_2,$$

$$\dfrac{\partial^2 w}{\partial x \partial z} = \dfrac{\partial}{\partial z}(f_1 + yzf_2) = \dfrac{\partial f_1}{\partial z} + yf_2 + yz\dfrac{\partial f_2}{\partial z}.$$

求 $\dfrac{\partial f_1}{\partial z}$ 和 $\dfrac{\partial f_2}{\partial z}$ 时，注意 f_1 及 f_2 也是复合函数，故按复合函数的求导法则，有

$$\dfrac{\partial f_1}{\partial z} = f_{11} \cdot 1 + f_{12} \cdot xy = f_{11} + xyf_{12},$$

$$\dfrac{\partial f_2}{\partial z} = f_{21} \cdot 1 + f_{22} \cdot xy = f_{21} + xyf_{22}.$$

第九章　多元函数微分学

所以
$$\frac{\partial^2 w}{\partial x \partial z} = f_{11} + xyf_{12} + yf_2 + yzf_{21} + xy^2zf_{22}$$
$$= f_{11} + y(x+z)f_{12} + xy^2zf_{22} + yf_2.$$

例 6　设函数 $z = y + F(x^2 - y^2)$，其中函数 F 具有一阶连续导数，求 $y\dfrac{\partial z}{\partial x} + x\dfrac{\partial z}{\partial y}$。

解　易知，$\dfrac{\partial z}{\partial x} = \dfrac{\partial F}{\partial x}, \dfrac{\partial z}{\partial y} = 1 + \dfrac{\partial F}{\partial y}$。记 $u = x^2 - y^2$，则有
$$\frac{\partial F}{\partial x} = \frac{\mathrm{d}F}{\mathrm{d}u} \cdot \frac{\partial u}{\partial x} = 2x\frac{\mathrm{d}F}{\mathrm{d}u}, \quad \frac{\partial F}{\partial y} = \frac{\mathrm{d}F}{\mathrm{d}u} \cdot \frac{\partial u}{\partial y} = -2y\frac{\mathrm{d}F}{\mathrm{d}u},$$

所以
$$y\frac{\partial z}{\partial x} + x\frac{\partial z}{\partial y} = y \cdot 2x\frac{\mathrm{d}F}{\mathrm{d}u} + x\left(1 - 2y\frac{\mathrm{d}F}{\mathrm{d}u}\right) = x.$$

例 7　设函数 $u = f(x,y)$ 的二阶偏导数均连续，试将下列表达式转换成极坐标系下的形式：

(1) $\left(\dfrac{\partial u}{\partial x}\right)^2 + \left(\dfrac{\partial u}{\partial y}\right)^2$；　　　(2) $\dfrac{\partial^2 u}{\partial x^2} + \dfrac{\partial^2 u}{\partial y^2}$。

解　由直角坐标与极坐标之间的关系得
$$x = r\cos\theta, \quad y = r\sin\theta.$$

现在要将偏导数 $\dfrac{\partial u}{\partial x}, \dfrac{\partial u}{\partial y}, \dfrac{\partial^2 u}{\partial x^2}, \dfrac{\partial^2 u}{\partial y^2}$ 全部改用变量 r,θ 及对应偏导数 $\dfrac{\partial u}{\partial r}, \dfrac{\partial u}{\partial \theta}, \dfrac{\partial^2 u}{\partial r^2}, \dfrac{\partial^2 u}{\partial \theta^2}, \dfrac{\partial^2 u}{\partial r \partial \theta}$ 来表示。为此，令 $u = u(r,\theta)$，其中 $r = \sqrt{x^2 + y^2}, \theta = \arctan\dfrac{y}{x} + C$（当点 (x,y) 在第一、第四象限时，$C = 0$；当点 (x,y) 在第二、第三象限时，$C = \pi$），于是有
$$\frac{\partial r}{\partial x} = \frac{x}{\sqrt{x^2+y^2}} = \cos\theta, \quad \frac{\partial r}{\partial y} = \frac{y}{\sqrt{x^2+y^2}} = \sin\theta,$$
$$\frac{\partial \theta}{\partial x} = \frac{-y}{x^2+y^2} = -\frac{\sin\theta}{r}, \quad \frac{\partial \theta}{\partial y} = \frac{x}{x^2+y^2} = \frac{\cos\theta}{r}.$$

(1) 由上述讨论可知，
$$\frac{\partial u}{\partial x} = \frac{\partial u}{\partial r} \cdot \frac{\partial r}{\partial x} + \frac{\partial u}{\partial \theta} \cdot \frac{\partial \theta}{\partial x} = \frac{\partial u}{\partial r}\cos\theta - \frac{\partial u}{\partial \theta} \cdot \frac{\sin\theta}{r},$$
$$\frac{\partial u}{\partial y} = \frac{\partial u}{\partial r} \cdot \frac{\partial r}{\partial y} + \frac{\partial u}{\partial \theta} \cdot \frac{\partial \theta}{\partial y} = \frac{\partial u}{\partial r}\sin\theta + \frac{\partial u}{\partial \theta} \cdot \frac{\cos\theta}{r}.$$

将上面两式平方后相加，得
$$\left(\frac{\partial u}{\partial x}\right)^2 + \left(\frac{\partial u}{\partial y}\right)^2 = \left(\frac{\partial u}{\partial r}\right)^2 + \frac{1}{r^2}\left(\frac{\partial u}{\partial \theta}\right)^2.$$

(2) 求 u 的二阶偏导数，得
$$\frac{\partial^2 u}{\partial x^2} = \frac{\partial}{\partial r}\left(\frac{\partial u}{\partial x}\right) \cdot \frac{\partial r}{\partial x} + \frac{\partial}{\partial \theta}\left(\frac{\partial u}{\partial x}\right) \cdot \frac{\partial \theta}{\partial x}$$
$$= \frac{\partial}{\partial r}\left(\frac{\partial u}{\partial r}\cos\theta - \frac{\partial u}{\partial \theta} \cdot \frac{\sin\theta}{r}\right)\cos\theta - \frac{\partial}{\partial \theta}\left(\frac{\partial u}{\partial r}\cos\theta - \frac{\partial u}{\partial \theta} \cdot \frac{\sin\theta}{r}\right)\frac{\sin\theta}{r}$$

$$= \frac{\partial^2 u}{\partial r^2}\cos^2\theta - \frac{\partial^2 u}{\partial r \partial \theta} \cdot \frac{2\sin\theta\cos\theta}{r} + \frac{\partial^2 u}{\partial \theta^2} \cdot \frac{\sin^2\theta}{r^2} + \frac{\partial u}{\partial \theta} \cdot \frac{2\sin\theta\cos\theta}{r^2} + \frac{\partial u}{\partial r} \cdot \frac{\sin^2\theta}{r}.$$

同理,可得

$$\frac{\partial^2 u}{\partial y^2} = \frac{\partial^2 u}{\partial r^2}\sin^2\theta + \frac{\partial^2 u}{\partial r \partial \theta} \cdot \frac{2\sin\theta\cos\theta}{r} + \frac{\partial^2 u}{\partial \theta^2} \cdot \frac{\cos^2\theta}{r^2} - \frac{\partial u}{\partial \theta} \cdot \frac{2\sin\theta\cos\theta}{r^2} + \frac{\partial u}{\partial r} \cdot \frac{\cos^2\theta}{r}.$$

将上面两式相加,得

$$\frac{\partial^2 u}{\partial x^2} + \frac{\partial^2 u}{\partial y^2} = \frac{\partial^2 u}{\partial r^2} + \frac{1}{r} \cdot \frac{\partial u}{\partial r} + \frac{1}{r^2} \cdot \frac{\partial^2 u}{\partial \theta^2}.$$

二、全微分的形式不变性

以二元函数为例. 设函数 $z = f(u,v)$ 具有连续偏导数,则

$$dz = \frac{\partial z}{\partial u}du + \frac{\partial z}{\partial v}dv. \tag{9.5.9}$$

如果 u,v 又是变量 x,y 的函数 $u = \varphi(x,y)$,$v = \psi(x,y)$,且这两个函数也都具有连续偏导数,则复合函数 $z = f(\varphi(x,y),\psi(x,y))$ 的全微分为

$$dz = \frac{\partial z}{\partial x}dx + \frac{\partial z}{\partial y}dy = \left(\frac{\partial z}{\partial u} \cdot \frac{\partial u}{\partial x} + \frac{\partial z}{\partial v} \cdot \frac{\partial v}{\partial x}\right)dx + \left(\frac{\partial z}{\partial u} \cdot \frac{\partial u}{\partial y} + \frac{\partial z}{\partial v} \cdot \frac{\partial v}{\partial y}\right)dy$$

$$= \frac{\partial z}{\partial u}\left(\frac{\partial u}{\partial x}dx + \frac{\partial u}{\partial y}dy\right) + \frac{\partial z}{\partial v}\left(\frac{\partial v}{\partial x}dx + \frac{\partial v}{\partial y}dy\right) = \frac{\partial z}{\partial u}du + \frac{\partial z}{\partial v}dv.$$

由此可见,对于函数 $z = f(u,v)$ 来说,不论 u,v 是自变量还是中间变量,它们的全微分都可以写成(9.5.9)式的形式,这就是二元函数**全微分的形式不变性**. 利用全微分的形式不变性求偏导数或全微分,在许多情况下显得更加便捷且不易出错,复合关系越复杂,其优点越突出.

例8 设函数 $z = f\left(xy, \dfrac{y}{x}\right)$,求 $dz, \dfrac{\partial z}{\partial x}, \dfrac{\partial z}{\partial y}$.

解 记 $u = xy, v = \dfrac{y}{x}$,则 $z = f(u,v)$,记 $\dfrac{\partial z}{\partial u} = f_1, \dfrac{\partial z}{\partial v} = f_2$. 于是,有

$$dz = f_1 du + f_2 dv = f_1 d(xy) + f_2 d\left(\frac{y}{x}\right)$$

$$= f_1 \cdot (ydx + xdy) + f_2 \cdot \frac{xdy - ydx}{x^2}$$

$$= \left(yf_1 - \frac{y}{x^2}f_2\right)dx + \left(xf_1 + \frac{1}{x}f_2\right)dy,$$

所以

$$\frac{\partial z}{\partial x} = yf_1 - \frac{y}{x^2}f_2, \quad \frac{\partial z}{\partial y} = xf_1 + \frac{1}{x}f_2.$$

例9 设函数 $z = f(u,v,x)$,$u = \varphi(x,y)$,$v = \psi(x,y)$,这些函数均有连续偏导数,试求 $dz, \dfrac{\partial z}{\partial x}, \dfrac{\partial z}{\partial y}$.

解 记 $\dfrac{\partial f}{\partial u}=f_1,\dfrac{\partial f}{\partial v}=f_2,\dfrac{\partial f}{\partial x}=f_3$,则有

$$\begin{aligned}\mathrm{d}z&=f_1\mathrm{d}u+f_2\mathrm{d}v+f_3\mathrm{d}x\\&=f_1(\varphi_1\mathrm{d}x+\varphi_2\mathrm{d}y)+f_2(\psi_1\mathrm{d}x+\psi_2\mathrm{d}y)+f_3\mathrm{d}x\\&=(f_1\varphi_1+f_2\psi_1+f_3)\mathrm{d}x+(f_1\varphi_2+f_2\psi_2)\mathrm{d}y,\end{aligned}$$

其中 $\varphi_1=\dfrac{\partial u}{\partial x},\varphi_2=\dfrac{\partial u}{\partial y},\psi_1=\dfrac{\partial v}{\partial x},\psi_2=\dfrac{\partial v}{\partial y}$,故

$$\dfrac{\partial z}{\partial x}=f_1\varphi_1+f_2\psi_1+f_3,\quad \dfrac{\partial z}{\partial y}=f_1\varphi_2+f_2\psi_2.$$

第六节 多元隐函数的导数

一、一个方程的情形

在一元函数微分学中,对于二元方程 $F(x,y)=0$ 不能或难以表示成显函数 $y=f(x)$ 形式的情形,我们已经介绍了不通过显化直接求其导数的方法.下面将介绍不通过显化直接求多元隐函数 $F(x_1,x_2,\cdots,x_n,u)=0$ 的偏导数的方法.

关于隐函数 $F(x_1,x_2,\cdots,x_n,u)=0$,首先需要讨论它在什么区域内能确定一个 n 元函数 $u=f(x_1,x_2,\cdots,x_n)$,即要研究隐函数是否存在的问题,然后再研究隐函数的求导法则.

定理 1(二元隐函数存在定理) 设二元函数 $F(x,y)$ 在点 $P_0(x_0,y_0)$ 的某邻域 $U(P_0,\delta)$ 内有定义.若

(1) $F(x_0,y_0)=0$;

(2) $F(x,y)$ 在 $U(P_0,\delta)$ 内是 C^1 类函数;

(3) $\left.\dfrac{\partial F}{\partial y}\right|_{P_0}\neq 0$,

则方程 $F(x,y)=0$ 在点 P_0 的某邻域 $U(P_0,r)$ 内唯一确定了一个连续且具有连续导数的单值函数 $y=f(x)$,它满足 $y_0=f(x_0)$,并有

$$\dfrac{\mathrm{d}y}{\mathrm{d}x}=-\dfrac{F_x}{F_y}. \tag{9.6.1}$$

关于隐函数的存在性问题,我们不给出证明,现仅就(9.6.1)式做出如下推导:

事实上,设方程 $F(x,y)=0$ 所确定的函数为 $y=f(x)$,则

$$F(x,f(x))\equiv 0,$$

上式左端可以看成 x 的一个复合函数.求这个函数的全导数,由于恒等式两端求导后仍恒等,故可得

$$\dfrac{\partial F}{\partial x}+\dfrac{\partial F}{\partial y}\cdot\dfrac{\mathrm{d}y}{\mathrm{d}x}=0.$$

因为偏导数 $F_y(x,y)$ 连续,且 $F_y(x_0,y_0) \neq 0$,所以存在点 (x_0,y_0) 的一个邻域,使得在此邻域内 $F_y(x,y) \neq 0$. 于是由上式可解得

$$\frac{\mathrm{d}y}{\mathrm{d}x} = -\frac{F_x}{F_y}.$$

如果函数 $F(x,y)$ 的二阶偏导数连续,那么可把等式(9.6.1)两端都看作 x 的复合函数,对其关于 x 求偏导数,得

$$\begin{aligned}\frac{\mathrm{d}^2 y}{\mathrm{d}x^2} &= \frac{\partial}{\partial x}\left(-\frac{F_x}{F_y}\right) + \frac{\partial}{\partial y}\left(-\frac{F_x}{F_y}\right) \cdot \frac{\mathrm{d}y}{\mathrm{d}x} \\ &= -\frac{F_{xx}F_y - F_{yx}F_x}{F_y^2} - \frac{F_{xy}F_y - F_{yy}F_x}{F_y^2}\left(-\frac{F_x}{F_y}\right) \\ &= -\frac{F_{xx}F_y^2 - 2F_{xy}F_xF_y + F_{yy}F_x^2}{F_y^3}.\end{aligned}$$

例 1 验证:方程 $x^2 + y^2 - 1 = 0$ 在点 $(0,1)$ 的某邻域内能唯一确定一个可导的单值隐函数 $y = f(x)$,且当 $x = 0$ 时,$y = 1$,并求这个函数的一阶导数与二阶导数在 $x = 0$ 处的值.

解 设函数 $F(x,y) = x^2 + y^2 - 1$,则

$$F_x = 2x, \quad F_y = 2y, \quad F(0,1) = 0, \quad F_y(0,1) = 2 \neq 0.$$

由定理 1 可知,方程 $x^2 + y^2 - 1 = 0$ 在点 $(0,1)$ 的某邻域内能唯一确定一个可导且满足 $f(0) = 1$ 的单值函数 $y = f(x)$.

由于

$$\frac{\mathrm{d}y}{\mathrm{d}x} = -\frac{F_x}{F_y} = -\frac{x}{y},$$

$$\begin{aligned}\frac{\mathrm{d}^2 y}{\mathrm{d}x^2} &= \frac{\mathrm{d}}{\mathrm{d}x}\left(-\frac{x}{y}\right) = -\frac{y - xy'}{y^2} = -\frac{y - x\left(-\frac{x}{y}\right)}{y^2} \\ &= -\frac{y^2 + x^2}{y^3} = -\frac{1}{y^3},\end{aligned}$$

因此

$$\left.\frac{\mathrm{d}y}{\mathrm{d}x}\right|_{\substack{x=0 \\ y=1}} = 0, \quad \left.\frac{\mathrm{d}^2 y}{\mathrm{d}x^2}\right|_{\substack{x=0 \\ y=1}} = -1.$$

定理 2(多元隐函数存在定理) 若 $n+1$ 元函数 $F(x_1, x_2, \cdots, x_n, u)$ 在点 $P_0(x_1^{(0)}, x_2^{(0)}, \cdots, x_n^{(0)}, u_0)$ 的某邻域 $U(P_0, \delta)$ 内是 C^1 类函数,且 $F(P_0) = 0$,$\left.\frac{\partial F}{\partial u}\right|_{P_0} \neq 0$,则方程 $F(x_1, x_2, \cdots, x_n, u) = 0$ 在点 $P_0(x_1^{(0)}, x_2^{(0)}, \cdots, x_n^{(0)}, u_0)$ 的某邻域 $U(P_0, r)$ 内确定 u 是 $x_1, x_2, \cdots, x_n$ 的一个连续且具有连续偏导数的 n 元单值函数 $u = f(x_1, x_2, \cdots, x_n)$,它满足 $u_0 = f(x_1^{(0)}, x_2^{(0)}, \cdots, x_n^{(0)})$,并有

$$\frac{\partial u}{\partial x_i} = -\frac{F_{x_i}}{F_u} \quad (i = 1, 2, \cdots, n). \tag{9.6.2}$$

这个定理的证明从略，仅就(9.6.2)式做出如下推导：

由于 $F(x_1, x_2, \cdots, x_n, f(x_1, x_2, \cdots, x_n)) \equiv 0$，该恒等式两端对 x_1 求偏导数，得

$$\frac{\partial F}{\partial x_1} + \frac{\partial F}{\partial u} \cdot \frac{\partial u}{\partial x_1} = 0, \quad 即 \quad \frac{\partial u}{\partial x_1} = -\frac{F_{x_1}}{F_u}.$$

同理，可求得函数 u 对其他自变量的偏导数. 因此，有

$$\frac{\partial u}{\partial x_i} = -\frac{F_{x_i}}{F_u} \quad (i = 1, 2, \cdots, n).$$

例 2 求由方程 $\sin z = xyz$ 所确定的函数 $z = f(x, y)$ 的偏导数 $\frac{\partial z}{\partial x}, \frac{\partial z}{\partial y}$.

解法一 设函数 $F(x, y, z) = \sin z - xyz$，则
$$F_x = -yz, \quad F_y = -xz, \quad F_z = \cos z - xy.$$

故

$$\frac{\partial z}{\partial x} = -\frac{F_x}{F_z} = -\frac{-yz}{\cos z - xy} = \frac{yz}{\cos z - xy},$$

$$\frac{\partial z}{\partial y} = -\frac{F_y}{F_z} = -\frac{-xz}{\cos z - xy} = \frac{xz}{\cos z - xy}.$$

解法二 原方程两边同时对 x 求偏导数，得

$$\cos z \frac{\partial z}{\partial x} = yz + xy \frac{\partial z}{\partial x},$$

解得

$$\frac{\partial z}{\partial x} = \frac{yz}{\cos z - xy}.$$

同理，原方程两边同时对 y 求偏导数，可解得

$$\frac{\partial z}{\partial y} = \frac{xz}{\cos z - xy}.$$

注 在实际应用中，求由方程所确定的多元隐函数的偏导数时，不一定要套用公式，尤其是方程中含有抽象函数时，此时利用求偏导数或求微分的过程进行推导更为清楚.

例 3 设方程 $x^2 + y^2 + z^2 - 4z = 0$ 可确定函数 $z = f(x, y)$，求 $\frac{\partial^2 z}{\partial x^2}$.

解 设函数 $F(x, y, z) = x^2 + y^2 + z^2 - 4z$，则
$$F_x = 2x, \quad F_z = 2z - 4,$$

所以

$$\frac{\partial z}{\partial x} = -\frac{F_x}{F_z} = \frac{x}{2 - z}.$$

再对 x 求偏导数，得

$$\frac{\partial^2 z}{\partial x^2} = \frac{(2 - z) + x \frac{\partial z}{\partial x}}{(2 - z)^2} = \frac{(2 - z) + x \left(\frac{x}{2 - z}\right)}{(2 - z)^2} = \frac{(2 - z)^2 + x^2}{(2 - z)^3}.$$

二、方程组的情形

设方程组

$$\begin{cases} F(x,y,u,v) = 0, \\ G(x,y,u,v) = 0, \end{cases} \quad (9.6.3)$$

这时上述四个变量中一般只有两个变量独立变化(不妨设为 x,y). 如果在某一范围内, 对每一组 x,y 的值, 由此方程组能唯一确定一组 u,v 的值, 则此方程组就确定了 u 和 v 为变量 x,y 的隐函数. 下面给出隐函数存在及连续、可导的定理.

定理 3(方程组隐函数存在定理) 设函数 $F(x,y,u,v), G(x,y,u,v)$ 在点 (x_0,y_0,u_0,v_0) 的某邻域内具有对各个变量的连续偏导数, $F(x_0,y_0,u_0,v_0) = 0, G(x_0,y_0,u_0,v_0) = 0$, 且偏导数所组成的函数行列式(称为雅可比(Jacobi)行列式)

$$J = \frac{\partial(F,G)}{\partial(u,v)} = \begin{vmatrix} F_u & F_v \\ G_u & G_v \end{vmatrix}$$

在点 (x_0,y_0,u_0,v_0) 处不等于零, 则方程组(9.6.3)在点 (x_0,y_0,u_0,v_0) 的某邻域内恒能唯一确定一组连续函数 $u = u(x,y), v = v(x,y)$, 它们满足 $u_0 = u(x_0,y_0), v_0 = v(x_0,y_0)$, 且有连续偏导数

$$\begin{aligned} \frac{\partial u}{\partial x} &= -\frac{1}{J} \cdot \frac{\partial(F,G)}{\partial(x,v)} = -\frac{1}{J} \begin{vmatrix} F_x & F_v \\ G_x & G_v \end{vmatrix}, \\ \frac{\partial u}{\partial y} &= -\frac{1}{J} \cdot \frac{\partial(F,G)}{\partial(y,v)} = -\frac{1}{J} \begin{vmatrix} F_y & F_v \\ G_y & G_v \end{vmatrix}, \\ \frac{\partial v}{\partial x} &= -\frac{1}{J} \cdot \frac{\partial(F,G)}{\partial(u,x)} = -\frac{1}{J} \begin{vmatrix} F_u & F_x \\ G_u & G_x \end{vmatrix}, \\ \frac{\partial v}{\partial y} &= -\frac{1}{J} \cdot \frac{\partial(F,G)}{\partial(u,y)} = -\frac{1}{J} \begin{vmatrix} F_u & F_y \\ G_u & G_y \end{vmatrix}. \end{aligned} \quad (9.6.4)$$

这个定理我们不做证明, 下面只推导(9.6.4)式. 由于

$$F(x,y,u(x,y),v(x,y)) \equiv 0,$$
$$G(x,y,u(x,y),v(x,y)) \equiv 0,$$

将上述两恒等式两边同时对 x 求偏导数, 得

$$\begin{cases} F_x + F_u \dfrac{\partial u}{\partial x} + F_v \dfrac{\partial v}{\partial x} = 0, \\ G_x + G_u \dfrac{\partial u}{\partial x} + G_v \dfrac{\partial v}{\partial x} = 0, \end{cases}$$

这是关于 $\dfrac{\partial u}{\partial x}, \dfrac{\partial v}{\partial x}$ 的线性方程组. 由假设可知,在点 (x_0,y_0,u_0,v_0) 的某邻域内,该方程组的系数行列式 $J = \begin{vmatrix} F_u & F_v \\ G_u & G_v \end{vmatrix} \neq 0$,从而可以解出 $\dfrac{\partial u}{\partial x}, \dfrac{\partial v}{\partial x}$,得

$$\frac{\partial u}{\partial x} = -\frac{1}{J} \cdot \frac{\partial(F,G)}{\partial(x,v)}, \quad \frac{\partial v}{\partial x} = -\frac{1}{J} \cdot \frac{\partial(F,G)}{\partial(u,x)}.$$

同理,可得

$$\frac{\partial u}{\partial y} = -\frac{1}{J} \cdot \frac{\partial(F,G)}{\partial(y,v)}, \quad \frac{\partial v}{\partial y} = -\frac{1}{J} \cdot \frac{\partial(F,G)}{\partial(u,y)}.$$

例 4 设方程组

$$\begin{cases} x^2 + y^2 - uv = 0, \\ xy - u^2 + v^2 = 0 \end{cases}$$

确定了函数 $u = u(x,y), v = v(x,y)$,试求 $\dfrac{\partial u}{\partial x}, \dfrac{\partial u}{\partial y}, \dfrac{\partial v}{\partial x}, \dfrac{\partial v}{\partial y}$.

解法一(公式法) 设函数 $F(x,y,u,v) = x^2 + y^2 - uv, G(x,y,u,v) = xy - u^2 + v^2$,于是

$$F_x = 2x, \quad F_y = 2y, \quad F_u = -v, \quad F_v = -u,$$
$$G_x = y, \quad G_y = x, \quad G_u = -2u, \quad G_v = 2v.$$

由此可得

$$J = \begin{vmatrix} F_u & F_v \\ G_u & G_v \end{vmatrix} = \begin{vmatrix} -v & -u \\ -2u & 2v \end{vmatrix} = -2(u^2 + v^2),$$

$$\frac{\partial(F,G)}{\partial(x,v)} = \begin{vmatrix} F_x & F_v \\ G_x & G_v \end{vmatrix} = \begin{vmatrix} 2x & -u \\ y & 2v \end{vmatrix} = 4xv + uy,$$

$$\frac{\partial(F,G)}{\partial(u,x)} = \begin{vmatrix} F_u & F_x \\ G_u & G_x \end{vmatrix} = \begin{vmatrix} -v & 2x \\ -2u & y \end{vmatrix} = 4xu - vy.$$

所以

$$\frac{\partial u}{\partial x} = -\frac{1}{J} \cdot \frac{\partial(F,G)}{\partial(x,v)} = \frac{4xv + uy}{2(u^2 + v^2)},$$

$$\frac{\partial v}{\partial x} = -\frac{1}{J} \cdot \frac{\partial(F,G)}{\partial(u,x)} = \frac{4xu - vy}{2(u^2 + v^2)}.$$

同理,可得

$$\frac{\partial u}{\partial y} = \frac{4yv + ux}{2(u^2 + v^2)}, \quad \frac{\partial v}{\partial y} = \frac{4yu - vx}{2(u^2 + v^2)}.$$

解法二 方程组两边同时对 x 和 y 求偏导数,得

$$\begin{cases} 2x - v\dfrac{\partial u}{\partial x} - u\dfrac{\partial v}{\partial x} = 0, \\ y - 2u\dfrac{\partial u}{\partial x} + 2v\dfrac{\partial v}{\partial x} = 0, \end{cases} \quad \begin{cases} 2y - v\dfrac{\partial u}{\partial y} - u\dfrac{\partial v}{\partial y} = 0, \\ x - 2u\dfrac{\partial u}{\partial y} + 2v\dfrac{\partial v}{\partial y} = 0, \end{cases}$$

整理得

$$\begin{cases} v\dfrac{\partial u}{\partial x} + u\dfrac{\partial v}{\partial x} = 2x, \\ u\dfrac{\partial u}{\partial x} - v\dfrac{\partial v}{\partial x} = \dfrac{y}{2}, \end{cases} \quad \begin{cases} v\dfrac{\partial u}{\partial y} + u\dfrac{\partial v}{\partial y} = 2y, \\ u\dfrac{\partial u}{\partial y} - v\dfrac{\partial v}{\partial y} = \dfrac{x}{2}, \end{cases}$$

解得

$$\dfrac{\partial u}{\partial x} = \dfrac{4xv + uy}{2(u^2 + v^2)}, \quad \dfrac{\partial v}{\partial x} = \dfrac{4xu - vy}{2(u^2 + v^2)}.$$

$$\dfrac{\partial u}{\partial y} = \dfrac{4yv + ux}{2(u^2 + v^2)}, \quad \dfrac{\partial v}{\partial y} = \dfrac{4yu - vx}{2(u^2 + v^2)}.$$

例 5 设函数 $x = x(u,v), y = y(u,v)$ 在点 (u,v) 的某邻域内连续,且有连续偏导数,$\dfrac{\partial(x,y)}{\partial(u,v)} \neq 0$.

(1) 证明:方程组

$$\begin{cases} x = x(u,v), \\ y = y(u,v) \end{cases} \tag{9.6.5}$$

在点 (x,y,u,v) 的某邻域内能唯一确定一组连续且有连续偏导数的函数 $u = u(x,y), v = v(x,y)$;

(2) 求函数 $u = u(x,y), v = v(x,y)$ 对 x, y 的偏导数.

解 (1) 将方程组 (9.6.5) 改写成下面的形式:

$$\begin{cases} F(x,y,u,v) \equiv x - x(u,v) = 0, \\ G(x,y,u,v) \equiv y - y(u,v) = 0. \end{cases}$$

由于

$$J = \dfrac{\partial(F,G)}{\partial(u,v)} = \dfrac{\partial(x,y)}{\partial(u,v)} \neq 0,$$

因此由定理 3 即得所证的结论.

(2) 将方程组 (9.6.5) 所确定的函数 $u = u(x,y), v = v(x,y)$ 代入方程组 (9.6.5),即得

$$\begin{cases} x \equiv x(u(x,y), v(x,y)), \\ y \equiv y(u(x,y), v(x,y)). \end{cases}$$

将上式两边同时对 x 求偏导数,得

$$\begin{cases} 1 = \dfrac{\partial x}{\partial u} \cdot \dfrac{\partial u}{\partial x} + \dfrac{\partial x}{\partial v} \cdot \dfrac{\partial v}{\partial x}, \\ 0 = \dfrac{\partial y}{\partial u} \cdot \dfrac{\partial u}{\partial x} + \dfrac{\partial y}{\partial v} \cdot \dfrac{\partial v}{\partial x}. \end{cases}$$

由于 $J = \begin{vmatrix} \dfrac{\partial x}{\partial u} & \dfrac{\partial x}{\partial v} \\ \dfrac{\partial y}{\partial u} & \dfrac{\partial y}{\partial v} \end{vmatrix} \neq 0$,故可解得

$$\frac{\partial u}{\partial x} = \frac{1}{J} \cdot \frac{\partial y}{\partial v}, \quad \frac{\partial v}{\partial x} = -\frac{1}{J} \cdot \frac{\partial y}{\partial u}.$$

同理,可得

$$\frac{\partial u}{\partial y} = -\frac{1}{J} \cdot \frac{\partial x}{\partial v}, \quad \frac{\partial v}{\partial y} = \frac{1}{J} \cdot \frac{\partial x}{\partial u}.$$

*第七节 二元函数的泰勒公式

对于一元函数 $y = f(x)$,如果函数 $f(x)$ 在含点 x_0 的某开区间 (a,b) 内具有直至 $n+1$ 阶的导数,则当 $x \in (a,b)$ 时,有

$$f(x) = f(x_0) + f'(x_0)(x-x_0) + \cdots + \frac{f^{(n)}(x_0)}{n!}(x-x_0)^n$$
$$+ \frac{f^{(n+1)}(x_0 + \theta(x-x_0))}{(n+1)!}(x-x_0)^{n+1} \quad (0 < \theta < 1)$$

恒成立,这就是一元函数的泰勒公式. 利用它便可用 n 次多项式来近似表示函数 $f(x)$,且误差是当 $x \to x_0$ 时比 $(x-x_0)^n$ 高阶的无穷小. 为了理论和实际计算的需要,有必要考虑用多个变量的多项式来近似表示一个给定的多元函数,并具体估算出误差的大小. 下面就二元函数的情形进行讨论,其结果可以推广到 n 元函数.

定理 1 若二元函数 $z = f(x,y)$ 在点 $P_0(x_0, y_0)$ 的某邻域 $U(P_0, \delta)$ 内具有直至 $n+1$ 阶的连续偏导数,则对于任意点 $(x_0+h, y_0+k) \in U(P_0, \delta)$,有

$$f(x_0+h, y_0+k) = f(x_0, y_0) + \left(h\frac{\partial}{\partial x} + k\frac{\partial}{\partial y}\right)f(x_0, y_0) + \frac{1}{2!}\left(h\frac{\partial}{\partial x} + k\frac{\partial}{\partial y}\right)^2 f(x_0, y_0) + \cdots$$
$$+ \frac{1}{n!}\left(h\frac{\partial}{\partial x} + k\frac{\partial}{\partial y}\right)^n f(x_0, y_0) + R_n, \tag{9.7.1}$$

其中

$$R_n = \frac{1}{(n+1)!}\left(h\frac{\partial}{\partial x} + k\frac{\partial}{\partial y}\right)^{n+1} f(x_0+\theta h, y_0+\theta k) \quad (0 < \theta < 1).$$

而记号

$$\left(h\frac{\partial}{\partial x} + k\frac{\partial}{\partial y}\right)f(x_0, y_0) = hf_x(x_0, y_0) + kf_y(x_0, y_0),$$

$$\left(h\frac{\partial}{\partial x} + k\frac{\partial}{\partial y}\right)^2 f(x_0, y_0) = h^2 f_{xx}(x_0, y_0) + 2hk f_{xy}(x_0, y_0) + k^2 f_{yy}(x_0, y_0).$$

一般地,记号

$$\left(h\frac{\partial}{\partial x}+k\frac{\partial}{\partial y}\right)^m f(x_0,y_0)=\sum_{p=0}^m C_m^p h^p k^{m-p}\frac{\partial^m f}{\partial x^p \partial y^{m-p}}\bigg|_{(x_0,y_0)} \quad (m=1,2,\cdots),$$

其中 $C_m^p=\dfrac{m!}{p!(m-p)!}, C_m^0=1$.

证 令 $x=x_0+ht, y=y_0+kt$,记 $\Phi(t)=f(x_0+ht,y_0+kt)$ $(0\leqslant t\leqslant 1)$,显然

$$\Phi(0)=f(x_0,y_0), \quad \Phi(1)=f(x_0+h,y_0+k).$$

由函数 $\Phi(t)$ 的泰勒公式,有

$$\Phi(1)=\Phi(0)+\Phi'(0)+\frac{1}{2!}\Phi''(0)+\cdots+\frac{1}{n!}\Phi^{(n)}(0)+\frac{1}{(n+1)!}\Phi^{(n+1)}(\theta) \quad (0<\theta<1).$$

(9.7.2)

又

$$\Phi'(t)=hf_x(x_0+ht,y_0+kt)+kf_y(x_0+ht,y_0+kt)$$

$$=\left(h\frac{\partial}{\partial x}+k\frac{\partial}{\partial y}\right)f(x_0+ht,y_0+kt),$$

$$\Phi''(t)=h^2 f_{xx}(x_0+ht,y_0+kt)+2hk f_{xy}(x_0+ht,y_0+kt)+k^2 f_{yy}(x_0+ht,y_0+kt)$$

$$=\left(h\frac{\partial}{\partial x}+k\frac{\partial}{\partial y}\right)^2 f(x_0+ht,y_0+kt),$$

……

$$\Phi^{(n+1)}(t)=\sum_{p=0}^{n+1} C_{n+1}^p h^p k^{(n+1)-p}\frac{\partial^{(n+1)} f}{\partial x^p \partial y^{(n+1)-p}}\bigg|_{(x_0+ht,y_0+kt)}$$

$$=\left(h\frac{\partial}{\partial x}+k\frac{\partial}{\partial y}\right)^{n+1} f(x_0+ht,y_0+kt).$$

由上述结果及(9.7.2)式,即得(9.7.1)式. ∎

称(9.7.1)式为二元函数 $z=f(x,y)$ 在点 (x_0,y_0) 处的 n 阶泰勒公式,其中 R_n 称为拉格朗日型余项,

$$f(x_0,y_0)+\left(h\frac{\partial}{\partial x}+k\frac{\partial}{\partial y}\right)f(x_0,y_0)+\frac{1}{2!}\left(h\frac{\partial}{\partial x}+k\frac{\partial}{\partial y}\right)^2 f(x_0,y_0)+\cdots$$

$$+\frac{1}{n!}\left(h\frac{\partial}{\partial x}+k\frac{\partial}{\partial y}\right)^n f(x_0,y_0)$$

是 h,k 的多项式,称为 $f(x,y)$ 在点 (x_0,y_0) 处的 n 阶泰勒多项式,记作 $P_n(h,k)$.

当 $|h|,|k|$ 适当小时,有

$$f(x_0+h,y_0+k)\approx P_n(h,k),$$

其误差为 $|R_n|$. 根据假设,函数 $f(x,y)$ 具有直到 $n+1$ 阶连续偏导数,故这些偏导数的绝对值在点 (x_0,y_0) 的某邻域内都不超过某一正数(不妨设为 M). 记 $\rho=\sqrt{h^2+k^2}$,则 $(|h|+|k|)^2\leqslant 2(h^2+k^2)=2\rho^2$,于是有下面的误差估计公式:

$$|R_n|\leqslant\frac{M}{(n+1)!}(|h|+|k|)^{n+1}\leqslant\frac{(\sqrt{2})^{n+1} M}{(n+1)!}\rho^{n+1},$$

即

$$R_n=o(\rho^n).$$

当 $n=0$ 时,泰勒公式(9.7.1)变为

$$f(x_0+h, y_0+k) = f(x_0, y_0) + hf_x(x_0+\theta h, y_0+\theta k)$$
$$+ kf_y(x_0+\theta h, y_0+\theta k) \quad (0<\theta<1),$$

上式称为 $z=f(x,y)$ 的**拉格朗日中值公式**. 由此即可得到下述结论:若函数 $f(x,y)$ 的偏导数 $f_x(x,y)$, $f_y(x,y)$ 在某区域内恒等于零,则函数 $f(x,y)$ 在此区域内必等于常数.

特别地,$x_0=0, y_0=0$ 时的泰勒公式,又称为**麦克劳林公式**.由上述讨论可知,函数 $f(x,y)$ 的麦克劳林公式为

$$f(x,y) = f(0,0) + \left(x\frac{\partial}{\partial x} + y\frac{\partial}{\partial y}\right)f(0,0) + \frac{1}{2!}\left(x\frac{\partial}{\partial x} + y\frac{\partial}{\partial y}\right)^2 f(0,0)$$
$$+ \cdots + \frac{1}{n!}\left(x\frac{\partial}{\partial x} + y\frac{\partial}{\partial y}\right)^n f(0,0)$$
$$+ \frac{1}{(n+1)!}\left(x\frac{\partial}{\partial x} + y\frac{\partial}{\partial y}\right)^{n+1} f(\theta x, \theta y) \quad (0<\theta<1).$$

例1 试求函数 $z=f(x,y)=\ln(1+x+y)$ 的三阶麦克劳林公式.

解 因为
$$\frac{\partial}{\partial x}f(x,y) = \frac{\partial}{\partial y}f(x,y) = \frac{1}{1+x+y},$$
$$\frac{\partial^2}{\partial x^2}f(x,y) = \frac{\partial^2}{\partial x \partial y}f(x,y) = \frac{\partial^2}{\partial y^2}f(x,y) = \frac{-1}{(1+x+y)^2},$$
$$\frac{\partial^3}{\partial x^p \partial y^{3-p}}f(x,y) = \frac{2!}{(1+x+y)^3} \quad (p=3,2,1,0),$$
$$\frac{\partial^4}{\partial x^p \partial y^{4-p}}f(x,y) = \frac{-3!}{(1+x+y)^4} \quad (p=4,3,2,1,0),$$

所以
$$\left(x\frac{\partial}{\partial x} + y\frac{\partial}{\partial y}\right)f(0,0) = x+y,$$
$$\left(x\frac{\partial}{\partial x} + y\frac{\partial}{\partial y}\right)^2 f(0,0) = -(x+y)^2,$$
$$\left(x\frac{\partial}{\partial x} + y\frac{\partial}{\partial y}\right)^3 f(0,0) = 2(x+y)^3,$$
$$\left(x\frac{\partial}{\partial x} + y\frac{\partial}{\partial y}\right)^4 f(\theta x, \theta y) = \frac{-6(x+y)^4}{(1+\theta x+\theta y)^4}.$$

又 $f(0,0)=0$,故
$$\ln(1+x+y) = (x+y) - \frac{1}{2}(x+y)^2 + \frac{1}{3}(x+y)^3 - \frac{1}{4}\cdot\frac{(x+y)^4}{(1+\theta x+\theta y)^4} \quad (0<\theta<1).$$

附表9　多元函数微分学图表

多元函数的极限与连续性	1.极限定义:设函数 $z=f(x,y)$ 的定义域为 D,$P_0(x_0,y_0)$ 是 D 的聚点.如果 $\forall \varepsilon>0,\exists \delta>0$,使得 $\forall P(x,y)\in \mathring{U}(P_0,\delta)$,即当 $$0<|PP_0|=\sqrt{(x-x_0)^2+(y-y_0)^2}<\delta$$ 时,总有 $|f(x,y)-A|<\varepsilon$ 成立,那么称常数 A 为函数 $z=f(x,y)$ 当 $(x,y)\to(x_0,y_0)$ 时的极限,记作 $$\lim_{(x,y)\to(x_0,y_0)}f(x,y)=A \text{ 或 } f(x,y)\to A(\rho\to 0),$$ 也可记作 $$\lim_{P\to P_0}f(P)=A \text{ 或 } f(P)\to A(P\to P_0),$$ 其中 $\rho=\sqrt{(x-x_0)^2+(y-y_0)^2}$ 2.连续定义:设二元函数 $f(P)=f(x,y)$ 的定义域为 D,$P_0(x_0,y_0)$ 是 D 的聚点,且 $P_0\in D$.如果 $$\lim_{(x,y)\to(x_0,y_0)}f(x,y)=f(x_0,y_0),$$ 那么称二元函数 $f(x,y)$ 在点 $P_0(x_0,y_0)$ 处连续	3.确定二重极限存在或不存在的方法: (1)一般确定二重极限存在的方法:通过令 $x=\rho\cos\theta,y=\rho\sin\theta$ 来观察 $f(x,y)$ 是否是 ρ 的函数,再用一元函数极限存在判别法去判别 (2)确定二重极限不存在的方法: ① 如果当点 (x,y) 沿直线 $y=kx$ 趋向于点 (x_0,y_0) 时,函数 $f(x,y)$ 的极限值与 k 有关,则可断言极限不存在; ② 如果当点 (x,y) 以不同的方式趋向点 (x_0,y_0) 时,函数 $f(x,y)$ 趋于不同的值,那么可断定该函数在点 (x_0,y_0) 处的极限不存在
偏导数与全微分	1.偏导数定义:三元函数 $u=f(x,y,z)$ 的偏导数为 $$f_x(x,y,z)=\lim_{\Delta x\to 0}\frac{f(x+\Delta x,y,z)-f(x,y,z)}{\Delta x},$$ $$f_y(x,y,z)=\lim_{\Delta y\to 0}\frac{f(x,y+\Delta y,z)-f(x,y,z)}{\Delta y},$$ $$f_z(x,y,z)=\lim_{\Delta z\to 0}\frac{f(x,y,z+\Delta z)-f(x,y,z)}{\Delta z}$$ 2.全微分定义:二元函数 $z=f(x,y)$ 的全微分为 $$dz=\frac{\partial z}{\partial x}dx+\frac{\partial z}{\partial y}dy$$	3.注意: (1)偏导数 $\dfrac{\partial u}{\partial x}$ 是一个整体记号,不能拆分 (2)求分段点、不连续点处的偏导数要用定义求 4.多元函数连续、可偏导、可微的关系: 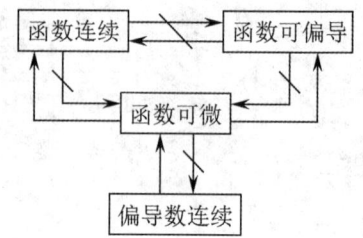

续表

多元复合函数的偏导数	1.多元复合函数的求导法则： (1) 当 $z=f(u,v), u=u(t), v=v(t)$ 时， $$\frac{\mathrm{d}z}{\mathrm{d}t}=\frac{\partial z}{\partial u}\cdot\frac{\mathrm{d}u}{\mathrm{d}t}+\frac{\partial z}{\partial v}\cdot\frac{\mathrm{d}v}{\mathrm{d}t}$$ (2) 当 $z=f(u,v), u=u(x,y), v=v(x,y)$ 时， $$\frac{\partial z}{\partial x}=\frac{\partial z}{\partial u}\cdot\frac{\partial u}{\partial x}+\frac{\partial z}{\partial v}\cdot\frac{\partial v}{\partial x},$$ $$\frac{\partial z}{\partial y}=\frac{\partial z}{\partial u}\cdot\frac{\partial u}{\partial y}+\frac{\partial z}{\partial v}\cdot\frac{\partial v}{\partial y}$$ (3) 当 $z=f(u,v,w), u=u(x,y), v=v(x,y), w=w(x,y)$ 时， $$\frac{\partial z}{\partial x}=\frac{\partial z}{\partial u}\cdot\frac{\partial u}{\partial x}+\frac{\partial z}{\partial v}\cdot\frac{\partial v}{\partial x}+\frac{\partial z}{\partial w}\cdot\frac{\partial w}{\partial x},$$ $$\frac{\partial z}{\partial y}=\frac{\partial z}{\partial u}\cdot\frac{\partial u}{\partial y}+\frac{\partial z}{\partial v}\cdot\frac{\partial v}{\partial y}+\frac{\partial z}{\partial w}\cdot\frac{\partial w}{\partial y}$$	2.注意： (1) 在对多元复合函数求导数或偏导数时，应注意因变量与自变量的关系是一元还是多元的函数关系，以便正确使用求导记号或求偏导记号 (2) 可利用链式法则来帮助记忆多元复合函数的求导数和偏导数公式
多元隐函数的偏导数	1.一个方程的情形： (1) 设方程 $F(x,y)=0$ 可确定函数 $y=f(x)$，则 $$\frac{\mathrm{d}y}{\mathrm{d}x}=-\frac{F_x}{F_y}$$ (2) 设方程 $F(x,y,z)=0$ 可确定函数 $z=f(x,y)$，则 $\frac{\partial z}{\partial x}=-\frac{F_x}{F_z}, \frac{\partial z}{\partial y}=-\frac{F_y}{F_z}$ 2.方程组的情形：设方程组 $F(x,y,u,v)=0$, $G(x,y,u,v)=0$ 可确定两函数 $u=u(x,y), v=v(x,y)$，则 $$\frac{\partial u}{\partial x}=-\frac{1}{J}\cdot\frac{\partial(F,G)}{\partial(x,v)}=-\frac{\begin{vmatrix}F_x & F_v \\ G_x & G_v\end{vmatrix}}{\begin{vmatrix}F_u & F_v \\ G_u & G_v\end{vmatrix}},$$	$$\frac{\partial v}{\partial x}=-\frac{1}{J}\cdot\frac{\partial(F,G)}{\partial(u,x)}=-\frac{\begin{vmatrix}F_u & F_x \\ G_u & G_x\end{vmatrix}}{\begin{vmatrix}F_u & F_v \\ G_u & G_v\end{vmatrix}},$$ $$\frac{\partial u}{\partial y}=-\frac{1}{J}\cdot\frac{\partial(F,G)}{\partial(y,v)}=-\frac{\begin{vmatrix}F_y & F_v \\ G_y & G_v\end{vmatrix}}{\begin{vmatrix}F_u & F_v \\ G_u & G_v\end{vmatrix}},$$ $$\frac{\partial v}{\partial y}=-\frac{1}{J}\cdot\frac{\partial(F,G)}{\partial(u,y)}=-\frac{\begin{vmatrix}F_u & F_y \\ G_u & G_y\end{vmatrix}}{\begin{vmatrix}F_u & F_v \\ G_u & G_v\end{vmatrix}}$$ 注：对多元隐函数求导数或偏导数时，也可以先在方程两端同时对某一变量求导数或偏导数，然后从所得方程中解出所求导数或偏导数

习题九

A 组

1. 判断下列平面点集中哪些是开集、闭集、区域、有界集、无界集,并分别指出它们的聚点集和边界:

   (1) $\{(x,y) \mid x \neq 0\}$;

   (2) $\{(x,y) \mid 1 \leqslant x^2 + y^2 < 4\}$;

   (3) $\{(x,y) \mid y < x^2\}$;

   (4) $\{(x,y) \mid (x-1)^2 + y^2 \leqslant 1\} \cup \{(x,y) \mid (x+1)^2 + y^2 \leqslant 1\}$.

2. 已知函数 $f(x,y) = x^2 + y^2 - xy \tan \dfrac{x}{y}$,试求 $f(tx, ty)$.

3. 已知函数 $f(u,v,w) = u^w + w^{u+v}$,试求 $f(x+y, x-y, xy)$.

4. 求下列函数的定义域:

   (1) $z = \ln(y^2 - 2x + 1)$;

   (2) $z = \dfrac{1}{\sqrt{x+y}} + \dfrac{1}{\sqrt{x-y}}$;

   (3) $z = \dfrac{\sqrt{4x - y^2}}{\ln(1 - x^2 - y^2)}$;

   (4) $u = \dfrac{1}{\sqrt{x}} + \dfrac{1}{\sqrt{y}} + \dfrac{1}{\sqrt{z}}$;

   (5) $z = \sqrt{x - \sqrt{y}}$;

   (6) $z = \ln(y - x) + \dfrac{\sqrt{x}}{\sqrt{1 - x^2 - y^2}}$;

   (7) $u = \arccos \dfrac{z}{\sqrt{x^2 + y^2}}$.

5. 求下列二元函数的极限:

   (1) $\lim\limits_{(x,y) \to (1,0)} \dfrac{\ln(x + e^y)}{\sqrt{x^2 + y^2}}$;

   (2) $\lim\limits_{(x,y) \to (0,0)} \dfrac{1}{x^2 + y^2}$;

   (3) $\lim\limits_{(x,y) \to (0,0)} \dfrac{2 - \sqrt{xy + 4}}{xy}$;

   (4) $\lim\limits_{(x,y) \to (0,0)} \dfrac{xy}{\sqrt{xy + 1} - 1}$;

   (5) $\lim\limits_{(x,y) \to (0,0)} \dfrac{\sin xy}{x}$;

   (6) $\lim\limits_{(x,y) \to (0,0)} \dfrac{1 - \cos(x^2 + y^2)}{(x^2 + y^2) e^{x^2 + y^2}}$.

6. 判断下列函数在原点 $O(0,0)$ 处是否连续:

   (1) $z = \begin{cases} \dfrac{\sin(x^3 + y^3)}{x^2 + y^2}, & x^2 + y^2 \neq 0, \\ 0, & x^2 + y^2 = 0; \end{cases}$

   (2) $z = \begin{cases} \dfrac{x^2 y^2}{x^2 y^2 + (x-y)^2}, & x^2 + y^2 \neq 0, \\ 0, & x^2 + y^2 = 0. \end{cases}$

7. 指出下列函数在何处间断:

   (1) $f(x,y) = \dfrac{x - y^2}{x^3 + y^3}$;

   (2) $f(x,y) = \dfrac{y^2 + 2x}{y^2 - 2x}$;

   (3) $f(x,y) = \begin{cases} \dfrac{x}{y^2} e^{-\frac{x^2}{y^2}}, & y \neq 0, \\ 0, & y = 0. \end{cases}$

8. 求下列函数的偏导数:

(1) $z = x^2 y + \dfrac{x}{y^2}$;

(2) $s = \dfrac{u^2 + v^2}{uv}$;

(3) $z = x\ln\sqrt{x^2 + y^2}$;

(4) $z = \ln\left(\tan\dfrac{x}{y}\right)$;

(5) $z = (1+xy)^y$;

(6) $u = z^{xy}$;

(7) $u = \arctan(x-y)^z$;

(8) $u = x^{\frac{y}{z}}$;

(9) $z = \displaystyle\int_0^x \cos\sqrt{t}\,dt + \int_y^0 e^{t^2}\,dt$.

9. 设函数 $u = \dfrac{x^2 y^2}{x+y}$, 求证: $x\dfrac{\partial u}{\partial x} + y\dfrac{\partial u}{\partial y} = 3u$.

10. 设函数 $z = e^{-\left(\frac{1}{x}+\frac{1}{y}\right)}$, 求证: $x^2 \dfrac{\partial z}{\partial x} + y^2 \dfrac{\partial z}{\partial y} = 2z$.

11. 设函数 $f(x,y) = x + (y-1)\arcsin\sqrt{\dfrac{x}{y}}$, 求 $f_x(x,1)$.

12. 求下列函数的二阶偏导数:

(1) $z = x^4 + y^4 - 4x^2 y^2$;

(2) $z = \arctan\dfrac{y}{x}$;

(3) $z = e^{x^2+y}$.

13. 设函数 $f(x,y,z) = xy^2 + yz^2 + zx^2$, 求 $f_{xx}(0,0,1), f_{yz}(0,-1,0), f_{zzx}(2,0,1)$.

14. 设函数 $z = x\ln(xy)$, 求 $\dfrac{\partial^3 z}{\partial x^2 \partial y}$ 及 $\dfrac{\partial^3 z}{\partial x \partial y^2}$.

15. 求下列函数的全微分:

(1) $u = x^y y^z z^x$;

(2) $z = \dfrac{y}{\sqrt{x^2+y^2}}$;

(3) $u = x^{y^z}$;

(4) $u = x^{\frac{y}{z}}$.

16. 试求:

(1) 函数 $z = \ln(1+x^2+y^2)$ 在点 $(1,2)$ 处的全微分;

(2) 函数 $u = \left(\dfrac{x}{y}\right)^{\frac{1}{z}}$ 在点 $(1,1,1)$ 处的全微分.

17. 求下列函数在给定点和自变量增量的条件下的全增量和全微分:

(1) $z = x^2 - xy + 2y^2, x=2, y=-1, \Delta x = 0.2, \Delta y = -0.1$;

(2) $z = e^{xy}, x=1, y=1, \Delta x = 0.15, \Delta y = 0.1$.

18. 利用全微分计算下列各式的近似值:

(1) $(1.02)^3 \cdot (0.97)^2$;

(2) $\sqrt{(4.05)^2 + (2.93)^2}$;

(3) $(1.97)^{1.05}$.

19. 设某矩形的边长分别为 $a = 10$ cm, $b = 24$ cm. 当 a 增加 4 mm, b 缩小 1 mm 时, 求该矩形的对角线长的变化值.

20. 1 mol 理想气体在 0 ℃ 和 1 个大气压的标准状态下的体积是 22.4 L, 在该标准状态下将温度升高 3 ℃, 压强升高 0.015 个大气压, 问: 此时体积大约改变多少?

21. 求下列复合函数的偏导数或全导数:

(1) $z = x^2 y - xy^2, x = u\cos v, y = u\sin v$, 求 $\dfrac{\partial z}{\partial u}, \dfrac{\partial z}{\partial v}$;

(2) $z = \arctan \dfrac{x}{y}, x = u+v, y = u-v$，求 $\dfrac{\partial z}{\partial u}, \dfrac{\partial z}{\partial v}$；

(3) $u = \ln(e^x + e^y), y = x^3$，求 $\dfrac{du}{dx}$；

(4) $u = x^2 + y^2 + z^2, x = e^t \cos t, y = e^t \sin t, z = e^t$，求 $\dfrac{du}{dt}$；

(5) $z = f(x, e^x, \sec x)$，求 $\dfrac{dz}{dx}$.

22. 设函数 f 具有一阶连续偏导数，试求下列函数的一阶偏导数：

(1) $u = f(x^2 - y^2, e^{xy})$；　　　　(2) $u = f\left(\dfrac{x}{y}, \dfrac{y}{z}\right)$；

(3) $u = f(x, xy, xyz)$.

23. 设函数 $z = xy + xF(u), u = \dfrac{y}{x}$，其中 $F(u)$ 为可导函数，证明：

$$x \dfrac{\partial z}{\partial x} + y \dfrac{\partial z}{\partial y} = z + xy.$$

24. 设函数 $z = \dfrac{y}{f(x^2 - y^2)}$，其中 $f(u)$ 为可导函数，证明：

$$\dfrac{1}{x} \cdot \dfrac{\partial z}{\partial x} + \dfrac{1}{y} \cdot \dfrac{\partial z}{\partial y} = \dfrac{z}{y^2}.$$

25. 设函数 $z = f(x^2 + y^2)$，其中函数 f 具有二阶导数，求 $\dfrac{\partial^2 z}{\partial x^2}, \dfrac{\partial^2 z}{\partial x \partial y}, \dfrac{\partial^2 z}{\partial y^2}$.

26. 设函数 f 具有二阶连续偏导数，求下列函数的二阶偏导数：

(1) $z = f\left(x, \dfrac{x}{y}\right)$；　　　　(2) $z = f(xy^2, x^2 y)$；

(3) $z = f(\sin x, \cos y, e^{x+y})$.

27. 求下列隐函数的导数或偏导数：

(1) $\sin y + e^x - xy^2 = 0$，求 $\dfrac{dy}{dx}$；

(2) $\ln \sqrt{x^2 + y^2} = \arctan \dfrac{y}{x}$，求 $\dfrac{dy}{dx}$；

(3) $x + 2y + z - 2\sqrt{xyz} = 0$，求 $\dfrac{\partial z}{\partial x}, \dfrac{\partial z}{\partial y}$；

(4) $z^3 - 3xyz = a^3$ (a 为常数)，求 $\dfrac{\partial z}{\partial x}, \dfrac{\partial^2 z}{\partial y^2}$.

28. 设方程 $F(x, y, z) = 0$ 可确定函数 $x = x(y, z), y = y(x, z), z = z(x, y)$，证明：

$$\dfrac{\partial x}{\partial y} \cdot \dfrac{\partial y}{\partial z} \cdot \dfrac{\partial z}{\partial x} = -1.$$

29. 验证下列方程在指定点的邻域内存在隐函数，并求出隐函数的导数或偏导数：

(1) $y = xe^y + 1$，点 $(0, 1)$；

(2) $x^3 + y^3 + z^3 - 3xyz = 4$，点 $(1, 1, 2)$；

(3) $x + y - z - \cos(xyz) = 0$，点 $(0, 0, -1)$.

30. 设方程 $F\left(y + \dfrac{1}{x}, z + \dfrac{1}{y}\right) = 0$ 可确定函数 $z = z(x, y)$，其中函数 F 可微，求 $\dfrac{\partial z}{\partial x}, \dfrac{\partial z}{\partial y}$.

31. 求由下列方程组所确定的函数的导数或偏导数：

(1) $\begin{cases} z = x^2 + y^2, \\ x^2 + 2y^2 + 3z^2 = 20, \end{cases}$ 求 $\dfrac{\mathrm{d}y}{\mathrm{d}x}, \dfrac{\mathrm{d}z}{\mathrm{d}x}$;

(2) $\begin{cases} xu + yv = 1, \\ yu - xv = 0, \end{cases}$ 求 $\dfrac{\partial u}{\partial x}, \dfrac{\partial v}{\partial x}, \dfrac{\partial u}{\partial y}, \dfrac{\partial v}{\partial y}$;

(3) $\begin{cases} u = f(ux, v+y), \\ v = g(u-x, v^2 y), \end{cases}$ 其中 f, g 是 C^1 类函数,求 $\dfrac{\partial u}{\partial x}, \dfrac{\partial v}{\partial x}$;

(4) $\begin{cases} x = e^u + u\sin v, \\ y = e^u - u\cos v, \end{cases}$ 求 $\dfrac{\partial u}{\partial x}, \dfrac{\partial v}{\partial x}, \dfrac{\partial u}{\partial y}, \dfrac{\partial v}{\partial y}$.

32. 设函数 $x = e^u \cos v, y = e^u \sin v, z = uv$,试求 $\dfrac{\partial z}{\partial x}, \dfrac{\partial z}{\partial y}$.

*33. 求函数 $f(x,y) = x^3 - 5x^2 - xy + y^2 + 10x + 5y - 4$ 在点 $(2, -1)$ 处的泰勒公式.

*34. 将函数 $f(x,y) = y^x$ 在点 $(1,1)$ 处展开成二阶泰勒公式.

B 组

1. 选择题

(1) 设函数 $f(x+y, x-y) = x^2 y^2$,则 $f\left(xy, \dfrac{x}{y}\right) = (\quad)$.

A. $f\left(xy + \dfrac{x}{y}, xy - \dfrac{x}{y}\right)$ B. $x^2 y^2$

C. $\dfrac{x^2(y^4 - 1)}{4y^2}$ D. $(xy)^2 \left(\dfrac{x}{y}\right)^2$

(2) 设函数 $f(x,y) = \begin{cases} (x+y)\sin(x+y), & x+y \neq 0, \\ 0, & x+y = 0, \end{cases}$ 则 $f(x,y)$ 在点 $(0,0)$ 处( ).

A. 连续 B. 无定义

C. 极限存在但不连续 D. 极限不存在

(3) 设函数 $f(x,y) = \begin{cases} (x^2+y^2)\sin(x^2+y^2), & x^2+y^2 > 0, \\ 0, & x^2+y^2 = 0, \end{cases}$ 则 $f(x,y)$ 在点 $(0,0)$ 处( ).

A. 偏导数不存在 B. 不可微

C. 偏导数存在且连续 D. 可微

(4) 设 $\dfrac{(x+ay)\mathrm{d}x + y\mathrm{d}y}{(x+y)^2}$ 为某函数的全微分,则 $a = (\quad)$.

A. -1 B. 0
C. 1 D. 2

(5) 设函数 $z = f(x,y)$. 若 $\dfrac{\partial^2 f}{\partial x^2} = 0$,且 $f(x,0) = 1, f_y(x,0) = x$,则 $f(x,y) = (\quad)$.

A. $1 - xy + y^2$ B. $1 - x^2 y + y^2$
C. $1 + xy + y^2$ D. $1 + x^2 y + y^2$

(6) 设函数 $z = f(x,y)$,则 $\dfrac{\partial z}{\partial x}\bigg|_{(x_0, y_0)} = (\quad)$.

A. $\lim\limits_{\Delta x \to 0} \dfrac{f(x_0 + \Delta x, y_0 + \Delta y) - f(x_0, y_0)}{\Delta x}$

B. $\lim\limits_{\Delta x \to 0} \dfrac{f(x_0 + \Delta x, y_0) - f(x_0, y_0)}{\Delta x}$

C. $\lim\limits_{\Delta x \to 0} \dfrac{f(x_0 + \Delta x, y) - f(x_0, y_0)}{\Delta x}$

D. $\lim\limits_{\Delta x \to 0} \dfrac{f(x_0 + \Delta x, y_0)}{\Delta x}$

(7) 若函数 $z = f(x, y, z)$ 可微，且 $1 - f_z \neq 0$，则在点 (x_0, y_0, z_0) 处（　　）.

A. $\mathrm{d}z = f_x \mathrm{d}x + f_y \mathrm{d}y + f_z \mathrm{d}z$　　　　B. $\mathrm{d}z = f_x \mathrm{d}x + f_y \mathrm{d}y$

C. $\Delta z = f_x \Delta x + f_y \Delta y + f_z \Delta z$　　　　D. $\Delta z = f_x \Delta x + f_y \Delta y$

2. 证明：$\lim\limits_{(x, y) \to (0, 0)} \dfrac{xy}{\sqrt{x^2 + y^2}} = 0$.

3. 已知 $(axy^3 - y^2 \cos x)\mathrm{d}x + (1 + by \sin x + 3x^2 y^2)\mathrm{d}y$ 为某函数的全微分，求 a, b.

4. 设函数 $r = \sqrt{x^2 + y^2 + z^2}$，求 $\dfrac{\partial^2 r}{\partial x^2} + \dfrac{\partial^2 r}{\partial y^2} + \dfrac{\partial^2 r}{\partial z^2}$.

5. 设函数 $z = x^3 f\left(xy, \dfrac{y}{x}\right)$，求 $\dfrac{\partial^2 z}{\partial y^2}$ 及 $\dfrac{\partial^2 z}{\partial x \partial y}$.

6. 设函数 $u = f(\xi, \eta)$，试证：利用变量替换 $\xi = x - \dfrac{1}{3}y, \eta = x - y$，可将方程

$$\dfrac{\partial^2 u}{\partial x^2} + 4\dfrac{\partial^2 u}{\partial x \partial y} + 3\dfrac{\partial^2 u}{\partial y^2} = 0$$

化简为

$$\dfrac{\partial^2 u}{\partial \xi \partial \eta} = 0.$$

考研真题精选九

一、填空题

1. 设二元函数 $z = xe^{x+y} + (x+1)\ln(1+y)$，则 $\mathrm{d}z\big|_{(1,0)} = $ _____ .　　（2005，数三）

2. 设函数 $f(u)$ 可微，且 $f'(0) = \dfrac{1}{2}$，则函数 $z = f(4x^2 - y^2)$ 在点 $(1, 2)$ 处的全微分 $\mathrm{d}z\big|_{(1,2)} = $ _____ .　　（2006，数三）

3. 设 $f(u, v)$ 为二元可微函数，$z = f(x^y, y^x)$，则 $\dfrac{\partial z}{\partial x} = $ _____ .　　（2007，数一）

4. 设 $f(u, v)$ 为二元可微函数，$z = f\left(\dfrac{y}{x}, \dfrac{x}{y}\right)$，则 $x\dfrac{\partial z}{\partial x} - y\dfrac{\partial z}{\partial y} = $ _____ .　　（2008，数三）

5. 设函数 $z = \left(\dfrac{y}{x}\right)^{\frac{x}{y}}$，则 $\dfrac{\partial z}{\partial x}\bigg|_{(1,2)} = $ _____ .　　（2008，数四）

6. 设函数 $f(u, v)$ 具有二阶连续偏导数，$z = f(x, xy)$，则 $\dfrac{\partial^2 z}{\partial x \partial y} = $ _____ .　　（2009，数一）

7. 设函数 $z = (x + e^y)^x$，则 $\dfrac{\partial z}{\partial x}\bigg|_{(1,0)} = $ _____ .　　（2009，数三）

8. 设 $f(u, v)$ 为二元函数，$z = f(\sin(x+y), e^{xy})$，则 $\dfrac{\partial z}{\partial x} = $ _____ .　　（2009，数四）

二、选择题

1. 设函数 $u(x, y) = \varphi(x + y) + \varphi(x - y) + \displaystyle\int_{x-y}^{x+y} \psi(t)\mathrm{d}t$，其中函数 φ 具有二阶导数，函数 ψ 具有一阶导数，则必有（　　）.

A. $\dfrac{\partial^2 u}{\partial x^2} = -\dfrac{\partial^2 u}{\partial y^2}$ B. $\dfrac{\partial^2 u}{\partial x^2} = \dfrac{\partial^2 u}{\partial y^2}$

C. $\dfrac{\partial^2 u}{\partial x \partial y} = \dfrac{\partial^2 u}{\partial y^2}$ D. $\dfrac{\partial^2 u}{\partial x \partial y} = \dfrac{\partial^2 u}{\partial x^2}$ (2005,数一、二)

2.设有三元方程 $xy - z\ln y + e^{xz} = 1$,则根据隐函数存在定理,存在点 $(0,1,1)$ 的一个邻域,在此邻域内该方程( ).

  A. 只能确定一个具有连续偏导数的隐函数 $z = z(x,y)$

  B. 可确定两个具有连续偏导数的隐函数 $y = y(x,z)$ 和 $z = z(x,y)$

  C. 可确定两个具有连续偏导数的隐函数 $x = x(y,z)$ 和 $z = z(x,y)$

  D. 可确定两个具有连续偏导数的隐函数 $x = x(y,z)$ 和 $y = y(x,z)$ (2005,数一)

3.二元函数 $f(x,y)$ 在点 $(0,0)$ 处可微的一个充分条件是( ).

  A. $\lim\limits_{(x,y)\to(0,0)} (f(x,y) - f(0,0)) = 0$

  B. $\lim\limits_{x\to 0} \dfrac{f(x,y) - f(0,0)}{x} = 0$ 且 $\lim\limits_{y\to 0} \dfrac{f(x,y) - f(0,0)}{y} = 0$

  C. $\lim\limits_{(x,y)\to(0,0)} \dfrac{f(x,y) - f(0,0)}{\sqrt{x^2+y^2}} = 0$

  D. $\lim\limits_{x\to 0}(f_x(x,0) - f_x(0,0)) = 0$ 且 $\lim\limits_{y\to 0}(f_y(0,y) - f_y(0,0)) = 0$ (2007,数二)

4.设函数 $f(x,y) = e^{\sqrt{x^2+y^2}}$,则( ).

  A. $f_x(0,0), f_y(0,0)$ 都存在   B. $f_x(0,0)$ 不存在,$f_y(0,0)$ 存在

  C. $f_x(0,0)$ 存在,$f_y(0,0)$ 不存在   D. $f_x(0,0), f_y(0,0)$ 都不存在   (2008,数三)

5.设函数 $z = z(x,y)$ 由方程 $F\left(\dfrac{y}{x}, \dfrac{z}{x}\right) = 0$ 所确定,其中函数 F 可微,且 $F_2 \neq 0$,则 $x\dfrac{\partial z}{\partial x} + y\dfrac{\partial z}{\partial y} = ($).

  A. x B. z

  C. $-x$ D. $-z$ (2010,数一)

三、解答题

1.设函数 $f(u)$ 具有二阶连续导数,且函数 $g(x,y) = f\left(\dfrac{y}{x}\right) + yf\left(\dfrac{x}{y}\right)$,求 $x^2\dfrac{\partial^2 g}{\partial x^2} - y^2\dfrac{\partial^2 g}{\partial y^2}$.

(2005,数三)

2.设函数 $f(x,y) = \dfrac{y}{1+xy} - \dfrac{1 - y\sin\dfrac{\pi x}{y}}{\arctan x} (x > 0, y > 0)$,求:

(1) 函数 $g(x) = \lim\limits_{y\to +\infty} f(x,y)$ 的表达式;

(2) $\lim\limits_{x\to 0^+} g(x)$.   (2006,数二)

3.设 $z = z(x,y)$ 是由方程 $x^2 + y^2 - z^2 = \varphi(x+y+z)$ 所确定的函数,其中函数 φ 具有二阶导数,且 $\varphi' \neq -1$.

(1) 求 $\mathrm{d}z$;

(2) 记函数 $u(x,y) = \dfrac{1}{x-y}\left(\dfrac{\partial z}{\partial x} - \dfrac{\partial z}{\partial y}\right)$,求 $\dfrac{\partial u}{\partial x}$.   (2008,数三)

4.设函数 $z = f(x+y, x-y, xy)$,其中函数 f 具有二阶连续偏导数,求 $\mathrm{d}z$ 与 $\dfrac{\partial^2 z}{\partial x \partial y}$.

(2009,数二)

第十章
多元函数微分学的应用

在求解平面几何以及立体几何中的一些问题上,适当引入多元函数微分学可以达到化繁为简,加深理解的目的.例如,利用多元函数微分学可以求解空间曲线的切线与法平面,曲面的切平面与法线等几何问题.

本章首先介绍多元函数微分学在几何学上的应用,然后给出方向导数与梯度的概念,最后讨论多元函数的极值、最值及求法.总之,熟练掌握多元函数微分学在各方面的应用,对于进一步加深理解微分概念,应用数学工具解决实际问题是十分重要的.

第一节 空间曲线的切线与法平面

(1) 设空间曲线 Γ 的参数方程为
$$\begin{cases} x = x(t), \\ y = y(t), \quad (t \in [\alpha, \beta]), \\ z = z(t) \end{cases}$$
其中函数 $x(t), y(t), z(t)$ 在区间 $[\alpha, \beta]$ 上均可导.

如图 10-1 所示,考虑曲线 Γ 上对应于 $t = t_0$ 的点 $P_0(x_0, y_0, z_0)$ 及对应于 $t = t_0 + \Delta t$ 的点 $P(x_0 + \Delta x, y_0 + \Delta y, z_0 + \Delta z)$,易知割线 $P_0 P$ 的方程为
$$\frac{x - x_0}{\Delta x} = \frac{y - y_0}{\Delta y} = \frac{z - z_0}{\Delta z}.$$
当点 P 沿着曲线 Γ 趋于点 $P_0(\Delta t \to 0)$ 时,割线 $P_0 P$ 的极限位置 $P_0 T$ 就是曲线 Γ 在点 P_0 处的切线.

为了求出空间曲线 Γ 在点 P_0 处的切线方程,用 Δt 除上式的各分母,得

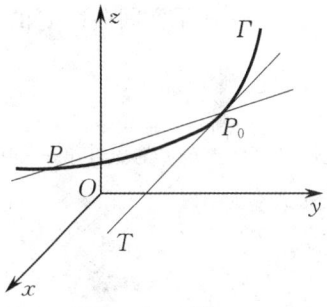

图 10-1

$$\frac{x - x_0}{\frac{\Delta x}{\Delta t}} = \frac{y - y_0}{\frac{\Delta y}{\Delta t}} = \frac{z - z_0}{\frac{\Delta z}{\Delta t}}.$$

再对上式取 $P \to P_0(\Delta t \to 0)$ 的极限,并注意到当 $\Delta t \to 0$ 时,有 $\frac{\Delta x}{\Delta t} \to \frac{\mathrm{d}x}{\mathrm{d}t}$, $\frac{\Delta y}{\Delta t} \to \frac{\mathrm{d}y}{\mathrm{d}t}$, $\frac{\Delta z}{\Delta t} \to \frac{\mathrm{d}z}{\mathrm{d}t}$,故得曲线 Γ 在点 P_0 处的切线方程
$$\frac{x - x_0}{x'(t_0)} = \frac{y - y_0}{y'(t_0)} = \frac{z - z_0}{z'(t_0)},$$
其中 $x'(t_0), y'(t_0), z'(t_0)$ 不全为零(如果三个导数 $x'(t_0), y'(t_0), z'(t_0)$ 中有为零的情况,则按第八章中有关内容的解释做处理).

空间曲线的切线的方向向量称为该曲线的**切向量**. 由上述讨论可知,向量 $\tau = (x'(t_0), y'(t_0), z'(t_0))$ 就是曲线 Γ 在点 P_0 处的一个切向量.

通过点 P_0 且与空间曲线在点 P_0 处的切线垂直的平面称为该曲线在点 P_0 处的**法平面**. 由上述讨论可知,曲线 Γ 在点 P_0 处的法平面方程为
$$x'(t_0)(x - x_0) + y'(t_0)(y - y_0) + z'(t_0)(z - z_0) = 0.$$

(2) 如果空间曲线 Γ 的方程是由
$$\begin{cases} y = y(x), \\ z = z(x) \end{cases}$$

表示(这时的空间曲线可视为两个曲面的交线),则上述方程组可看成以 x 为参数的参数方程

$$\begin{cases} x = x, \\ y = y(x), \\ z = z(x), \end{cases}$$

则该曲线在点 $P_0(x_0, y_0, z_0)$ 处的切线方程为

$$\frac{x - x_0}{1} = \frac{y - y_0}{y'(x_0)} = \frac{z - z_0}{z'(x_0)}, \tag{10.1.1}$$

法平面方程为

$$(x - x_0) + y'(x_0)(y - y_0) + z'(x_0)(z - z_0) = 0. \tag{10.1.2}$$

(3) 如果空间曲线 Γ 的方程为

$$\begin{cases} F(x, y, z) = 0, \\ G(x, y, z) = 0, \end{cases}$$

$P_0(x_0, y_0, z_0)$ 为其上的一点.设函数 F, G 在点 P_0 的某邻域内是 C^1 类函数,且雅可比行列式

$$J = \frac{\partial(F, G)}{\partial(y, z)} \bigg|_{P_0} \neq 0,$$

则上述方程组在该邻域内确定了一组函数 $y = y(x), z = z(x)$,即所给空间曲线的方程可以表示为以 x 为参数的参数方程形式.由上面情形(2)的讨论可知,其切向量为 $\tau = (1, y'(x_0), z'(x_0))$,故此时只要求出 $y'(x_0), z'(x_0)$,就可由(10.1.1)式和(10.1.2)式得到所求的切线方程和法平面方程.

为此,我们在恒等式 $\begin{cases} F(x, y, z) = 0, \\ G(x, y, z) = 0 \end{cases}$ 两边分别对 x 求全导数,得

$$\begin{cases} \dfrac{\partial F}{\partial x} + \dfrac{\partial F}{\partial y} \cdot \dfrac{dy}{dx} + \dfrac{\partial F}{\partial z} \cdot \dfrac{dz}{dx} = 0, \\ \dfrac{\partial G}{\partial x} + \dfrac{\partial G}{\partial y} \cdot \dfrac{dy}{dx} + \dfrac{\partial G}{\partial z} \cdot \dfrac{dz}{dx} = 0. \end{cases}$$

由假设可知,在点 P_0 的某邻域内 $J = \dfrac{\partial(F, G)}{\partial(y, z)} \bigg|_{P_0} \neq 0$,故可解得

$$\frac{dy}{dx} = \frac{\begin{vmatrix} F_z & F_x \\ G_z & G_x \end{vmatrix}}{\begin{vmatrix} F_y & F_z \\ G_y & G_z \end{vmatrix}} = \frac{\dfrac{\partial(F, G)}{\partial(z, x)}}{\dfrac{\partial(F, G)}{\partial(y, z)}}, \quad \frac{dz}{dx} = \frac{\begin{vmatrix} F_x & F_y \\ G_x & G_y \end{vmatrix}}{\begin{vmatrix} F_y & F_z \\ G_y & G_z \end{vmatrix}} = \frac{\dfrac{\partial(F, G)}{\partial(x, y)}}{\dfrac{\partial(F, G)}{\partial(y, z)}},$$

于是有

$$y'(x_0) = \frac{\dfrac{\partial(F, G)}{\partial(z, x)}\bigg|_{P_0}}{\dfrac{\partial(F, G)}{\partial(y, z)}\bigg|_{P_0}}, \quad z'(x_0) = \frac{\dfrac{\partial(F, G)}{\partial(x, y)}\bigg|_{P_0}}{\dfrac{\partial(F, G)}{\partial(y, z)}\bigg|_{P_0}}.$$

把上式代入切向量 $\tau = (1, y'(x_0), z'(x_0))$，并乘以 $\begin{vmatrix} F_y & F_z \\ G_y & G_z \end{vmatrix}_{P_0}$，即可得另一切向量为

$$\tau_1 = \left(\begin{vmatrix} F_y & F_z \\ G_y & G_z \end{vmatrix}_{P_0}, \begin{vmatrix} F_z & F_x \\ G_z & G_x \end{vmatrix}_{P_0}, \begin{vmatrix} F_x & F_y \\ G_x & G_y \end{vmatrix}_{P_0} \right).$$

因此，所给空间曲线在点 P_0 处的切线方程为

$$\frac{x - x_0}{\begin{vmatrix} F_y & F_z \\ G_y & G_z \end{vmatrix}_{P_0}} = \frac{y - y_0}{\begin{vmatrix} F_z & F_x \\ G_z & G_x \end{vmatrix}_{P_0}} = \frac{z - z_0}{\begin{vmatrix} F_x & F_y \\ G_x & G_y \end{vmatrix}_{P_0}}, \tag{10.1.3}$$

法平面方程为

$$\begin{vmatrix} F_y & F_z \\ G_y & G_z \end{vmatrix}_{P_0} (x - x_0) + \begin{vmatrix} F_z & F_x \\ G_z & G_x \end{vmatrix}_{P_0} (y - y_0) + \begin{vmatrix} F_x & F_y \\ G_x & G_y \end{vmatrix}_{P_0} (z - z_0) = 0. \tag{10.1.4}$$

例 1 求螺旋线

$$x = a\cos t, \quad y = a\sin t, \quad z = amt$$

在 $t = \dfrac{\pi}{4}$ 对应点处的切线方程与法平面方程.

解 因为

$$x'(t) = -a\sin t, \quad y'(t) = a\cos t, \quad z'(t) = am,$$

所以螺旋线在 $t = \dfrac{\pi}{4}$ 对应点处的切线方程为

$$\frac{x - \dfrac{\sqrt{2}}{2}a}{-1} = \frac{y - \dfrac{\sqrt{2}}{2}a}{1} = \frac{z - \dfrac{am\pi}{4}}{\sqrt{2}m},$$

法平面方程为

$$-\left(x - \frac{\sqrt{2}}{2}a\right) + \left(y - \frac{\sqrt{2}}{2}a\right) + \sqrt{2}m\left(z - \frac{am\pi}{4}\right) = 0,$$

即

$$-x + y + \sqrt{2}mz = \frac{\sqrt{2}}{4}am^2\pi.$$

例 2 求曲线 $x^2 + y^2 + z^2 = 9, x + y + 2z = 1$ 在点 $M_0(1, -2, 1)$ 处的切线方程与法平面方程.

解法一 直接利用公式 (10.1.3) 和公式 (10.1.4). 设函数 $F(x, y, z) = x^2 + y^2 + z^2 - 9$, $G(x, y, z) = x + y + 2z - 1$, 则有

$$\left.\frac{\partial(F, G)}{\partial(y, z)}\right|_{M_0} = \begin{vmatrix} 2y & 2z \\ 1 & 2 \end{vmatrix}_{M_0} = \begin{vmatrix} -4 & 2 \\ 1 & 2 \end{vmatrix} = -10 \neq 0,$$

$$\left.\frac{\partial(F, G)}{\partial(z, x)}\right|_{M_0} = \begin{vmatrix} 2z & 2x \\ 2 & 1 \end{vmatrix}_{M_0} = \begin{vmatrix} 2 & 2 \\ 2 & 1 \end{vmatrix} = -2,$$

$$\left.\frac{\partial(F,G)}{\partial(x,y)}\right|_{M_0} = \left.\begin{vmatrix} 2x & 2y \\ 1 & 1 \end{vmatrix}\right|_{M_0} = \begin{vmatrix} 2 & -4 \\ 1 & 1 \end{vmatrix} = 6.$$

因此,所求切线方程为

$$\frac{x-1}{-5} = \frac{y+2}{-1} = \frac{z-1}{3},$$

所求法平面方程为

$$-5(x-1)-(y+2)+3(z-1)=0,$$

即

$$5x+y-3z=0.$$

解法二 在所给方程组的两边对 x 求导并移项,得

$$\begin{cases} y\dfrac{\mathrm{d}y}{\mathrm{d}x} + z\dfrac{\mathrm{d}z}{\mathrm{d}x} = -x, \\ \dfrac{\mathrm{d}y}{\mathrm{d}x} + 2\dfrac{\mathrm{d}z}{\mathrm{d}x} = -1, \end{cases} \quad \text{即} \quad \begin{cases} \dfrac{\mathrm{d}y}{\mathrm{d}x} = \dfrac{z-2x}{2y-z}, \\ \dfrac{\mathrm{d}z}{\mathrm{d}x} = \dfrac{x-y}{2y-z}, \end{cases}$$

从而 $\left.\dfrac{\mathrm{d}y}{\mathrm{d}x}\right|_{M_0} = \dfrac{1}{5}, \left.\dfrac{\mathrm{d}z}{\mathrm{d}x}\right|_{M_0} = -\dfrac{3}{5}$. 故可取切向量为 $\boldsymbol{\tau} = 5\left(1, \dfrac{1}{5}, -\dfrac{3}{5}\right) = (5,1,-3)$, 则所求切线方程为

$$\frac{x-1}{5} = \frac{y+2}{1} = \frac{z-1}{-3},$$

所求法平面方程为

$$5(x-1)+(y+2)-3(z-1)=0,$$

即

$$5x+y-3z=0.$$

第二节 曲面的切平面与法线

(1) 设曲面 Σ 的方程为

$$F(x,y,z)=0,$$

点 $M_0(x_0,y_0,z_0)$ 在曲面 Σ 上,并设函数 $F(x,y,z)$ 在点 M_0 处具有连续偏导数,且偏导数不全为零. 在曲面 Σ 上过点 M_0 任作一条曲线 Γ, 设 Γ 的参数方程为

$$\begin{cases} x=x(t), \\ y=y(t), \\ z=z(t), \end{cases}$$

且点 M_0 对应于参数 t_0. 假定在 $t=t_0$ 处,函数 $x(t),y(t),z(t)$ 均可导,且导数不全为零.

由上述假定可知,

$$F(x(t),y(t),z(t))\equiv 0,$$

在点 t_0 处对上式关于 t 求导,得

$$\frac{\partial F}{\partial x}\bigg|_{M_0}\frac{\mathrm{d}x}{\mathrm{d}t}\bigg|_{t_0}+\frac{\partial F}{\partial y}\bigg|_{M_0}\frac{\mathrm{d}y}{\mathrm{d}t}\bigg|_{t_0}+\frac{\partial F}{\partial z}\bigg|_{M_0}\frac{\mathrm{d}z}{\mathrm{d}t}\bigg|_{t_0}=0.$$

记向量

$$\boldsymbol{n}=\left(\frac{\partial F}{\partial x},\frac{\partial F}{\partial y},\frac{\partial F}{\partial z}\right)\bigg|_{M_0},\quad \boldsymbol{\tau}=\left(\frac{\mathrm{d}x}{\mathrm{d}t},\frac{\mathrm{d}y}{\mathrm{d}t},\frac{\mathrm{d}z}{\mathrm{d}t}\right)\bigg|_{t_0},$$

于是有

$$\boldsymbol{n}\cdot\boldsymbol{\tau}=0.$$

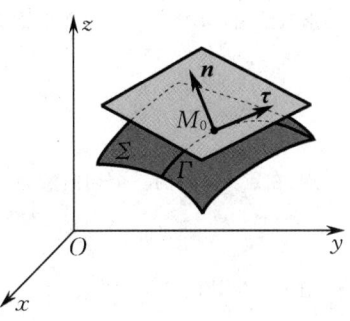

图 10 - 2

注意到 $\boldsymbol{\tau}$ 是曲线 Γ 在点 M_0 处的切向量,故上式说明,不管 Γ 的选取方式如何,其在点 M_0 处的切向量 $\boldsymbol{\tau}$ 总垂直于定向量 $\boldsymbol{n}$,即说明曲面 Σ 上所有通过点 M_0 的曲线在点 M_0 处的切线均在同一个平面内,如图 10 - 2 所示. 这个平面称为曲面 Σ 在点 M_0 处的**切平面**,其方程为

$$F_x(x_0,y_0,z_0)(x-x_0)+F_y(x_0,y_0,z_0)(y-y_0)+F_z(x_0,y_0,z_0)(z-z_0)=0.$$

通过点 M_0 且垂直于曲面 Σ 在该点处的切平面的直线称为曲面 Σ 在该点处的**法线**,其方程为

$$\frac{x-x_0}{F_x(x_0,y_0,z_0)}=\frac{y-y_0}{F_y(x_0,y_0,z_0)}=\frac{z-z_0}{F_z(x_0,y_0,z_0)},$$

且称 $\boldsymbol{n}=\left(\dfrac{\partial F}{\partial x},\dfrac{\partial F}{\partial y},\dfrac{\partial F}{\partial z}\right)\bigg|_{M_0}$ 为曲面 Σ 在点 M_0 处的一个**法向量**.

(2) 若曲面 Σ 以显函数

$$z=f(x,y)$$

的形式给出,此时令

$$F(x,y,z)=f(x,y)-z,$$

则曲面 Σ 在点 M_0 处的一个法向量为

$$\boldsymbol{n}=(f_x(x_0,y_0),f_y(x_0,y_0),-1),$$

于是曲面 Σ 在点 $M_0(x_0,y_0,z_0)$ 处的切平面方程为

$$f_x(x_0,y_0)(x-x_0)+f_y(x_0,y_0)(y-y_0)-(z-z_0)=0$$

或

$$z-z_0=f_x(x_0,y_0)(x-x_0)+f_y(x_0,y_0)(y-y_0), \tag{10.2.1}$$

法线方程为

$$\frac{x-x_0}{f_x(x_0,y_0)}=\frac{y-y_0}{f_y(x_0,y_0)}=\frac{z-z_0}{-1}.$$

注 方程(10.2.1)的右端恰好是函数 $z=f(x,y)$ 在点 (x_0,y_0) 处的全微分,而左端是切平面上点的竖坐标的增量. 因此,函数 $z=f(x,y)$ 在点 (x_0,y_0) 处的全微分在几何上表示曲面 $z=f(x,y)$ 在点 (x_0,y_0,z_0) 处的切平面上点的竖坐标的增量.

*(3) 若曲面 Σ 以参数方程

$$\begin{cases} x = x(u,v), \\ y = y(u,v), \\ z = z(u,v) \end{cases}$$

的形式给出，$M_0(x_0, y_0, z_0)$ 为曲面 Σ 上一点，且对应于参数 (u_0, v_0)，已知曲面 Σ 上过点 M_0 的两条曲线为

$$\Gamma_1: \begin{cases} x = x(u, v_0), \\ y = y(u, v_0), \\ z = z(u, v_0), \end{cases} \quad \Gamma_2: \begin{cases} x = x(u_0, v), \\ y = y(u_0, v), \\ z = z(u_0, v), \end{cases}$$

则 Γ_1 在点 M_0 处的一个切向量为

$$\boldsymbol{\tau}_1 = \left(\frac{\partial x}{\partial u}, \frac{\partial y}{\partial u}, \frac{\partial z}{\partial u} \right) \bigg|_{(u_0, v_0)},$$

Γ_2 在点 M_0 处的一个切向量为

$$\boldsymbol{\tau}_2 = \left(\frac{\partial x}{\partial v}, \frac{\partial y}{\partial v}, \frac{\partial z}{\partial v} \right) \bigg|_{(u_0, v_0)},$$

于是曲面 Σ 在点 M_0 处的法向量可取为

$$\boldsymbol{n} = \boldsymbol{\tau}_1 \times \boldsymbol{\tau}_2 = \begin{vmatrix} \boldsymbol{i} & \boldsymbol{j} & \boldsymbol{k} \\ \frac{\partial x}{\partial u} & \frac{\partial y}{\partial u} & \frac{\partial z}{\partial u} \\ \frac{\partial x}{\partial v} & \frac{\partial y}{\partial v} & \frac{\partial z}{\partial v} \end{vmatrix}_{(u_0, v_0)} = \left(\frac{\partial(y,z)}{\partial(u,v)}, \frac{\partial(z,x)}{\partial(u,v)}, \frac{\partial(x,y)}{\partial(u,v)} \right) \bigg|_{(u_0, v_0)}.$$

只要上述三个行列式 $\frac{\partial(y,z)}{\partial(u,v)}\bigg|_{(u_0,v_0)}, \frac{\partial(z,x)}{\partial(u,v)}\bigg|_{(u_0,v_0)}, \frac{\partial(x,y)}{\partial(u,v)}\bigg|_{(u_0,v_0)}$ 不全为零，就有 $\boldsymbol{n} \neq \boldsymbol{0}$，于是曲面 Σ 在点 M_0 处的切平面方程为

$$\begin{vmatrix} x - x(u_0, v_0) & y - y(u_0, v_0) & z - z(u_0, v_0) \\ x_u(u_0, v_0) & y_u(u_0, v_0) & z_u(u_0, v_0) \\ x_v(u_0, v_0) & y_v(u_0, v_0) & z_v(u_0, v_0) \end{vmatrix} = 0,$$

法线方程为

$$\frac{x - x(u_0, v_0)}{\frac{\partial(y,z)}{\partial(u,v)}\bigg|_{(u_0,v_0)}} = \frac{y - y(u_0, v_0)}{\frac{\partial(z,x)}{\partial(u,v)}\bigg|_{(u_0,v_0)}} = \frac{z - z(u_0, v_0)}{\frac{\partial(x,y)}{\partial(u,v)}\bigg|_{(u_0,v_0)}}.$$

例 1 求球面 $x^2 + y^2 + z^2 = 14$ 在点 $(1,2,3)$ 处的切平面方程及法线方程.

解 设函数 $F(x,y,z) = x^2 + y^2 + z^2 - 14$. 因为

$$\boldsymbol{n} = (F_x, F_y, F_z)\bigg|_{(1,2,3)} = (2,4,6) = 2(1,2,3),$$

所以该球面在点 $(1,2,3)$ 处的切平面方程为

$$(x-1) + 2(y-2) + 3(z-3) = 0,$$

即

$$x + 2y + 3z - 14 = 0,$$

法线方程为

$$\frac{x-1}{1} = \frac{y-2}{2} = \frac{z-3}{3}.$$

例 2 求曲面 $z = x^2 + 4y^2 - 4$ 在点 $(2,1,4)$ 处的切平面方程及法线方程.

解 设函数 $f(x,y) = x^2 + 4y^2 - 4$. 因为

$$\boldsymbol{n} = (f_x, f_y, -1)\Big|_{(2,1,4)} = (2x, 8y, -1)\Big|_{(2,1,4)} = (4, 8, -1),$$

所以该曲面在点 $(2,1,4)$ 处的切平面方程为

$$4(x-2) + 8(y-1) - (z-4) = 0,$$

即

$$4x + 8y - z - 12 = 0,$$

法线方程为

$$\frac{x-2}{4} = \frac{y-1}{8} = \frac{z-4}{-1}.$$

*例 3 设一曲面的参数方程为

$$\begin{cases} x = u + e^{u+v}, \\ y = u + v, \\ z = e^{u-v}, \end{cases}$$

求该曲面在 $u = 1, v = -1$ 对应点处的切平面方程及法线方程.

解 由已知条件可知,参数 $u = 1, v = -1$ 对应的点为 $M_0(2, 0, e^2)$. 因为

$$\frac{\partial(y,z)}{\partial(u,v)}\Big|_{(1,-1)} = \begin{vmatrix} 1 & 1 \\ e^{u-v} & -e^{u-v} \end{vmatrix}_{(1,-1)} = -2e^2,$$

$$\frac{\partial(z,x)}{\partial(u,v)}\Big|_{(1,-1)} = \begin{vmatrix} e^{u-v} & -e^{u-v} \\ 1+e^{u+v} & e^{u+v} \end{vmatrix}_{(1,-1)} = 3e^2,$$

$$\frac{\partial(x,y)}{\partial(u,v)}\Big|_{(1,-1)} = \begin{vmatrix} 1+e^{u+v} & e^{u+v} \\ 1 & 1 \end{vmatrix}_{(1,-1)} = 1,$$

则所给曲面在点 $M_0(2, 0, e^2)$ 处的切平面方程为

$$-2e^2(x-2) + 3e^2(y-0) + (z - e^2) = 0,$$

即

$$-2e^2 x + 3e^2 y + z + 3e^2 = 0,$$

法线方程为

$$\frac{x-2}{-2e^2} = \frac{y}{3e^2} = \frac{z - e^2}{1}.$$

第三节 方向导数与梯度

一、方向导数

偏导数在物理学、军事学、气象学、经济学等领域中的应用很广泛. 我们已经知道,上一章所叙述的偏导数 $f_x(x_0, y_0)$ 描述的是函数 $z = f(x,y)$ 在点 $P_0(x_0, y_0)$ 处沿 x 轴正

向的变化率,偏导数 $f_y(x_0,y_0)$ 描述的是函数 $z=f(x,y)$ 在点 $P_0(x_0,y_0)$ 处沿 y 轴正向的变化率.

在许多实际问题中,只考虑函数沿平行于坐标轴方向的变化率是不够的.下面我们给出一个具体的例子.设有一块长方形的金属板,它的四个顶点的坐标分别是 $(1,1),(5,1),(1,3),(5,3)$,现在坐标原点处有一加热源,它使得该金属板受热,假定板上任意一点处的温度与该点到坐标原点的距离成反比.如果在点 $(3,2)$ 处有一个蚂蚁,问:这只蚂蚁应沿什么方向爬行才能最快到达较凉快的位置?这个问题的实质是要让这只蚂蚁沿由热到冷变化最剧烈的方向(函数在该点处变化率最大的方向,也就是我们以后所说的梯度方向)爬行.因此,我们有必要研究函数在给定点处沿任意方向或某个指定方向的变化率问题.

下面我们引入函数在一定点处沿任一指定方向的方向导数的概念.

定义 1 设函数 $z=f(x,y)$ 在点 $P_0(x_0,y_0)$ 的某邻域 $U(P_0,\delta)$ 内有定义,在点 P_0 处引一射线 l,其单位方向向量为 $e_l=(\cos\alpha,\cos\beta)$,其中 α,β 分别为射线 l 与 x,y 轴的夹角,点 $P(x,y)\in U(P_0,\delta)$ 是射线 l 上的另一点.如果点 P 沿射线 l 趋于点 P_0 时,极限

$$\lim_{P\to P_0}\frac{f(P)-f(P_0)}{|P_0P|}$$

存在,则称此极限值为函数 $f(x,y)$ 在点 $P_0(x_0,y_0)$ 处沿射线 l 的**方向导数**,记作 $\left.\frac{\partial f}{\partial l}\right|_{P_0}$, $\left.\frac{\partial f}{\partial l}\right|_{(x_0,y_0)}$, $\frac{\partial f(P_0)}{\partial l}$, $\frac{\partial f(x_0,y_0)}{\partial l}$, $f_l(P_0)$ 或 $f_l(x_0,y_0)$,即

$$\left.\frac{\partial f}{\partial l}\right|_{P_0}=\lim_{P\to P_0}\frac{f(P)-f(P_0)}{|P_0P|},$$

这里 $|P_0P|=\sqrt{(x-x_0)^2+(y-y_0)^2}$.

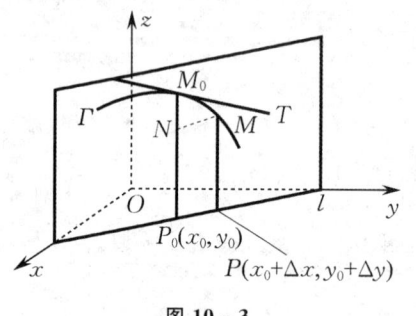

图 10-3

方向导数 $\left.\frac{\partial f}{\partial l}\right|_{P_0}$ 在几何上表示曲线 Γ(Γ 是曲面 $z=f(x,y)$ 与过两点 $P_0(x_0,y_0),M_0(x_0,y_0,f(x_0,y_0))$ 且平行于射线 l 的平面的交线)上点 M_0 处在射线 l 的正向一侧的切线 M_0T 对 l 的斜率,如图 10-3 所示.

关于方向导数的存在性及计算方法,我们有如下定理:

定理 1 若函数 $z=f(x,y)$ 在点 $P_0(x_0,y_0)$ 处可微,则函数在该点处沿任意射线 l 的方向导数都存在,且有以下计算公式:

$$\left.\frac{\partial f}{\partial l}\right|_{P_0}=\left.\frac{\partial f}{\partial x}\right|_{P_0}\cos\alpha+\left.\frac{\partial f}{\partial y}\right|_{P_0}\cos\beta=\left.\left(\frac{\partial f}{\partial x},\frac{\partial f}{\partial y}\right)\right|_{P_0}\cdot(\cos\alpha,\cos\beta),$$

其中 $\cos\alpha,\cos\beta$ 为射线 l 的方向余弦.

证 当函数 $z=f(x,y)$ 在点 P_0 处可微时,z 的全增量可表示为

$$\Delta z=f(x,y)-f(x_0,y_0)=f_x(x_0,y_0)\Delta x+f_y(x_0,y_0)\Delta y+o(\rho),$$

其中 $\rho = |P_0P| = \sqrt{(x-x_0)^2 + (y-y_0)^2}$. 注意到
$$\Delta x = x - x_0 = \rho\cos\alpha, \quad \Delta y = y - y_0 = \rho\cos\beta,$$
于是将上述 Δz 的表达式两端同时除以 ρ, 得
$$\frac{\Delta z}{\rho} = f_x(x_0,y_0)\frac{\Delta x}{\rho} + f_y(x_0,y_0)\frac{\Delta y}{\rho} + \frac{o(\rho)}{\rho}$$
$$= f_x(x_0,y_0)\cos\alpha + f_y(x_0,y_0)\cos\beta + \frac{o(\rho)}{\rho}.$$
再在上式两端取 $\rho \to 0$ 的极限, 即得
$$\left.\frac{\partial f}{\partial l}\right|_{(x_0,y_0)} = f_x(x_0,y_0)\cos\alpha + f_y(x_0,y_0)\cos\beta.$$

特别地, 若函数 $f(x,y)$ 在点 (x_0,y_0) 处的偏导数存在, 则当射线 l 的单位方向向量为 $e_l = i = (1,0)$ 时, 有
$$\left.\frac{\partial f}{\partial l}\right|_{(x_0,y_0)} = \lim_{x\to x_0^+}\frac{f(x,y_0) - f(x_0,y_0)}{x - x_0} = f_x(x_0,y_0);$$
当 $e_l = -i = (-1,0)$, 即 l 与 x 轴负向一致时, 有
$$\left.\frac{\partial f}{\partial l}\right|_{(x_0,y_0)} = \lim_{x\to x_0^-}\frac{f(x,y_0) - f(x_0,y_0)}{x_0 - x} = -f_x(x_0,y_0).$$

类似地, 若函数 $f(x,y)$ 在点 (x_0,y_0) 处的偏导数存在, 则当射线 l 的单位方向向量为 $e_l = j = (0,1)$ 时, 有
$$\left.\frac{\partial f}{\partial l}\right|_{(x_0,y_0)} = \lim_{y\to y_0^+}\frac{f(x_0,y) - f(x_0,y_0)}{y - y_0} = f_y(x_0,y_0);$$
当 $e_l = -j = (0,-1)$, 即 l 与 y 轴负向一致时, 有
$$\left.\frac{\partial f}{\partial l}\right|_{(x_0,y_0)} = \lim_{y\to y_0^-}\frac{f(x_0,y) - f(x_0,y_0)}{y_0 - y} = -f_y(x_0,y_0).$$

注 当 $e_l = i$ 时, 方向导数 $\left.\frac{\partial f}{\partial l}\right|_{P_0}$ 存在, 而偏导数 $\left.\frac{\partial f}{\partial x}\right|_{P_0}$ 未必存在. 例如, 函数 $f(x,y) = \sqrt{x^2+y^2}$ 在点 $O(0,0)$ 处沿 $e_l = i$ 方向的方向导数为 $\left.\frac{\partial f}{\partial l}\right|_{(0,0)} = 1$, 而偏导数 $\left.\frac{\partial f}{\partial x}\right|_{(0,0)}$ 不存在.

三元函数 $u = f(x,y,z)$ 在点 $P_0(x_0,y_0,z_0)$ 处沿任意射线 l 的方向导数为
$$\left.\frac{\partial u}{\partial l}\right|_{P_0} = \lim_{P\to P_0}\frac{f(P) - f(P_0)}{|P_0P|},$$
同样可证明下述定理:

定理 2 若函数 $u = f(x,y,z)$ 在点 $P(x,y,z)$ 处可微, 则函数在该点处沿任意射线 l 的方向导数都存在, 且有以下计算公式:
$$\frac{\partial f}{\partial l} = \frac{\partial u}{\partial x}\cos\alpha + \frac{\partial u}{\partial y}\cos\beta + \frac{\partial u}{\partial z}\cos\gamma,$$
其中 $\cos\alpha, \cos\beta, \cos\gamma$ 为射线 l 的方向余弦.

该定理还可推广到 n 元函数 $u = f(x_1,x_2,\cdots,x_n)$ 在点 $P(x_1,x_2,\cdots,x_n)$ 处沿任意射线 l 的方向导数.

例1 求函数 $z = xe^{2y}$ 在点 $P(1,0)$ 处沿从点 $P(1,0)$ 到点 $Q(2,-1)$ 的射线 l 的方向导数.

解 因为 $\overrightarrow{PQ} = (1,-1)$，所以射线 l 的方向余弦为

$$\cos\alpha = \frac{1}{\sqrt{1^2+(-1)^2}} = \frac{1}{\sqrt{2}}, \quad \cos\beta = -\frac{1}{\sqrt{2}}.$$

又因 $z = xe^{2y}$ 在点 $(1,0)$ 处的偏导数分别为

$$\left.\frac{\partial z}{\partial x}\right|_{(1,0)} = e^{2y}\Big|_{(1,0)} = 1, \quad \left.\frac{\partial z}{\partial y}\right|_{(1,0)} = 2xe^{2y}\Big|_{(1,0)} = 2,$$

故所求方向导数为

$$\left.\frac{\partial z}{\partial l}\right|_{(1,0)} = 1\times\frac{1}{\sqrt{2}} + 2\times\left(-\frac{1}{\sqrt{2}}\right) = -\frac{\sqrt{2}}{2}.$$

例2 已知函数 $u = x^2 + y^2 - z$，射线 l 的方向向量 $e_l = 2i + j + 3k$，试求 $\left.\dfrac{\partial u}{\partial l}\right|_{(1,1,1)}$.

解 因为射线 l 的方向余弦为

$$\cos\alpha = \frac{2}{\sqrt{2^2+1^2+3^2}} = \frac{2}{\sqrt{14}},$$

$$\cos\beta = \frac{1}{\sqrt{2^2+1^2+3^2}} = \frac{1}{\sqrt{14}},$$

$$\cos\gamma = \frac{3}{\sqrt{2^2+1^2+3^2}} = \frac{3}{\sqrt{14}},$$

且 $u = x^2 + y^2 - z$ 在点 $(1,1,1)$ 处的偏导数分别为

$$\left.\frac{\partial u}{\partial x}\right|_{(1,1,1)} = 2x\Big|_{(1,1,1)} = 2, \quad \left.\frac{\partial u}{\partial y}\right|_{(1,1,1)} = 2y\Big|_{(1,1,1)} = 2, \quad \left.\frac{\partial u}{\partial z}\right|_{(1,1,1)} = -1,$$

所以

$$\left.\frac{\partial u}{\partial l}\right|_{(1,1,1)} = 2\times\frac{2}{\sqrt{14}} + 2\times\frac{1}{\sqrt{14}} + (-1)\times\frac{3}{\sqrt{14}} = \frac{3}{\sqrt{14}}.$$

例3 求函数 $f(x,y) = x^2 - xy + y^2$ 在点 $(1,1)$ 处沿射线 l 的方向导数，其中射线 l 与 x 轴的夹角为 α，并问：函数 $f(x,y)$ 在点 $(1,1)$ 处沿怎样的方向的方向导数有最大值？

解 由方向导数的计算公式可知

$$\left.\frac{\partial f}{\partial l}\right|_{(1,1)} = f_x(1,1)\cos\alpha + f_y(1,1)\sin\alpha$$

$$= (2x-y)\Big|_{(1,1)}\cos\alpha + (2y-x)\Big|_{(1,1)}\sin\alpha$$

$$= \cos\alpha + \sin\alpha = \sqrt{2}\sin\left(\alpha + \frac{\pi}{4}\right).$$

因此，当 $\alpha = \dfrac{\pi}{4}$ 时，方向导数达到最大值 $\sqrt{2}$.

二、梯度

定义 2 设函数 $z=f(x,y)$ 在平面区域 D 内具有一阶连续偏导数,则对于任意点 $P(x,y) \in D$,都可确定一个向量
$$\frac{\partial f}{\partial x}\boldsymbol{i} + \frac{\partial f}{\partial y}\boldsymbol{j},$$
称该向量为函数 $z=f(x,y)$ 在点 $P(x,y)$ 处的**梯度**,记作 $\mathbf{grad}f(x,y)$,即
$$\mathbf{grad}f(x,y) = \frac{\partial f}{\partial x}\boldsymbol{i} + \frac{\partial f}{\partial y}\boldsymbol{j} = \left(\frac{\partial f}{\partial x}, \frac{\partial f}{\partial y}\right).$$

按梯度的定义,显然有
$$|\mathbf{grad}f(x,y)| = \sqrt{f_x^2 + f_y^2}.$$

当 f_x 不为零时,x 轴正向到梯度的转角的正切值为 $\tan\theta = \dfrac{f_y}{f_x}$.

由方向导数的计算公式得
$$\frac{\partial f}{\partial l} = \frac{\partial f}{\partial x}\cos\alpha + \frac{\partial f}{\partial y}\cos\beta = \left(\frac{\partial f}{\partial x}, \frac{\partial f}{\partial y}\right) \cdot (\cos\alpha, \cos\beta)$$
$$= \mathbf{grad}f(x,y) \cdot \boldsymbol{e}_l = |\mathbf{grad}f(x,y)|\cos\theta,$$

其中 $\boldsymbol{e}_l$ 为射线 l 的单位方向向量,θ 表示向量 $\mathbf{grad}f(x,y)$ 与 $\boldsymbol{e}_l$ 的夹角. 显然,当 $\boldsymbol{e}_l$ 与梯度方向一致($\theta=0$)时,$\cos\theta=1$,此时的方向导数 $\dfrac{\partial f}{\partial l}$ 取得最大值;当 $\boldsymbol{e}_l$ 与梯度方向相反($\theta=\pi$)时,$\cos\theta=-1$,此时的方向导数 $\dfrac{\partial f}{\partial l}$ 取得最小值. 由此,我们有如下结论:**函数在一点处的梯度是一个向量,它的方向是函数在该点处的方向导数取得最大值的方向,它的模就等于函数在该点处的方向导数的最大值.**

设三元函数 $u=f(x,y,z)$ 在空间区域 G 内具有一阶连续偏导数,则规定 $u=f(x,y,z)$ 在区域 G 内任意点 $P(x,y,z)$ 处的梯度为
$$\mathbf{grad}f(x,y,z) = \frac{\partial f}{\partial x}\boldsymbol{i} + \frac{\partial f}{\partial y}\boldsymbol{j} + \frac{\partial f}{\partial z}\boldsymbol{k}.$$

同样,有
$$|\mathbf{grad}f(x,y,z)| = \sqrt{f_x^2 + f_y^2 + f_z^2}.$$

例 4 设函数 $f(x,y,z) = x^2 + y^2 + z^2$,求 $\mathbf{grad}f(1,-1,2)$.

解 因为
$$\mathbf{grad}f(x,y,z) = (f_x, f_y, f_z) = (2x, 2y, 2z),$$
所以
$$\mathbf{grad}f(1,-1,2) = (2, -2, 4).$$

例 5 设函数 $f(x,y,z) = xy^3 + z^2 - xyz$,问:它在点 $P(1,1,1)$ 处沿哪个方向的方向导数最大?最大值是多少?

解 因为 $\dfrac{\partial f}{\partial x} = y^3 - yz, \dfrac{\partial f}{\partial y} = 3xy^2 - xz, \dfrac{\partial f}{\partial z} = 2z - xy$，所以

$$\left.\dfrac{\partial f}{\partial x}\right|_P = 0, \quad \left.\dfrac{\partial f}{\partial y}\right|_P = 2, \quad \left.\dfrac{\partial f}{\partial z}\right|_P = 1,$$

从而

$$\mathbf{grad}\,f(P) = (0,2,1), \quad |\mathbf{grad}\,f(P)| = \sqrt{0^2 + 2^2 + 1^2} = \sqrt{5}.$$

于是，函数 $f(x,y,z)$ 在点 P 处沿方向 $\mathbf{e}_l = (0,2,1)$ 的方向导数最大，且最大值为 $\sqrt{5}$.

三、梯度的几何解释

我们知道，二元函数 $z = f(x,y)$ 在几何上表示一个曲面，这个曲面被平面 $z = c$ (c 为常数) 所截得的曲线 L 的方程为 $\begin{cases} z = f(x,y), \\ z = c. \end{cases}$ 这条曲线 L 在 xOy 面上的投影是一条平面曲线 L^*，且其方程为 $f(x,y) = c$，我们称 L^* 为函数 $z = f(x,y)$ 的**等值线**（或等高线），如图 10-4 所示.

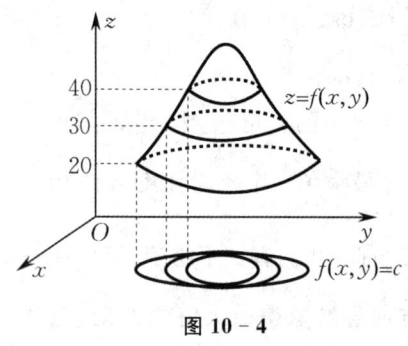

图 10-4

若偏导数 f_x, f_y 不同时为零，则由隐函数的求导法则可知，等值线 $f(x,y) = c$ 上任意点 $P_0(x_0, y_0)$ 处的切线斜率为

$$\left.\dfrac{\mathrm{d}y}{\mathrm{d}x}\right|_{P_0} = -\left.\dfrac{f_x}{f_y}\right|_{P_0},$$

法线斜率为

$$-\dfrac{1}{\left.\dfrac{\mathrm{d}y}{\mathrm{d}x}\right|_{P_0}} = \left.\dfrac{f_y}{f_x}\right|_{P_0}.$$

故可取其一个法向量为

$$\mathbf{n} = (f_x(x_0, y_0), f_y(x_0, y_0)),$$

于是单位法向量为

$$\mathbf{e}_n = \dfrac{1}{\sqrt{f_x^2(x_0, y_0) + f_y^2(x_0, y_0)}} (f_x(x_0, y_0), f_y(x_0, y_0)).$$

不难发现，这个法向量的方向恰好是函数 $z = f(x,y)$ 在点 P_0 处的梯度 $\mathbf{grad}\,f(x,y)$ 的方向，且函数 $z = f(x,y)$ 在点 P_0 处沿法向量 $\mathbf{n}$ 的方向的方向导数为

$$\left.\dfrac{\partial f}{\partial \mathbf{n}}\right|_{(x_0, y_0)} = \mathbf{grad}\,f(x_0, y_0) \cdot \mathbf{e}_n = \sqrt{f_x^2(x_0, y_0) + f_y^2(x_0, y_0)} = |\mathbf{grad}\,f(x_0, y_0)|.$$

这一结果说明：函数在一点处的梯度的方向与其过该点的等值线在该点处的一个法线方向相同，它的方向是从数值低的等值线指向数值高的等值线（见图 10-5），梯度的模就等于函数沿这个法线方向的方向导数.

类似地，函数 $u = f(x,y,z)$ 的**等值面**为曲面 $f(x,y,z) = c$，则函数 $f(x,y,z)$ 在点 $P_0(x_0, y_0, z_0)$ 处的梯度的方向与其过

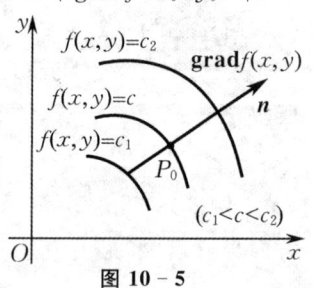

图 10-5

点 $P_0(x_0,y_0,z_0)$ 的等值面 $f(x,y,z)=c$ 在该点处的一个法线方向相同,它的方向是从数值低的等值面指向数值高的等值面,梯度的模就等于函数沿这个法线方向的方向导数.

四、数量场与向量场概念

我们所遇到的场通常有两种:如果对于空间区域 G 内的任一点 M,都有一个确定的数量 $f(M)$ 与之对应,则称这种场为空间区域 G 内的一个**数量场**,如物理学中所说的温度场、密度场等;如果对于空间区域 G 内的任一点 M,都有一个确定的向量 $\boldsymbol{A}(M)$ 与之对应,则称这种场为空间区域 G 内的一个**向量场**,如物理学中所说的引力场、速度场等. 一个数量场可用一个数量函数 $u=f(M)$ 来确定;一个向量场可用一个向量函数

$$\boldsymbol{A}=\boldsymbol{A}(M) \quad \text{或} \quad \boldsymbol{A}=P(M)\boldsymbol{i}+Q(M)\boldsymbol{j}+R(M)\boldsymbol{k}$$

来确定. 前面我们所说的向量函数 $\mathbf{grad}\,f(M)$ 就是一个向量场,称为**梯度场**.

例6 试求数量场 $\dfrac{m}{r}$ 所产生的梯度场,其中常数 $m>0$,$r=\sqrt{x^2+y^2+z^2}$ 为坐标原点 O 与点 $M(x,y,z)$ 间的距离.

解 因为

$$\frac{\partial}{\partial x}\left(\frac{m}{r}\right)=-\frac{m}{r^2}\cdot\frac{\partial r}{\partial x}=-\frac{mx}{r^3},\quad \frac{\partial}{\partial y}\left(\frac{m}{r}\right)=-\frac{my}{r^3},\quad \frac{\partial}{\partial z}\left(\frac{m}{r}\right)=-\frac{mz}{r^3},$$

所以

$$\mathbf{grad}\,\frac{m}{r}=-\frac{m}{r^2}\left(\frac{x}{r}\boldsymbol{i}+\frac{y}{r}\boldsymbol{j}+\frac{z}{r}\boldsymbol{k}\right).$$

注意到点 M 的向径上的单位向量为

$$\boldsymbol{e}_M=\frac{x}{r}\boldsymbol{i}+\frac{y}{r}\boldsymbol{j}+\frac{z}{r}\boldsymbol{k},$$

故

$$\mathbf{grad}\,\frac{m}{r}=-\frac{m}{r^2}\boldsymbol{e}_M.$$

第四节 多元函数的极值、最值及求法

最优化方法是一门应用非常广泛的学科,主要讨论如何在问题的诸多解决方案中寻求最佳解,其中多元函数的极值问题是一种简单的最优化问题.

一般地,多元函数的极值问题可分为两类:一类是除了自变量的取值被限制在定义域内的这个条件外,并无其他条件限制的极值问题,称为**无约束极值问题**;另一类是不仅要满足自变量的取值被限制在定义域内,还要满足某些附加条件的极值问题,称为**有约束极值问题**.

一、无约束极值

首先我们来考察二元函数的极值问题.

定义 1 设二元函数 $z = f(x, y)$ 在点 (x_0, y_0) 的某邻域内有定义. 对于该邻域内任意异于点 (x_0, y_0) 的点 (x, y), 若有

(1) $f(x, y) < f(x_0, y_0)$, 则称函数 $f(x, y)$ 在点 (x_0, y_0) 处取得**极大值**, 此时称点 (x_0, y_0) 为函数 $f(x, y)$ 的**极大值点**；

(2) $f(x, y) > f(x_0, y_0)$, 则称函数 $f(x, y)$ 在点 (x_0, y_0) 处取得**极小值**, 此时称点 (x_0, y_0) 为函数 $f(x, y)$ 的**极小值点**.

极大值和极小值统称为**极值**. 极大值点和极小值点统称为**极值点**.

例 1 函数 $z = \sqrt{2 - x^2 - y^2}$ 在点 $(0, 0)$ 处取得极大值 $\sqrt{2}$；函数 $z = 2x^2 + y^2$ 在点 $(0, 0)$ 处取得极小值 0；函数 $z = xy$ 在点 $(0, 0)$ 处不取得极值.

关于二元函数的极值问题, 有与一元函数相类似的两个重要定理.

定理 1(必要条件) 设二元函数 $z = f(x, y)$ 在点 (x_0, y_0) 处的偏导数存在, 且在点 (x_0, y_0) 处取得极值, 则它在该点处的偏导数为零, 即

$$f_x(x_0, y_0) = 0, \quad f_y(x_0, y_0) = 0.$$

证 不妨设函数 $z = f(x, y)$ 在点 (x_0, y_0) 处取得极大值, 则按定义, 对于点 (x_0, y_0) 的某邻域内任意异于点 (x_0, y_0) 的点 (x, y), 总有 $f(x, y) < f(x_0, y_0)$ 成立.

特别地, 在该邻域内取 $y = y_0$ 而 $x \neq x_0$ 的点, 也有 $f(x, y_0) < f(x_0, y_0)$ 成立. 这表明, 一元函数 $z = f(x, y_0)$ 在 $x = x_0$ 处取得极大值, 从而有

$$f_x(x_0, y_0) = 0.$$

同理, 可得

$$f_y(x_0, y_0) = 0. \quad \blacksquare$$

使得 $f_x(x_0, y_0) = 0, f_y(x_0, y_0) = 0$ 同时成立的点 (x_0, y_0) 称为函数 $z = f(x, y)$ 的**驻点**(或稳定点).

注 (1) 对于偏导数存在的函数, 其极值点必是驻点, 但其驻点不一定是极值点. 例如, 函数 $z = xy$ 在点 $(0, 0)$ 处的偏导数都为零, 但它在该点处不取得极值.

(2) 对于有些函数, 其偏导数不存在的点也可能是极值点. 例如, 函数 $z = \sqrt{x^2 + y^2}$ 在点 $(0, 0)$ 处的偏导数不存在, 但它在该点处取得极小值 0.

如何判定驻点是否为极值点, 我们有下面的定理:

定理 2(充分条件) 设二元函数 $z = f(x, y)$ 是开集 $D \subset \mathbb{R}^2$ 上的 C^2 类函数, 点 $(x_0, y_0) \in D$ 是 $f(x, y)$ 的驻点. 令

$$f_{xx}(x_0, y_0) = A, \quad f_{xy}(x_0, y_0) = B, \quad f_{yy}(x_0, y_0) = C,$$

则

(1) 当 $AC - B^2 > 0$ 时，函数 $z = f(x,y)$ 在点 (x_0, y_0) 处取得极值，且当 $A < 0$ 时，取得极大值，当 $A > 0$ 时，取得极小值；

(2) 当 $AC - B^2 < 0$ 时，函数 $z = f(x,y)$ 在点 (x_0, y_0) 处不取得极值；

(3) 当 $AC - B^2 = 0$ 时，函数 $z = f(x,y)$ 在点 (x_0, y_0) 处可能取得极值，也可能不取得极值，需另做讨论.

函数的极值概念也可推广到 n 元函数的情形.

定义 2 设 n 元函数 $u = f(P)$ 定义在开集 $D \subset \mathbb{R}^n$ 上. 若存在点 $P_0 \in D$ 的某去心邻域 $\mathring{U}(P_0, \delta) \subset D$，恒有

(1) $f(P) > f(P_0)$，则称点 P_0 为 $f(P)$ 的极小值点；

(2) $f(P) < f(P_0)$，则称点 P_0 为 $f(P)$ 的极大值点.

定理 3（极值点的必要条件） 设 n 元函数 $u = f(P) = f(x_1, x_2, \cdots, x_n)$ 在点 P_0 的某邻域 $U(P_0, \delta)$ 内有定义. 如果 $f(P)$ 在点 P_0 处取得极值，且在该点处存在偏导数，那么
$$f_{x_i}(P_0) = 0 \quad (i = 1, 2, \cdots, n).$$

与二元函数类似，我们把 n 元函数 $u = f(x_1, x_2, \cdots, x_n)$ 的一阶偏导数全为零的点称为它的驻点（或稳定点）. 同时也有下述结论：偏导数存在的 n 元函数的极值点必是驻点；反之，不成立. 对于有些函数，偏导数不存在的点也可能是极值点. 对于三元及三元以上函数，其驻点是否为极值点，讨论起来将更加复杂，这里不做介绍.

例 2 求函数 $f(x, y) = x^3 - y^3 + 3x^2 + 3y^2 - 9x$ 的极值点.

解 解方程组
$$\begin{cases} \dfrac{\partial f}{\partial x} = 3x^2 + 6x - 9 = 0, \\ \dfrac{\partial f}{\partial y} = -3y^2 + 6y = 0, \end{cases}$$

得 $f(x, y)$ 的四个驻点分别为 $P_1(1, 0), P_2(-3, 0), P_3(1, 2), P_4(-3, 2)$. 又
$$f_{xx} = 6x + 6, \quad f_{xy} = 0, \quad f_{yy} = -6y + 6,$$

令
$$A = f_{xx}(x_0, y_0), \quad B = f_{xy}(x_0, y_0), \quad C = f_{yy}(x_0, y_0),$$

则在点 $P_1(1, 0)$ 处，$AC - B^2 > 0$，且 $A > 0$，故点 P_1 是极小值点；在点 $P_2(-3, 0)$ 处，$AC - B^2 < 0$，故点 P_2 不是极值点；在点 $P_3(1, 2)$ 处，$AC - B^2 < 0$，故点 P_3 不是极值点；在点 $P_4(-3, 2)$ 处，$AC - B^2 > 0$，且 $A < 0$，故点 P_4 是极大值点.

二、多元函数的最值

与一元函数类似，若多元函数 f 在有界闭区域 D 上连续，则 f 在 D 上的最值必存在，且使得 f 取得最值的点既可能在 D 的内部，也可能在 D 的边界上. 在 D 的内部取得最值的点应是 f 的驻点或偏导数不存在的点.

求连续函数 f 在有界闭区域 D 上的最值的一般步骤是：

(1) 计算函数 f 在 D 内的一切驻点及偏导数不存在的点的函数值；

(2) 计算函数 f 在 D 的边界上的最值;

(3) 将步骤(1),(2)中所得点的函数值进行比较,其中最大的即为最大值,最小的即为最小值.

在实际问题中,求函数 f 在 D 的边界上的最值往往比较复杂,因此若能根据问题的性质,确定函数 f 的最值一定在 D 的内部取得,且函数 f 在 D 内仅有一个驻点,则可以断定该驻点处的函数值就是函数 f 在 D 上的最值.

例 3 求二元函数 $f(x,y)=x^2y(4-x-y)$ 在由直线 $x+y=6$ 与 x 轴和 y 轴所围成的闭区域 D 上的最大值与最小值.

解 解方程组
$$\begin{cases} f_x = 2xy(4-x-y)-x^2y = 0, \\ f_y = x^2(4-x-y)-x^2y = 0, \end{cases}$$
得函数在 D 内的唯一驻点是 $(2,1)$,此时 $f(2,1)=4$.

在边界 $x=0$ 和 $y=0$ 上,有 $f(0,y)=f(x,0)=0$.

在边界 $x+y=6$ 上,有 $f(x,y)=2x^2(x-6)$. 令
$$f_x = 4x(x-6)+2x^2 = 6x^2 - 24x = 0,$$
解得 $x=0$(前面已讨论过,舍去)或 $x=4$.

将 $x=4$ 代入 $x+y=6$ 中,可得 $y=2$. 故点 $(4,2)$ 为函数在边界 $x+y=6$ 上的极值可疑点,且 $f(4,2)=-64$. 与上述所得函数值做比较,即得
$$\max_{(x,y)\in D} f(x,y) = 4, \quad \min_{(x,y)\in D} f(x,y) = -64.$$

例 4 设有一宽度为 24 cm 的长方形铁板,把它两边折起做成一横断面为等腰梯形的水槽.问:怎样折才能使所得水槽的流量最大?

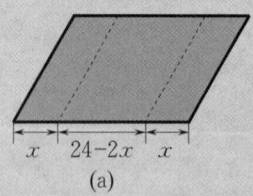
(a)

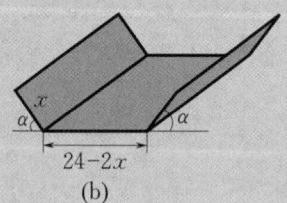
(b)

图 10-6

解 设折起来的边长(单位:m)为 x,它与水平面的夹角为 $\alpha\left(0<\alpha\leqslant\dfrac{\pi}{2}\right.$,见图 10-6$)$,则梯形横断面的下底长为 $24-2x$,上底长为 $24-2x+2x\cos\alpha$,高为 $x\sin\alpha$,所以横断面面积(单位:m^2)为
$$A = \frac{1}{2}[(24-2x)+(24-2x+2x\cos\alpha)] \cdot x\sin\alpha$$
$$= 24x\sin\alpha - 2x^2\sin\alpha + x^2\sin\alpha\cos\alpha \quad \left(0<x<12, 0<\alpha\leqslant\frac{\pi}{2}\right).$$

显然,A 是关于 x,α 的函数.对上式两端分别关于 x,α 求偏导数,并令其为零,得

$$\begin{cases} A_x = 24\sin\alpha - 4x\sin\alpha + 2x\sin\alpha\cos\alpha = 0, \\ A_\alpha = 24x\cos\alpha - 2x^2\cos\alpha + x^2(\cos^2\alpha - \sin^2\alpha) = 0, \end{cases}$$

解得

$$\alpha = \frac{\pi}{3}, \quad x = 8.$$

此时 $A = 48\sqrt{3}$ m^2.

由题意可知,横断面面积 A 的最大值必定在 $D = \left\{(x,y) \,\middle|\, 0 < x < 12, 0 < \alpha \leqslant \frac{\pi}{2}\right\}$ 的内部取得,通过计算可知,当 $\alpha = \frac{\pi}{2}$ 时,A 的值为 $(24-2x)x$,此时的最大值为 72 m^2,小于 $48\sqrt{3}$ m^2. 又 A 在 D 内只有一个驻点,因此当 $\alpha = \frac{\pi}{3}, x = 8$ 时横断面面积最大,即水槽的流量最大.

三、有约束极值

前面所讨论的多元函数极值问题,仅要求自变量在其定义域内变化,但在许多实际问题中,会遇到自变量的取值还要满足其他附加条件的极值问题.

例如,求三个正数之和为 12,且这三个数之积为最大值的问题. 若设这三个数分别为 x, y, z,则这个问题就是在附加条件 $x+y+z=12$ 下求函数 $s = xyz$ 的最大值. 我们可以将这个问题化成函数

$$s = xy(12 - x - y)$$

的无约束极值的形式来求解. 但将有约束极值问题化成无约束极值问题并不都是这样简单. 下面我们将介绍一种直接求有约束极值问题的方法 —— **拉格朗日乘数法**.

有约束极值问题常记作

$$\min(\text{或 max}) u = u(x, y, z), \tag{10.4.1}$$
$$\text{s.t. } \varphi(x, y, z) = 0, \tag{10.4.2}$$

其中(10.4.1)式中的函数 $u(x,y,z)$ 称为**目标函数**,条件(10.4.2)中的 $\varphi(x,y,z) = 0$ 称为**约束条件**.

通常,求解有约束极值问题都采用下述的拉格朗日乘数法.

定理 4 设二元函数 $f(x,y), \varphi(x,y)$ 在开集 $D \subset \mathbb{R}^2$ 内是 C^1 类函数,且偏导数 $\frac{\partial \varphi}{\partial x}, \frac{\partial \varphi}{\partial y}$ 不全为零,则函数 $u = f(x,y)$ 在约束条件 $\varphi(x,y) = 0$ 下的极值点必为拉格朗日函数

$$L(x, y) = f(x, y) + \lambda \varphi(x, y)$$

的驻点,其中参数 λ 称为拉格朗日乘数.

证 不妨设 $\frac{\partial \varphi}{\partial y} \neq 0$,则根据隐函数存在定理,方程 $\varphi(x,y) = 0$ 可以确定一个函数 $y = g(x)$. 于是,函数 $u = f(x,y)$ 在约束条件 $\varphi(x,y) = 0$ 下的有约束极值问题就转化为

$u=f(x,g(x))$ 的无约束极值问题. 由极值的必要条件得

$$\frac{\mathrm{d}u}{\mathrm{d}x}=\frac{\partial f}{\partial x}+\frac{\partial f}{\partial y}\cdot\frac{\mathrm{d}y}{\mathrm{d}x}=0.$$

再对方程 $\varphi(x,y)=0$ 用隐函数求导公式,得 $\dfrac{\mathrm{d}y}{\mathrm{d}x}=-\dfrac{\varphi_x}{\varphi_y}$,将其代入前式,得

$$\frac{\mathrm{d}u}{\mathrm{d}x}=\frac{\partial f}{\partial x}-\frac{\partial f}{\partial y}\cdot\frac{\varphi_x}{\varphi_y}=0 \quad \text{或} \quad \frac{\mathrm{d}u}{\mathrm{d}x}=f_x-f_y\frac{\varphi_x}{\varphi_y}=0,$$

即

$$\frac{f_x}{\varphi_x}=\frac{f_y}{\varphi_y}.$$

令上式的比值为 $-\lambda$,于是可得方程组

$$\begin{cases} f_x+\lambda\varphi_x=0,\\ f_y+\lambda\varphi_y=0,\\ \varphi(x,y)=0. \end{cases}$$

也就是说,函数 $u=f(x,y)$ 在约束条件 $\varphi(x,y)=0$ 下的极值点必须满足上述所得方程组,而解这个方程组的所得点正是拉格朗日函数

$$L(x,y)=f(x,y)+\lambda\varphi(x,y)$$

的驻点. ∎

拉格朗日乘数法也适用于求解 n 元函数的有约束极值问题.

定理 5 设 n 元函数 $f(x_1,x_2,\cdots,x_n),\varphi(x_1,x_2,\cdots,x_n)$ 在开集 $D\subset\mathbb{R}^n$ 内是 C^1 类函数,且偏导数 $\dfrac{\partial\varphi}{\partial x_i}(i=1,2,\cdots,n)$ 不全为零,则函数 $u=f(x_1,x_2,\cdots,x_n)$ 在约束条件 $\varphi(x_1,x_2,\cdots,x_n)=0$ 下的极值点必为拉格朗日函数

$$L(x_1,x_2,\cdots,x_n)=f(x_1,x_2,\cdots,x_n)+\lambda\varphi(x_1,x_2,\cdots,x_n)$$

的驻点,其中参数 λ 称为拉格朗日乘数.

证 不妨设 $\dfrac{\partial\varphi}{\partial x_n}\neq 0$,则根据隐函数存在定理,方程 $\varphi(x_1,x_2,\cdots,x_n)=0$ 可以确定一个函数 $x_n=g(x_1,x_2,\cdots,x_{n-1})$. 于是,函数 $u=f(x_1,x_2,\cdots,x_n)$ 在约束条件 $\varphi(x_1,x_2,\cdots,x_n)=0$ 下的有约束极值问题就转化为 $u=f(x_1,x_2,\cdots,x_{n-1},g(x_1,x_2,\cdots,x_{n-1}))$ 的无约束极值问题. 由极值的必要条件得

$$\frac{\partial u}{\partial x_i}=\frac{\partial f}{\partial x_i}+\frac{\partial f}{\partial x_n}\cdot\frac{\partial x_n}{\partial x_i}=0 \quad (i=1,2,\cdots,n-1).$$

再对方程 $\varphi(x_1,x_2,\cdots,x_n)=0$ 用隐函数求导公式,得

$$\frac{\partial x_n}{\partial x_i}=-\frac{\dfrac{\partial\varphi}{\partial x_i}}{\dfrac{\partial\varphi}{\partial x_n}},$$

将其代入前式,有

$$\frac{\partial f}{\partial x_i}-\frac{\partial f}{\partial x_n}\cdot\frac{\dfrac{\partial\varphi}{\partial x_i}}{\dfrac{\partial\varphi}{\partial x_n}}=0 \quad (i=1,2,\cdots,n-1),$$

即

$$\frac{\frac{\partial f}{\partial x_i}}{\frac{\partial \varphi}{\partial x_i}} = \frac{\frac{\partial f}{\partial x_n}}{\frac{\partial \varphi}{\partial x_n}} \quad (i=1,2,\cdots,n-1).$$

令上述 $n-1$ 个式子的比值为 $-\lambda$,于是可得 n 个方程

$$\frac{\partial f}{\partial x_i} + \lambda \frac{\partial \varphi}{\partial x_i} = 0 \quad (i=1,2,\cdots,n).$$

满足上述 n 个方程的点正是拉格朗日函数

$$L(x_1, x_2, \cdots, x_n) = f(x_1, x_2, \cdots, x_n) + \lambda \varphi(x_1, x_2, \cdots, x_n)$$

的驻点. ∎

在实际问题中,根据问题的实际意义,用拉格朗日乘数法求得的唯一驻点常常就是相应的最值点.

定理 5 的结论可以推广到具有多个约束条件的有约束极值问题,如以下极值问题:

$$\min(\text{或 } \max) u = u(x_1, x_2, \cdots, x_n),$$

$$\text{s. t.} \begin{cases} \varphi_1(x_1, x_2, \cdots, x_n) = 0, \\ \quad \cdots\cdots \\ \varphi_m(x_1, x_2, \cdots, x_n) = 0 \end{cases} \quad (m < n).$$

如果 $u, \varphi_1, \cdots, \varphi_m$ 是开集 $D \subset \mathbb{R}^n$ 内的 C^1 类函数,且约束条件中 m 个函数关于它们其中的 m 个自变量的雅可比行列式不等于零,那么 n 元函数 $u = u(x_1, x_2, \cdots, x_n)$ 在约束条件 $\varphi_1(x_1, x_2, \cdots, x_n) = 0, \cdots, \varphi_m(x_1, x_2, \cdots, x_n) = 0$ 下的极值点必为拉格朗日函数

$$L(x_1, x_2, \cdots, x_n) = u(x_1, x_2, \cdots, x_n) + \lambda_1 \varphi_1(x_1, x_2, \cdots, x_n) + \cdots + \lambda_m \varphi_m(x_1, x_2, \cdots, x_n)$$

的驻点.

下面我们将上一章中介绍过的二元函数的泰勒公式推广到 n 元函数(为了简单起见,这里只给出 n 元函数的一阶泰勒公式),从而得到判定 n 元函数的极值点的充分条件.

若 n 元函数 $u = f(\boldsymbol{x}) = f(x_1, x_2, \cdots, x_n)$ 在点 $\boldsymbol{x}_0 = (x_1^{(0)}, x_2^{(0)}, \cdots, x_n^{(0)})$ 的某邻域 $U(\boldsymbol{x}_0, \delta)$ 内是 C^2 类函数,则 $\forall \boldsymbol{x} = (x_1, x_2, \cdots, x_n) \in U(\boldsymbol{x}_0, \delta)$,有

$$f(\boldsymbol{x}) = f(\boldsymbol{x}_0) + \frac{\partial f}{\partial(x_1, x_2, \cdots, x_n)}\bigg|_{\boldsymbol{x}_0} (\Delta \boldsymbol{x})^\mathrm{T} + \frac{1}{2!} \Delta \boldsymbol{x} \boldsymbol{H}(\boldsymbol{x}^*) (\Delta \boldsymbol{x})^\mathrm{T}, \quad (10.4.3)$$

其中

$$\Delta \boldsymbol{x} = \boldsymbol{x} - \boldsymbol{x}_0 = (\Delta x_1, \Delta x_2, \cdots, \Delta x_n) \quad (\Delta x_i = x_i - x_i^{(0)}, i=1,2,\cdots,n),$$

$$\boldsymbol{H}(\boldsymbol{x}^*) = \begin{pmatrix} f_{x_1 x_1}(\boldsymbol{x}^*) & f_{x_1 x_2}(\boldsymbol{x}^*) & \cdots & f_{x_1 x_n}(\boldsymbol{x}^*) \\ f_{x_2 x_1}(\boldsymbol{x}^*) & f_{x_2 x_2}(\boldsymbol{x}^*) & \cdots & f_{x_2 x_n}(\boldsymbol{x}^*) \\ \vdots & \vdots & & \vdots \\ f_{x_n x_1}(\boldsymbol{x}^*) & f_{x_n x_2}(\boldsymbol{x}^*) & \cdots & f_{x_n x_n}(\boldsymbol{x}^*) \end{pmatrix}, \quad (\Delta \boldsymbol{x})^\mathrm{T} = \begin{pmatrix} \Delta x_1 \\ \Delta x_2 \\ \vdots \\ \Delta x_n \end{pmatrix},$$

$$\boldsymbol{x}^* = \boldsymbol{x}_0 + \theta \Delta \boldsymbol{x} \quad (0 < \theta < 1), \quad \frac{\partial f}{\partial(x_1, x_2, \cdots, x_n)} = \left(\frac{\partial f}{\partial x_1}, \frac{\partial f}{\partial x_2}, \cdots, \frac{\partial f}{\partial x_n} \right).$$

矩阵 $\boldsymbol{H}(\boldsymbol{x}^*)$ 称为 n 元函数 $u = f(\boldsymbol{x})$ 在点 $\boldsymbol{x}^*$ 处的**黑塞**(Hesse)**矩阵**. (10.4.3) 式称为 n 元函数 $u = f(\boldsymbol{x})$ 在点 $\boldsymbol{x}_0$ 处的一阶泰勒公式.

*定理 6(极值点的充分条件) 设 x_0 是 n 元函数 $u = f(x)$ 的一个驻点,f 在点 x_0 的某邻域 $U(x_0, \delta)$ 内是 C^2 类函数,则

(1) 当 f 在点 x_0 处的黑塞矩阵 $H(x_0)$ 正定时,点 x_0 是 f 的极小值点;

(2) 当 f 在点 x_0 处的黑塞矩阵 $H(x_0)$ 负定时,点 x_0 是 f 的极大值点;

(3) 当 f 在点 x_0 处的黑塞矩阵 $H(x_0)$ 不定时,点 x_0 不是 f 的极值点.

证 因为 x_0 是 f 的驻点,所以

$$\frac{\partial f}{\partial (x_1, x_2, \cdots, x_n)}\bigg|_{x_0} (\Delta x)^T = \sum_{i=1}^n \frac{\partial f}{\partial x_i}\bigg|_{x_0} \Delta x_i = 0.$$

于是,由 f 在点 x_0 处的一阶泰勒公式得

$$f(x) - f(x_0) = \frac{1}{2!} \Delta x H(x^*) (\Delta x)^T,$$

$$x^* = x_0 + \theta \Delta x \quad (0 < \theta < 1).$$

若黑塞矩阵 $H(x_0)$ 是正定的,则 $H(x_0)$ 的各阶顺序主子式 $\det H_k(x_0) > 0 (k = 1, 2, \cdots, n)$. 又因为 $H(x)$ 中所有元素 $f_{x_i x_j}(x)(i, j = 1, 2, \cdots, n)$ 都在 $U(x_0, \delta)$ 内连续,所以 $H(x)$ 的各阶顺序主子式也在 $U(x_0, \delta)$ 内连续,因此 $\exists \delta_k > 0$,使得当 $x \in U(x_0, \delta_k)$ 时,$\det H_k(x) > 0 (k = 1, 2, \cdots, n)$. 取 $\delta' = \min\{\delta_1, \delta_2, \cdots, \delta_n\}$,则当 $x \in U(x_0, \delta')$ 时,$H(x)$ 的各阶顺序主子式均大于 0,从而 $H(x)$ 正定. 当 $\|\Delta x\| \leqslant \delta'$ 时,$x^* \in U(x_0, \delta')$,从而 $H(x^*)$ 正定,则 $\forall \Delta x \neq 0$,均有

$$\Delta x H(x^*)(\Delta x)^T > 0,$$

即 $f(x) > f(x_0)(x \in \overset{\circ}{U}(x_0, \delta'))$. 故点 x_0 是 f 的极小值点.

类似地,可证情形(2),(3). ∎

例 5 已知矩形的周长为 24 cm,将它绕其一边旋转一周而构成一圆柱体,试求所得圆柱体体积最大时的矩形面积.

解 设矩形相邻两边长(单位:cm)分别为 x 和 y,则目标函数为 $V = \pi x^2 y (x > 0, y > 0)$,约束条件为 $x + y = 12$. 构造拉格朗日函数

$$L(x, y) = \pi x^2 y + \lambda(x + y - 12),$$

其中 λ 为参数. 由方程组

$$\begin{cases} \dfrac{\partial L}{\partial x} = 2\pi xy + \lambda = 0, \\ \dfrac{\partial L}{\partial y} = \pi x^2 + \lambda = 0, \\ x + y = 12, \end{cases}$$

解得

$$x = 8, \quad y = 4.$$

由问题的实际意义可知,体积 V 的最大值必存在. 故 V 在其唯一驻点 $(8, 4)$ 处取得最大值,此时矩形面积(单位:cm^2)为 $8 \times 4 = 32$.

例 6 某公司可通过电视和报纸两种方式做销售某种商品的广告. 据统计资料显示,销售收入(单位:万元)r 与电视广告费用(单位:万元)x 及报纸广告费用(单位:万元)y 之间有如下经验公式:

$$r = 15 + 14x + 32y - 8xy - 2x^2 - 10y^2.$$

(1) 求广告费用不限制额度时的最优广告策略;

(2) 求广告费用限制在 1.5 万元时的最优广告策略.

解 (1) 记利润函数(单位:万元)$f(x,y)$,则依题意得

$$f(x,y) = 15 + 14x + 32y - 8xy - 2x^2 - 10y^2 - (x+y)$$
$$= 15 + 13x + 31y - 8xy - 2x^2 - 10y^2.$$

由方程组

$$\begin{cases} \dfrac{\partial f}{\partial x} = -4x - 8y + 13 = 0, \\ \dfrac{\partial f}{\partial y} = -8x - 20y + 31 = 0, \end{cases}$$

解得

$$x = 0.75, \quad y = 1.25.$$

因为

$$A = \frac{\partial^2 f}{\partial x^2} = -4, \quad B = \frac{\partial^2 f}{\partial x \partial y} = -8, \quad C = \frac{\partial^2 f}{\partial y^2} = -20,$$

所以在点 $(0.75, 1.25)$ 处,有

$$AC - B^2 = 16 > 0.$$

故函数 $f(x,y)$ 在 $x = 0.75, y = 1.25$ 处取得最大值,即此时的最优广告策略为:电视广告投入 0.75 万元,报纸广告投入 1.25 万元.

(2) 目标函数为 $f(x,y) = r - 1.5 = 13.5 + 14x + 32y - 8xy - 2x^2 - 10y^2$,约束条件为 $x + y = 1.5$.

构造拉格朗日函数

$$L(x,y) = 13.5 + 14x + 32y - 8xy - 2x^2 - 10y^2 + \lambda(x + y - 1.5).$$

由方程组

$$\begin{cases} \dfrac{\partial L}{\partial x} = -4x - 8y + 14 + \lambda = 0, \\ \dfrac{\partial L}{\partial y} = -8x - 20y + 32 + \lambda = 0, \\ x + y = 1.5, \end{cases}$$

解得 $x = 0, y = 1.5$.

由问题的实际意义可知,$f(x,y)$ 在 $x = 0, y = 1.5$ 处取得最大值,即此时的最优广告策略为:把全部的广告费用 1.5 万元都投入到报纸广告上.

*例 7 求函数 $u = f(x,y,z) = x^3 + y^2 + z^2 + 6xy + 2z$ 的极值点.

解 解方程组

$$\begin{cases} \dfrac{\partial f}{\partial x} = 3x^2 + 6y = 0, \\ \dfrac{\partial f}{\partial y} = 2y + 6x = 0, \\ \dfrac{\partial f}{\partial z} = 2z + 2 = 0, \end{cases}$$

得函数 f 的两个驻点 $P_1(6,-18,-1)$, $P_2(0,0,-1)$. 而 f 在点 $P(x,y,z)$ 处的黑塞矩阵为

$$H(P) = \begin{vmatrix} 6x & 6 & 0 \\ 6 & 2 & 0 \\ 0 & 0 & 2 \end{vmatrix},$$

于是

$$H(P_1) = \begin{vmatrix} 36 & 6 & 0 \\ 6 & 2 & 0 \\ 0 & 0 & 2 \end{vmatrix}, \quad H(P_2) = \begin{vmatrix} 0 & 6 & 0 \\ 6 & 2 & 0 \\ 0 & 0 & 2 \end{vmatrix},$$

易知 $H(P_1)$ 正定, $H(P_2)$ 不定, 故由定理 6 可知, 点 P_1 是极小值点, 点 P_2 不是极值点.

四、最小二乘法

作为二元函数极值的一个实际应用, 下面介绍一种数据处理技术中的常见方法 —— 最小二乘法.

许多工程问题常常需要根据实验数据来找出变量之间的函数关系的近似表达式, 这样的近似表达式称为**经验公式**. 若由实验数据得到的曲线与一条直线近似, 则将这条曲线拟合成直线 $y = ax + b$, 并以偏差的平方和最小为条件来确定常数 a, b 的值, 这种方法称为**最小二乘法**.

设变量 x, y 之间存在某种关系, 通过实验找到 n 组相关的数据 $(x_1, y_1), (x_2, y_2), \cdots, (x_n, y_n)$, 这些数据在 xOy 面上近似呈现一种直线分布状态. 于是, 我们设想可以找到一条直线

$$y = ax + b$$

来刻画变量 x, y 之间的函数关系, 当然函数表达式 $y = ax + b$ 并不能满足所有的点, 最理想的状态就是使得 $y = ax + b$ 在点 $x_i (i = 1, 2, \cdots, n)$ 处的函数值与实际数据的偏差都很小. 记 $\delta_i = y_i - (ax_i + b)$, 显然用 $\sum_{i=1}^{n} \delta_i$ 来表示误差的总体效果不妥, 因为 δ_i 有正有负, 于是想到用 $\sum_{i=1}^{n} \delta_i^2$ 来表示总体误差. 我们的任务就是寻求使得 $\sum_{i=1}^{n} \delta_i^2$ 最小的函数表达式 $y = ax + b$ (在这种意义下的直线 $y = ax + b$ 称为**最小二乘意义下的最佳拟合直线**), 其过程实际上就是求目标函数 $u(a,b) = \sum_{i=1}^{n} \delta_i^2$ 的最小值点. 为此, 求目标函数的驻点. 解方程组

$$\begin{cases} \dfrac{\partial u}{\partial a} = \sum_{i=1}^{n} 2(y_i - ax_i - b)(-x_i) = 0, \\ \dfrac{\partial u}{\partial b} = \sum_{i=1}^{n} 2(y_i - ax_i - b)(-1) = 0, \end{cases}$$

即

$$\begin{cases} a\sum_{i=1}^{n}x_i^2 + b\sum_{i=1}^{n}x_i = \sum_{i=1}^{n}x_iy_i, \\ a\sum_{i=1}^{n}x_i + nb = \sum_{i=1}^{n}y_i, \end{cases}$$

得其唯一一组解

$$a = \frac{n\sum_{i=1}^{n}x_iy_i - \sum_{i=1}^{n}x_i\sum_{i=1}^{n}y_i}{n\sum_{i=1}^{n}x_i^2 - \left(\sum_{i=1}^{n}x_i\right)^2}, \quad b = \frac{\sum_{i=1}^{n}x_i^2\sum_{i=1}^{n}y_i - \sum_{i=1}^{n}x_i\sum_{i=1}^{n}x_iy_i}{n\sum_{i=1}^{n}x_i^2 - \left(\sum_{i=1}^{n}x_i\right)^2}.$$

上述所求点 (a,b) 即为函数 u 的最小值点.

例 8 为了测定刀具的磨损速度,我们做这样的实验:每经过一定时间(假设 1 h),测量一次刀具的厚度,得到实验数据如表 10-1 所示. 试根据这些实验数据建立刀具厚度 y 和时间 t 之间的拟合函数关系,即经验公式 $y = f(t)$.

表 10-1

i	1	2	3	4	5	6	7	8
t_i/h	0	1	2	3	4	5	6	7
y_i/mm	27.0	26.8	26.5	26.3	26.1	25.7	25.3	24.8

解 首先确定函数 $y = f(t)$ 的类型. 在直角坐标系 Oty 下描点,如图 10-7 所示,这八个点的连线大致接近一条直线. 因此,设函数 $f(t) = at + b$.

下面求目标函数 $u(a,b) = \sum_{i=1}^{8}[y_i - (at_i + b)]^2$ 的最小值点. 解方程组

$$\begin{cases} a\sum_{i=1}^{8}t_i^2 + b\sum_{i=1}^{8}t_i = \sum_{i=1}^{8}y_it_i, \\ a\sum_{i=1}^{8}t_i + 8b = \sum_{i=1}^{8}y_i. \end{cases}$$

把表 10-1 中的实验数据代入上述方程组,得

$$\begin{cases} 140a + 28b = 717, \\ 28a + 8b = 208.5, \end{cases}$$

解该方程组,得

$$a \approx -0.303\,6, \quad b = 27.125.$$

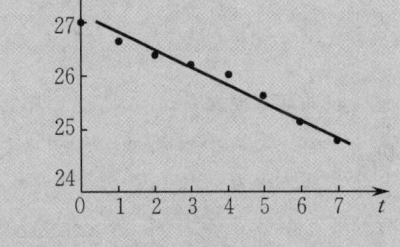

图 10-7

因此,所求经验公式为

$$y = -0.303\,6t + 27.125.$$

附表 10　多元函数微分学的应用图表

空间曲线的切线与法平面	1. 当空间曲线用参数方程 $\begin{cases} x = x(t), \\ y = y(t), (t \in [\alpha,\beta]) \\ z = z(t) \end{cases}$ 表示时,它在点 (x_0, y_0, z_0) 处的切线方程为 $$\frac{x-x_0}{x'(t_0)} = \frac{y-y_0}{y'(t_0)} = \frac{z-z_0}{z'(t_0)},$$ 法平面方程为 $$x'(t_0)(x-x_0) + y'(t_0)(y-y_0) + z'(t_0)(z-z_0) = 0$$ 2. 当空间曲线用一般方程 $\begin{cases} F(x,y,z) = 0, \\ G(x,y,z) = 0 \end{cases}$ 表示时,它在点 $P_0(x_0, y_0, z_0)$ 处的切线方程为 $$\frac{x-x_0}{\begin{vmatrix} F_y & F_z \\ G_y & G_z \end{vmatrix}_{P_0}} = \frac{y-y_0}{\begin{vmatrix} F_z & F_x \\ G_z & G_x \end{vmatrix}_{P_0}} = \frac{z-z_0}{\begin{vmatrix} F_x & F_y \\ G_x & G_y \end{vmatrix}_{P_0}},$$ 法平面方程为 $$\begin{vmatrix} F_y & F_z \\ G_y & G_z \end{vmatrix}_{P_0}(x-x_0) + \begin{vmatrix} F_z & F_x \\ G_z & G_x \end{vmatrix}_{P_0}(y-y_0) + \begin{vmatrix} F_x & F_y \\ G_x & G_y \end{vmatrix}_{P_0}(z-z_0) = 0$$
曲面的切平面与法线	设曲面方程为 $F(x,y,z) = 0$,则它在点 (x_0, y_0, z_0) 处的切平面方程为 $$F_x(x_0,y_0,z_0)(x-x_0) + F_y(x_0,y_0,z_0)(y-y_0) + F_z(x_0,y_0,z_0)(z-z_0) = 0,$$ 法线方程为 $$\frac{x-x_0}{F_x(x_0,y_0,z_0)} = \frac{y-y_0}{F_y(x_0,y_0,z_0)} = \frac{z-z_0}{F_z(x_0,y_0,z_0)}$$

方向导数与梯度	1.二元函数的方向导数与梯度： (1) 二元函数 $z = f(x,y)$ 在点 $P(x,y)$ 处沿射线 l 的方向导数为 $$\frac{\partial f}{\partial l} = \frac{\partial f}{\partial x}\cos\alpha + \frac{\partial f}{\partial y}\cos\beta,$$ 其中 $\cos\alpha, \cos\beta$ 为射线 l 的方向余弦 (2) 二元函数 $z = f(x,y)$ 在点 $P(x,y)$ 处的梯度为 $$\mathbf{grad}\, f(x,y) = \frac{\partial f}{\partial x}\boldsymbol{i} + \frac{\partial f}{\partial y}\boldsymbol{j}$$ (3) 二元函数 $z = f(x,y)$ 在点 $P(x,y)$ 处方向导数的最大值等于函数在该点处的梯度的模： $$\mid \mathbf{grad}\, f(x,y) \mid = \sqrt{\left(\frac{\partial f}{\partial x}\right)^2 + \left(\frac{\partial f}{\partial y}\right)^2}$$	2.三元函数的方向导数与梯度： (1) 三元函数 $u = f(x,y,z)$ 在点 $P(x,y,z)$ 处沿射线 l 的方向导数为 $$\frac{\partial f}{\partial l} = \frac{\partial f}{\partial x}\cos\alpha + \frac{\partial f}{\partial y}\cos\beta + \frac{\partial f}{\partial z}\cos\gamma,$$ 其中 $\cos\alpha, \cos\beta, \cos\gamma$ 为射线 l 的方向余弦 (2) 三元函数 $u = f(x,y,z)$ 在点 $P(x,y,z)$ 处的梯度为 $$\mathbf{grad}\, f(x,y,z) = \frac{\partial f}{\partial x}\boldsymbol{i} + \frac{\partial f}{\partial y}\boldsymbol{j} + \frac{\partial f}{\partial z}\boldsymbol{k}$$ (3) 三元函数 $u = f(x,y,z)$ 在点 $P(x,y,z)$ 处方向导数的最大值等于函数在该点处的梯度的模： $$\mid \mathbf{grad}\, f(x,y,z) \mid = \sqrt{\left(\frac{\partial f}{\partial x}\right)^2 + \left(\frac{\partial f}{\partial y}\right)^2 + \left(\frac{\partial f}{\partial z}\right)^2}$$
二元函数的极值与最值	1.二元函数的无约束极值问题：求函数 $z = f(x,y)$ 的无约束极值的步骤： (1) 由方程组 $f_x(x,y) = 0, f_y(x,y) = 0$ 解出驻点 (x_0, y_0) (2) 令 $f_{xx}(x_0, y_0) = A, f_{xy}(x_0, y_0) = B, f_{yy}(x_0, y_0) = C$ (3) 判断驻点 (x_0, y_0) 是否是极值点： ① 当 $AC - B^2 > 0$ 时，该驻点是极值点，且当 $A < 0$ 时为极大值点，$A > 0$ 时为极小值点； ② 当 $AC - B^2 < 0$ 时不是极值点； ③ 当 $AC - B^2 = 0$ 时，该驻点可能是极值点，也可能不是极值点 2.二元函数的有约束极值问题：求函数 $z = f(x,y)$ 在约束条件 $\varphi(x,y) = 0$ 下的可能极值点时，先构造拉格朗日函数 $$L(x,y) = f(x,y) + \lambda\varphi(x,y),$$	由方程组 $\begin{cases} f_x(x,y) + \lambda\varphi_x(x,y) = 0, \\ f_y(x,y) + \lambda\varphi_y(x,y) = 0, \\ \varphi(x,y) = 0 \end{cases}$ 解出 x, y, λ，其中 (x,y) 就是可能的极值点 注：在实际问题中，根据问题的实际意义，用拉格朗日乘数法求得的唯一驻点常常就是相应的最值点 3.二元函数的最值：求连续函数 f 在有界闭区域 D 上的最值的一般步骤是： (1) 计算函数 f 在 D 内的一切驻点及偏导数不存在的点的函数值 (2) 计算函数 f 在 D 的边界上的最值 (3) 将步骤(1),(2) 中所得点的函数值进行比较，其中最大的即为最大值，最小的即为最小值 注：在实际问题中，若能根据问题的性质，确定函数 f 的最值一定在 D 的内部取得，且函数 f 在 D 内仅有一个驻点，则可以断定该驻点处的函数值就是函数 f 在 D 上的最值

习 题 十

A 组

1. 求下列曲线在给定点处的切线方程和法平面方程：

(1) $x = a\sin^2 t, y = b\sin t\cos t, z = c\cos^2 t, t = \dfrac{\pi}{4}$ 的对应点；

(2) $x^2 + y^2 + z^2 = 6, x + y + z = 0$, 点 $M_0(1, -2, 1)$；

(3) $y^2 = 2mx, z^2 = m - x$, 点 $M_0(x_0, y_0, z_0)$.

2. 试问：当 $t(0 < t < 2\pi)$ 为何值时，曲线 $L: x = t - \sin t, y = 1 - \cos t, z = 4\sin\dfrac{t}{2}$ 在相应点处的切线垂直于平面 $x + y + \sqrt{2}z = 0$? 并求相应的切线方程和法平面方程.

3. 求下列曲面在给定点处的切平面方程和法线方程：

(1) $z = x^2 + y^2$, 点 $M_0(1, 2, 5)$；

(2) $z = \arctan\dfrac{y}{x}$, 点 $M_0\left(1, 1, \dfrac{\pi}{4}\right)$.

4. 指出曲面 $z = xy$ 上何处的法线垂直于平面 $x - 2y + z = 6$，并求出该点处的法线方程和切平面方程.

5. 求曲线 $\begin{cases} z = \dfrac{x^2 + y^2}{4} \\ y = 4 \end{cases}$ 在点 $(2, 4, 5)$ 处的切线与 x 轴正向所成的倾角.

6. 证明：螺旋线 $x = a\cos t, y = a\sin t, z = bt$ 上任意点的切线与 z 轴形成的夹角恒为一定角.

7. 证明：曲面 $xyz = a^3$ 上任意点的切平面与三个坐标面所围成的四面体体积恒为一定值.

8. 求函数 $z = x^2 + y^2$ 在点 $A(1, 2)$ 处沿从点 A 到点 $B(2, 2+\sqrt{3})$ 的方向的方向导数.

9. 求函数 $u = xyz$ 在点 $A(5, 1, 2)$ 处沿从点 A 到点 $B(9, 4, 14)$ 的方向的方向导数.

10. 求函数 $u = xyz$ 在点 $(2, 1, 1)$ 处取得最大方向导数的方向，并求出这个最大方向导数.

11. 求下列函数的极值：

(1) $z = x^3 + y^3 - 3(x^2 + y^2)$；　　　(2) $z = e^{2x}(x + y^2 + 2y)$；

(3) $z = (6x - x^2)(4y - y^2)$；　　　(4) $z = (x^2 + y^2)e^{-(x^2+y^2)}$；

(5) $z = xy(a - x - y)\ (a \neq 0)$.

12. 设方程 $2x^2 + 2y^2 + z^2 + 8xz - z + 8 = 0$ 可以确定函数 $z = z(x, y)$，试研究其极值.

13. 在 xOy 面上求一点，使得它到 $x = 0, y = 0$ 及 $x + 2y - 16 = 0$ 这三条直线的距离的平方和为最小.

14. 求旋转抛物面 $z = x^2 + y^2$ 与平面 $x + y - z = 1$ 之间的最短距离.

15. 抛物面 $z = x^2 + y^2$ 被平面 $x + y + z = 1$ 截成一椭圆，求坐标原点到该椭圆的最长与最短距离.

16. 在第 I 卦限内作椭球面

$$\frac{x^2}{a^2}+\frac{y^2}{b^2}+\frac{z^2}{c^2}=1 \quad (a>0,b>0,c>0)$$

的切平面,使得该切平面与三个坐标面所围成的四面体体积最小,求此时的切点坐标.

B 组

1. 选择题

(1) 设函数 $z=f(x,y)$ 在点 (x_0,y_0) 处取得极大值,那么在点 (x_0,y_0) 处,有( ).

A. $f_x=f_y=0$ B. $f_{xx}f_{yy}-f_{xy}^2>0$, 且 $f_{xx}<0$

C. 函数 $f(x_0,y)$ 取得极大值   D. 前面结论都不对

(2) 若曲面 $F(x,y,z)=0$ 在点 (x_0,y_0,z_0) 处的切平面经过坐标原点,那么在点 (x_0,y_0,z_0) 处,有( ).

A. $x_0 F_x+y_0 F_y+z_0 F_z=0$ B. $\frac{F_x}{x_0}=\frac{F_y}{y_0}=\frac{F_z}{z_0}\neq 1$

C. $\frac{F_x}{x_0}+\frac{F_y}{y_0}+\frac{F_z}{z_0}=1$ D. $(x_0,y_0,z_0)=(0,0,0)$

(3) 如果曲线 $L:\begin{cases}x=x(t),\\ y=y(t),\\ z=z(t)\end{cases}$ 有经过坐标原点的切线,那么( ).

A. 方程 $\frac{x(t)}{x'(t)}=\frac{y(t)}{y'(t)}=\frac{z(t)}{z'(t)}$ 有解

B. 方程 $x'(t)x(t)+y'(t)y(t)+z'(t)z(t)=0$ 有解

C. 方程 $(x(t),y(t),z(t))=(0,0,0)$ 有解

D. 只要 L 不是直线,就恒有 $\frac{x'(t)}{x(t)}=\frac{y'(t)}{y(t)}=\frac{z'(t)}{z(t)}$ 成立

(4) 曲面 $e^x-z+xy=3$ 在点 $(2,1,0)$ 处的切平面方程为( ).

A. $2x+y-z-4=0$ B. $2x+y-5=0$

C. $x+2y-4=0$ D. $2x+y-4=0$

(5) 函数 $z=e^{-xy}$ 在闭区域 $D:x^2+4y^2\leqslant 1$ 上的最大值与最小值分别为( ).

A. $\frac{1}{\sqrt{e}},0$ B. $\frac{1}{e^2},0$

C. $\sqrt[4]{e},\frac{1}{\sqrt[4]{e}}$ D. $e^2,\frac{1}{e^2}$

2. 求函数 $z=\ln(x+y)$ 在抛物线 $y^2=4x$ 上点 $A(1,2)$ 处偏向 x 轴正向的切线方向的方向导数.

3. 求函数 $z=xy$ 在约束条件 $x+y=1$ 下的极值.

4. 求函数 $z=1-\left(\frac{x^2}{a^2}+\frac{y^2}{b^2}\right)(a>0,b>0)$ 沿曲线 $\frac{x^2}{a^2}+\frac{y^2}{b^2}=1$ 在点 $\left(\frac{a}{\sqrt{2}},\frac{b}{\sqrt{2}}\right)$ 处的指向朝内的法向量方向的方向导数.

考研真题精选十

一、填空题

设函数 $u(x,y,z)=1+\dfrac{x^2}{6}+\dfrac{y^2}{12}+\dfrac{z^2}{18}$ 及单位向量 $\boldsymbol{n}=\dfrac{1}{\sqrt{3}}(1,1,1)$，则 $\left.\dfrac{\partial u}{\partial \boldsymbol{n}}\right|_{(1,2,3)}=$ _____.

(2005,数一)

二、选择题

1. 设 $f(x,y)$ 与 $\varphi(x,y)$ 均是可微函数，且 $\varphi_y(x,y)\neq 0$. 已知 (x_0,y_0) 是 $f(x,y)$ 在约束条件 $\varphi(x,y)=0$ 下的一个极值点，则下列选项中正确的是（ ）.

    A. 若 $f_x(x_0,y_0)=0$，则 $f_y(x_0,y_0)=0$

    B. 若 $f_x(x_0,y_0)=0$，则 $f_y(x_0,y_0)\neq 0$

    C. 若 $f_x(x_0,y_0)\neq 0$，则 $f_y(x_0,y_0)=0$

    D. 若 $f_x(x_0,y_0)\neq 0$，则 $f_y(x_0,y_0)\neq 0$

(2006,数一、二、三、四)

2. 函数 $f(x,y)=\arctan\dfrac{x}{y}$ 在点 $(0,1)$ 处的梯度等于（ ）.

    A. $\boldsymbol{i}$ B. $-\boldsymbol{i}$

    C. $\boldsymbol{j}$ D. $-\boldsymbol{j}$

(2008,数一)

3. 设函数 $z=f(x,y)$ 的全微分为 $\mathrm{d}z=x\mathrm{d}x+y\mathrm{d}y$，则点 $(0,0)$（ ）.

    A. 不是 $f(x,y)$ 的连续点   B. 不是 $f(x,y)$ 的极值点

    C. 是 $f(x,y)$ 的极大值点   D. 是 $f(x,y)$ 的极小值点

(2009,数二)

三、解答题

1. 已知函数 $z=f(x,y)$ 的全微分为 $\mathrm{d}z=2x\mathrm{d}x-2y\mathrm{d}y$，并且 $f(1,1)=2$. 求 $f(x,y)$ 在椭圆域 $D=\left\{(x,y)\,\middle|\, x^2+\dfrac{y^2}{4}\leqslant 1\right\}$ 上的最大值和最小值.

(2005,数二)

2. 求函数 $f(x,y)=x^2+2y^2-x^2y^2$ 在区域 $D=\{(x,y)\mid x^2+y^2\leqslant 4, y\geqslant 0\}$ 上的最大值和最小值.

(2007,数一)

3. 已知曲线 $C:\begin{cases}x^2+y^2-2z^2=0,\\ x+y+3z=5,\end{cases}$ 求 C 上距离 xOy 面最远的点和最近的点.

(2008,数一)

4. 求函数 $u=x^2+y^2+z^2$ 在约束条件 $z=x^2+y^2$ 和 $x+y+z=4$ 下的最大值和最小值.

(2008,数二)

5. 求函数 $f(x,y)=x^2(2+y^2)+y\ln y$ 的极值.

(2008,数二)

6. 求函数 $u=xy+2yz$ 在约束条件 $x^2+y^2+z^2=10$ 下的最大值和最小值.

(2010,数三)

第十一章 重积分

　　解决许多几何学、物理学以及其他学科中的实际问题，不仅需要一元函数积分学（定积分）的知识，还需要多元函数积分学的知识．本章将会举例说明这一类问题．在多元函数积分学中，由于被积函数自变量个数及积分区域形状的不同，因此有各种不同的多元函数积分，它们大致可以分为两大类：一类是重积分；另一类是曲线积分和曲面积分．本章介绍的是重积分，下一章将介绍曲线积分和曲面积分．

　　尽管多元函数积分有许多种，但是定义它的方法、步骤与定义定积分的方法、步骤是相同的，都是按照"分割、近似代替、求和、取极限"这四步给出的，并且应用它们去解决实际问题的思路、方法也与定积分相同，采用的都是元素法．

第一节 二重积分的概念与性质

一、二重积分的概念

1. 曲顶柱体的体积

以 xOy 面上的有界闭区域 D 为底,以母线平行于 z 轴、准线为区域 D 的边界曲线的柱面为侧面,以曲面 $z = f(x,y)$ 为顶(这里 $f(x,y) \geqslant 0$ 且在区域 D 上连续)的柱体称为**曲顶柱体**,如图 11-1 所示,求其体积 V.

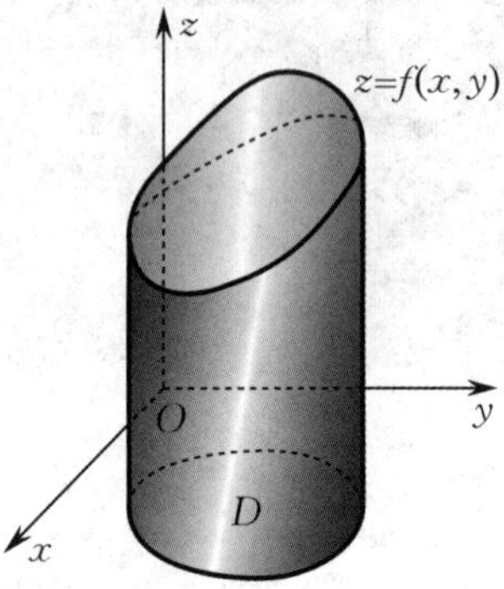

因平顶柱体的高不变,故其体积可用公式

$$\text{体积} = \text{底面积} \times \text{高}$$

来计算. 而曲顶柱体的高 $f(x,y)$ 是变量,故其体积不能直接用上式来计算,只能用类似于求曲边梯形面积的方法来求解,其具体步骤如下:

(1) 分割. 先用任意的曲线将闭区域 D 分成 n 个小闭区域

$$\Delta\sigma_1, \Delta\sigma_2, \cdots, \Delta\sigma_n,$$

小闭区域 $\Delta\sigma_i(i=1,2,\cdots,n)$ 的面积也用 $\Delta\sigma_i$ 表示,将该分法记作 T. 再以小闭区域 $\Delta\sigma_i(i=1,2,\cdots,n)$ 的边界为准线,作母线平行于 z 轴的柱面,则分法 T 将原来的大曲顶柱体分成了 n 个小曲顶柱体,它们的体积记作 $\Delta V_i(i=1,2,\cdots,n)$.

(2) 近似代替. 由函数 $z = f(x,y)$ 的连续性可知,当 $\Delta\sigma_i$ 的直径很小时,$f(x,y)$ 的变化很小,此时小曲顶柱体可近似地看作平顶柱体. 如图 11-2 所示,在每个小闭区域上任取一点 (ξ_i, η_i),则有

$$\Delta V_i \approx f(\xi_i, \eta_i)\Delta\sigma_i \quad (i = 1, 2, \cdots, n).$$

(3) 求和. 对上述所得的 n 个小平顶柱体体积求和,可得所求曲顶柱体体积 V 的近似值,即

$$V = \sum_{i=1}^{n} \Delta V_i \approx \sum_{i=1}^{n} f(\xi_i, \eta_i)\Delta\sigma_i.$$

(4) 取极限. 令 n 个小闭区域的直径中的最大值(记作 λ)趋于零,取上述和式的极限,该极限必定存在且为所求曲顶柱体体积的精确值,即

$$V = \lim_{\lambda \to 0} \sum_{i=1}^{n} f(\xi_i, \eta_i)\Delta\sigma_i.$$

图 11-1

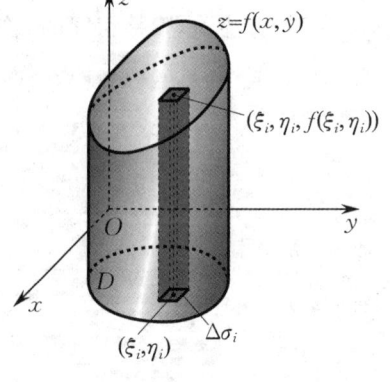

图 11-2

2. 平面薄片的质量

设有一质量非均匀分布的薄片,它在点 (x,y) 处的面密度为 $\mu(x,y)$(这里 $\mu(x,y) > 0$ 且在 D 上连续),它占有 xOy 面上一闭区域 D,求该薄片的质量 M.

因质量均匀分布的薄片的面密度不变(是常数),故其质量可用公式

$$\text{质量} = \text{面密度} \times \text{面积}$$

来计算. 而质量非均匀分布的薄片的面密度是变量,故不能直接用上述公式计算,只能用类似于求曲顶柱体体积的方法求解.

(1) 分割. 用任意的分法(见图 11 - 3)将薄片分成 n 小块

$$\Delta\sigma_1, \Delta\sigma_2, \cdots, \Delta\sigma_n,$$

每一小块 $\Delta\sigma_i(i=1,2,\cdots,n)$ 的质量用 ΔM_i 表示,面积仍用 $\Delta\sigma_i$ 表示.

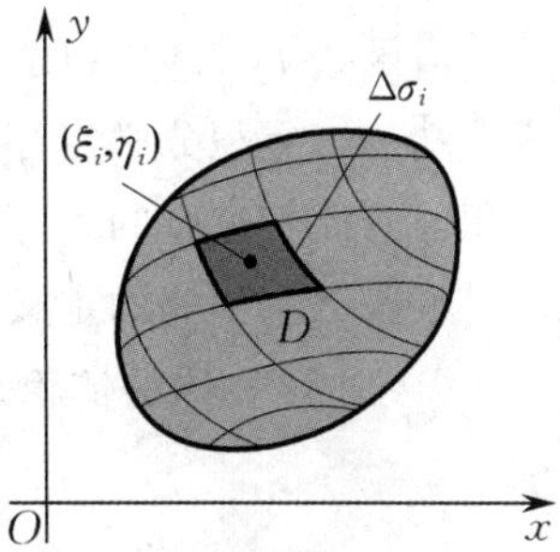

(2) 近似代替. 由于函数 $\mu(x,y)$ 连续,因此当 $\Delta\sigma_i$ 的直径很小时,$\mu(x,y)$ 的变化也很小,此时可将小块薄片近似地看成质量均匀分布的. 在 $\Delta\sigma_i$ 上任取一点 (ξ_i, η_i),则有

$$\Delta M_i \approx \mu(\xi_i, \eta_i) \Delta\sigma_i \quad (i=1,2,\cdots,n).$$

图 11 - 3

(3) 求和. 对上述所得的 n 小块薄片质量求和,可得所求平面薄片的质量 M 的近似值,即

$$M = \sum_{i=1}^{n} \Delta M_i \approx \sum_{i=1}^{n} \mu(\xi_i, \eta_i) \Delta\sigma_i.$$

(4) 取极限. 令最大的小块的直径(记作 λ)趋于零,求上述和式的极限,则得所求质量 M 的精确值为

$$M = \lim_{\lambda \to 0} \sum_{i=1}^{n} \mu(\xi_i, \eta_i) \Delta\sigma_i.$$

虽然上面两个例子的实际意义不同,但都是以相同结构的和式极限来解决的. 需要用此类极限解决的实际问题很多,抛开它们的具体意义,概括抽象出它们的共同特性,在数学上就此引入了二重积分的概念.

定义1 设 $f(x,y)$ 是有界闭区域 D 上的有界函数,将 D 任意分成 n 个小闭区域 $\Delta\sigma_1, \Delta\sigma_2, \cdots, \Delta\sigma_n$,其中 $\Delta\sigma_i(i=1,2,\cdots,n)$ 既表示第 i 个小闭区域,也表示其面积. 在每个小闭区域 $\Delta\sigma_i$ 上任取一点 (ξ_i, η_i),做乘积 $f(\xi_i, \eta_i)\Delta\sigma_i(i=1,2,\cdots,n)$,并做和 $\sum_{i=1}^{n} f(\xi_i, \eta_i) \Delta\sigma_i$. 如果当各小闭区域的直径中的最大值 λ 趋于零时,该和式的极限存在,则称此极限值为函数 $f(x,y)$ 在闭区域 D 上的**二重积分**,记作 $\iint\limits_{D} f(x,y) d\sigma$,即

$$\iint\limits_{D} f(x,y) d\sigma = \lim_{\lambda \to 0} \sum_{i=1}^{n} f(\xi_i, \eta_i) \Delta\sigma_i, \tag{11.1.1}$$

其中 $f(x,y)$ 称为**被积函数**,$f(x,y)d\sigma$ 称为**被积表达式**,而 $d\sigma$ 称为**面积元素**,x,y 称为积

分变量，D 称为**积分区域**，$\sum_{i=1}^{n} f(\xi_i, \eta_i) \Delta \sigma_i$ 称为**积分和**.

由二重积分的定义可知，对积分区域 D 的分法是任意的. 于是在直角坐标系中，若用平行于坐标轴的直线对 D 进行分割，则除了包含 D 的边界的小闭区域外，其他小闭区域均为矩形闭区域. 设矩形闭区域 $\Delta \sigma_i$ 的边长为 Δx_j 和 Δy_k，则其面积为 $\Delta \sigma_i = \Delta x_j \cdot \Delta y_k$. 因此，在直角坐标系中，有时也把面积元素 $\mathrm{d}\sigma$ 记作 $\mathrm{d}x\mathrm{d}y$，从而把二重积分记作

$$\iint_D f(x,y) \mathrm{d}x\mathrm{d}y.$$

当函数 $f(x,y)$ 在闭区域 D 上连续时，(11.1.1) 式右端的极限必定存在，即 (11.1.1) 式左端的二重积分必定存在，此时也称 $f(x,y)$ 在 D 上可积. 以后的讨论都是在假定函数可积的前提下进行的.

根据二重积分的定义，前面两个例子的结果可用二重积分表示如下：

(1) 曲顶柱体的体积是函数 $f(x,y)$ 在底 D 上的二重积分，即

$$V = \iint_D f(x,y) \mathrm{d}\sigma.$$

(2) 平面薄片的质量是它的面密度 $\mu(x,y)$ 在薄片所占闭区域 D 上的二重积分，即

$$M = \iint_D \mu(x,y) \mathrm{d}\sigma.$$

二重积分的几何意义是：

(1) 若在 D 上 $f(x,y) \geqslant 0$，则 $\iint_D f(x,y) \mathrm{d}\sigma$ 表示对应的曲顶柱体的体积.

(2) 若在 D 上 $f(x,y) \leqslant 0$，则 $\iint_D f(x,y) \mathrm{d}\sigma$ 表示对应的曲顶柱体体积的相反数.

(3) 若在 D 的若干部分区域上 $f(x,y) \geqslant 0$，而在其他部分区域上 $f(x,y) \leqslant 0$，则 $\iint_D f(x,y) \mathrm{d}\sigma$ 表示对应的曲顶柱体体积的代数和（xOy 面上方的曲顶柱体体积取正，xOy 面下方的曲顶柱体体积取负）.

二、二重积分的性质

二重积分是定积分在二维空间的推广，它们有类似的性质.

性质 1 设 α, β 为常数，则

$$\iint_D (\alpha f(x,y) \pm \beta g(x,y)) \mathrm{d}\sigma = \alpha \iint_D f(x,y) \mathrm{d}\sigma \pm \beta \iint_D g(x,y) \mathrm{d}\sigma.$$

性质 2（可加性） 若闭区域 D 可以分成两个闭区域 D_1 和 D_2（记作 $D = D_1 + D_2$），则

$$\iint_D f(x,y) \mathrm{d}\sigma = \iint_{D_1} f(x,y) \mathrm{d}\sigma + \iint_{D_2} f(x,y) \mathrm{d}\sigma.$$

性质 3 若在 D 上 $f(x,y) = 1$，σ 为 D 的面积，则

$$\iint_D 1 d\sigma = \iint_D d\sigma = \sigma.$$

性质 4(比较性) 若在 D 上 $f(x,y) \leqslant g(x,y)$，则

$$\iint_D f(x,y) d\sigma \leqslant \iint_D g(x,y) d\sigma.$$

特别地，有

$$\left| \iint_D f(x,y) d\sigma \right| \leqslant \iint_D |f(x,y)| d\sigma.$$

性质 5(估值性) 设 M,m 分别是函数 $f(x,y)$ 在闭区域 D 上的最大值和最小值，σ 是 D 的面积，则有

$$m\sigma \leqslant \iint_D f(x,y) d\sigma \leqslant M\sigma.$$

性质 6(二重积分的中值定理) 设函数 $f(x,y)$ 在闭区域 D 上连续，σ 是 D 的面积，则在 D 上至少存在一点 (ξ,η)，使得

$$\iint_D f(x,y) d\sigma = f(\xi,\eta)\sigma.$$

证 由 $f(x,y)$ 在 D 上的连续性可知，$f(x,y)$ 在 D 上必取得最小值 m 和最大值 M. 于是，由二重积分的估值性得 $m\sigma \leqslant \iint_D f(x,y) d\sigma \leqslant M\sigma$，从而有

$$m \leqslant \frac{1}{\sigma} \iint_D f(x,y) d\sigma \leqslant M.$$

因此，由闭区域上连续函数的介值性可知，在 D 上至少存在一点 (ξ,η)，使得

$$\frac{1}{\sigma} \iint_D f(x,y) d\sigma = f(\xi,\eta),$$

即

$$\iint_D f(x,y) d\sigma = f(\xi,\eta)\sigma. \quad \blacksquare$$

第二节 二重积分的计算

按照二重积分的定义计算二重积分有很大的局限性. 本节将介绍一种计算二重积分的简便方法，即将二重积分化为二次积分来计算(先后两次分别计算定积分)，且在不同的坐标系下有不同的计算公式.

一、在直角坐标系下计算二重积分

若积分区域 D 可表示成

$$\varphi_1(x) \leqslant y \leqslant \varphi_2(x), \quad a \leqslant x \leqslant b,$$

其中函数 $\varphi_1(x), \varphi_2(x)$ 在区间 $[a,b]$ 上连续,则称 D 为 **X 型区域**,如图 11-4 所示. 此时函数 $f(x,y)$ 在 D 上的二重积分可化为先对 y 后对 x 积分的二次积分,其计算公式为

$$\iint\limits_{D} f(x,y)\mathrm{d}\sigma = \int_a^b \left(\int_{\varphi_1(x)}^{\varphi_2(x)} f(x,y)\mathrm{d}y \right) \mathrm{d}x. \tag{11.2.1}$$

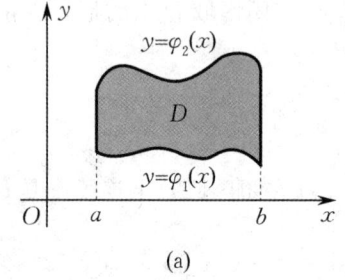
(a)

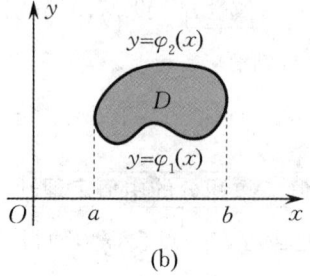
(b)

图 11-4

对于上述结论不做严格的证明,下面只从几何意义上对公式(11.2.1)加以解释.

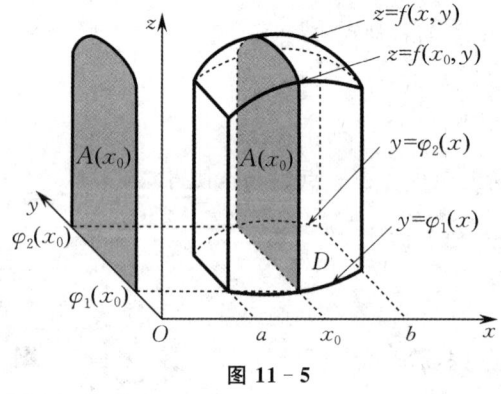

图 11-5

假定 $f(x,y) \geqslant 0$,则 $\iint\limits_{D} f(x,y)\mathrm{d}\sigma$ 等于以 D 为底,以曲面 $z = f(x,y)$ 为顶的曲顶柱体的体积 V. 我们按照平行截面为已知的立体体积的计算方法来计算 V. 在区间 $[a,b]$ 上任取一点 x_0,作平行于 yOz 面的平面 $x = x_0$,如图 11-5 所示,则该平面截曲顶柱体得一截面,且该截面为一曲边梯形,其面积为

$$A(x_0) = \int_{\varphi_1(x_0)}^{\varphi_2(x_0)} f(x_0, y)\mathrm{d}y.$$

一般地,过区间 $[a,b]$ 上任意一点 x 且平行于 yOz 面的平面截曲顶柱体所得截面的面积为

$$A(x) = \int_{\varphi_1(x)}^{\varphi_2(x)} f(x,y)\mathrm{d}y.$$

于是,所求曲顶柱体的体积为

$$V = \int_a^b A(x)\mathrm{d}x = \int_a^b \left(\int_{\varphi_1(x)}^{\varphi_2(x)} f(x,y)\mathrm{d}y \right) \mathrm{d}x,$$

故有

$$\iint\limits_{D} f(x,y)\mathrm{d}\sigma = \int_a^b \left(\int_{\varphi_1(x)}^{\varphi_2(x)} f(x,y)\mathrm{d}y \right) \mathrm{d}x.$$

上式也可表示成

$$\iint_D f(x,y)\,\mathrm{d}\sigma = \int_a^b \mathrm{d}x \int_{\varphi_1(x)}^{\varphi_2(x)} f(x,y)\,\mathrm{d}y.$$

对于 $f(x,y)<0$ 的情形，上述公式同样成立.

类似地，若积分区域 D 可表示成

$$\psi_1(y) \leqslant x \leqslant \psi_2(y), \quad c \leqslant y \leqslant d,$$

其中函数 $\psi_1(y),\psi_2(y)$ 在区间 $[c,d]$ 上连续，则称 D 为 **Y 型区域**，如图 11-6 所示. 此时函数 $f(x,y)$ 在 D 上的二重积分可化为先对 x 后对 y 积分的二次积分，其计算公式为

$$\iint_D f(x,y)\,\mathrm{d}\sigma = \int_c^d \left(\int_{\psi_1(y)}^{\psi_2(y)} f(x,y)\,\mathrm{d}x \right) \mathrm{d}y \tag{11.2.2}$$

或

$$\iint_D f(x,y)\,\mathrm{d}\sigma = \int_c^d \mathrm{d}y \int_{\psi_1(y)}^{\psi_2(y)} f(x,y)\,\mathrm{d}x.$$

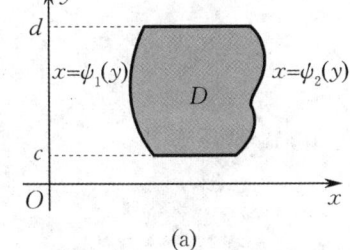
(a)

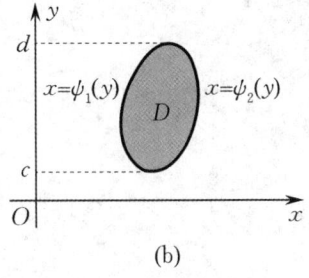
(b)

图 11-6

积分次序是有选择的，主要由积分区域决定，个别情形由被积函数决定. 一般地，我们有以下结论：

(1) 当积分区域为 X 型区域时，穿过 D 内部且平行于 y 轴的直线与 D 边界的交点不多于两个，此时应选择先对 y 后对 x 积分的积分次序，即用公式(11.2.1).

(2) 当积分区域为 Y 型区域时，穿过 D 内部且平行于 x 轴的直线与 D 边界的交点不多于两个，此时应选择先对 x 后对 y 积分的积分次序，即用公式(11.2.2).

(3) 当积分区域既是 X 型区域又是 Y 型区域时，可任意选择积分次序.

(4) 当积分区域既不是 X 型区域也不是 Y 型区域时，如图 11-7 所示，需作些平行于坐标轴的直线段，将其分为几个部分，使得每一部分成为 X 型区域或 Y 型区域，再分别确定积分次序.

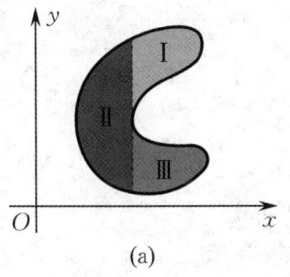
(a)

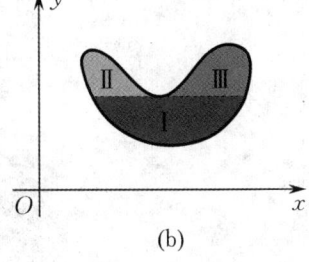
(b)

图 11-7

例 1 将二重积分 $I = \iint_D f(x,y)\mathrm{d}\sigma$ 化为二次积分，其中积分区域 D 为

(1) 由 $y = \dfrac{1}{x}, y = x, x = 2$ 所围成的闭区域（见图 11-8）；

(2) 由 $y^2 = x, y = x - 2$ 所围成的闭区域（见图 11-9）.

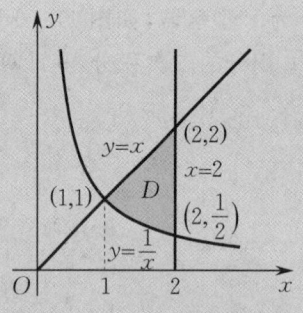

图 11-8　　　　　图 11-9

解 (1) 因所围区域为 X 型区域，故
$$I = \int_1^2 \mathrm{d}x \int_{\frac{1}{x}}^x f(x,y)\mathrm{d}y.$$

(2) 因所围区域为 Y 型区域，故
$$I = \int_{-1}^2 \mathrm{d}y \int_{y^2}^{y+2} f(x,y)\mathrm{d}x.$$

二重积分化为二次积分的关键是确定积分限. 积分限应这样确定（以先对 y 后对 x 积分的积分次序为例说明）：先将积分区域 D 投影到 x 轴上，得一区间，设为 $[a,b]$，则对 x 积分的积分区间就是 $[a,b]$；再在 $[a,b]$ 上任取一个 x 值，从点 x 作穿过 D 且平行于 y 轴的直线，则这条直线与 D 的下边界曲线的交点的纵坐标 $\varphi_1(x)$ 就是对 y 积分的下限，这条直线与 D 的上边界曲线的交点的纵坐标 $\varphi_2(x)$ 就是对 y 积分的上限. 用类似的做法可以确定先对 x 后对 y 积分的积分限.

例 2 计算 $I = \iint_D \mathrm{e}^{2x+3y}\mathrm{d}\sigma$，其中积分区域 $D: 0 \leqslant x \leqslant 1, 0 \leqslant y \leqslant 1$.

解 因为积分区域为矩形闭区域，所以可任意选择积分次序. 又因为被积函数为 $f(x) \cdot g(y)$ 型，所以可将原二重积分化为两个定积分之积，同时计算这两个定积分，再将结果相乘，即得
$$I = \int_0^1 \mathrm{e}^{2x}\mathrm{d}x \cdot \int_0^1 \mathrm{e}^{3y}\mathrm{d}y = \left.\dfrac{1}{2}\mathrm{e}^{2x}\right|_0^1 \cdot \left.\dfrac{1}{3}\mathrm{e}^{3y}\right|_0^1 = \dfrac{1}{6}(\mathrm{e}^2-1)(\mathrm{e}^3-1).$$

例 3 计算 $I = \iint_D \dfrac{x^2}{y^2}\mathrm{d}\sigma$，其中 D 为由 $y = \dfrac{1}{x}, y = x, y = 2$ 所围成的闭区域（见图 11-10）.

解 $I = \displaystyle\int_1^2 \mathrm{d}y \int_{\frac{1}{y}}^y \dfrac{x^2}{y^2}\mathrm{d}x = \dfrac{1}{3}\int_1^2 \dfrac{1}{y^2}\left(y^3 - \dfrac{1}{y^3}\right)\mathrm{d}y = \left.\dfrac{1}{3}\left(\dfrac{y^2}{2} + \dfrac{1}{4y^4}\right)\right|_1^2 = \dfrac{27}{64}.$

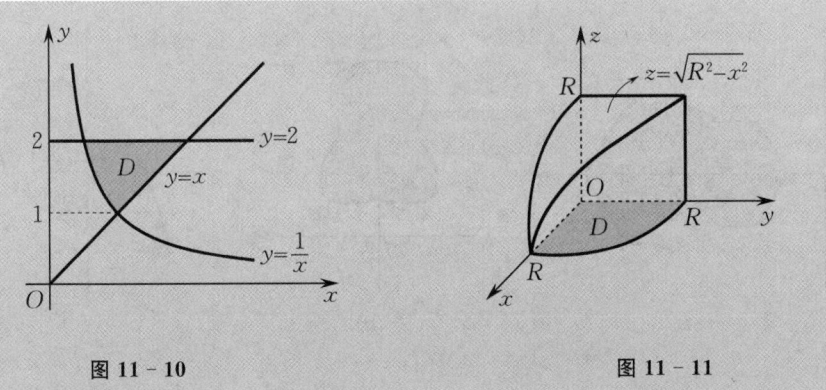

图 11 - 10　　　　　　　　图 11 - 11

例 4　计算圆柱 $x^2+y^2=R^2(R>0)$ 及 $x^2+z^2=R^2$ 所围成的立体的体积 V（见图 11 - 11）.

解　利用对称性，得

$$V = 8\iint_D \sqrt{R^2-x^2}\,d\sigma = 8\int_0^R dx \int_0^{\sqrt{R^2-x^2}} \sqrt{R^2-x^2}\,dy = \frac{16}{3}R^3.$$

一般地，若积分区域 D 关于 x 轴对称，如图 11 - 12(a) 所示，则将 D 投影到 y 轴上必能得到一个以坐标原点为中心的对称区间. 因此，当被积函数 $f(x,y)$ 是关于变量 y 的奇函数时，有

$$\iint_D f(x,y)\,d\sigma = 0;$$

当被积函数 $f(x,y)$ 是关于变量 y 的偶函数时，有

$$\iint_D f(x,y)\,d\sigma = 2\iint_{D_上} f(x,y)\,d\sigma,$$

其中 $D_上$ 是 D 在 x 轴上方的部分.

同样，若积分区域 D 关于 y 轴对称，如图 11 - 12(b) 所示，则当被积函数 $f(x,y)$ 是关于变量 x 的奇函数时，有

$$\iint_D f(x,y)\,d\sigma = 0;$$

当被积函数 $f(x,y)$ 是关于变量 x 的偶函数时，有

$$\iint_D f(x,y)\,d\sigma = 2\iint_{D_右} f(x,y)\,d\sigma,$$

其中 $D_右$ 是 D 在 y 轴右方的部分.

若积分区域 D 关于直线 $y=x$ 对称，如图 11 - 12(c) 所示，且被积函数 $f(x,y)$ 关于 x,y 具有轮换对称性，即 $f(x,y)=f(y,x)$，则有

$$\iint_D f(x,y)\,d\sigma = \iint_D f(y,x)\,d\sigma = 2\iint_{D_{xy}} f(x,y)\,d\sigma = 2\iint_{D_{yx}} f(y,x)\,d\sigma,$$

其中 D_{xy} 和 D_{yx} 分别是 D 在直线 $y=x$ 上方和下方的部分.

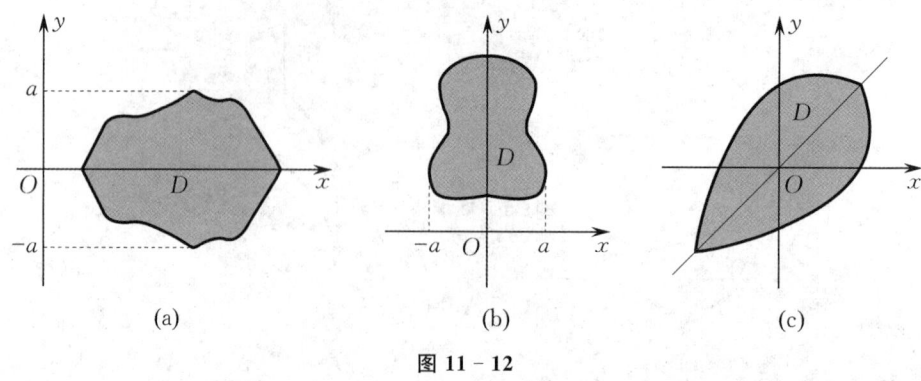

图 11-12

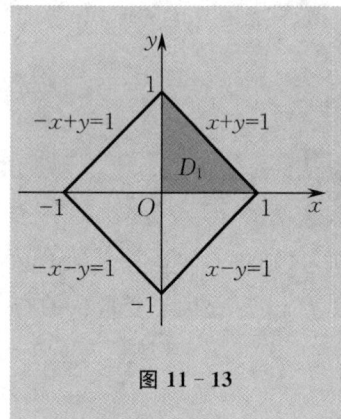

图 11-13

例 5 计算 $I = \iint_D |xy| d\sigma$，其中积分区域 $D: |x| + |y| \leqslant 1$（见图 11-13）。

解 因被积函数 $f(x,y) = |xy|$ 既是 x 的偶函数，又是 y 的偶函数，且积分区域 D 既关于 x 轴对称，也关于 y 轴对称，故

$$I = 4\iint_{D_1} |xy| d\sigma \quad (D_1 \text{ 为 } D \text{ 在第一象限的部分})$$

$$= 4\int_0^1 dx \int_0^{1-x} xy \, dy = \frac{1}{6}.$$

二、二重积分的换元法

在计算二重积分的过程中，由于某些积分区域的边界曲线比较复杂，仅将二重积分化为二次积分不能达到简化计算的目的，这时可做适当的变量替换，将复杂的积分区域化成简单的积分区域，从而简化二重积分的计算.

对二重积分 $\iint_D f(x,y) d\sigma$ 做变量替换 $I: \begin{cases} x = x(u,v), \\ y = y(u,v), \end{cases}$ 则被积函数 $f(x,y)$ 会变成 $f(x(u,v), y(u,v))$，xOy 面上的积分区域 D 会变成 uOv 面上的区域 D'，坐标系 Oxy 下的面积元素 $d\sigma$ 会变成坐标系 Ouv 下的面积元素 $d\sigma'$，那么 $d\sigma'$ 与 $d\sigma$ 会有什么关系呢？

设函数组

$$x = x(u,v), \quad y = y(u,v)$$

为单值函数，在 D' 上具有一阶连续偏导数，且其雅可比行列式 $J = \dfrac{\partial(x,y)}{\partial(u,v)} \neq 0$，则该函数组在 D 上必存在单值、连续的反函数组

$$u = u(x,y), \quad v = v(x,y).$$

此时 D' 与 D 之间建立了一一对应关系. 我们在 uOv 面上用一组平行于坐标轴的直线 $u = u_i, v = v_j (i = 1, 2, \cdots, n; j = 1, 2, \cdots, m)$ 将闭区域 D' 分割成若干个小矩形闭区域（除了包含边界点的小闭区域）. 注意，映射 $u = u(x,y), v = v(x,y)$ 将 uOv 面上的直线网（见

图 11-14(a))变成了 xOy 面上的曲线网(见图 11-14(b)).

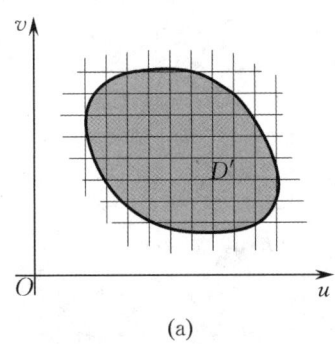
(a)

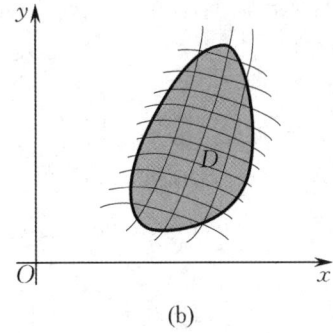
(b)

图 11-14

在 D' 中任取一个小矩形闭区域 $\Delta D'$(见图 11-15(a)),其面积记作 $\Delta \sigma'$,设其四条边界线的交点分别为

$P'_1(u_0, v_0)$, $P'_2(u_0 + \Delta u, v_0)$, $P'_3(u_0 + \Delta u, v_0 + \Delta v)$, $P'_4(u_0, v_0 + \Delta v)$,

则 $\Delta \sigma' = |\Delta u \Delta v|$.

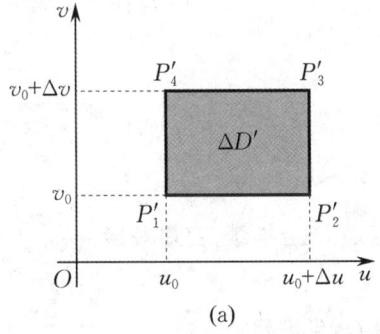
(a)

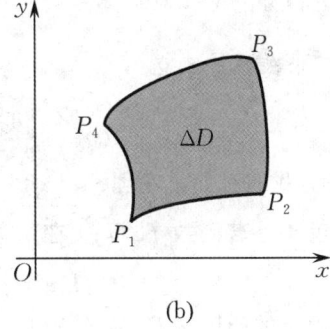
(b)

图 11-15

若 $\Delta D'$ 在 D 中对应的小闭区域为 ΔD(见图 11-15(b)),其面积记作 $\Delta \sigma$,则 ΔD 的四条边界线的交点分别为

$P_1(x_0, y_0)$, $P_2(x_0 + \Delta x_1, y_0 + \Delta y_1)$,

$P_3(x_0 + \Delta x_2, y_0 + \Delta y_2)$, $P_4(x_0 + \Delta x_3, y_0 + \Delta y_3)$,

其中

$$x_0 = x(u_0, v_0),$$
$$y_0 = y(u_0, v_0),$$
$$\Delta x_1 = x(u_0 + \Delta u, v_0) - x(u_0, v_0),$$
$$\Delta y_1 = y(u_0 + \Delta u, v_0) - y(u_0, v_0),$$
$$\Delta x_2 = x(u_0 + \Delta u, v_0 + \Delta v) - x(u_0, v_0),$$
$$\Delta y_2 = y(u_0 + \Delta u, v_0 + \Delta v) - y(u_0, v_0),$$
$$\Delta x_3 = x(u_0, v_0 + \Delta v) - x(u_0, v_0),$$
$$\Delta y_3 = y(u_0, v_0 + \Delta v) - y(u_0, v_0).$$

当 $\Delta u, \Delta v$ 很小时, $\Delta x_i, \Delta y_i (i=1,2,3)$ 也很小, ΔD 的面积可以用以向量 $\overrightarrow{P_1P_2}$ 与 $\overrightarrow{P_1P_4}$ 为邻边的平行四边形的面积近似替代,即

$$\Delta \sigma \approx |\overrightarrow{P_1P_2} \times \overrightarrow{P_1P_4}|.$$

而

$$\begin{aligned}
\overrightarrow{P_1P_2} &= \Delta x_1 \boldsymbol{i} + \Delta y_1 \boldsymbol{j} \\
&= (x(u_0+\Delta u, v_0) - x(u_0, v_0))\boldsymbol{i} + (y(u_0+\Delta u, v_0) - y(u_0, v_0))\boldsymbol{j} \\
&\approx (x_u(u_0, v_0)\Delta u)\boldsymbol{i} + (y_u(u_0, v_0)\Delta u)\boldsymbol{j},
\end{aligned}$$

同理可得

$$\overrightarrow{P_1P_4} \approx (x_v(u_0, v_0)\Delta v)\boldsymbol{i} + (y_v(u_0, v_0)\Delta v)\boldsymbol{j},$$

从而有

$$\begin{aligned}
\Delta \sigma &\approx |\overrightarrow{P_1P_2} \times \overrightarrow{P_1P_4}| \approx \left| \begin{matrix} x_u(u_0,v_0)\Delta u & y_u(u_0,v_0)\Delta u \\ x_v(u_0,v_0)\Delta v & y_v(u_0,v_0)\Delta v \end{matrix} \right| \\
&= \left| \frac{\partial(x,y)}{\partial(u,v)} \right|_{(u_0,v_0)} |\Delta u \Delta v| = \left| \frac{\partial(x,y)}{\partial(u,v)} \right|_{(u_0,v_0)} \Delta \sigma'.
\end{aligned}$$

故对二重积分 $\iint_D f(x,y) \mathrm{d}\sigma$ 做变量替换 $I: x=x(u,v), y=y(u,v)$ 后,面积元素 $\mathrm{d}\sigma$ 与 $\mathrm{d}\sigma'$ 之间有如下关系式成立:

$$\mathrm{d}\sigma = \left| \frac{\partial(x,y)}{\partial(u,v)} \right| \mathrm{d}\sigma' \quad \text{或} \quad \mathrm{d}x\mathrm{d}y = \left| \frac{\partial(x,y)}{\partial(u,v)} \right| \mathrm{d}u\mathrm{d}v.$$

于是,我们有如下定理:

定理 1 若函数 $f(x,y)$ 在 xOy 面上的闭区域 D 上连续,变量替换

$$I: x=x(u,v), \quad y=y(u,v)$$

将 uOv 面上的闭区域 D' 变成 xOy 面上的闭区域 D,且满足:

(1) 函数 $x(u,v), y(u,v)$ 在 D' 上具有一阶连续偏导数;

(2) 在 D' 上雅可比行列式 $J = \dfrac{\partial(x,y)}{\partial(u,v)} \neq 0$;

(3) 变量替换 $I: D' \to D$ 是一对一的,

则有

$$\iint_D f(x,y) \mathrm{d}x\mathrm{d}y = \iint_{D'} f(x(u,v), y(u,v)) |J| \mathrm{d}u\mathrm{d}v. \tag{11.2.3}$$

称 (11.2.3) 式为**二重积分的换元积分公式**.

这里要特别指出,如果雅可比行列式 $J = \dfrac{\partial(x,y)}{\partial(u,v)}$ 仅在 D' 内的个别点处或一条曲线上为零,而在其他点处不为零,那么公式 (11.2.3) 仍成立.

下面我们介绍一种很重要也是很常见的变量替换——**极坐标变换**. 极坐标变换可将圆形域变成矩形域,当二重积分积分区域的边界曲线中含有圆弧时,可使用极坐标变换来简化计算.

在极坐标变换 $x = r\cos\theta, y = r\sin\theta$ 下,有

$$J = \frac{\partial(x,y)}{\partial(r,\theta)} = \begin{vmatrix} \cos\theta & -r\sin\theta \\ \sin\theta & r\cos\theta \end{vmatrix} = r \geqslant 0,$$

雅可比行列式 J 仅在 $r=0$ 处为零，故由定理 1 可知，不论闭区域 D' 是否含有极点，我们都有

$$\iint_D f(x,y)\mathrm{d}x\mathrm{d}y = \iint_{D'} f(r\cos\theta, r\sin\theta) r \mathrm{d}r \mathrm{d}\theta.$$

极坐标系下的二重积分化为二次积分时，一般是先对 r 积分后对 θ 积分. 对 r 积分的积分限是这样确定的：从极点作射线穿过区域 D'，若它从 D' 的边界线 $r = r_1(\theta)$ 穿进，从边界线 $r = r_2(\theta)$ 穿出，则积分下限为 $r_1(\theta)$，积分上限为 $r_2(\theta)$. 对 θ 积分的积分上、下限为积分区域 D' 内点的极角变换区间 $[\alpha,\beta]$ 的左、右端点.

例 6 利用极坐标变换将二重积分 $I = \iint_D f(x,y)\mathrm{d}\sigma$ 化为二次积分，其中

(1) $D: x^2 + y^2 \leqslant a^2$；(2) $D: x^2 + y^2 \leqslant 2ax$；(3) $D: x^2 + y^2 \leqslant y$.

解 (1) 如图 11-16(a) 所示，$I = \int_0^{2\pi} \mathrm{d}\theta \int_0^a f(r\cos\theta, r\sin\theta) r \mathrm{d}r$.

(2) 如图 11-16(b) 所示，$I = \int_{-\frac{\pi}{2}}^{\frac{\pi}{2}} \mathrm{d}\theta \int_0^{2a\cos\theta} f(r\cos\theta, r\sin\theta) r \mathrm{d}r$.

(3) 如图 11-16(c) 所示，$I = \int_0^{\pi} \mathrm{d}\theta \int_0^{\sin\theta} f(r\cos\theta, r\sin\theta) r \mathrm{d}r$.

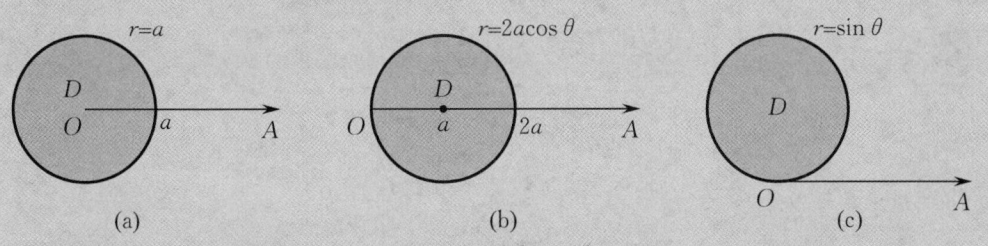

图 11-16

例 7 计算 $I = \iint_D \ln(1 + x^2 + y^2)\mathrm{d}\sigma$，其中积分区域 $D: x^2 + y^2 \leqslant 1, x \geqslant 0, y \geqslant 0$（见图 11-17）.

解 $I = \int_0^{\frac{\pi}{2}} \mathrm{d}\theta \int_0^1 \ln(1 + r^2) r \mathrm{d}r$

$= \frac{\pi}{2} \cdot \frac{1}{2} \int_0^1 \ln(1 + r^2) \mathrm{d}(1 + r^2)$

$= \frac{\pi}{4} \left[(1 + r^2)\ln(1 + r^2) \Big|_0^1 - \int_0^1 2r \mathrm{d}r \right]$

$= \frac{\pi}{4}(2\ln 2 - 1).$

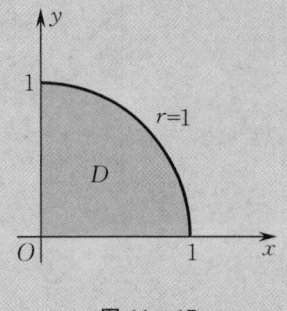

图 11-17

例 8 计算以闭区域 $D: x^2+y^2 \leqslant ax$ 为底,以曲面 $z=x^2+y^2$ 为顶的曲顶柱体的体积 V.

解 $V = \iint\limits_{D}(x^2+y^2)\mathrm{d}\sigma = 2\int_0^{\frac{\pi}{2}}\mathrm{d}\theta\int_0^{a\cos\theta}r^2\cdot r\mathrm{d}r = \frac{1}{2}\int_0^{\frac{\pi}{2}}a^4\cos^4\theta\mathrm{d}\theta = \frac{3}{32}\pi a^4.$

例 9 设一平面薄片所占的闭区域 D 由螺线 $r=2\theta$ 上的一段弧 $\left(0 \leqslant \theta \leqslant \frac{\pi}{2}\right)$ 与直线 $\theta=\frac{\pi}{2}$ 所围成,它的面密度为 $\rho(x,y)=x^2+y^2$,求该薄片的质量 M.

解 $M = \iint\limits_{D}\rho(x,y)\mathrm{d}\sigma = \int_0^{\frac{\pi}{2}}\mathrm{d}\theta\int_0^{2\theta}r^2\cdot r\mathrm{d}r = \frac{\pi^5}{40}.$

除极坐标变换外,有时也需要利用一些其他的变量替换.

例 10 计算 $I = \iint\limits_{D}\mathrm{e}^{\frac{y-x}{y+x}}\mathrm{d}x\mathrm{d}y$,其中 D 是由 x 轴,y 轴和直线 $x+y=2$ 所围成的闭区域.

解 令 $u=y-x, v=y+x$,则 $x=\frac{v-u}{2}, y=\frac{v+u}{2}$.

对 I 做变量替换 $x=\frac{v-u}{2}, y=\frac{v+u}{2}$,则原积分区域 D 变成了 uOv 面上的积分区域 $D': v-u \geqslant 0, u+v \geqslant 0, v \leqslant 2$,如图 11-18 所示. 此时有

$$J = \frac{\partial(x,y)}{\partial(u,v)} = \begin{vmatrix} -\frac{1}{2} & \frac{1}{2} \\ \frac{1}{2} & \frac{1}{2} \end{vmatrix} = -\frac{1}{2},$$

因此

$$I = \iint\limits_{D'}\mathrm{e}^{\frac{u}{v}}\left|-\frac{1}{2}\right|\mathrm{d}u\mathrm{d}v = \frac{1}{2}\int_0^2\mathrm{d}v\int_{-v}^{v}\mathrm{e}^{\frac{u}{v}}\mathrm{d}u = \mathrm{e}-\mathrm{e}^{-1}.$$

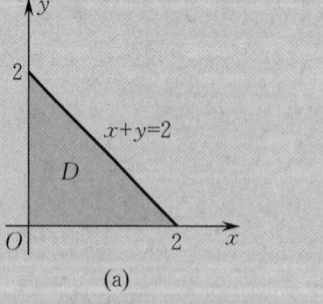 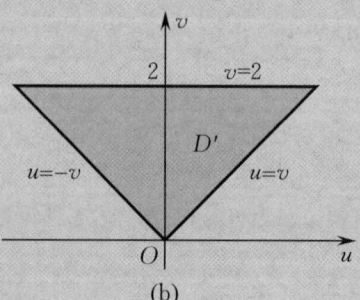

图 11-18

例 11 计算由曲线 $\left(\frac{x}{a}+\frac{y}{b}\right)^2 = \frac{x}{a}-\frac{y}{b}(a>0,b>0)$ 与直线 $y=0$ 所围成的闭区域 D 的面积.

解 显然,所求面积为 $A = \iint\limits_{D} \mathrm{d}x\mathrm{d}y.$

令 $u = \dfrac{x}{a} + \dfrac{y}{b}, v = \dfrac{x}{a} - \dfrac{y}{b}$,则 $x = \dfrac{a}{2}(u+v), y = \dfrac{b}{2}(u-v).$ 在变换 $x = \dfrac{a}{2}(u+v),$ $y = \dfrac{b}{2}(u-v)$ 下,D 变成了 D',且 D' 是 uOv 面上由曲线 $u^2 = v$ 及直线 $u = v$ 所围成的闭区域,即 $D' = \{(u,v) \mid u^2 \leqslant v \leqslant u, 0 \leqslant u \leqslant 1\}.$ 此时有

$$J = \frac{\partial(x,y)}{\partial(u,v)} = \begin{vmatrix} \dfrac{a}{2} & \dfrac{a}{2} \\ \dfrac{b}{2} & -\dfrac{b}{2} \end{vmatrix} = -\frac{ab}{2},$$

从而

$$A = \iint\limits_{D'} |J| \mathrm{d}u\mathrm{d}v = \frac{ab}{2} \int_0^1 \mathrm{d}u \int_{u^2}^u \mathrm{d}v = \frac{ab}{12}.$$

第三节 三重积分

一、三重积分的概念

三重积分不仅是二重积分的推广,也是解决某些实际问题的重要工具,如求物体的质量、质心、转动惯量等.下面我们就以求物体的质量为例引入三重积分的概念.

设有一物体,它占有空间闭区域 Ω,且其上任一点 (x,y,z) 处的体密度为 $\rho(x,y,z)$(这里 $\rho(x,y,z) > 0$ 且在 Ω 上连续),求该物体的质量 M.

我们知道,质量均匀分布(体密度为常数)的物体的质量计算公式为

$$\text{质量} = \text{体密度} \times \text{体积}.$$

但由于给定的物体体密度是变量,故不能直接用上述公式计算.为此,我们先将该物体以任意分法 T 分成 n 个小个体 $\Delta V_1, \Delta V_2, \cdots, \Delta V_n$,闭区域 $\Delta V_i (i=1,2,\cdots,n)$ 的体积也记作 ΔV_i;然后在每个小闭区域 ΔV_i 上任取一点 (ξ_i, η_i, ζ_i),以这点的体密度近似代替 ΔV_i 上每一点的体密度,则 $\rho(\xi_i, \eta_i, \zeta_i)\Delta V_i$ 表示第 i 个小个体的质量的近似值,和式 $\sum\limits_{i=1}^{n} \rho(\xi_i, \eta_i, \zeta_i)\Delta V_i$ 表示所求物体质量的近似值;最后取该和式当各小个体直径中的最大值 λ 趋于零时的极限,则所得极限值就是所求物体的质量,即

$$M = \lim_{\lambda \to 0} \sum_{i=1}^{n} \rho(\xi_i, \eta_i, \zeta_i)\Delta V_i.$$

抽象地描述上述引例中的和式极限,便可得三重积分的定义.

定义 1 设 $f(x,y,z)$ 是空间有界闭区域 Ω 上的有界函数,将 Ω 任意分成 n 个小闭区

域 $\Delta V_1, \Delta V_2, \cdots, \Delta V_n$,其中 $\Delta V_i (i=1,2,\cdots,n)$ 表示第 i 个小闭区域,同时也表示它的体积. 在每个 ΔV_i 上任取一点 (ξ_i, η_i, ζ_i),做乘积 $f(\xi_i, \eta_i, \zeta_i)\Delta V_i$,并做和 $\sum_{i=1}^{n} f(\xi_i, \eta_i, \zeta_i)\Delta V_i$. 如果当各小闭区域直径中的最大值 λ 趋于零时,该和式的极限总存在,则称此极限值为函数 $f(x,y,z)$ 在闭区域 Ω 上的**三重积分**,记作 $\iiint\limits_{\Omega} f(x,y,z)\mathrm{d}V$,即

$$\iiint\limits_{\Omega} f(x,y,z)\mathrm{d}V = \lim_{\lambda \to 0} \sum_{i=1}^{n} f(\xi_i, \eta_i, \zeta_i)\Delta V_i, \tag{11.3.1}$$

其中 $\mathrm{d}V$ 称为**体积元素**.

在直角坐标系中,如果用平行于各坐标面的平面去分割积分区域 Ω,那么除了包含 Ω 边界的小闭区域外,其余的小闭区域均为长方体小闭区域. 设长方体小闭区域 ΔV_i 的边长为 $\Delta x_j, \Delta y_k$ 和 Δz_l,则其体积为 $\Delta V_i = \Delta x_j \cdot \Delta y_k \cdot \Delta z_l$. 因此,在直角坐标系中,有时也把体积元素 $\mathrm{d}V$ 记作 $\mathrm{d}x\mathrm{d}y\mathrm{d}z$,从而把三重积分记作

$$\iiint\limits_{\Omega} f(x,y,z)\mathrm{d}x\mathrm{d}y\mathrm{d}z.$$

当函数 $f(x,y,z)$ 在闭区域 Ω 上连续时,(11.3.1) 式右端的极限必定存在,即 (11.3.1) 式左端的三重积分必定存在,此时也称 $f(x,y,z)$ 在 Ω 上可积. 以后所讨论的问题都是在假定三重积分存在的前提下进行的.

有了三重积分的定义,前面引例中物体的质量可用三重积分表示成

$$M = \iiint\limits_{\Omega} \rho(x,y,z)\mathrm{d}V.$$

三重积分的性质与二重积分的性质类似,这里不再重复了.

二、在直角坐标系下计算三重积分

计算三重积分的基本方法是将其化成三次积分来计算.

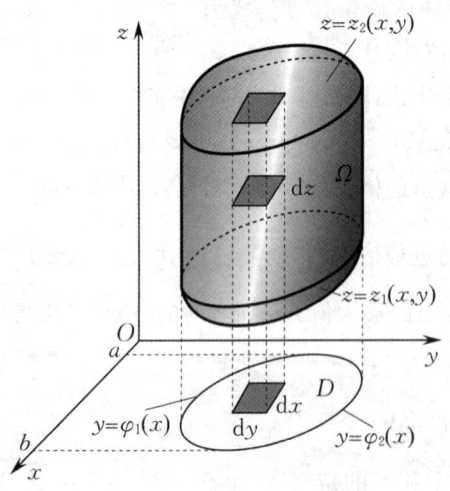

图 11-19

在直角坐标系中,假设积分区域 Ω 是由上、下两个曲面及母线平行于 z 轴的柱面所围成,如图 11-19 所示,Ω 在 xOy 面上的投影区域是闭区域 D,上、下两个曲面分别为 D 上的连续函数 $z = z_2(x,y), z = z_1(x,y)$.

如果闭区域 D 在 x 轴上的投影区间是 $[a,b]$,在 xOy 面上围成闭区域 D 的上、下两条曲线是在区间 $[a,b]$ 上有定义的连续函数 $y = \varphi_2(x)$ 和 $y = \varphi_1(x)$,则函数 $f(x,y,z)$ 在 Ω 上的三重积分可化成三次积分,即

$$\iiint_\Omega f(x,y,z)\mathrm{d}x\mathrm{d}y\mathrm{d}z = \int_a^b \mathrm{d}x \int_{\varphi_1(x)}^{\varphi_2(x)} \mathrm{d}y \int_{z_1(x,y)}^{z_2(x,y)} f(x,y,z)\mathrm{d}z \qquad (11.3.2)$$

或

$$\iiint_\Omega f(x,y,z)\mathrm{d}x\mathrm{d}y\mathrm{d}z = \iint_D \mathrm{d}x\mathrm{d}y \int_{z_1(x,y)}^{z_2(x,y)} f(x,y,z)\mathrm{d}z.$$

(11.3.2)式将三重积分化为先对 z 再对 y 最后对 x 的三次积分.

如果 Ω 是由左、右两个曲面及母线平行于 y 轴的柱面所围成,则三重积分应化为先对 y 的三次积分.同样,如果 Ω 是由前、后两个曲面及母线平行于 x 轴的柱面所围成,则三重积分应化为先对 x 的三次积分.

例 1 将三重积分 $I = \iiint_\Omega f(x,y,z)\mathrm{d}V$ 化为三次积分,其中积分区域 Ω 为

(1) 由 $z = x^2 + y^2, z = 1$ 所围成的闭区域;
(2) 由 $z = x^2 + 2y^2, z = 2 - x^2$ 所围成的闭区域;
(3) 由 $xy = z, x + y - 1 = 0, z = 0$ 所围成的闭区域;
(4) 由 $z = x^2 + y^2, y = x^2, y = 1, z = 0$ 所围成的闭区域.

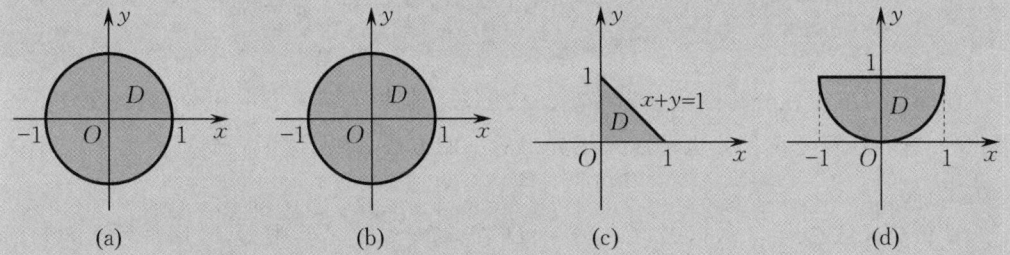

图 11-20

解 将 Ω 投影到 xOy 面,设投影区域为 D.

(1) 此时投影区域 D 如图 11-20(a) 所示,故
$$I = \int_{-1}^1 \mathrm{d}x \int_{-\sqrt{1-x^2}}^{\sqrt{1-x^2}} \mathrm{d}y \int_{x^2+y^2}^1 f(x,y,z)\mathrm{d}z.$$

(2) 此时投影区域 D 如图 11-20(b) 所示,故
$$I = \int_{-1}^1 \mathrm{d}x \int_{-\sqrt{1-x^2}}^{\sqrt{1-x^2}} \mathrm{d}y \int_{x^2+2y^2}^{2-x^2} f(x,y,z)\mathrm{d}z.$$

(3) 此时投影区域 D 如图 11-20(c) 所示,故
$$I = \int_0^1 \mathrm{d}x \int_0^{1-x} \mathrm{d}y \int_0^{xy} f(x,y,z)\mathrm{d}z.$$

(4) 此时投影区域 D 如图 11-20(d) 所示,故
$$I = \int_{-1}^1 \mathrm{d}x \int_{x^2}^1 \mathrm{d}y \int_0^{x^2+y^2} f(x,y,z)\mathrm{d}z.$$

例 2 计算由平面 $x = 0, y = 0, z = 0$ 及 $x + y + z = 1$ 所围成的四面体的体积.

解 所求四面体的体积为 $V = \iiint_\Omega dxdydz$，其中 Ω 是由 $x=0, y=0, z=0, x+y+z=1$ 所围成的闭区域（见图 11-21）。

确定先对 z 积分。将 Ω 投影到 xOy 面上，则投影区域 D 是 xOy 面上由直线 $x=0$, $y=0$, $x+y=1$ 所围的三角形闭区域，即 $D = \{(x,y) \mid 0 \leqslant y \leqslant 1-x, 0 \leqslant x \leqslant 1\}$。在 D 上任意取一点 $P(x,y)$，从点 P 作穿过 Ω 且平行于 z 轴的直线，则该直线从 Ω 的下边界面 $z=0$ 穿进，再从 Ω 的上边界面 $z=1-x-y$ 穿出，于是对 z 积分的积分下限为 0，积分上限为 $1-x-y$。故

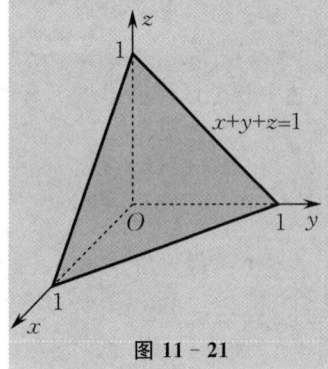

图 11-21

$$I = \int_0^1 dx \int_0^{1-x} dy \int_0^{1-x-y} dz$$
$$= \int_0^1 dx \int_0^{1-x} (1-x-y) dy$$
$$= \int_0^1 \left(y - xy - \frac{y^2}{2}\right)\Big|_0^{1-x} dx$$
$$= \int_0^1 \left[1 - x - x(1-x) - \frac{1}{2}(1-x)^2\right] dx$$
$$= \int_0^1 \left(\frac{1}{2} - x + \frac{1}{2}x^2\right) dx = \frac{1}{6}.$$

前面计算三重积分的做法是先一后二的方法，即先计算一个定积分，再计算一个二重积分。有时计算三重积分也可以采用先二后一的方法，即先计算一个二重积分，再计算一个定积分。

设积分区域 $\Omega = \{(x,y,z) \mid (x,y) \in D_z, c_1 \leqslant z \leqslant c_2\}$，其中 D_z 是用平行于 xOy 面的平面 $z=c$ 截 Ω 所得的平面闭区域，则函数 $f(x,y,z)$ 在 Ω 上的三重积分有如下计算公式：

$$\iiint_\Omega f(x,y,z) dV = \int_{c_1}^{c_2} dz \iint_{D_z} f(x,y,z) dxdy.$$

例3 计算 $I = \iiint_\Omega z^2 dxdydz$，其中积分区域 $\Omega: \frac{x^2}{a^2} + \frac{y^2}{b^2} + \frac{z^2}{c^2} \leqslant 1 (a>0, b>0, c>0)$。

解 因 Ω 可表示为 $\left\{(x,y,z) \mid \frac{x^2}{a^2} + \frac{y^2}{b^2} \leqslant 1 - \frac{z^2}{c^2}, -c \leqslant z \leqslant c\right\}$，故

$$I = \int_{-c}^c z^2 dz \iint_{D_z} dxdy = \int_{-c}^c z^2 \pi ab \left(1 - \frac{z^2}{c^2}\right) dz = \frac{4}{15}\pi abc^3.$$

三、三重积分的换元法

对于各种积分来说，换元是简化计算的一种重要手段，我们可以仿照二重积分的换元积分公式写出三重积分的换元积分公式。两个公式的证明思路相同，此处从略。

定理 1 设函数 $f(x,y,z)$ 在有界闭区域 Ω 上连续,则三重积分

$$\iiint_\Omega f(x,y,z)\mathrm{d}x\mathrm{d}y\mathrm{d}z$$

存在. 如果变量替换

$$I:\begin{cases} x = x(u,v,w), \\ y = y(u,v,w), \\ z = z(u,v,w) \end{cases}$$

将 $Ouvw$ 空间中的有界闭区域 Ω' 变成 $Oxyz$ 空间中的有界闭区域 Ω,且满足下列条件:

(1) 函数 $x(u,v,w), y(u,v,w), z(u,v,w)$ 在 Ω' 上具有一阶连续偏导数;

(2) 在 Ω' 上雅可比行列式 $J = \dfrac{\partial(x,y,z)}{\partial(u,v,w)} \neq 0$;

(3) 变量替换 $I:\Omega' \to \Omega$ 是一对一的,

则有三重积分的换元积分公式

$$\iiint_\Omega f(x,y,z)\mathrm{d}x\mathrm{d}y\mathrm{d}z = \iiint_{\Omega'} f(x(u,v,w),y(u,v,w),z(u,v,w))|J|\mathrm{d}u\mathrm{d}v\mathrm{d}w.$$

在三重积分的换元法中有下面两个常用的变量替换.

1. 柱面坐标变换

设

$$\begin{cases} x = r\cos\theta, \\ y = r\sin\theta, \\ z = z, \end{cases}$$

其中 $0 \leqslant r < +\infty, 0 \leqslant \theta \leqslant 2\pi, -\infty < z < +\infty, (r,\theta,z)$ 称为**柱面坐标**,如图 11-22 所示.

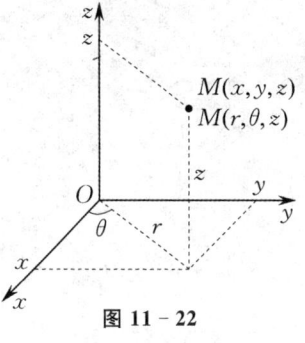

图 11-22

构成柱面坐标系的三组坐标面是:

(1) $r = $ 常数,是以 z 轴为轴的圆柱面;

(2) $\theta = $ 常数,是过 z 轴的半平面;

(3) $z = $ 常数,是平行于 xOy 面的平面.

在柱面坐标变换下,有

$$J = \frac{\partial(x,y,z)}{\partial(r,\theta,z)} = \begin{vmatrix} \cos\theta & -r\sin\theta & 0 \\ \sin\theta & r\cos\theta & 0 \\ 0 & 0 & 1 \end{vmatrix} = r \geqslant 0,$$

从而由定理 1 得

$$\iiint_\Omega f(x,y,z)\mathrm{d}x\mathrm{d}y\mathrm{d}z = \iiint_{\Omega'} f(r\cos\theta, r\sin\theta, z)r\mathrm{d}r\mathrm{d}\theta\mathrm{d}z,$$

其中 Ω' 是 Ω 在柱面坐标变换下所对应的 $Or\theta z$ 空间中的闭区域.

一般来说,当三重积分的积分区域 Ω 的边界曲面中含有柱面、锥面、抛物面、球面时,就可考虑用柱面坐标变换来简化其计算.

柱面坐标系下的三重积分化为三次积分的积分次序一般是先对 z 再对 r 最后对 θ，其积分限的确定与直角坐标系中的做法相同，要注意的是，边界曲面方程都要用变量 r, θ, z 来表示．

例 4 计算 $I = \iiint\limits_{\Omega} z\,dx\,dy\,dz$，其中 Ω 由上半球面 $x^2 + y^2 + z^2 = 4 (z \geqslant 0)$ 和抛物面 $x^2 + y^2 = 3z$ 所围成（见图 11 - 23）．

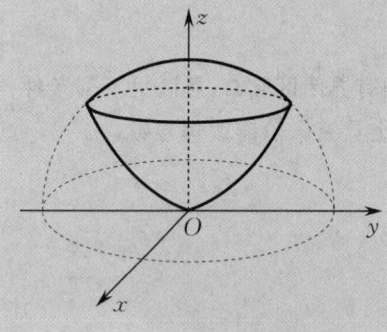

图 11 - 23

解 采用柱面坐标变换．Ω 的上、下边界面
$$z = \sqrt{4 - x^2 - y^2}, \quad z = \frac{1}{3}(x^2 + y^2)$$
在柱面坐标系下分别表示为
$$z = \sqrt{4 - r^2}, \quad z = \frac{1}{3}r^2.$$
联立方程组 $\begin{cases} z = \sqrt{4 - r^2}, \\ z = \frac{1}{3}r^2, \end{cases}$ 解得 $r = \sqrt{3}$．于是，原积分区域 Ω 在柱面坐标变换下所对应的闭区域为
$$\Omega': \frac{r^2}{3} \leqslant z \leqslant \sqrt{4 - r^2}, 0 \leqslant r \leqslant \sqrt{3}, 0 \leqslant \theta \leqslant 2\pi,$$
因此
$$I = \int_0^{2\pi} d\theta \int_0^{\sqrt{3}} dr \int_{\frac{r^2}{3}}^{\sqrt{4-r^2}} z \cdot r\,dz = \frac{13}{4}\pi.$$

例 5 计算由抛物面 $x^2 + y^2 = az (a > 0)$，柱面 $x^2 + y^2 = 2ax$ 及平面 $z = 0$ 所围立体 Ω 的体积 V．

解 利用柱面坐标变换，得
$$V = \iiint\limits_{\Omega} dx\,dy\,dz = \int_{-\frac{\pi}{2}}^{\frac{\pi}{2}} d\theta \int_0^{2a\cos\theta} r\,dr \int_0^{\frac{r^2}{a}} dz = \frac{3}{2}\pi a^3.$$

2. 球面坐标变换

设
$$\begin{cases} x = r\sin\varphi\cos\theta, \\ y = r\sin\varphi\sin\theta, \\ z = r\cos\varphi, \end{cases}$$

其中 $0 \leqslant r < +\infty, 0 \leqslant \varphi \leqslant \pi, 0 \leqslant \theta \leqslant 2\pi, (r, \varphi, \theta)$ 称为**球面坐标**，如图 11 - 24 所示．

构成球面坐标系的三组坐标面是：

（1）$r =$ 常数，是以坐标原点为球心的球面；

（2）$\varphi =$ 常数，是以坐标原点为顶点，以 z 轴为轴的圆锥面；

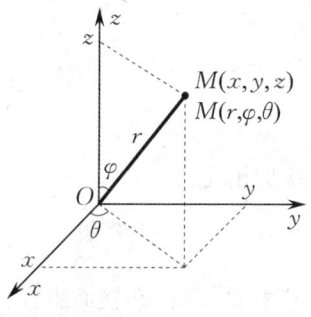

图 11 - 24

(3) $\theta =$ 常数,是过 z 轴的半平面.

在球面坐标变换下,有

$$J = \frac{\partial(x,y,z)}{\partial(r,\varphi,\theta)} = \begin{vmatrix} \sin\varphi\cos\theta & r\cos\varphi\cos\theta & -r\sin\varphi\sin\theta \\ \sin\varphi\sin\theta & r\cos\varphi\sin\theta & r\sin\varphi\cos\theta \\ \cos\varphi & -r\sin\varphi & 0 \end{vmatrix} = r^2\sin\varphi \geqslant 0,$$

从而由定理 1 得

$$\iiint_\Omega f(x,y,z)\mathrm{d}x\mathrm{d}y\mathrm{d}z = \iiint_{\Omega'} f(r\sin\varphi\cos\theta, r\sin\varphi\sin\theta, r\cos\varphi)r^2\sin\varphi\mathrm{d}r\mathrm{d}\varphi\mathrm{d}\theta,$$

其中 Ω' 是 Ω 在球面坐标变换下所对应的 $Or\varphi\theta$ 空间中的闭区域.

一般来说,当三重积分的积分区域 Ω 的边界曲面中含有球面、柱面、锥面时可考虑球面坐标变换.

球面坐标系下的三重积分化为三次积分的积分次序一般是先对 r 再对 φ 最后对 θ.

例 6 计算 $I = \iiint_\Omega (x^2+y^2+z^2)\mathrm{d}x\mathrm{d}y\mathrm{d}z$,其中 Ω 是由锥面 $z = \sqrt{x^2+y^2}$ 与上半球面 $z = \sqrt{R^2-x^2-y^2}(R>0)$ 所围成的闭区域(见图 11-25).

解 利用球面坐标变换可知,锥面与上半球面在球面坐标系下分别表示为

$$\varphi = \frac{\pi}{4}, \quad r = R.$$

于是,原积分区域 Ω 在球面坐标变换下所对应的闭区域为

$$\Omega': 0 \leqslant r \leqslant R, 0 \leqslant \varphi \leqslant \frac{\pi}{4}, 0 \leqslant \theta \leqslant 2\pi,$$

故

$$I = \int_0^{2\pi}\mathrm{d}\theta\int_0^{\frac{\pi}{4}}\mathrm{d}\varphi\int_0^R r^2 \cdot r^2\sin\varphi\mathrm{d}r = \frac{2-\sqrt{2}}{5}\pi R^5.$$

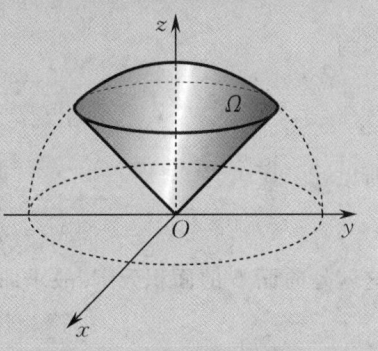

图 11-25

第四节 重积分的应用

在引入重积分的概念时,我们曾讨论过重积分可用于计算平面薄片的质量及立体的体积. 下面我们用元素法来讨论重积分的其他应用.

一、曲面的面积

设曲面 S 的方程为 $z=f(x,y)$,S 在 xOy 面上的投影区域为 D_{xy},函数 $f(x,y)$ 在 D_{xy} 上具有连续偏导数,求曲面 S 的面积 A.

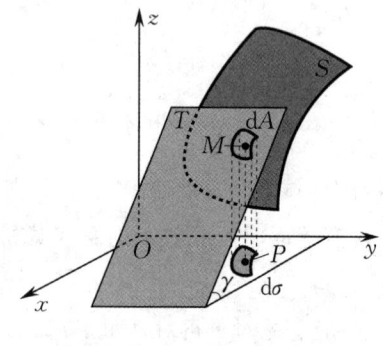

图 11-26

如图 11-26 所示,在 D_{xy} 上任取一直径很小的闭区域 $d\sigma$(其面积也记作 $d\sigma$),在 $d\sigma$ 上任取一点 $P(x,y)$,点 P 在曲面 S 上的对应点是 $M(x,y,f(x,y))$,则点 M 在 xOy 面上的投影即点 P. 设曲面 S 在点 M 处的切平面为 T,以 $d\sigma$ 的边界为准线作母线平行于 z 轴的柱面,则该柱面在曲面 S 上截下一小片曲面,在切平面上截下一小片平面. 由于 $d\sigma$ 的直径很小,故切平面 T 上那一小片平面的面积 dA 可以近似代替曲面 S 上相应的小片曲面的面积. 设曲面 S 在点 M 处的法线(方向朝上)与 z 轴正向所成的角为 γ,则

$$dA = \frac{1}{\cos\gamma}d\sigma.$$

因为

$$\cos\gamma = \frac{1}{\sqrt{1+f_x^2(x,y)+f_y^2(x,y)}},$$

所以

$$dA = \sqrt{1+f_x^2(x,y)+f_y^2(x,y)}\,d\sigma,$$

这就是**曲面 S 的面积元素**. 故求曲面 S 的面积公式为

$$A = \iint\limits_{D_{xy}} \sqrt{1+f_x^2(x,y)+f_y^2(x,y)}\,d\sigma$$

或

$$A = \iint\limits_{D_{xy}} \sqrt{1+z_x^2+z_y^2}\,dxdy.$$

设曲面方程为 $x=g(y,z)$ 或 $y=h(z,x)$,可将曲面投影到 yOz 面或 zOx 面上得到投影区域 D_{yz} 或 D_{zx},从而有

$$A = \iint\limits_{D_{yz}} \sqrt{1+x_y^2+x_z^2}\,dydz$$

或

$$A = \iint\limits_{D_{zx}} \sqrt{1+y_z^2+y_x^2}\,dzdx.$$

例1 求半径为 $a(a>0)$ 的球面的表面积 A.

解 设球面方程为 $x^2+y^2+z^2=a^2$. 由对称性可知，整个球面的表面积等于其第 I 卦限部分的 8 倍. 而第 I 卦限的球面方程是
$$z=\sqrt{a^2-x^2-y^2} \quad ((x,y)\in D_1:x^2+y^2\leqslant a^2, x>0, y>0),$$
故有
$$z_x=\frac{-x}{\sqrt{a^2-x^2-y^2}}, \quad z_y=\frac{-y}{\sqrt{a^2-x^2-y^2}},$$
从而得
$$\sqrt{1+z_x^2+z_y^2}=\frac{a}{\sqrt{a^2-x^2-y^2}}.$$
因此
$$A=8\iint_{D_1}\frac{a}{\sqrt{a^2-x^2-y^2}}\mathrm{d}x\mathrm{d}y=8\int_0^{\frac{\pi}{2}}\mathrm{d}\theta\int_0^a\frac{a}{\sqrt{a^2-r^2}}\cdot r\mathrm{d}r=4\pi a^2.$$

例2 求锥面 $z=\sqrt{x^2+y^2}$ 被柱面 $z^2=2x$ 所割下的部分曲面面积.

解 由题意可知，被柱面割下的锥面在 xOy 面上的投影区域 D_{xy} 为 $x^2+y^2\leqslant 2x$, 即 $(x-1)^2+y^2\leqslant 1$, 如图 11-27 所示. 又由锥面方程 $z=\sqrt{x^2+y^2}$ 得
$$z_x=\frac{x}{\sqrt{x^2+y^2}}, \quad z_y=\frac{y}{\sqrt{x^2+y^2}},$$
从而
$$\sqrt{1+z_x^2+z_y^2}=\sqrt{2}.$$
因此
$$A=\iint_{D_{xy}}\sqrt{2}\mathrm{d}x\mathrm{d}y=\sqrt{2}\cdot S_{D_{xy}}=\sqrt{2}\cdot\pi\cdot 1^2=\sqrt{2}\pi.$$

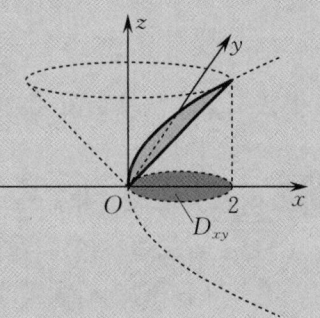

图 11-27

二、质心

1. 平面薄片的质心

设 xOy 面上有 n 个质点，它们分别位于点 $(x_1,y_1),(x_2,y_2),\cdots,(x_n,y_n)$ 处，质量分别为 $m_1,m_2,\cdots,m_n$. 由力学知识知道，该质点系的质心的坐标为
$$\overline{x}=\frac{M_y}{M}=\frac{\sum_{i=1}^n m_i x_i}{\sum_{i=1}^n m_i}, \quad \overline{y}=\frac{M_x}{M}=\frac{\sum_{i=1}^n m_i y_i}{\sum_{i=1}^n m_i}.$$

设有一平面薄片占有 xOy 面上一闭区域 D,它在点 (x,y) 处的面密度是 D 上的连续函数 $\mu(x,y)$,求该薄片的质心坐标.

将该薄片任意分成 n 小片 $\Delta\sigma_1,\Delta\sigma_2,\cdots,\Delta\sigma_n$($\Delta\sigma_i$ 既表示第 i 小片,也表示其面积),在 $\Delta\sigma_i$ 上任取一点 (ξ_i,η_i),则第 i 小片的质量可近似表示为 $\mu(\xi_i,\eta_i)\Delta\sigma_i$. 我们把整个薄片看作由 n 个小片组成,于是该薄片的质心的坐标可近似地表示为

$$\overline{x}\approx\frac{\sum_{i=1}^{n}\xi_i\mu(\xi_i,\eta_i)\Delta\sigma_i}{\sum_{i=1}^{n}\mu(\xi_i,\eta_i)\Delta\sigma_i},\quad \overline{y}\approx\frac{\sum_{i=1}^{n}\eta_i\mu(\xi_i,\eta_i)\Delta\sigma_i}{\sum_{i=1}^{n}\mu(\xi_i,\eta_i)\Delta\sigma_i}.$$

当 n 小片中最大直径 $\lambda\to 0$ 时,上述和式的极限都存在,即得

$$\overline{x}=\frac{\iint_D x\mu(x,y)\mathrm{d}\sigma}{\iint_D \mu(x,y)\mathrm{d}\sigma},\quad \overline{y}=\frac{\iint_D y\mu(x,y)\mathrm{d}\sigma}{\iint_D \mu(x,y)\mathrm{d}\sigma}.$$

如果薄片是均匀的,即面密度为常量,那么该薄片的质心的坐标为

$$\overline{x}=\frac{1}{A}\iint_D x\mathrm{d}\sigma,\quad \overline{y}=\frac{1}{A}\iint_D y\mathrm{d}\sigma,$$

其中 $A=\iint_D \mathrm{d}\sigma$ 为平面闭区域 D 的面积.

例 3 设有一平面薄片占有 xOy 面上一等腰直角三角形闭区域 D,如图 11-28 所示,其腰长为 a,且各点处的面密度等于该点到坐标原点距离的平方,求该薄片的质心.

解 由题意可知,面密度 $\mu(x,y)=x^2+y^2$. 又由对称性可知,$\overline{x}=\overline{y}$,且

$$M=\iint_D(x^2+y^2)\mathrm{d}\sigma$$
$$=\int_0^a\mathrm{d}x\int_0^{a-x}(x^2+y^2)\mathrm{d}y=\frac{1}{6}a^4,$$
$$M_y=\iint_D x(x^2+y^2)\mathrm{d}\sigma$$
$$=\int_0^a\mathrm{d}x\int_0^{a-x}x(x^2+y^2)\mathrm{d}y=\frac{1}{15}a^5,$$

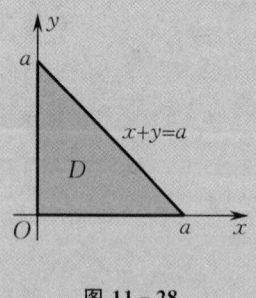

图 11-28

所以

$$\overline{x}=\overline{y}=\frac{M_y}{M}=\frac{2}{5}a,$$

即质心为 $\left(\dfrac{2}{5}a,\dfrac{2}{5}a\right)$.

2. 空间物体的质心

设一物体占有空间有界闭区域 Ω,它在点 (x,y,z) 处的体密度 $\mu(x,y,z)$ 为 Ω 上的连续函数,则该物体的质心的坐标为

$$\bar{x} = \frac{1}{M}\iiint_\Omega x\mu(x,y,z)\mathrm{d}V,$$

$$\bar{y} = \frac{1}{M}\iiint_\Omega y\mu(x,y,z)\mathrm{d}V,$$

$$\bar{z} = \frac{1}{M}\iiint_\Omega z\mu(x,y,z)\mathrm{d}V,$$

其中 $M = \iiint_\Omega \mu(x,y,z)\mathrm{d}V$.

例 4 求均匀半球体的质心.

解 设球的半径为 a. 以球心为坐标原点,以球的对称轴为 z 轴建立直角坐标系 $Oxyz$,则半球体所占空间闭区域为

$$\Omega = \{(x,y,z) \mid x^2 + y^2 + z^2 \leqslant a^2, z \geqslant 0\}.$$

由对称性可知, $\bar{x} = \bar{y} = 0$. 又 $V = \frac{2}{3}\pi a^3$,故

$$\bar{z} = \frac{1}{V}\iiint_\Omega z\mathrm{d}V = \frac{3}{2\pi a^3}\int_0^{2\pi}\mathrm{d}\theta\int_0^{\frac{\pi}{2}}\mathrm{d}\varphi\int_0^a r\cos\varphi \cdot r^2\sin\varphi\mathrm{d}r = \frac{3}{8}a,$$

即质心为 $\left(0, 0, \frac{3}{8}a\right)$.

三、转动惯量

1. 平面薄片的转动惯量

设 xOy 面上有 n 个质点,它们分别位于点 $(x_1,y_1), (x_2,y_2), \cdots, (x_n,y_n)$ 处,质量分别为 $m_1, m_2, \cdots, m_n$,则该质点系对于 x 轴及 y 轴的转动惯量分别为

$$I_x = \sum_{i=1}^n y_i^2 m_i, \quad I_y = \sum_{i=1}^n x_i^2 m_i.$$

设有一平面薄片,占有 xOy 面上的闭区域 D,在点 (x,y) 处的面密度 $\mu(x,y)$ 为 D 上的连续函数,求该薄片对于 x 轴及 y 轴的转动惯量 I_x, I_y.

应用元素法.先在闭区域 D 上任取一直径很小的闭区域 $\mathrm{d}\sigma$(这个小区域的面积也记作 $\mathrm{d}\sigma$),再在 $\mathrm{d}\sigma$ 上任取一点 (x,y),因为 $\mathrm{d}\sigma$ 的直径很小,且函数 $\mu(x,y)$ 在 D 上连续,所以该薄片中相应于 $\mathrm{d}\sigma$ 部分的质量也近似地等于 $\mu(x,y)\mathrm{d}\sigma$,将 $\mathrm{d}\sigma$ 近似地看成一个质点,于是该薄片对于 x 轴及 y 轴的转动惯量元素分别为

$$\mathrm{d}I_x = y^2\mu(x,y)\mathrm{d}\sigma, \quad \mathrm{d}I_y = x^2\mu(x,y)\mathrm{d}\sigma,$$

故有
$$I_x = \iint_D y^2 \mu(x,y) d\sigma, \quad I_y = \iint_D x^2 \mu(x,y) d\sigma.$$

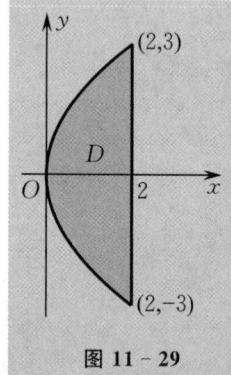

图 11-29

例 5 设均匀薄片(假设面密度为1)所占闭区域 D 由抛物线 $y^2 = \dfrac{9}{2}x$ 与直线 $x = 2$ 所围成(见图 11-29),求该薄片对于 x 轴及 y 轴的转动惯量 I_x 和 I_y.

解 $I_x = \iint_D y^2 d\sigma = 2\int_0^2 dx \int_0^{\sqrt{\frac{9}{2}x}} y^2 dy = \dfrac{72}{5}$,

$I_y = \iint_D x^2 d\sigma = 2\int_0^2 x^2 dx \int_0^{\sqrt{\frac{9}{2}x}} dy = \dfrac{96}{7}.$

2. 空间物体的转动惯量

设一物体占有空间有界闭区域 Ω,它在点 (x,y,z) 处的体密度 $\rho(x,y,z)$ 为 Ω 上的连续函数,则该物体对于 x 轴,y 轴及 z 轴的转动惯量分别为

$$I_x = \iiint_\Omega (y^2 + z^2) \rho(x,y,z) dV,$$

$$I_y = \iiint_\Omega (z^2 + x^2) \rho(x,y,z) dV,$$

$$I_z = \iiint_\Omega (x^2 + y^2) \rho(x,y,z) dV.$$

例 6 计算体密度为 $\rho(x,y,z) \equiv 1$ 的均匀球体 $\Omega: x^2 + y^2 + z^2 \leqslant 1$ 对于三条坐标轴的转动惯量.

解 因为球体关于三个坐标面对称,且转动惯量 I_x, I_y, I_z 的计算公式中的被积函数关于其每个自变量都是偶函数,所以

$$I_x = I_y = I_z = \dfrac{1}{3}(I_x + I_y + I_z) = \dfrac{1}{3}\iiint_\Omega 2(x^2 + y^2 + z^2) dV$$

$$= \dfrac{2}{3}\int_0^{2\pi} d\theta \int_0^\pi \sin\varphi d\varphi \int_0^1 r^4 dr = \dfrac{8}{15}\pi.$$

四、引力

1. 平面薄片对质点的引力

设有一平面薄片,占有 xOy 面上的闭区域 D,在点 (x,y) 处的面密度 $\mu(x,y)$ 为 D 上的连续函数,求该薄片对位于 z 轴上点 $(0,0,a)$ 处的单位质点的引力 $\boldsymbol{F}$.

应用元素法,可得 $\boldsymbol{F} = (F_x, F_y, F_z)$,且

$$F_x = G \iint\limits_{D} \frac{x\mu(x,y)}{(x^2+y^2+a^2)^{\frac{3}{2}}} \mathrm{d}\sigma,$$

$$F_y = G \iint\limits_{D} \frac{y\mu(x,y)}{(x^2+y^2+a^2)^{\frac{3}{2}}} \mathrm{d}\sigma,$$

$$F_z = -Ga \iint\limits_{D} \frac{\mu(x,y)}{(x^2+y^2+a^2)^{\frac{3}{2}}} \mathrm{d}\sigma,$$

其中 G 为引力常数.

例 7 设面密度为常数 μ,半径为 R 的匀质圆形薄片占有 xOy 面上的闭区域 D: $x^2+y^2 \leqslant R^2$,求该薄片对位于 z 轴上点 $M_0(0,0,a)(a>0)$ 处的单位质点的引力.

解 由闭区域 D 的对称性可知,$F_x = F_y = 0$. 而

$$\begin{aligned}
F_z &= -Ga\mu \iint\limits_{D} \frac{\mathrm{d}\sigma}{(x^2+y^2+a^2)^{\frac{3}{2}}} \\
&= -Ga\mu \int_0^{2\pi} \mathrm{d}\theta \int_0^R \frac{r}{(r^2+a^2)^{\frac{3}{2}}} \mathrm{d}r \\
&= 2\pi Ga\mu \left(\frac{1}{\sqrt{R^2+a^2}} - \frac{1}{a} \right),
\end{aligned}$$

故所求引力为 $\left(0, 0, 2\pi Ga\mu\left(\frac{1}{\sqrt{R^2+a^2}} - \frac{1}{a}\right)\right)$.

2. 空间物体对质点的引力

设一物体占有空间有界闭区域 Ω,它在点 (x,y,z) 处的体密度 $\rho(x,y,z)$ 为 Ω 上的连续函数,则应用元素法可得该物体对位于其外一点 $P_0(x_0,y_0,z_0)$ 处的单位质点的引力为 $\boldsymbol{F} = (F_x, F_y, F_z)$,且

$$F_x = G \iiint\limits_{\Omega} \frac{\rho(x,y,z)(x-x_0)}{r^3} \mathrm{d}V,$$

$$F_y = G \iiint\limits_{\Omega} \frac{\rho(x,y,z)(y-y_0)}{r^3} \mathrm{d}V,$$

$$F_z = G \iiint\limits_{\Omega} \frac{\rho(x,y,z)(z-z_0)}{r^3} \mathrm{d}V,$$

其中 $r = \sqrt{(x-x_0)^2 + (y-y_0)^2 + (z-z_0)^2}$,$G$ 为引力常数.

附表 11　重积分图表

二重积分的概念与性质	1.定义：$\iint\limits_{D} f(x,y)\mathrm{d}\sigma = \lim\limits_{\lambda \to 0}\sum\limits_{i=1}^{n} f(\xi_i,\eta_i)\Delta\sigma_i$ 2.性质： (1) $\iint\limits_{D}(\alpha f(x,y) \pm \beta g(x,y))\mathrm{d}\sigma = \alpha\iint\limits_{D}f(x,y)\mathrm{d}\sigma \pm \beta\iint\limits_{D}g(x,y)\mathrm{d}\sigma$ (2) $\iint\limits_{D}f(x,y)\mathrm{d}\sigma = \iint\limits_{D_1}f(x,y)\mathrm{d}\sigma + \iint\limits_{D_2}f(x,y)\mathrm{d}\sigma$，其中 $D = D_1 + D_2$ (3) 若在闭区域 D 上 $f(x,y) \leqslant g(x,y)$，则 $\iint\limits_{D}f(x,y)\mathrm{d}\sigma \leqslant \iint\limits_{D}g(x,y)\mathrm{d}\sigma$ (4) 设 M,m 分别是函数 $f(x,y)$ 在闭区域 D 上的最大值和最小值，则 $m\sigma \leqslant \iint\limits_{D}f(x,y)\mathrm{d}\sigma \leqslant M\sigma$，其中 σ 是 D 的面积 (5) 设函数 $f(x,y)$ 在闭区域 D 上连续，则 $\exists (\xi,\eta) \in D$，使得 $\iint\limits_{D}f(x,y)\mathrm{d}\sigma = f(\xi,\eta)\sigma$，其中 σ 是 D 的面积	
二重积分的计算	1.在直角坐标系下计算二重积分： (1) 当积分区域 D 为 X 型区域时，其图形如下： 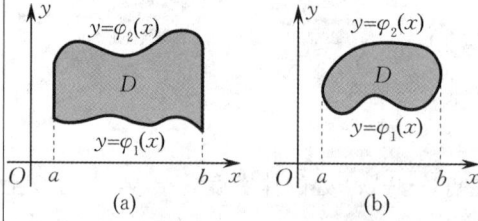 即 D 可表示为 $\varphi_1(x) \leqslant y \leqslant \varphi_2(x), a \leqslant x \leqslant b$。此时函数 $f(x,y)$ 在 D 上的二重积分可化为先对 y 后对 x 积分的二次积分，其计算公式为 $\iint\limits_{D}f(x,y)\mathrm{d}\sigma = \int_a^b\left(\int_{\varphi_1(x)}^{\varphi_2(x)}f(x,y)\mathrm{d}y\right)\mathrm{d}x$ (2) 当积分区域 D 为 Y 型区域时，其图形如下： 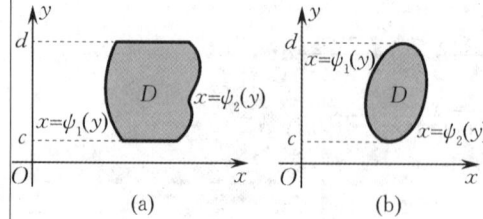 即 D 可表示为 $\psi_1(y) \leqslant x \leqslant \psi_2(y), c \leqslant y \leqslant d$。此时函数 $f(x,y)$ 在 D 上的二重积分可化为先对 x 后对 y 积分的二次积分，其计算公式为 $\iint\limits_{D}f(x,y)\mathrm{d}\sigma = \int_c^d\left(\int_{\psi_1(y)}^{\psi_2(y)}f(x,y)\mathrm{d}x\right)\mathrm{d}y$	2. 二重积分的换元法：在变量替换：$x = x(u,v), y = y(u,v)$ 下，若雅可比行列式 $J = \dfrac{\partial(x,y)}{\partial(u,v)} \neq 0$，则 $\iint\limits_{D}f(x,y)\mathrm{d}x\mathrm{d}y = \iint\limits_{D'}f(x(u,v),y(u,v))\lvert J \rvert \mathrm{d}u\mathrm{d}v$. 特别地，当积分区域 D 在极坐标系下表示为 $\alpha \leqslant \theta \leqslant \beta, \varphi_1(\theta) \leqslant r \leqslant \varphi_2(\theta)$ 时，有 $\iint\limits_{D}f(x,y)\mathrm{d}x\mathrm{d}y = \iint\limits_{D'}f(r\cos\theta, r\sin\theta)r\mathrm{d}r\mathrm{d}\theta$ $= \int_\alpha^\beta \mathrm{d}\theta \int_{\varphi_1(\theta)}^{\varphi_2(\theta)} f(r\cos\theta, r\sin\theta)r\mathrm{d}r$ 注：积分次序是有选择的，主要由积分区域决定，个别情形由被积函数决定。一般地，我们有以下结论： (1) 当积分区域为 X 型区域时，此时应选择先对 y 后对 x 积分的积分次序 (2) 当积分区域为 Y 型区域时，此时应选择先对 x 后对 y 积分的积分次序 (3) 当积分区域既是 X 型区域又是 Y 型区域时，可任意选择积分次序。 (4) 当积分区域既不是 X 型区域也不是 Y 型区域时，需作些平行于坐标轴的直线段，将其分为几个部分，使得每一部分成为 X 型区域或 Y 型区域，再分别确定积分次序

二重积分的计算	注:二重积分化为二次积分的关键是确定积分限.积分限应这样确定(以先对 y 后对 x 积分的积分次序为例说明):先将积分区域 D 投影到 x 轴上,得一区间,设为 $[a,b]$,则对 x 积分的积分区间就是 $[a,b]$;再在 $[a,b]$ 上任取一个 x 值,从点 x 作穿过 D 且平行于 y 轴的直线,	则这条直线与 D 的下边界曲线的交点的纵坐标 $\varphi_1(x)$ 就是对 y 积分的下限,这条直线与 D 的上边界曲线的交点的纵坐标 $\varphi_2(x)$ 就是对 y 积分的上限.用类似的做法可以确定先对 x 后对 y 积分的积分限
三重积分	1.三重积分的定义: $$\iiint_\Omega f(x,y,z)\mathrm{d}V = \lim_{\lambda \to 0}\sum_{i=1}^n f(\xi_i,\eta_i,\zeta_i)\Delta V_i$$ 2.在直角坐标系下计算三重积分:如果积分区域 Ω 可表示为 $a \leqslant x \leqslant b, y_1(x) \leqslant y \leqslant y_2(x)$, $z_1(x,y) \leqslant z \leqslant z_2(x,y)$,有 $$\iiint_\Omega f(x,y,z)\mathrm{d}x\mathrm{d}y\mathrm{d}z$$ $$= \int_a^b \mathrm{d}x \int_{y_1(x)}^{y_2(x)} \mathrm{d}y \int_{z_1(x,y)}^{z_2(x,y)} f(x,y,z)\mathrm{d}z$$ 注:如果 Ω 是由左、右两个曲面及母线平行于 y 轴的柱面所围成,则三重积分应化为先对 y 的三次积分.同样,如果 Ω 是由前、后两个曲面及母线平行于 x 轴的柱面所围成,则三重积分应化为先对 x 的三次积分	3.在柱面坐标系下计算三重积分:在柱面坐标变换 $\begin{cases} x = r\cos\theta, \\ y = r\sin\theta, \\ z = z \end{cases}$ 下,有 $$\iiint_\Omega f(x,y,z)\mathrm{d}x\mathrm{d}y\mathrm{d}z$$ $$= \iiint_\Omega f(r\cos\theta,r\sin\theta,z)r\mathrm{d}r\mathrm{d}\theta\mathrm{d}z$$ 4.在球面坐标系下计算三重积分:在球面坐标变换 $\begin{cases} x = r\sin\varphi\cos\theta, \\ y = r\sin\varphi\sin\theta, \\ z = r\cos\varphi \end{cases}$ 下,有 $$\iiint_\Omega f(x,y,z)\mathrm{d}x\mathrm{d}y\mathrm{d}z$$ $$= \iiint_\Omega f(r\sin\varphi\cos\theta,r\sin\varphi\sin\theta,r\cos\varphi)r^2\sin\varphi\mathrm{d}r\mathrm{d}\varphi\mathrm{d}\theta$$
重积分的应用	1.曲面的面积:设曲面 $z = f(x,y)$ 在 xOy 面上的投影区域为 D_{xy},则其面积为 $$A = \iint_{D_{xy}} \sqrt{1 + z_x^2 + z_y^2}\mathrm{d}x\mathrm{d}y$$ 2.平面薄片的质心:设平面薄片占有 xOy 面上的区域 D,它的面密度为 $\mu(x,y)$,则其质心坐标为 $$\bar{x} = \frac{\iint_D x\mu(x,y)\mathrm{d}\sigma}{\iint_D \mu(x,y)\mathrm{d}\sigma}, \quad \bar{y} = \frac{\iint_D y\mu(x,y)\mathrm{d}\sigma}{\iint_D \mu(x,y)\mathrm{d}\sigma}$$	3.平面薄片的转动惯量:设平面薄片占有 xOy 面上的区域 D,它的面密度为 $\mu(x,y)$,则其对于 x 轴及 y 轴的转动惯量分别为 $$I_x = \iint_D y^2\mu(x,y)\mathrm{d}\sigma, \quad I_y = \iint_D x^2\mu(x,y)\mathrm{d}\sigma$$ 4.平面薄片对于质点的引力:设平面薄片占有 xOy 面上的区域 D,它的面密度为 $\mu(x,y)$, G 为引力常数,则其对位于点 $(0,0,a)$ 处的单位质点的引力 $\boldsymbol{F}$ 的各分量为 $$F_x = G\iint_D \frac{x\mu(x,y)}{(x^2+y^2+a^2)^{\frac{3}{2}}}\mathrm{d}\sigma,$$ $$F_y = G\iint_D \frac{y\mu(x,y)}{(x^2+y^2+a^2)^{\frac{3}{2}}}\mathrm{d}\sigma,$$ $$F_z = -Ga\iint_D \frac{\mu(x,y)}{(x^2+y^2+a^2)^{\frac{3}{2}}}\mathrm{d}\sigma$$

习题十一

A 组

1. 判断题

(1) 设闭区域 $D: x^2+y^2 \leqslant \dfrac{1}{e^2}$，则 $\iint\limits_{D}\ln(x^2+y^2)\mathrm{d}\sigma>0$. （   ）

(2) 设 D 是由 x 轴，y 轴及直线 $x+y=1$ 所围成的闭区域，则
$$\iint\limits_{D}(x+y)^2\mathrm{d}\sigma<\iint\limits_{D}(x+y)^3\mathrm{d}\sigma.$$
（   ）

(3) 若在闭区域 D 上 $f(x,y)>g(x,y)$，则 $\iint\limits_{D}(f(x,y)-g(x,y))\mathrm{d}\sigma$ 表示以曲面 $z=g(x,y)$ 为底，以曲面 $z=f(x,y)$ 为顶的立体的体积. （   ）

(4) 若 $\iint\limits_{D}f(x,y)\mathrm{d}\sigma\geqslant\iint\limits_{D}g(x,y)\mathrm{d}\sigma$，则在积分区域 D 上恒有 $f(x,y)\geqslant g(x,y)$. （   ）

(5) 设闭区域 $\Omega: x^2+y^2+z^2\leqslant 6$，则 $\iiint\limits_{\Omega}\mathrm{d}V=8\sqrt{6}\pi$. （   ）

(6) $\iiint\limits_{\Omega}f(x,y,z)\mathrm{d}V$ 表示空间闭区域 Ω 的体积. （   ）

(7) 设闭区域 $\Omega: x^2+y^2+z^2\leqslant 6$，则 $\iiint\limits_{\Omega}(x^2+y^2+z^2)\mathrm{d}V=\iiint\limits_{\Omega}6\mathrm{d}V$. （   ）

(8) 设闭区域 Ω 关于 yOz 面对称，且 $f(x,y,z)$ 为关于 x 的偶函数，则
$$\iiint\limits_{\Omega}f(x,y,z)\mathrm{d}V=2\iiint\limits_{\Omega_1}f(x,y,z)\mathrm{d}V,$$
其中闭区域 Ω_1 是 Ω 关于 yOz 面对称的前半部分. （   ）

2. 填空题

(1) 设闭区域 $D: 3\leqslant x^2+y^2\leqslant 9$，则 $\iint\limits_{D}3\mathrm{d}\sigma=$ _____.

(2) 设闭区域 $D: 0\leqslant x\leqslant 1, 0\leqslant y\leqslant 1$，则由估值性得 _____ $\leqslant\iint\limits_{D}xy(x+y)\mathrm{d}\sigma\leqslant$ _____.

(3) 根据二重积分的几何意义，$\iint\limits_{D}\sqrt{4-x^2-y^2}\mathrm{d}\sigma=$ _____，其中积分区域 $D: x^2+y^2\leqslant 4$.

(4) 设 Ω 为由曲面 $z=x^2+y^2$ 与平面 $z=1$ 所围成的闭区域，则三重积分 $\iiint\limits_{\Omega}f(x,y,z)\mathrm{d}V$ 可化为直角坐标系中的三次积分 _____.

(5) 设 Ω 为由曲面 $z^2=x^2+y^2, x^2+y^2=1$ 所围成的在第 I 卦限内的闭区域，则三重积分 $\iiint\limits_{\Omega}f(x,y,z)\mathrm{d}V$ 可化为直角坐标系中的三次积分 _____.

3. 计算下列二重积分：

(1) $\iint_D e^{3x+2y} d\sigma$,其中 $D: |x| \leqslant 1, |y| \leqslant 1$;

(2) $\iint_D (3x+2y) d\sigma$,其中 D 是由 x 轴,y 轴与直线 $x+y=2$ 所围成的闭区域;

(3) $\iint_D x\cos(x+y) d\sigma$,其中 D 是三个顶点分别为 $(0,0)$,$(\pi,0)$ 和 (π,π) 的三角形闭区域;

(4) $\iint_D x\sqrt{y} d\sigma$,其中 D 是由抛物线 $y=\sqrt{x}$,$y=x^2$ 所围成的闭区域.

4.改变下列二次积分的积分次序:

(1) $\int_0^2 dy \int_{y^2}^{2y} f(x,y) dx$;

(2) $\int_1^2 dx \int_{2-x}^{\sqrt{2x-x^2}} f(x,y) dy$;

(3) $\int_0^\pi dx \int_{-\sin\frac{x}{2}}^{\sin x} f(x,y) dy$;

(4) $\int_0^1 dy \int_0^{2y} f(x,y) dx + \int_1^3 dy \int_0^{3-y} f(x,y) dx$.

5.将下列二次积分化为极坐标系下的二次积分:

(1) $\int_0^{2a} dx \int_0^{\sqrt{2ax-x^2}} (x^2+y^2) dy$;

(2) $\int_0^a dx \int_0^x \sqrt{x^2+y^2} dy$;

(3) $\int_0^1 dx \int_{x^2}^x (x^2+y^2)^{-\frac{1}{2}} dy$;

(4) $\int_0^a dy \int_0^{\sqrt{a^2-y^2}} (x^2+y^2) dx$.

6.利用极坐标系计算下列二重积分:

(1) $\iint_D e^{x^2+y^2} d\sigma$,其中 $D: x^2+y^2 \leqslant 4$;

(2) $\iint_D |x^2+y^2-2| d\sigma$,其中 $D: x^2+y^2 \leqslant 3$;

(3) $\iint_D \arctan\frac{y}{x} d\sigma$,其中 $D: 1 \leqslant x^2+y^2 \leqslant 4, 0 \leqslant y \leqslant x$.

7.选择适当的坐标系计算下列二重积分:

(1) $\iint_D (R^2-x^2-y^2) d\sigma$,其中 D 是由曲线 $x^2+y^2=Rx(R>0)$ 所围成的闭区域;

(2) $\iint_D \frac{x^2}{y^2} d\sigma$,其中 D 是由直线 $x=2$,$y=x$ 和曲线 $xy=1$ 所围成的闭区域;

(3) $\iint_D \sqrt{x^2+y^2} d\sigma$,其中 $D: a^2 \leqslant x^2+y^2 \leqslant b^2 (a>0, b>0)$;

(4) $\iint_D (x^2+y^2) d\sigma$,其中 D 是由直线 $y=x$,$y=x+a$,$y=a$,$y=3a(a>0)$ 所围成的闭区域.

8.求由曲面 $z=x^2+2y^2$,$z=6-2x^2-y^2$ 所围成的立体的体积.

9.设一平面薄片所占的闭区域 D 由直线 $x+y=2$,$y=x$ 和 x 轴所围成,它的面密度为 $\mu(x,y)=x^2+y^2$,求该薄片的质量.

10.计算下列三重积分:

(1) $\iiint_\Omega xy^2z^3 dV$,其中 Ω 是由曲面 $z=xy$ 与平面 $y=x$,$x=1$,$z=0$ 所围成的闭区域;

(2) $\iiint_\Omega \frac{1}{(1+x+y+z)^3} dV$,其中 Ω 是由平面 $x=0$,$y=0$,$z=0$,$x+y+z=1$ 所围成的闭区域;

(3) $\iiint_\Omega z dV$,其中 Ω 是由曲面 $z=\frac{h}{R}\sqrt{x^2+y^2}$ 与平面 $z=h(R>0, h>0)$ 所围成的闭区域.

11. 设 Ω 是由曲面 $z = \sqrt{2-x^2-y^2}$, $z = x^2+y^2$ 所围成的闭区域,试分别利用不同的坐标系将 $I = \iiint_\Omega z^2 \mathrm{d}V$ 化为三次积分.

12. 利用柱面坐标系计算下列三重积分:

(1) $\iiint_\Omega z \mathrm{d}V$,其中 Ω 是由曲面 $z = \sqrt{2-x^2-y^2}$, $z = x^2+y^2$ 所围成的闭区域;

(2) $\iiint_\Omega (x^2+y^2)\mathrm{d}V$,其中 Ω 是由曲面 $2z = x^2+y^2$ 与平面 $z = 2$ 所围成的闭区域.

13. 利用球面坐标系计算下列三重积分:

(1) $\iiint_\Omega (x^2+y^2+z^2)\mathrm{d}V$,其中 Ω 是由曲面 $x^2+y^2+z^2 = 1$ 所围成的闭区域;

(2) $\iiint_\Omega \sqrt{x^2+y^2+z^2}\mathrm{d}V$,其中 $\Omega: x^2+y^2+z^2 \leqslant z$.

14. 选取适当的坐标系计算下列三重积分:

(1) $\iiint_\Omega z\sqrt{x^2+y^2}\mathrm{d}V$,其中 Ω 是由曲面 $y = \sqrt{2x-x^2}$ 及平面 $z = 0, z = 1, y = 0$ 所围成的闭区域;

(2) $\iiint_\Omega z\mathrm{d}V$,其中 Ω 是由曲面 $x^2+y^2+(z-a)^2 = a^2$, $x^2+y^2 = z^2$ 所围成的闭区域;

(3) $\iiint_\Omega \mathrm{d}V$,其中 Ω 是由曲面 $z = \sqrt{2-x^2-y^2}$, $z = x^2+y^2$ 所围成的闭区域.

15. 利用三重积分求由曲面 $z = x^2+2y^2$, $z = 6-2x^2-y^2$ 所围成的立体的体积.

16. 设一球体(球心在坐标原点,半径为 R)上任一点处的体密度大小与该点到球心的距离成正比 (设比例系数为 k),求该球体的质量.

17. 求球面 $x^2+y^2+z^2 = a^2(a > 0)$ 含在圆柱面 $x^2+y^2 = ax$ 内部的那部分曲面的面积.

18. 求锥面 $z = \sqrt{x^2+y^2}$ 被柱面 $x^2+y^2 = 2x$ 所割下的部分曲面的面积.

19. 求两个直交圆柱面 $x^2+y^2 = R^2$ 及 $x^2+z^2 = R^2$ 所围成的立体的表面积.

20. 设一平面薄片所占闭区域 D 由曲线 $y = x^2$ 与直线 $y = x$ 所围成,它在点 (x,y) 处的面密度为 $\rho(x,y) = x^2 y$,求其质心.

21. 设均匀薄片(面密度为 ρ)所占闭区域 D 由曲线 $y^2 = x$ 与直线 $x = 1$ 所围成,求其对于 x 轴及 y 轴的转动惯量 I_x, I_y.

22. 求由曲面 $z = \sqrt{b^2-x^2-y^2}$, $z = \sqrt{a^2-x^2-y^2}$ $(0 < a < b)$ 和平面 $z = 0$ 所围成的均匀立体的质心.

23. 求底圆半径为 a,高为 h,体密度 $\rho = 1$ 的均匀圆柱体对于过其中心且垂直于母线的轴的转动惯量.

B 组

1. 设函数 $f(x,y)$ 在闭区域 $x^2+y^2 \leqslant 1$ 上连续. 求证: $\lim\limits_{R \to 0} \iint\limits_{x^2+y^2 \leqslant R^2} f(x,y)\mathrm{d}\sigma = \pi f(0,0)$.

2. 选择适当的坐标变换,计算下列二重积分:

(1) $\iint\limits_D x^2 y^2 \mathrm{d}x\mathrm{d}y$,其中 D 是由曲线 $xy = 1, xy = 2$ 与直线 $y = x, y = 4x$ 所围成的第一象限内的闭

区域；

(2) $\iint\limits_{D} e^{\frac{y}{x+y}} d\sigma$，其中 D 是由 x 轴，y 轴和直线 $x+y=1$ 所围成的闭区域.

3. 设 D 是由曲线 $y=x^3, y=4x^3, x=y^3, x=4y^3$ 所围成的第一象限内的闭区域，求 D 的面积.

4. 计算 $\iint\limits_{D}|y-x^2|d\sigma$，其中 $D: 0 \leqslant x \leqslant 1, 0 \leqslant y \leqslant 1$.

5. 计算 $\int_0^1 dx \int_x^1 x^2 e^{-y^2} dy$.

6. 证明：若 $f(x)$ 是区间 $[a,b]$ 上的正值连续函数，则

$$\iint\limits_{D} \frac{f(x)}{f(y)} d\sigma \geqslant (b-a)^2,$$

其中 $D: a \leqslant x \leqslant b, a \leqslant y \leqslant b$.

7. 证明：若函数 $f(x,y), g(x,y)$ 在有界闭区域 D 上均连续，且 $g(x,y)>0$，则存在一点 (ξ, η)，使得

$$\iint\limits_{D} f(x,y) g(x,y) d\sigma = f(\xi, \eta) \iint\limits_{D} g(x,y) d\sigma.$$

8. 计算 $\iiint\limits_{\Omega}(kx^2+my^2+nz^2)dV$，其中 $\Omega: x^2+y^2+z^2 \leqslant a^2$.

9. 计算 $\lim\limits_{t \to 0} \frac{1}{\pi t^4} \iiint\limits_{\Omega} f(\sqrt{x^2+y^2+z^2})dV$，其中 $\Omega: x^2+y^2+z^2 \leqslant t^2$，函数 $f(u)$ 具有连续导数.

考研真题精选十一

一、填空题

1. 设闭区域 $D=\{(x,y) \mid x^2+y^2 \leqslant 1\}$，则 $\iint\limits_{D}(x^2-y)dxdy=$ _____. （2008，数三）

2. $\int_1^2 dx \int_0^1 x^y \ln x dy=$ _____. （2008，数四）

3. 设闭区域 $\Omega=\{(x,y,z) \mid x^2+y^2+z^2 \leqslant 1\}$，则 $\iiint\limits_{\Omega} z^2 dxdydz=$ _____. （2009，数一）

4. 设闭区域 $\Omega=\{(x,y,z) \mid x^2+y^2 \leqslant z \leqslant 1\}$，则 Ω 的质心的竖坐标 $\bar{z}=$ _____.

（2010，数一）

二、选择题

1. 设闭区域 $D=\{(x,y) \mid x^2+y^2 \leqslant 4, x \geqslant 0, y \geqslant 0\}$，$f(x)$ 为 D 上的正值连续函数，a,b 为常数，则 $\iint\limits_{D} \frac{a\sqrt{f(x)}+b\sqrt{f(y)}}{\sqrt{f(x)}+\sqrt{f(y)}} d\sigma = ($ $)$.

A. $ab\pi$ \qquad B. $\frac{ab}{2}\pi$

C. $(a+b)\pi$ \qquad D. $\frac{a+b}{2}\pi$ \qquad （2005，数二）

2. 设 $I_1 = \iint\limits_{D} \cos\sqrt{x^2+y^2} d\sigma, I_2 = \iint\limits_{D} \cos(x^2+y^2) d\sigma, I_3 = \iint\limits_{D} \cos(x^2+y^2)^2 d\sigma$，其中 $D=\{(x,y) \mid x^2+y^2 \leqslant 1\}$，则 $($ $)$.

A. $I_3 > I_2 > I_1$ \qquad B. $I_1 > I_2 > I_3$

C. $I_2 > I_1 > I_3$ 　　　　　　　　D. $I_3 > I_1 > I_2$ 　　　　(2005,数三)

3. 设 $f(x,y)$ 为连续函数,则 $\int_0^{\frac{\pi}{4}} d\theta \int_0^1 f(r\cos\theta, r\sin\theta) r dr = ($ 　　).

A. $\int_0^{\frac{\sqrt{2}}{2}} dx \int_x^{\sqrt{1-x^2}} f(x,y) dy$ 　　　　B. $\int_0^{\frac{\sqrt{2}}{2}} dx \int_0^{\sqrt{1-x^2}} f(x,y) dy$

C. $\int_0^{\frac{\sqrt{2}}{2}} dy \int_y^{\sqrt{1-y^2}} f(x,y) dx$ 　　　　D. $\int_0^{\frac{\sqrt{2}}{2}} dy \int_0^{\sqrt{1-y^2}} f(x,y) dx$ 　　(2006,数一、二)

4. 设 $f(x,y)$ 为连续函数,则 $\int_{\frac{\pi}{2}}^{\pi} dx \int_{\sin x}^1 f(x,y) dy = ($ 　　).

A. $\int_0^1 dy \int_{\pi+\arcsin y}^{\pi} f(x,y) dx$ 　　　　B. $\int_0^1 dy \int_{\frac{\pi}{2}}^{\pi-\arcsin y} f(x,y) dx$

C. $\int_0^1 dy \int_{\frac{\pi}{2}}^{\pi+\arcsin y} f(x,y) dx$ 　　　　D. $\int_0^1 dy \int_{\frac{\pi}{2}}^{\pi-\arcsin y} f(x,y) dx$ 　　(2007,数二、三)

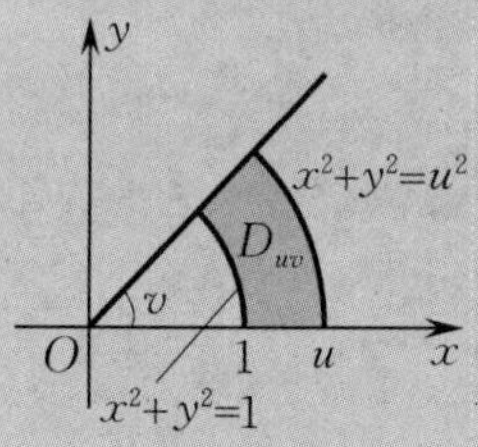

5. 如图 11-30 所示,设函数 f 连续,函数 $F(u,v) = \iint_{D_{uv}} \frac{f(x^2+y^2)}{\sqrt{x^2+y^2}} dxdy$,其中闭区域 D_{uv} 为图中阴影部分,则 $\frac{\partial F}{\partial u} = ($ 　　).

A. $vf(u^2)$ 　　B. $\frac{v}{u}f(u^2)$

C. $vf(u)$ 　　D. $\frac{v}{u}f(u)$ 　　(2008,数二、三)

图 11-30

6. 设 $f(x)$ 为连续的奇函数,$g(x)$ 为连续的偶函数,闭区域 $D = \{(x,y) \mid 0 \leqslant x \leqslant 1, -\sqrt{x} \leqslant y \leqslant \sqrt{x}\}$,则以下结论中正确的是(　　).

A. $\iint_D f(y)g(x) dxdy = 0$ 　　　　B. $\iint_D f(x)g(y) dxdy = 0$

C. $\iint_D (f(x)+g(y)) dxdy = 0$ 　　　　D. $\iint_D (f(y)+g(x)) dxdy = 0$ 　　(2008,数四)

7. 如图 11-31 所示,正方形闭区域 $D = \{(x,y) \mid |x| \leqslant 1, |y| \leqslant 1\}$ 被其对角线分为四个闭区域 $D_k (k=1,2,3,4)$. 设 $I_k = \iint_{D_k} y\cos x dxdy$,则 $\max_{1 \leqslant k \leqslant 4}\{I_k\} = ($ 　　).

A. I_1 　　　　B. I_2

C. I_3 　　　　D. I_4 　　(2009,数一)

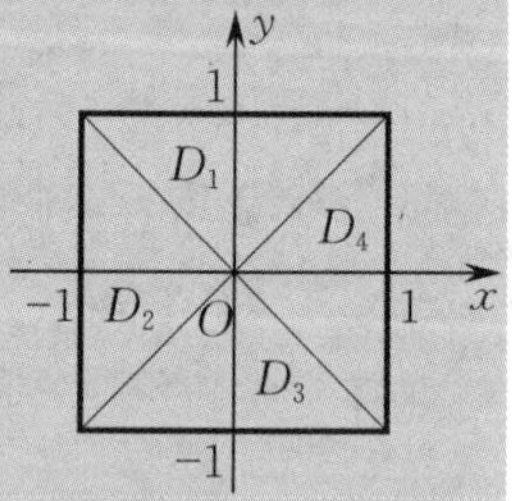

图 11-31

8. 设函数 $f(x,y)$ 连续,则 $\int_1^2 dx \int_x^2 f(x,y) dy + \int_1^2 dy \int_y^{4-y} f(x,y) dx = ($ 　　).

A. $\int_1^2 dx \int_1^{4-x} f(x,y) dy$ 　　　　B. $\int_1^2 dx \int_x^{4-x} f(x,y) dy$

C. $\int_1^2 dy \int_1^{4-y} f(x,y) dx$ 　　　　D. $\int_1^2 dy \int_y^2 f(x,y) dx$ 　　(2009,数二)

9. 设闭区域 $D = \{(x,y) \mid x \leqslant x^2+y^2 \leqslant 2x, y \geqslant 0\}$,则在极坐标系下,$\iint_D xy dxdy = ($ 　　).

A. $\int_0^{\frac{\pi}{2}} d\theta \int_{\cos\theta}^{2\cos\theta} r^2 \cos\theta \sin\theta dr$ 　　　　B. $\int_0^{\frac{\pi}{2}} d\theta \int_{\cos\theta}^{2\cos\theta} r^3 \cos\theta \sin\theta dr$

C. $\int_0^\pi d\theta \int_{\cos\theta}^{2\cos\theta} r^2 \cos\theta\sin\theta dr$ D. $\int_0^\pi d\theta \int_{\cos\theta}^{2\cos\theta} r^3 \cos\theta\sin\theta dr$ (2009,数四)

10. $\lim\limits_{n\to\infty}\sum\limits_{i=1}^n \sum\limits_{j=1}^n \dfrac{n}{(n+i)(n^2+j^2)}=(\quad)$.

A. $\int_0^1 dx \int_0^x \dfrac{1}{(1+x)(1+y^2)}dy$ B. $\int_0^1 dx \int_0^x \dfrac{1}{(1+x)(1+y)}dy$

C. $\int_0^1 dx \int_0^1 \dfrac{1}{(1+x)(1+y)}dy$ D. $\int_0^1 dx \int_0^1 \dfrac{1}{(1+x)(1+y^2)}dy$ (2010,数一)

三、解答题

1. 设闭区域 $D=\{(x,y)\mid x^2+y^2\leqslant\sqrt{2},x\geqslant 0,y\geqslant 0\}$, $[1+x^2+y^2]$ 表示不超过 $1+x^2+y^2$ 的最大整数, 计算 $\iint_D xy[1+x^2+y^2]dxdy$.   (2005,数一)

2. 计算 $\iint_D |x^2+y^2-1|d\sigma$, 其中 $D=\{(x,y)\mid 0\leqslant x\leqslant 2,0\leqslant y\leqslant 2\}$.   (2005,数二、三)

3. 设闭区域 $D=\{(x,y)\mid x^2+y^2\leqslant 1,x\geqslant 0\}$, 计算 $I=\iint_D \dfrac{1+xy}{x^2+y^2+1}dxdy$.   (2006,数二、三)

4. 计算 $\iint_D \sqrt{y^2-xy}dxdy$, 其中 D 是由直线 $y=x,y=1,x=0$ 所围成的闭区域.   (2006,数三)

5. 设二元函数 $f(x,y)=\begin{cases} x^2, & |x|+|y|\leqslant 1, \\ \dfrac{1}{\sqrt{x^2+y^2}}, & 1<|x|+|y|\leqslant 2, \end{cases}$ 计算 $\iint_D f(x,y)d\sigma$, 其中 $D=\{(x,y)\mid |x|+|y|\leqslant 2\}$.   (2007,数二、三)

6. 计算 $\iint_D \max\{xy,1\}dxdy$, 其中 $D=\{(x,y)\mid 0\leqslant x\leqslant 2,0\leqslant y\leqslant 2\}$.   (2008,数二、三)

7. 计算 $\iint_D (x-y)dxdy$, 其中 $D=\{(x,y)\mid (x-1)^2+(y-1)^2\leqslant 2,y\geqslant x\}$.   (2009,数二、三)

8. 计算
$$\iint_D r^2\sin\theta\sqrt{1-r^2\cos 2\theta}drd\theta,$$
其中 $D=\left\{(r,\theta)\mid 0\leqslant r\leqslant\sec\theta,0\leqslant\theta\leqslant\dfrac{\pi}{4}\right\}$.   (2010,数二)

9. 计算 $\iint_D (x+y)^3 dxdy$, 其中积分区域 D 由曲线 $x=\sqrt{1+y^2}$ 与直线 $x+\sqrt{2}y=0$ 及 $x-\sqrt{2}y=0$ 所围成, 如图 11-32 所示.   (2010,数三)

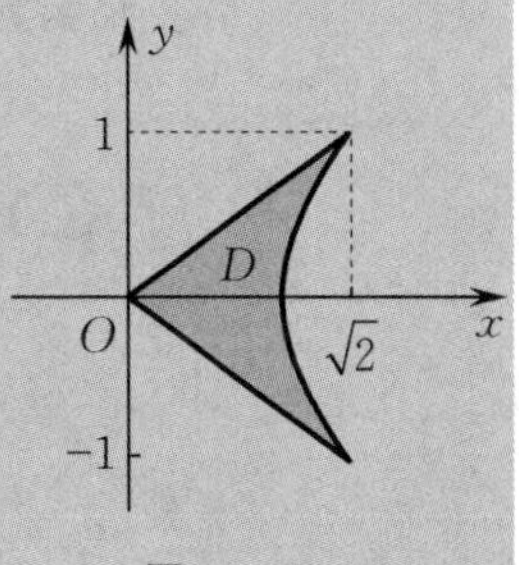

图 11-32

第十二章 曲线积分与曲面积分

在上一章中,我们已经把积分的积分区域从数轴上的区间推广到了平面上的区域和空间中的区域.本章还将进一步把积分的积分区域推广到平面和空间中的一段曲线或一片曲面的情形,相应地称为曲线积分与曲面积分,它是多元函数积分学的又一重要内容.

第一节 对弧长的曲线积分

一、对弧长的曲线积分的概念与性质

曲线型构件的质量问题 设 xOy 面上有一条光滑的曲线弧 L，已知其上点 (x,y) 处的线密度为 $\mu(x,y)$，求曲线型构件 L 的质量.

我们知道，质量均匀分布（线密度为常数）的曲线型构件的质量可用公式

$$\text{质量} = \text{线密度} \times \text{曲线的弧长}$$

来计算. 现在的曲线型构件的线密度是变量，其质量不能用以上公式计算，只能用分割、近似代替、求和、取极限的方法计算.

(1) 分割. 在曲线弧 L 上任取一组点 $A_1, A_2, \cdots, A_{n-1}$，将 L 分成 n 小段，它们的长度分别记作 $\Delta s_1, \Delta s_2, \cdots, \Delta s_n$，如图 12-1 所示.

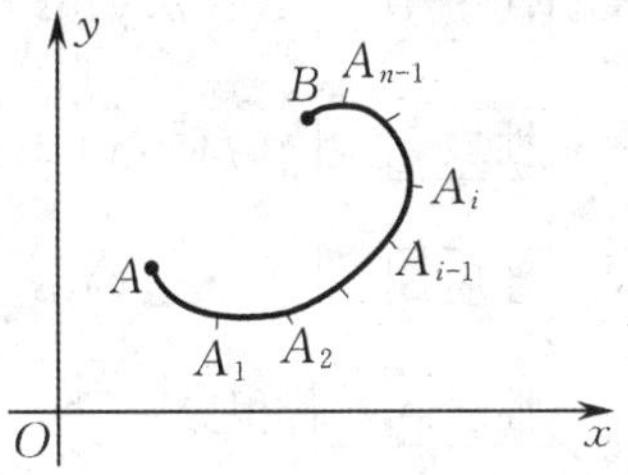

(2) 近似代替. 在第 $i(i=1,2,\cdots,n)$ 小段上任取一点 (ξ_i, η_i)，以 $\mu(\xi_i, \eta_i)$ 近似代替第 i 小段上每一点处的线密度，于是第 i 小段的质量近似为

$$\Delta M_i \approx \mu(\xi_i, \eta_i) \Delta s_i \quad (i=1,2,\cdots,n).$$

图 12-1

(3) 求和. 将上述所求得的 n 小段质量近似值相加，即得所求质量的近似值为

$$M \approx \sum_{i=1}^{n} \mu(\xi_i, \eta_i) \Delta s_i.$$

(4) 取极限. 用 λ 表示 n 小段长度中的最大者，对上式右端的和式取 $\lambda \to 0$ 时的极限，该极限必定存在，且所得极限值就是曲线型构件 L 的质量的精确值，即

$$M = \lim_{\lambda \to 0} \sum_{i=1}^{n} \mu(\xi_i, \eta_i) \Delta s_i.$$

抛开上述实际问题的具体意义，概括其本质特征，即可得到对弧长的曲线积分的定义.

定义1 设 L 为 xOy 面上一条光滑的曲线弧，函数 $f(x,y)$ 在 L 上有界，在 L 上任意插入一点列 $A_1, A_2, \cdots, A_{n-1}$，将 L 分成 n 小段. 设第 $i(i=1,2,\cdots,n)$ 小段弧长为 Δs_i，在第 i 小段上任取一点 (ξ_i, η_i)，做乘积 $f(\xi_i, \eta_i) \Delta s_i$，并做和 $\sum_{i=1}^{n} f(\xi_i, \eta_i) \Delta s_i$. 如果当各小段弧长的最大值 $\lambda \to 0$ 时，该和式的极限存在，那么称此极限值为函数 $f(x,y)$ 在曲线弧 L 上**对弧长的曲线积分**或**第一类曲线积分**，记作 $\int_L f(x,y) \mathrm{d}s$，即

$$\int_L f(x,y) \mathrm{d}s = \lim_{\lambda \to 0} \sum_{i=1}^{n} f(\xi_i, \eta_i) \Delta s_i,$$

其中 $f(x,y)$ 称为**被积函数**，L 称为**积分曲线**或**积分弧段**.

我们在后面会证明,当函数 $f(x,y)$ 在光滑的曲线弧 L 上连续时,对弧长的曲线积分 $\int_L f(x,y)\mathrm{d}s$ 必定存在. 在以后的讨论中我们总假定 $f(x,y)$ 在 L 上连续.

有了上面的定义,曲线型构件 L 的质量就可用线密度 $\mu(x,y)$ 在 L 上对弧长的曲线积分来表示并计算,即

$$M = \int_L \mu(x,y)\mathrm{d}s.$$

将上述定义推广到三维空间,就可得到三元函数 $f(x,y,z)$ 在空间曲线弧 Γ 上对弧长的曲线积分,即

$$\int_\Gamma f(x,y,z)\mathrm{d}s = \lim_{\lambda \to 0}\sum_{i=1}^n f(\xi_i,\eta_i,\zeta_i)\Delta s_i.$$

如果 L 是闭曲线,那么函数 $f(x,y)$ 在 L 上对弧长的曲线积分记作 $\oint_L f(x,y)\mathrm{d}s$.

对弧长的曲线积分具有如下性质:

性质 1 $\int_{\widehat{AB}} f(x,y)\mathrm{d}s = \int_{\widehat{BA}} f(x,y)\mathrm{d}s$,即对弧长的曲线积分与曲线的方向无关.

性质 2 $\int_L (f(x,y) \pm g(x,y))\mathrm{d}s = \int_L f(x,y)\mathrm{d}s \pm \int_L g(x,y)\mathrm{d}s.$

性质 3 $\int_L kf(x,y)\mathrm{d}s = k\int_L f(x,y)\mathrm{d}s$,其中 k 为常数.

性质 4 若积分弧段 L 可分成两段曲线弧 L_1 和 L_2,则

$$\int_L f(x,y)\mathrm{d}s = \int_{L_1} f(x,y)\mathrm{d}s + \int_{L_2} f(x,y)\mathrm{d}s.$$

二、对弧长的曲线积分的计算

定理 1 设函数 $f(x,y)$ 在曲线弧 L 上有定义且连续,L 的参数方程为

$$\begin{cases} x = \varphi(t), \\ y = \psi(t) \end{cases} (\alpha \leqslant t \leqslant \beta),$$

其中函数 $\varphi(t),\psi(t)$ 在闭区间 $[\alpha,\beta]$ 上具有一阶连续导数,且 $\varphi'^2(t) + \psi'^2(t) \neq 0$,则曲线积分 $\int_L f(x,y)\mathrm{d}s$ 存在,且

$$\int_L f(x,y)\mathrm{d}s = \int_\alpha^\beta f(\varphi(t),\psi(t))\sqrt{\varphi'^2(t) + \psi'^2(t)}\,\mathrm{d}t. \tag{12.1.1}$$

证 对区间 $[\alpha,\beta]$ 做任意分法 I',曲线弧 L 的分点 $A = A_0, A_1, A_2, \cdots, A_n = B$ 对应的参数依次是

$$\alpha = t_0 < t_1 < t_2 < \cdots < t_n = \beta,$$

其中 A,B 为 L 的端点,$A_1,A_2,\cdots,A_{n-1}$ 为插入点列,则第 i 个小区间 $[t_{i-1},t_i]$ 对应曲线弧 L 上第 i 个小段 $\widehat{A_{i-1}A_i}$. 设其弧长为 Δs_i,则由弧长计算公式和定积分中值定理,有

$$\Delta s_i = \int_{t_{i-1}}^{t_i} \sqrt{\varphi'^2(t) + \psi'^2(t)}\,\mathrm{d}t = \sqrt{\varphi'^2(\tau_i') + \psi'^2(\tau_i')}\,\Delta t_i,$$

其中 $\Delta t_i = t_i - t_{i-1}, t_{i-1} \leqslant \tau_i' \leqslant t_i$. 于是根据对弧长的曲线积分的定义,有

$$\int_L f(x,y)\mathrm{d}s = \lim_{\lambda \to 0} \sum_{i=1}^n f(\varphi(\tau_i'), \psi(\tau_i')) \sqrt{\varphi'^2(\tau_i') + \psi'^2(\tau_i')} \Delta t_i,$$

其中 $t_{i-1} \leqslant \tau_i \leqslant t_i$. 由于函数 $\sqrt{\varphi'^2(t) + \psi'^2(t)}$ 在闭区间 $[\alpha, \beta]$ 上连续,故可把上式中的 τ_i' 换成 τ_i,从而有

$$\int_L f(x,y)\mathrm{d}s = \lim_{\lambda \to 0} \sum_{i=1}^n f(\varphi(\tau_i), \psi(\tau_i)) \sqrt{\varphi'^2(\tau_i) + \psi'^2(\tau_i)} \Delta t_i.$$

不难发现,上式右端的和式极限就是一元函数 $f(\varphi(t), \psi(t)) \sqrt{\varphi'^2(t) + \psi'^2(t)}$ 在 $[\alpha, \beta]$ 上的积分和的极限. 由于这个函数在 $[\alpha, \beta]$ 上连续,故该极限是存在的. 因此,上式左端的对弧长的曲线积分 $\int_L f(x,y)\mathrm{d}s$ 也存在,并且有

$$\int_L f(x,y)\mathrm{d}s = \int_\alpha^\beta f(\varphi(t), \psi(t)) \sqrt{\varphi'^2(t) + \psi'^2(t)} \mathrm{d}t. \qquad \blacksquare$$

注 应用公式 (12.1.1) 时,化成的定积分的下限 α 必须小于上限 β.

如果曲线弧 L 由方程 $y = y(x) (a \leqslant x \leqslant b)$ 给出,则可将 x 看成参数,即 L 的方程也可表示成参数方程

$$\begin{cases} x = x, \\ y = y(x) \end{cases} (a \leqslant x \leqslant b),$$

此时有

$$\int_L f(x,y)\mathrm{d}s = \int_a^b f(x, y(x)) \sqrt{1 + y'^2(x)} \mathrm{d}x.$$

如果曲线弧 L 由方程 $x = x(y) (c \leqslant y \leqslant d)$ 给出,则可将 y 看成参数,同理得

$$\int_L f(x,y)\mathrm{d}s = \int_c^d f(x(y), y) \sqrt{1 + x'^2(y)} \mathrm{d}y.$$

例1 计算 $I = \oint_L x\mathrm{d}s$,其中 L 是直线 $y = x$ 与曲线 $y = x^2$ 所围区域的边界,如图 12-2 所示.

解 记 $L_1: \begin{cases} x = x, \\ y = x \end{cases} (0 \leqslant x \leqslant 1), L_2: \begin{cases} x = x, \\ y = x^2 \end{cases} (0 \leqslant x \leqslant 1)$,则

$$\begin{aligned} I &= \int_{L_1} x\mathrm{d}s + \int_{L_2} x\mathrm{d}s \\ &= \int_0^1 x \cdot \sqrt{2} \mathrm{d}x + \int_0^1 x \sqrt{1 + 4x^2} \mathrm{d}x \\ &= \frac{\sqrt{2}}{2} + \frac{1}{12}(5^{\frac{3}{2}} - 1). \end{aligned}$$

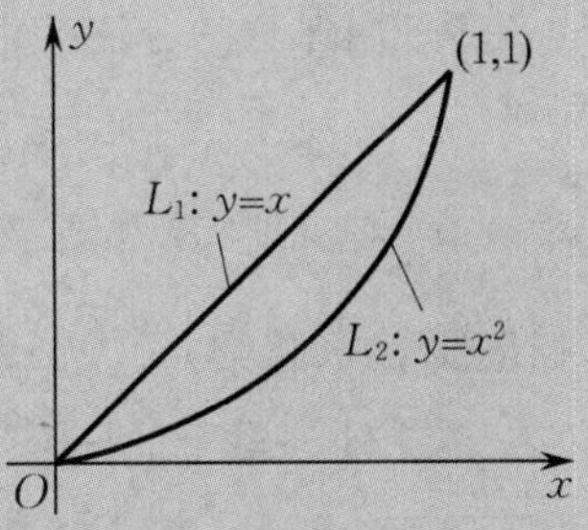

图 12-2

例2 计算 $I = \int_L (x^2 + y^2 + z^2)\mathrm{d}s$,其中 L 为螺旋线 $x = a\cos t, y = a\sin t, z = bt$ 上相应于参数 t 从 0 到 2π 的一段曲线弧.

解 $I = \int_0^{2\pi} [(a\cos t)^2 + (a\sin t)^2 + (bt)^2] \sqrt{(-a\sin t)^2 + (a\cos t)^2 + b^2}\,dt$

$= \int_0^{2\pi} (a^2 + b^2 t^2) \sqrt{a^2 + b^2}\,dt = \frac{2}{3}\pi\sqrt{a^2+b^2}(3a^2 + 4\pi^2 b^2).$

例 3 求半径为 a，圆心角为 2α，线密度为 1 的均匀圆弧的质心.

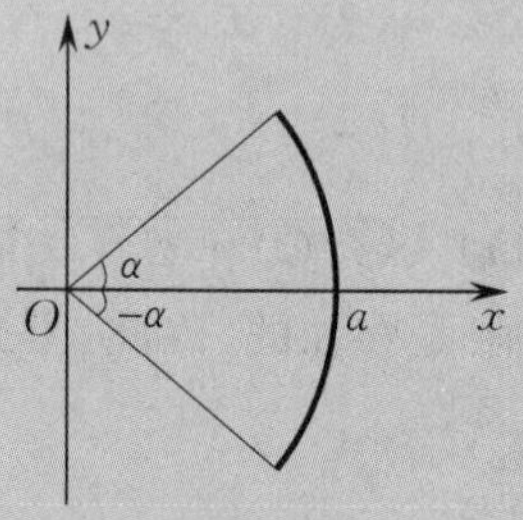

解 如图 12-3 所示，建立直角坐标系. 由对称性可知 $\overline{y} = 0$，且圆弧的方程为 $\begin{cases} x = a\cos t, \\ y = a\sin t \end{cases} (-\alpha \leqslant t \leqslant \alpha)$，于是该圆弧的长为 $2\alpha a$. 又

$$\overline{x} = \frac{1}{2\alpha a}\int_L x\,ds = \frac{1}{2\alpha a}\int_{-\alpha}^{\alpha} a\cos t \cdot a\,dt = \frac{a\sin\alpha}{\alpha},$$

故该圆弧的质心为 $\left(\dfrac{a\sin\alpha}{\alpha}, 0\right)$.

图 12-3

第二节 对坐标的曲线积分

一、对坐标的曲线积分的概念与性质

变力沿曲线做功的问题 设有一质点在变力 $F(x,y) = P(x,y)\boldsymbol{i} + Q(x,y)\boldsymbol{j}$ 的作用下由 xOy 面上的光滑有向曲线弧 L 的一端点 A 移动到另一端点 B，其中函数 $P(x,y)$ 与 $Q(x,y)$ 在 L 上连续，求变力 F 所做的功.

如果力 F 是恒力，且质点从点 A 沿直线移动到点 B，那么恒力 F 所做的功为

$$W = \boldsymbol{F} \cdot \overrightarrow{AB}.$$

现在给出的力 F 是变力，且质点沿曲线弧 L 移动，此时功 W 不能按上面的公式直接计算，只能用分割、近似代替、求和、取极限的方法求解.

首先，用任意的分法 T 将曲线弧 L 分成 n 个有向小弧段

$$\widehat{A_0 A_1}, \widehat{A_1 A_2}, \cdots, \widehat{A_{n-1} A_n},$$

其中 $A_0 = A, A_n = B$，如图 12-4 所示. 设点 $A_i(i=1,2,\cdots,n)$ 的坐标是 (x_i, y_i)，将第 i 个小弧段 $\widehat{A_{i-1}A_i}$ 的有向弦表示为 $\overrightarrow{A_{i-1}A_i}$，则 $\overrightarrow{A_{i-1}A_i}$ 在 x 轴，y 轴上的投影分别是 $x_i - x_{i-1}, y_i - y_{i-1}$，即

$$\overrightarrow{A_{i-1}A_i} = (x_i - x_{i-1})\boldsymbol{i} + (y_i - y_{i-1})\boldsymbol{j} \triangleq \Delta x_i \boldsymbol{i} + \Delta y_i \boldsymbol{j}.$$

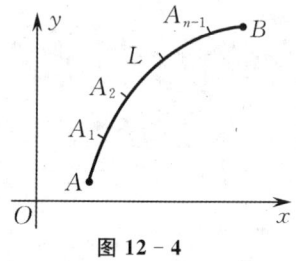

图 12-4

其次，在第 i 个小弧段 $\widehat{A_{i-1}A_i}$ 上任取一点 (ξ_i, η_i)，以 $F(\xi_i, \eta_i) = P(\xi_i, \eta_i)\boldsymbol{i} + Q(\xi_i, \eta_i)\boldsymbol{j}$ 近似代替小弧段 $\widehat{A_{i-1}A_i}$ 上每一点处的变力 F，则变力 F 在质点沿小弧段 $\widehat{A_{i-1}A_i}$ 由点 A_{i-1} 到点 A_i 时所做的功 ΔW_i 的近似值为 $F(\xi_i, \eta_i) \cdot \overrightarrow{A_{i-1}A_i}$，从而也得到变力 F 在质点沿曲线弧

L 由点 A 到点 B 时所做的功 W 的近似值为 $\sum_{i=1}^{n}\boldsymbol{F}(\xi_i,\eta_i)\cdot\overrightarrow{A_{i-1}A_i}$,即

$$W\approx\sum_{i=1}^{n}\boldsymbol{F}(\xi_i,\eta_i)\cdot\overrightarrow{A_{i-1}A_i}.$$

最后,对上述和式取当 n 个小弧段中的最大长度 $\lambda\to 0$ 时的极限,即得变力 $\boldsymbol{F}$ 在质点沿曲线弧 L 由点 A 到点 B 时所做的功的精确值,即

$$W=\lim_{\lambda\to 0}\sum_{i=1}^{n}\boldsymbol{F}(\xi_i,\eta_i)\cdot\overrightarrow{A_{i-1}A_i}=\lim_{\lambda\to 0}\sum_{i=1}^{n}(P(\xi_i,\eta_i)\Delta x_i+Q(\xi_i,\eta_i)\Delta y_i).$$

从上述实际问题中抽象出其本质特征,即可得到对坐标的曲线积分的定义.

定义 1 设 L 为 xOy 面上由点 A 到点 B 的一条有向光滑曲线弧,函数 $P(x,y)$, $Q(x,y)$ 在 L 上有界,在 L 上沿 L 的方向任意插入一点列 $A_1(x_1,y_1), A_2(x_2,y_2),\cdots,$ $A_{n-1}(x_{n-1},y_{n-1})$,将 L 分成 n 个有向小弧段 $\overparen{A_{i-1}A_i}(i=1,2,\cdots,n;A_0=A,A_n=B)$. 设 $\Delta x_i=x_i-x_{i-1},\Delta y_i=y_i-y_{i-1}$,在 $\overparen{A_{i-1}A_i}$ 上任取一点 (ξ_i,η_i),如果当各小弧段长度的最大值 $\lambda\to 0$ 时,$\sum_{i=1}^{n}P(\xi_i,\eta_i)\Delta x_i$ 的极限总存在,那么称此极限值为函数 $P(x,y)$ 在有向曲线弧 L 上**对坐标 x 的曲线积分**,记作 $\int_L P(x,y)\mathrm{d}x$;类似地,如果 $\lim_{\lambda\to 0}\sum_{i=1}^{n}Q(\xi_i,\eta_i)\Delta y_i$ 总存在,那么称此极限值为函数 $Q(x,y)$ 在有向曲线弧 L 上**对坐标 y 的曲线积分**,记作 $\int_L Q(x,y)\mathrm{d}y$,即

$$\int_L P(x,y)\mathrm{d}x=\lim_{\lambda\to 0}\sum_{i=1}^{n}P(\xi_i,\eta_i)\Delta x_i,$$

$$\int_L Q(x,y)\mathrm{d}y=\lim_{\lambda\to 0}\sum_{i=1}^{n}Q(\xi_i,\eta_i)\Delta y_i,$$

其中 $P(x,y),Q(x,y)$ 称为**被积函数**,L 称为**积分曲线**.

对坐标的曲线积分也称为**第二类曲线积分**.

以后我们将证明,只要函数 $P(x,y),Q(x,y)$ 在有向光滑曲线弧 L 上连续,对坐标的曲线积分 $\int_L P(x,y)\mathrm{d}x,\int_L Q(x,y)\mathrm{d}y$ 就存在. 以后我们总假定 $P(x,y),Q(x,y)$ 在 L 上连续.

同样可以定义三元函数 $P(x,y,z),Q(x,y,z),R(x,y,z)$ 在空间有向光滑曲线弧 $\varGamma$ 上对坐标 x,y,z 的曲线积分,即

$$\int_{\varGamma}P(x,y,z)\mathrm{d}x=\lim_{\lambda\to 0}\sum_{i=1}^{n}P(\xi_i,\eta_i,\zeta_i)\Delta x_i,$$

$$\int_{\varGamma}Q(x,y,z)\mathrm{d}y=\lim_{\lambda\to 0}\sum_{i=1}^{n}Q(\xi_i,\eta_i,\zeta_i)\Delta y_i,$$

$$\int_{\varGamma}R(x,y,z)\mathrm{d}z=\lim_{\lambda\to 0}\sum_{i=1}^{n}R(\xi_i,\eta_i,\zeta_i)\Delta z_i.$$

一般地,在曲线弧 L 上两个对坐标的曲线积分之和 $\int_L P(x,y)\mathrm{d}x+\int_L Q(x,y)\mathrm{d}y$ 可以简单表示为

$$\int_L P(x,y)\mathrm{d}x + Q(x,y)\mathrm{d}y,$$

从而变力 $\boldsymbol{F}$ 沿曲线弧 L 所做的功可表示为

$$W = \int_L P(x,y)\mathrm{d}x + Q(x,y)\mathrm{d}y \quad \text{或} \quad W = \int_L \boldsymbol{F} \cdot \mathrm{d}\boldsymbol{s},$$

其中 $\mathrm{d}\boldsymbol{s} = \mathrm{d}x\boldsymbol{i} + \mathrm{d}y\boldsymbol{j}$.

由对坐标的曲线积分的定义可以推出它所具有的一些性质.

性质 1 $\int_L (f(x,y) \pm g(x,y))\mathrm{d}x = \int_L f(x,y)\mathrm{d}x \pm \int_L g(x,y)\mathrm{d}x$.

性质 2 $\int_L kf(x,y)\mathrm{d}x = k\int_L f(x,y)\mathrm{d}x$,其中 k 为常数.

性质 3 若有向曲线弧 L 可分成两段光滑的有向曲线弧 L_1, L_2,则

$$\int_L P(x,y)\mathrm{d}x = \int_{L_1} P(x,y)\mathrm{d}x + \int_{L_2} P(x,y)\mathrm{d}x.$$

性质 4 设 L^- 是 L 的反向曲线弧,则

$$\int_{L^-} P(x,y)\mathrm{d}x = -\int_L P(x,y)\mathrm{d}x.$$

这是因为,当 L 反向时,L 被分成的各小弧段也会反向,从而它们在坐标轴上的投影要反号.因此,对坐标的曲线积分,我们必须注意积分曲线的方向.

二、对坐标的曲线积分的计算

定理 1 设函数 $P(x,y), Q(x,y)$ 在有向曲线弧 L 上有定义且连续,L 的参数方程为 $\begin{cases} x = \varphi(t), \\ y = \psi(t), \end{cases}$ 当参数 t 单调地由 α 变到 β 时,点 $M(x,y)$ 从 L 的起点 A 运动到终点 B,函数 $\varphi(t), \psi(t)$ 在以 α, β 为端点的闭区间上具有一阶连续导数,且 $\varphi'^2(t) + \psi'^2(t) \neq 0$,则曲线积分 $\int_L P(x,y)\mathrm{d}x + Q(x,y)\mathrm{d}y$ 存在,且有

$$\int_L P(x,y)\mathrm{d}x + Q(x,y)\mathrm{d}y = \int_\alpha^\beta (P(\varphi(t),\psi(t))\varphi'(t) + Q(\varphi(t),\psi(t))\psi'(t))\mathrm{d}t.$$

(12.2.1)

证 在 L 上任取一点列 $A = A_0(x_0,y_0), A_1(x_1,y_1), A_2(x_2,y_2), \cdots, A_n(x_n,y_n) = B$,它们对应一列单调变化的参数 $\alpha = t_0, t_1, t_2, \cdots, t_n = \beta$. 因

$$\int_L P(x,y)\mathrm{d}x = \lim_{\lambda \to 0} \sum_{i=1}^n P(\xi_i,\eta_i)\Delta x_i,$$

设点 (ξ_i, η_i) 对应的参数值为 τ_i,则 $\xi_i = \varphi(\tau_i), \eta_i = \psi(\tau_i)$,且 τ_i 在 t_{i-1} 与 t_i 之间.又 $\Delta x_i = x_i - x_{i-1} = \varphi(t_i) - \varphi(t_{i-1}) = \varphi'(\tau_i')\Delta t_i$,其中 $\Delta t_i = t_i - t_{i-1}, \tau_i'$ 在 t_{i-1} 与 t_i 之间,于是

$$\int_L P(x,y)\mathrm{d}x = \lim_{\lambda \to 0} \sum_{i=1}^n P(\varphi(\tau_i),\psi(\tau_i))\varphi'(\tau_i')\Delta t_i.$$

因为函数 $\varphi'(t)$ 在以 α, β 为端点的闭区间上连续,所以可将 τ_i' 换成 τ_i,从而得

$$\int_L P(x,y)\mathrm{d}x = \lim_{\lambda \to 0} \sum_{i=1}^n P(\varphi(\tau_i),\psi(\tau_i))\varphi'(\tau_i)\Delta t_i.$$

不难发现,上式右端的和式极限就是一元函数 $P(\varphi(t),\psi(t))\varphi'(t)$ 在以 α,β 为端点的闭区间上的积分和的极限. 由于这个一元函数在以 α,β 为端点的区间上连续,故该极限必然存在. 因此,曲线积分 $\int_L P(x,y)\mathrm{d}x$ 存在,且

$$\int_L P(x,y)\mathrm{d}x = \int_\alpha^\beta P(\varphi(t),\psi(t))\varphi'(t)\mathrm{d}t.$$

同理,可证

$$\int_L Q(x,y)\mathrm{d}y = \int_\alpha^\beta Q(\varphi(t),\psi(t))\psi'(t)\mathrm{d}t.$$

将上面两式相加,得

$$\int_L P(x,y)\mathrm{d}x + Q(x,y)\mathrm{d}y = \int_\alpha^\beta (P(\varphi(t),\psi(t))\varphi'(t) + Q(\varphi(t),\psi(t))\psi'(t))\mathrm{d}t. \blacksquare$$

注 应用公式(12.2.1)时,化成的定积分的下限 α 为 L 的起点参数值,上限 β 为 L 的终点参数值(下限 α 不一定小于上限 β).

如果曲线弧 L 的方程由 $y = y(x)$ 或 $x = x(y)$ 给出,则可将 L 的方程改写成参数方程 $\begin{cases} x = x, \\ y = y(x) \end{cases}$ 或 $\begin{cases} y = y, \\ x = x(y), \end{cases}$ 于是得

$$\int_L P(x,y)\mathrm{d}x + Q(x,y)\mathrm{d}y = \int_a^b (P(x,y(x)) + Q(x,y(x))y'(x))\mathrm{d}x,$$

其中 a 为 L 的起点对应的 x 值,b 为 L 的终点对应的 x 值,或

$$\int_L P(x,y)\mathrm{d}x + Q(x,y)\mathrm{d}y = \int_c^d (P(x(y),y)x'(y) + Q(x(y),y))\mathrm{d}y,$$

其中 c 为 L 的起点对应的 y 值,d 为 L 的终点对应的 y 值.

其余情形以此类推.

公式(12.2.1)也可推广到三元函数在空间曲线弧 Γ 上对坐标的曲线积分的情形.

设空间有向曲线弧 Γ 由参数方程 $x = \varphi(t), y = \psi(t), z = \omega(t)$ 给出,则有

$$\int_L P(x,y,z)\mathrm{d}x + Q(x,y,z)\mathrm{d}y + R(x,y,z)\mathrm{d}z$$
$$= \int_\alpha^\beta (P(\varphi(t),\psi(t),\omega(t))\varphi'(t) + Q(\varphi(t),\psi(t),\omega(t))\psi'(t)$$
$$+ R(\varphi(t),\psi(t),\omega(t))\omega'(t))\mathrm{d}t,$$

其中 α 为 Γ 的起点对应的参数值,β 为 Γ 的终点对应的参数值.

例 1 计算 $I = \int_L y^2 \mathrm{d}x + x^2 \mathrm{d}y$,其中 L 是上半椭圆周 $x = a\cos t, y = b\sin t$,取顺时针方向.

解 $I = \int_\pi^0 [b^2\sin^2 t \cdot (-a\sin t) + a^2\cos^2 t \cdot b\cos t]\mathrm{d}t$

$= -ab^2 \int_\pi^0 \sin^3 t \mathrm{d}t + a^2 b \int_\pi^0 \cos^3 t \mathrm{d}t = \dfrac{4}{3}ab^2.$

例 2 计算 $I = \int_L xy\,dx + (y-x)\,dy$,其中 L 为

(1) 直线 $y = x$ 上从点 $(0,0)$ 到点 $(1,1)$ 的直线段;
(2) 抛物线 $y = x^2$ 上从点 $(0,0)$ 到点 $(1,1)$ 的弧段;
(3) 立方抛物线 $y = x^3$ 上从点 $(0,0)$ 到点 $(1,1)$ 的弧段.

解 (1) 沿 $y = x$, $dy = dx$,则 $I = \int_0^1 x^2\,dx = \dfrac{1}{3}$.

(2) 沿 $y = x^2$, $dy = 2x\,dx$,则 $I = \int_0^1 (3x^3 - 2x^2)\,dx = \dfrac{1}{12}$.

(3) 沿 $y = x^3$, $dy = 3x^2\,dx$,则 $I = \int_0^1 (3x^5 + x^4 - 3x^3)\,dx = -\dfrac{1}{20}$.

例 3 计算 $I = \int_L 2xy\,dx + x^2\,dy$,其中 L 与例 2 相同.

解 (1) $I = \int_0^1 2x^2\,dx + \int_0^1 x^2\,dx = \int_0^1 3x^2\,dx = 1$.

(2) $I = \int_0^1 2x^3\,dx + \int_0^1 2x^3\,dx = \int_0^1 4x^3\,dx = 1$.

(3) $I = \int_0^1 2x^4\,dx + \int_0^1 3x^4\,dx = \int_0^1 5x^4\,dx = 1$.

由例 2 我们看到,三个曲线积分的被积函数相同,路径的起点、终点相同,但路径不同,得到的积分结果不同. 而例 3 中的曲线积分则与路径无关,为什么? 我们将会在下一节进行讨论.

例 4 计算 $I = \int_\Gamma x^3\,dx + 3zy^2\,dy - x^2y\,dz$,其中 Γ 是从点 $A(3,2,1)$ 到点 $B(0,0,0)$ 的直线段 AB.

解 直线段 AB 的参数方程为 $x = 3t$, $y = 2t$, $z = t$ (t 从 1 变到 0),则

$$I = \int_1^0 [(3t)^3 \cdot 3 + 3t \cdot (2t)^2 \cdot 2 - (3t)^2 \cdot 2t]\,dt = 87\int_1^0 t^3\,dt = -\dfrac{87}{4}.$$

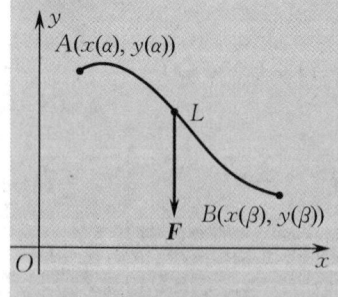

图 12-5

例 5 设有一质量为 m 的质点,在重力的作用下沿曲线弧 L 由点 A 移动到点 B(见图 12-5),求重力 F 在这个过程中所做的功.

解 设平面曲线弧 L 的参数方程为
$$x = x(t), \quad y = y(t) \quad (t \text{ 从 } \alpha \text{ 变到 } \beta),$$
则起点、终点分别为
$$A(x(\alpha), y(\alpha)), \quad B(x(\beta), y(\beta)).$$
因重力 $F = 0\boldsymbol{i} + mg\boldsymbol{j}$ (g 为重力加速度),则 F 所做的功为
$$W = \int_L \boldsymbol{F} \cdot d\boldsymbol{s} = \int_L 0\,dx + mg\,dy = \int_\alpha^\beta mg\,y'(t)\,dt = mg(y(\beta) - y(\alpha)).$$

三、两类曲线积分之间的联系

虽然对弧长的曲线积分与对坐标的曲线积分的定义不同,但是由于弧微分 ds 与它在坐标轴上的投影 dx,dy 有密切联系,因此这两类曲线积分是可以互相转换的.

设 xOy 面上有一条光滑的曲线弧 L,其起点和终点分别为 A,B.以点 A 为基点,取弧长 s 为参数,则曲线弧 L 的参数方程是 $x=x(s),y=y(s)$(s 从 0 变到 l),其中 l 为 L 的长度.于是,L 的起点 A 为 $(x(0),y(0))$,终点 B 为 $(x(l),y(l))$,导数 $x'(s),y'(s)$ 在区间 $[0,l]$ 上连续.在曲线弧 L 上任取一点 $G(x,y)$(见图 12-6),已知 L 在点 G 处的切向量 $\overrightarrow{GT}$(它的方向与曲线 L 的方向一致)的方向数为 $\dfrac{dx}{ds},\dfrac{dy}{ds}$,则由平面曲线的弧微分公式

$$(ds)^2=(dx)^2+(dy)^2$$

可知,$\dfrac{dx}{ds},\dfrac{dy}{ds}$ 就是切向量 $\overrightarrow{GT}$ 的方向余弦.又设 α,β 分别表示切向量 $\overrightarrow{GT}$ 与 x 轴、y 轴正向的夹角,则

$$\frac{dx}{ds}=\cos\alpha,\quad \frac{dy}{ds}=\cos\beta,$$

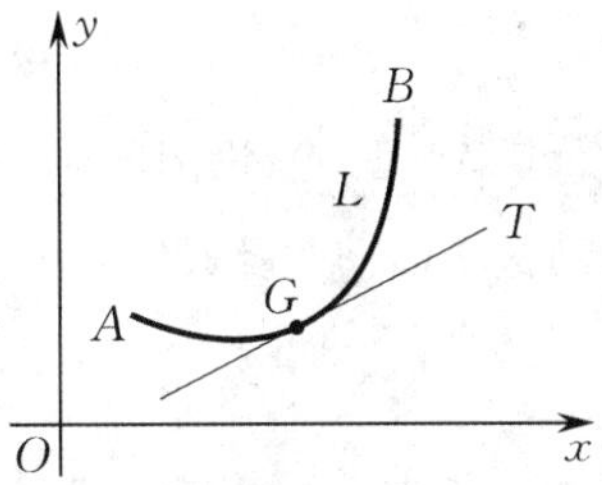

从而有

$$dx=\cos\alpha ds,\quad dy=\cos\beta ds.$$

故两类曲线积分之间有如下关系式成立:

$$\int_L P(x,y)dx+Q(x,y)dy=\int_L (P(x,y)\cos\alpha+Q(x,y)\cos\beta)ds,$$

其中 $\alpha(x,y),\beta(x,y)$ 为 L 在点 (x,y) 处的切向量的方向角.

图 12-6

类似地,空间曲线弧 Γ 上的两类曲线积分之间有如下关系式成立:

$$\int_\Gamma P(x,y,z)dx+Q(x,y,z)dy+R(x,y,z)dz$$
$$=\int_\Gamma (P(x,y,z)\cos\alpha+Q(x,y,z)\cos\beta+R(x,y,z)\cos\gamma)ds,$$

其中 $\alpha(x,y,z),\beta(x,y,z),\gamma(x,y,z)$ 为 Γ 在点 (x,y,z) 处的切向量的方向角.

第三节 格林公式及其应用

一、格林公式

沿闭曲线的曲线积分在力学、电学中有着广泛的应用.因为曲线积分与曲线的方向有关,所以要为闭曲线规定一个正向:按右手坐标系,当一个人沿平面闭曲线的某个方向环行时,若闭曲线所围的区域始终位于此人的左侧,则规定这个方向为该闭曲线的正向,反之是负向.

格林(Green)公式给出了平面区域上的二重积分与沿该区域边界闭曲线的曲线积分之间的关系.

平面区域也有单连通域与复连通域之分. 设 D 为平面区域,如果 D 内任一闭曲线所围的部分都属于 D,则称 D 为**平面单连通域**(见图12-7);否则,称为**平面复连通域**(见图12-8).

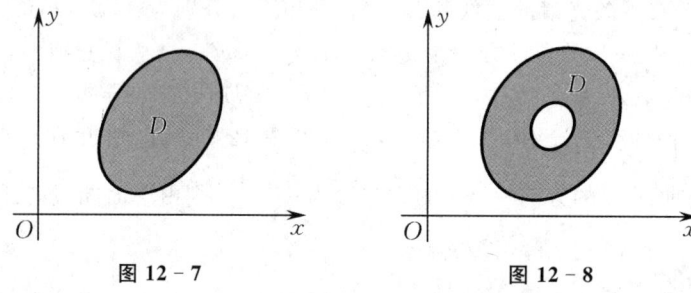

图12-7   图12-8

定理1 设闭区域 D 由分段光滑的闭曲线 L 所围成,且 L 是 D 的正向边界曲线. 若函数 $P(x,y)$ 及 $Q(x,y)$ 在 D 上具有一阶连续偏导数,则有

$$\iint_D \left(\frac{\partial Q}{\partial x}-\frac{\partial P}{\partial y}\right)\mathrm{d}x\mathrm{d}y = \oint_L P\mathrm{d}x+Q\mathrm{d}y. \tag{12.3.1}$$

公式(12.3.1)称为**格林公式**.

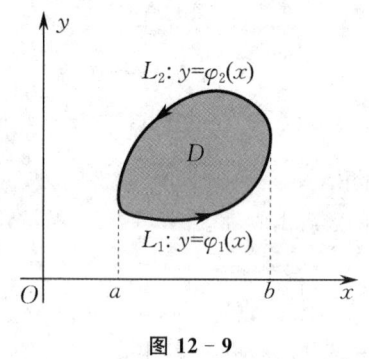

图12-9

证 (1) 假设穿过区域 D 内部且平行于坐标轴的直线与 D 的边界的交点恰好为两点.

不妨设
$$D=\{(x,y)\mid \varphi_1(x)\leqslant y\leqslant \varphi_2(x),a\leqslant x\leqslant b\},$$

如图12-9所示. 因为 $\dfrac{\partial P}{\partial y}$ 在 D 上连续,所以

$$\iint_D \frac{\partial P}{\partial y}\mathrm{d}x\mathrm{d}y = \int_a^b \mathrm{d}x\int_{\varphi_1(x)}^{\varphi_2(x)} \frac{\partial P}{\partial y}\mathrm{d}y$$
$$= \int_a^b (P(x,\varphi_2(x))-P(x,\varphi_1(x)))\mathrm{d}x.$$

又因为

$$\oint_L P\mathrm{d}x = \int_{L_1} P\mathrm{d}x + \int_{L_2} P\mathrm{d}x = \int_a^b P(x,\varphi_1(x))\mathrm{d}x + \int_b^a P(x,\varphi_2(x))\mathrm{d}x$$
$$= \int_a^b (P(x,\varphi_1(x))-P(x,\varphi_2(x)))\mathrm{d}x,$$

所以
$$-\iint_D \frac{\partial P}{\partial y}\mathrm{d}x\mathrm{d}y = \oint_L P\mathrm{d}x.$$

如果将 D 表示为
$$D=\{(x,y)\mid \varphi_1(y)\leqslant x\leqslant \varphi_2(y),c\leqslant y\leqslant d\},$$

那么同样可证
$$\iint_D \frac{\partial Q}{\partial x}\mathrm{d}x\mathrm{d}y = \oint_L Q\mathrm{d}y.$$

将上面所得两式相加,即得

$$\iint_D \left(\frac{\partial Q}{\partial x} - \frac{\partial P}{\partial y}\right) dx dy = \oint_L P dx + Q dy.$$

(2) 如果 D 不满足步骤(1)的假设条件,如图 12-10 所示,则可作一些平行于坐标轴的直线将 D 分成几个满足步骤(1)的假设条件的闭区域,于是在每个小闭区域上都有格林公式成立,即

$$\iint_{D_1} \left(\frac{\partial Q}{\partial x} - \frac{\partial P}{\partial y}\right) dx dy = \oint_{L_1+CA} P dx + Q dy,$$

$$\iint_{D_2} \left(\frac{\partial Q}{\partial x} - \frac{\partial P}{\partial y}\right) dx dy = \oint_{L_2+AB} P dx + Q dy,$$

$$\iint_{D_3} \left(\frac{\partial Q}{\partial x} - \frac{\partial P}{\partial y}\right) dx dy = \oint_{L_3+BC} P dx + Q dy.$$

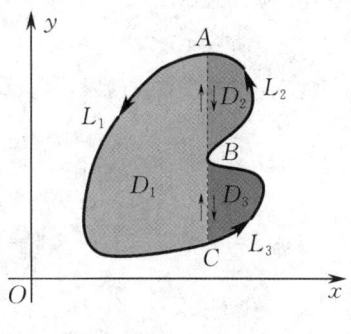

图 12-10

将上述三个等式相加,即得

$$\iint_D \left(\frac{\partial Q}{\partial x} - \frac{\partial P}{\partial y}\right) dx dy = \oint_L P dx + Q dy.$$

综合步骤(1),(2)的讨论可知,格林公式成立.

在公式(12.3.1)中,取 $P = -y$, $Q = x$,则 $\frac{\partial Q}{\partial x} - \frac{\partial P}{\partial y} = 2$,故

$$\oint_L -y dx + x dy = \iint_D 2 dx dy = 2A,$$

其中 A 为 D 的面积,即

$$A = \frac{1}{2} \oint_L x dy - y dx. \tag{12.3.2}$$

(12.3.2)式是用曲线积分来计算平面图形面积的公式,读者自己也可推出类似的公式.

例1 计算 $I = \oint_L xy^2 dy - x^2 y dx$,其中 L 为圆周 $x^2 + y^2 = a^2$,取正向.

解 令 $P = -x^2 y$, $Q = xy^2$,D 为闭曲线 L 所围区域,则应用格林公式,得

$$I = \iint_D \left(\frac{\partial Q}{\partial x} - \frac{\partial P}{\partial y}\right) dx dy = \iint_D (y^2 + x^2) dx dy = \int_0^{2\pi} d\theta \int_0^a r^2 \cdot r dr = \frac{\pi}{2} a^4.$$

例2 计算 $I = \int_L (2xy^3 - y^2 \cos x) dx + (1 - 2y\sin x + 3x^2 y^2) dy$,其中 L 为抛物线 $2x = \pi y^2$ 上由点 $O(0,0)$ 到点 $A\left(\frac{\pi}{2}, 1\right)$ 的一段弧.

解 补充两有向直线段,使其与 L 成为闭曲线,再应用格林公式来求解.

如图 12-11 所示,补充有向直线段

$$AB: x = \frac{\pi}{2} \quad (y \text{ 由 } 1 \text{ 变到 } 0);$$

补充有向直线段

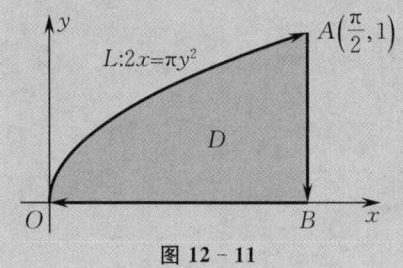

图 12-11

$$BO: y = 0 \quad \left(x \text{ 由 } \frac{\pi}{2} \text{ 变到 } 0\right),$$

则 L 与 AB, BO 成为一闭曲线,设其所围区域为 D. 令 $P = 2xy^3 - y^2\cos x, Q = 1 - 2y\sin x + 3x^2y^2$,于是有

$$\oint_{L+AB+BO}(2xy^3 - y^2\cos x)\mathrm{d}x + (1 - 2y\sin x + 3x^2y^2)\mathrm{d}y = -\iint_D\left(\frac{\partial Q}{\partial x} - \frac{\partial P}{\partial y}\right)\mathrm{d}x\mathrm{d}y = 0.$$

又因为

$$\int_{AB}(2xy^3 - y^2\cos x)\mathrm{d}x + (1 - 2y\sin x + 3x^2y^2)\mathrm{d}y = \int_1^0\left(1 - 2y\sin\frac{\pi}{2} + 3\cdot\frac{\pi^2}{4}y^2\right)\mathrm{d}y$$
$$= -\frac{\pi^2}{4},$$

$$\int_{BO}(2xy^3 - y^2\cos x)\mathrm{d}x + (1 - 2y\sin x + 3x^2y^2)\mathrm{d}y = \int_{\frac{\pi}{2}}^0 0\mathrm{d}x = 0,$$

所以

$$I = 0 - \left(-\frac{\pi^2}{4}\right) - 0 = \frac{\pi^2}{4}.$$

例 3 计算 $I = \oint_L \dfrac{x\mathrm{d}y - y\mathrm{d}x}{x^2 + y^2}$,其中 L 是不通过坐标原点的正向闭曲线.

解 令 $P = \dfrac{-y}{x^2 + y^2}, Q = \dfrac{x}{x^2 + y^2}$,则

$$\frac{\partial P}{\partial y} = \frac{-x^2 + y^2}{(x^2 + y^2)^2}, \quad \frac{\partial Q}{\partial x} = \frac{-x^2 + y^2}{(x^2 + y^2)^2}.$$

注意到 P 和 Q 在坐标原点不连续,所以要分两种情况考虑.

(1) 当 L 所围成的区域 D 内不包含坐标原点时,如图 12-12 所示,应用格林公式,有

$$I = \iint_D\left(\frac{\partial Q}{\partial x} - \frac{\partial P}{\partial y}\right)\mathrm{d}x\mathrm{d}y = 0.$$

(2) 当 L 所围成的区域 D 内包含坐标原点时,如图 12-13 所示,在 D 内作一条辅助圆周 $K: x^2 + y^2 = R^2$,取顺时针方向,记 L 与 K 所围成的复合闭区域为 G,则由格林公式得

$$\oint_{L+K}\frac{x\mathrm{d}y - y\mathrm{d}x}{x^2 + y^2} = \iint_G\left(\frac{\partial Q}{\partial x} - \frac{\partial P}{\partial y}\right)\mathrm{d}x\mathrm{d}y = 0.$$

又因为

$$\oint_K\frac{x\mathrm{d}y - y\mathrm{d}x}{x^2 + y^2} = -\int_0^{2\pi}\frac{R^2\cos^2\varphi + R^2\sin^2\varphi}{R^2}\mathrm{d}\varphi = -2\pi,$$

所以

$$I = \oint_L\frac{x\mathrm{d}y - y\mathrm{d}x}{x^2 + y^2} = -\oint_K\frac{x\mathrm{d}y - y\mathrm{d}x}{x^2 + y^2} = 2\pi.$$

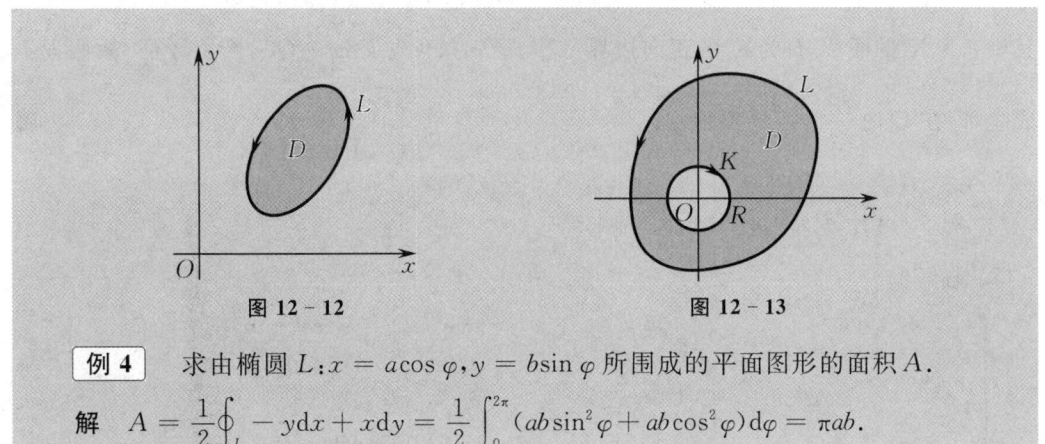

图 12-12　　　　　　　　图 12-13

例 4　求由椭圆 $L: x = a\cos\varphi, y = b\sin\varphi$ 所围成的平面图形的面积 A.

解　$A = \dfrac{1}{2}\oint_L -y\,\mathrm{d}x + x\,\mathrm{d}y = \dfrac{1}{2}\int_0^{2\pi}(ab\sin^2\varphi + ab\cos^2\varphi)\,\mathrm{d}\varphi = \pi ab.$

二、平面曲线积分与路径无关的条件

上一节例 3 中计算了沿三条不同的路径 $y = x, y = x^2, y = x^3$ 从点 $(0,0)$ 到点 $(1,1)$ 的曲线积分 $\int_L 2xy\,\mathrm{d}x + x^2\,\mathrm{d}y$,且算出的结果都是 1. 这说明,这个曲线积分与路径无关. 那么曲线积分与路径无关的条件究竟是什么呢?下面的定理给出了答案.

定理 2　设区域 G 是一个单连通域,函数 $P(x,y), Q(x,y)$ 在 G 内具有一阶连续偏导数,则曲线积分 $\int_L P\,\mathrm{d}x + Q\,\mathrm{d}y$ 在 G 内与路径无关(或沿 G 内任意闭曲线的曲线积分为零)的充要条件是 $\dfrac{\partial P}{\partial y} = \dfrac{\partial Q}{\partial x}$ 在 G 内恒成立.

证　**充分性**　设 $\dfrac{\partial P}{\partial y} = \dfrac{\partial Q}{\partial x}$ 在 G 内恒成立. 因为 G 是单连通域,所以 G 内任意闭曲线 C 所围成的闭区域 $D \subset G$,故在 D 上亦有 $\dfrac{\partial P}{\partial y} = \dfrac{\partial Q}{\partial x}$ 恒成立,则应用格林公式,得

$$\oint_C P\,\mathrm{d}x + Q\,\mathrm{d}y = \iint_D \left(\dfrac{\partial Q}{\partial x} - \dfrac{\partial P}{\partial y}\right)\mathrm{d}x\,\mathrm{d}y = 0.$$

必要性　设对于 G 内任意的闭曲线 C,都有 $\oint_C P\,\mathrm{d}x + Q\,\mathrm{d}y = 0$,下面要证 $\dfrac{\partial P}{\partial y} = \dfrac{\partial Q}{\partial x}$ 在 G 内恒成立. 用反证法,假设恒等式 $\dfrac{\partial P}{\partial y} = \dfrac{\partial Q}{\partial x}$ 在 G 内至少有一点 M 处不成立,即 $\left(\dfrac{\partial Q}{\partial x} - \dfrac{\partial P}{\partial y}\right)\bigg|_M \neq 0$. 不妨设 $\left(\dfrac{\partial Q}{\partial x} - \dfrac{\partial P}{\partial y}\right)\bigg|_M = \eta > 0$,因为 $\dfrac{\partial Q}{\partial x}, \dfrac{\partial P}{\partial y}$ 在 G 内连续,所以可在 G 内取得一个以点 M 为中心,以足够小的 γ 为半径的闭圆域 K,使得在 K 上恒有 $\dfrac{\partial Q}{\partial x} - \dfrac{\partial P}{\partial y} \geqslant \dfrac{\eta}{2}$,于是

$$\oint_L P\,\mathrm{d}x + Q\,\mathrm{d}y = \iint_K \left(\dfrac{\partial Q}{\partial x} - \dfrac{\partial P}{\partial y}\right)\mathrm{d}x\,\mathrm{d}y \geqslant \dfrac{\eta}{2}\sigma > 0,$$

其中 σ 为 K 的面积，L 为 K 的正向边界. 这与已知条件 $\oint_L P\mathrm{d}x + Q\mathrm{d}y = 0$ 矛盾，故假设不成立，即在 G 内 $\dfrac{\partial P}{\partial y} = \dfrac{\partial Q}{\partial x}$ 恒成立. ∎

例 5 计算 $I = \displaystyle\int_L (1 + x\mathrm{e}^{2y})\mathrm{d}x + (x^2\mathrm{e}^{2y} - y)\mathrm{d}y$，其中 L 为上半圆周 $(x-2)^2 + y^2 = 4$（顺时针方向）.

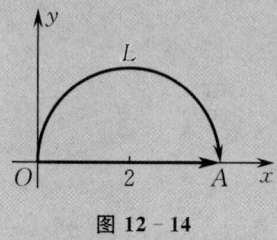

图 12-14

解 令 $P = 1 + x\mathrm{e}^{2y}$，$Q = x^2\mathrm{e}^{2y} - y$，则

$$\frac{\partial P}{\partial y} = 2x\mathrm{e}^{2y} = \frac{\partial Q}{\partial x}.$$

因 P 和 Q 在 xOy 面上连续，且 $\dfrac{\partial P}{\partial y} = \dfrac{\partial Q}{\partial x}$ 在 xOy 面上恒成立，故曲线积分 I 与路径无关.

如图 12-14 所示，取直线段 OA：$\begin{cases} x = x, \\ y = 0, \end{cases}$（$x$ 由 0 变到 4）为积分路径，则有

$$I = \int_0^4 (1 + x)\mathrm{d}x = 12.$$

三、二元函数的全微分求积

我们知道，二元函数 $z(x,y)$ 的全微分表达式是 $\dfrac{\partial z}{\partial x}\mathrm{d}x + \dfrac{\partial z}{\partial y}\mathrm{d}y$. 现在要讨论与其相反的问题：表达式 $P(x,y)\mathrm{d}x + Q(x,y)\mathrm{d}y$ 满足什么条件时才是某个二元函数的全微分？若是，如何求这个二元函数？

定理 3 设区域 G 是一个单连通域，函数 $P(x,y)$，$Q(x,y)$ 在 G 内具有一阶连续偏导数，则 $P(x,y)\mathrm{d}x + Q(x,y)\mathrm{d}y$ 在 G 内为某二元函数 $u(x,y)$ 的全微分的充要条件是 $\dfrac{\partial P}{\partial y} = \dfrac{\partial Q}{\partial x}$ 在 G 内恒成立.

证 **必要性** 设 $P(x,y)\mathrm{d}x + Q(x,y)\mathrm{d}y$ 是某二元函数 $u(x,y)$ 的全微分，即

$$\frac{\partial u}{\partial x} = P(x,y), \quad \frac{\partial u}{\partial y} = Q(x,y),$$

从而有

$$\frac{\partial^2 u}{\partial x \partial y} = \frac{\partial P}{\partial y}, \quad \frac{\partial^2 u}{\partial y \partial x} = \frac{\partial Q}{\partial x}.$$

因为 P,Q 在 G 内具有一阶连续偏导数，所以二阶混合偏导数 $\dfrac{\partial^2 u}{\partial x \partial y}$，$\dfrac{\partial^2 u}{\partial y \partial x}$ 在 G 内连续，故

$$\frac{\partial^2 u}{\partial x \partial y} = \frac{\partial^2 u}{\partial y \partial x}, \quad 即 \quad \frac{\partial P}{\partial y} = \frac{\partial Q}{\partial x}$$

在 G 内恒成立.

充分性 设 $\dfrac{\partial P}{\partial y} = \dfrac{\partial Q}{\partial x}$ 在 G 内恒成立，则曲线积分 $\displaystyle\int_C P\mathrm{d}x + Q\mathrm{d}y$ 在 G 内与路径无关.

任意取一定点 $A(x_0,y_0) \in G$ 和一动点 $B(x,y) \in G$，则曲线积分 $\int_{\widehat{AB}} P\mathrm{d}x + Q\mathrm{d}y$ 只与终点 $B(x,y)$ 有关，而与积分路径 $\widehat{AB}$ 无关，故该曲线积分是关于 x,y 的二元函数，不妨记作 $u(x,y)$，即 $u(x,y) = \int_{(x_0,y_0)}^{(x,y)} P\mathrm{d}x + Q\mathrm{d}y$. 下面要证明 $\mathrm{d}u = P(x,y)\mathrm{d}x + Q(x,y)\mathrm{d}y$，即只需证明

$$\frac{\partial u}{\partial x} = P(x,y), \quad \frac{\partial u}{\partial y} = Q(x,y).$$

如果终点取为 $N(x+\Delta x, y)$，则得

$$u(x+\Delta x, y) = \int_{(x_0,y_0)}^{(x+\Delta x, y)} P\mathrm{d}x + Q\mathrm{d}y.$$

因为上式右端的曲线积分与路径无关，所以可取先从点 A 到点 B 的任意光滑曲线段，然后沿平行于 x 轴的直线从点 B 到点 N 的直线段为积分路径（见图 12-15），此时有

$$\begin{aligned}
\Delta u_x &= u(x+\Delta x, y) - u(x,y) \\
&= \int_{(x_0,y_0)}^{(x+\Delta x, y)} P\mathrm{d}x + Q\mathrm{d}y - \int_{(x_0,y_0)}^{(x,y)} P\mathrm{d}x + Q\mathrm{d}y \\
&= \int_{(x,y)}^{(x+\Delta x, y)} P\mathrm{d}x + Q\mathrm{d}y = \int_x^{x+\Delta x} P(x,y)\mathrm{d}x.
\end{aligned}$$

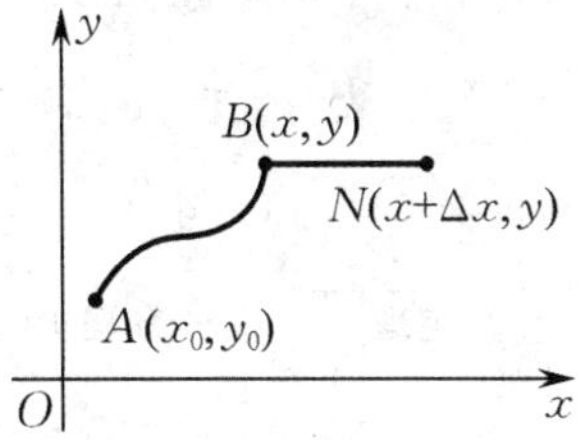

再应用积分中值定理，得

$$\Delta u_x = P(x+\theta \Delta x, y)\Delta x \quad (0 \leqslant \theta \leqslant 1).$$

图 12-15

已知函数 $P(x,y)$ 在点 $B(x,y)$ 处连续，则

$$\lim_{\Delta x \to 0} \frac{\Delta u_x}{\Delta x} = \lim_{\Delta x \to 0} P(x+\theta \Delta x, y) = P(x,y),$$

即

$$\frac{\partial u}{\partial x} = P(x,y).$$

同理，可证 $\dfrac{\partial u}{\partial y} = Q(x,y)$. ■

下面讨论如何求二元函数 $u(x,y)$.

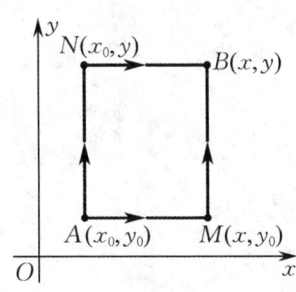

图 12-16

因为二元函数 $u(x,y)$ 可以由以点 $A(x_0,y_0)$ 为起点，以点 $B(x,y)$ 为终点的曲线积分来确定，而这个曲线积分又与路径无关，所以不妨取由平行于坐标轴的直线段连成的折线段 AMB 为积分路径（见图 12-16），得

$$u(x,y) = \int_{x_0}^x P(x,y_0)\mathrm{d}x + \int_{y_0}^y Q(x,y)\mathrm{d}y.$$

若取折线段 ANB 为积分路径，则得

$$u(x,y) = \int_{y_0}^y Q(x_0,y)\mathrm{d}y + \int_{x_0}^x P(x,y)\mathrm{d}x.$$

例 6 验证：$(e^{xy}+xye^{xy})dx+x^2 e^{xy}dy$ 在 xOy 面上是某二元函数 $u(x,y)$ 的全微分，并求 $u(x,y)$.

解 因为函数 $P=e^{xy}+xye^{xy}$，$Q=x^2 e^{xy}$ 在 xOy 面上具有一阶连续偏导数，且

$$\frac{\partial P}{\partial y}=2xe^{xy}+x^2 ye^{xy}=\frac{\partial Q}{\partial x}$$

在 xOy 面上恒成立，所以 $Pdx+Qdy$ 是某二元函数 $u(x,y)$ 的全微分，且

$$u(x,y)=\int_0^x dx+\int_0^y x^2 e^{xy}dy=x+xe^{xy}-x=xe^{xy}.$$

*四、全微分方程及其解法

对于微分方程 $P(x,y)dx+Q(x,y)dy=0$，若存在函数 $u(x,y)$，使得

$$du(x,y)=P(x,y)dx+Q(x,y)dy, \tag{12.3.3}$$

则称 $P(x,y)dx+Q(x,y)dy=0$ 为**全微分方程**或**恰当方程**.

例如，微分方程 $xdx+ydy=0$，因为存在函数 $u(x,y)=\frac{1}{2}(x^2+y^2)$，使得 $du(x,y)=xdx+ydy$，所以 $xdx+ydy=0$ 是一个全微分方程.

定理 4 微分方程 $P(x,y)dx+Q(x,y)dy=0$ 是一个全微分方程的充要条件是 $\frac{\partial P}{\partial y}=\frac{\partial Q}{\partial x}$.

若已知一个微分方程是全微分方程，那么怎样求出该微分方程的解呢？下面介绍的两种方法可解决这个问题.

1. 凑微分法

这个方法是将全微分方程化为 $P(x,y)dx+Q(x,y)dy=du(x,y)=0$ 的形式，从而得到它的通解为

$$u(x,y)=C.$$

例 7 求全微分方程 $ydx+xdy=0$ 的通解.

解 因为 $ydx+xdy=d(xy)=0$，所以所求全微分方程的通解为

$$xy=C.$$

例 8 求全微分方程 $(x^3+y)dx+(x-y)dy=0$ 的通解.

解 将所求全微分方程重新组合，得

$$(x^3 dx-ydy)+(ydx+xdy)=0,$$

即

$$d\left(\frac{x^4}{4}-\frac{1}{2}y^2+xy\right)=0.$$

故所求全微分方程的通解为

$$\frac{x^4}{4}-\frac{1}{2}y^2+xy=C.$$

2. 积分法

这个方法是应用曲线积分 $\int_L Pdx+Qdy$ 与路径无关的条件 $\frac{\partial P}{\partial y}=\frac{\partial Q}{\partial x}$，将方程(12.3.3)进行积分(取简单折线段为积分路径)得到 $u(x,y)$，即

$$u(x,y) = \int_{x_0}^{x} P(x,y)\mathrm{d}x + \int_{y_0}^{y} Q(x_0,y)\mathrm{d}y \qquad (12.3.4)$$

或

$$u(x,y) = \int_{x_0}^{x} P(x,y_0)\mathrm{d}x + \int_{y_0}^{y} Q(x,y)\mathrm{d}y, \qquad (12.3.5)$$

从而得到全微分方程的通解为

$$u(x,y) = C.$$

例 9　求微分方程 $(x^3 - 3xy^2)\mathrm{d}x + (y^3 - 3x^2 y)\mathrm{d}y = 0$ 的通解.

解　因为函数 $P = x^3 - 3xy^2, Q = y^3 - 3x^2 y$ 在 xOy 面上具有一阶连续偏导数，且

$$\frac{\partial P}{\partial y} = -6xy = \frac{\partial Q}{\partial x},$$

所以原微分方程为全微分方程.

在公式(12.3.5)中取 $x_0 = 0, y_0 = 0$，得

$$u(x,y) = \int_0^x x^3 \mathrm{d}x + \int_0^y (y^3 - 3x^2 y)\mathrm{d}y = \frac{x^4}{4} - \frac{3}{2}x^2 y^2 + \frac{y^4}{4}.$$

故所求微分方程的通解为

$$\frac{x^4}{4} - \frac{3}{2}x^2 y^2 + \frac{y^4}{4} = C.$$

*五、积分因子法

定义 1　若存在可微函数 $u(x,y) \neq 0$，使得微分方程

$$u(x,y)P(x,y)\mathrm{d}x + u(x,y)Q(x,y)\mathrm{d}y = 0$$

成为全微分方程，则称 $u(x,y)$ 为微分方程 $P(x,y)\mathrm{d}x + Q(x,y)\mathrm{d}y = 0$ 的**积分因子**.

因为微分方程 $P(x,y)\mathrm{d}x + Q(x,y)\mathrm{d}y = 0$ 不是一个全微分方程，所以 $\frac{\partial P}{\partial y} \neq \frac{\partial Q}{\partial x}$. 那么怎样求出该微分方程的积分因子 $u(x,y) \neq 0$ 呢？一般采用观察法.

常见的积分因子有 $\frac{1}{x+y}, \frac{1}{x^2}, \frac{1}{x^2 y^2}, \frac{1}{x^2+y^2}, \frac{x}{y^2}, \frac{y}{x^2}$ 等.

例 10　求微分方程 $x\mathrm{d}x + y\mathrm{d}y + 4y^3(x^2 + y^2)\mathrm{d}y = 0$ 的通解.

解　因为 $\frac{\partial P}{\partial y} \neq \frac{\partial Q}{\partial x}$，所以原微分方程不是全微分方程. 取 $u(x,y) = \frac{1}{x^2+y^2}$ 为积分因子，则原微分方程化为

$$\frac{x\mathrm{d}x + y\mathrm{d}y}{x^2 + y^2} + 4y^3 \mathrm{d}y = 0,$$

即

$$\mathrm{d}\left(\frac{1}{2}\ln(x^2 + y^2) + y^4\right) = 0.$$

故原微分方程的通解为

$$\frac{1}{2}\ln(x^2 + y^2) + y^4 = C.$$

第四节 对面积的曲面积分

一、对面积的曲面积分的概念与性质

对面积的曲面积分也是从实际问题中抽象出来的. 例如,求曲面型构件的质量问题就可以归结为对面积的曲面积分,我们可以仿照求曲线型构件质量的方法得到表示曲面型构件质量的极限形式:

$$M = \lim_{\lambda \to 0} \sum_{i=1}^{n} \rho(\xi_i, \eta_i, \zeta_i) \Delta S_i,$$

其中 $\rho(\xi_i, \eta_i, \zeta_i)$ 表示曲面上点 (ξ_i, η_i, ζ_i) 处的面密度,ΔS_i 表示第 i 小块曲面的面积,λ 表示 n 小块曲面的直径中的最大值.

定义 1 设曲面 Σ 是光滑的,函数 $f(x,y,z)$ 在 Σ 上有界,把 Σ 任意分成 n 小块 $\Delta S_i (i = 1, 2, \cdots, n)$,$\Delta S_i$ 同时也表示第 i 小块曲面的面积,在 $\Delta S_i (i = 1, 2, \cdots, n)$ 上任意取定一点 (ξ_i, η_i, ζ_i),做乘积 $f(\xi_i, \eta_i, \zeta_i) \Delta S_i$,并做和 $\sum_{i=1}^{n} f(\xi_i, \eta_i, \zeta_i) \Delta S_i$. 如果当 n 小块曲面的直径中的最大值 $\lambda \to 0$ 时,该和式的极限都存在,那么称此极限值为函数 $f(x,y,z)$ 在曲面 Σ 上**对面积的曲面积分**或**第一类曲面积分**,记作 $\iint\limits_{\Sigma} f(x,y,z) \mathrm{d}S$,即

$$\iint\limits_{\Sigma} f(x,y,z) \mathrm{d}S = \lim_{\lambda \to 0} \sum_{i=1}^{n} f(\xi_i, \eta_i, \zeta_i) \Delta S_i,$$

其中 $f(x,y,z)$ 称为**被积函数**,Σ 称为**积分曲面**.

所谓曲面是光滑的,就是说,曲面上各点处都具有切平面,且当点在曲面上连续移动时,切平面也连续转动.

当函数 $f(x,y,z)$ 在光滑曲面 Σ 上连续时,对面积的曲面积分 $\iint\limits_{\Sigma} f(x,y,z) \mathrm{d}S$ 存在. 以后我们总假定 $f(x,y,z)$ 在 Σ 上连续.

由定义可知,曲面型构件的质量可用对面积的曲面积分表示,即

$$M = \iint\limits_{\Sigma} \rho(x,y,z) \mathrm{d}S.$$

容易推得,对面积的曲面积分具有与对弧长的曲线积分类似的性质. 这里不再重述.

二、对面积的曲面积分的计算

定理 1 设积分曲面 Σ 由方程 $z = z(x,y)$ 给出,Σ 在 xOy 面上的投影区域为 D_{xy},

函数 $z = z(x,y)$ 在 D_{xy} 上具有连续偏导数,被积函数 $f(x,y,z)$ 在 Σ 上连续,则

$$\iint\limits_{\Sigma} f(x,y,z) \mathrm{d}S = \iint\limits_{D_{xy}} f(x,y,z(x,y)) \sqrt{1+z_x^2+z_y^2} \mathrm{d}x\mathrm{d}y. \tag{12.4.1}$$

(12.4.1)式为对面积的曲面积分的计算公式,其证明思路与对弧长的曲线积分的证明思路类似,即先将对面积的曲面积分表示成三元函数 $f(x,y,z)$ 在曲面 Σ 上对面积的积分和的极限,再利用题设条件将该极限化为二元函数 $f(x,y,z(x,y)) \sqrt{1+z_x^2+z_y^2}$ 在 Σ 的投影区域 D_{xy} 上的积分和的极限,并有理由肯定该极限存在,于是对面积的曲面积分就化成了二重积分,这里不再详细证明.

如果积分曲面 Σ 由方程 $x = x(y,z)$(D_{yz} 为 Σ 在 yOz 面上的投影区域)或 $y = y(z,x)$(D_{zx} 为 Σ 在 zOx 面上的投影区域)给出,且相关条件都满足,则有

$$\iint\limits_{\Sigma} f(x,y,z) \mathrm{d}S = \iint\limits_{D_{yz}} f(x(y,z),y,z) \sqrt{1+x_y^2+x_z^2} \mathrm{d}y\mathrm{d}z$$

或

$$\iint\limits_{\Sigma} f(x,y,z) \mathrm{d}S = \iint\limits_{D_{zx}} f(x,y(z,x),z) \sqrt{1+y_z^2+y_x^2} \mathrm{d}z\mathrm{d}x.$$

例 1 计算 $I = \iint\limits_{\Sigma} \dfrac{1}{z} \mathrm{d}S$,其中 Σ 是球面 $x^2+y^2+z^2 = a^2$ 上被平面 $z = h$($0 < h < a$)所截的顶部($z \geq h$).

解 如图 12-17 所示,$\Sigma: z = \sqrt{a^2-x^2-y^2}$ 在 xOy 面上的投影区域为
$$D_{xy}: x^2+y^2 \leq a^2-h^2.$$
又因 $\sqrt{1+z_x^2+z_y^2} = \dfrac{a}{\sqrt{a^2-x^2-y^2}}$,故
$$I = \iint\limits_{D_{xy}} \dfrac{a}{a^2-x^2-y^2} \mathrm{d}x\mathrm{d}y = a\int_0^{2\pi} \mathrm{d}\theta \int_0^{\sqrt{a^2-h^2}} \dfrac{1}{a^2-r^2} r\mathrm{d}r$$
$$= -\pi a \ln(a^2-r^2) \Big|_0^{\sqrt{a^2-h^2}} = 2\pi a \ln \dfrac{a}{h}.$$

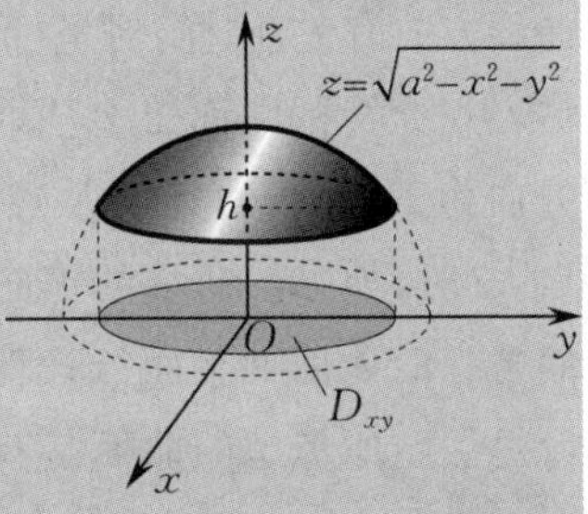

图 12-17

例 2 计算 $I = \oiint\limits_{\Sigma} xyz \mathrm{d}S$,记号 $\oiint\limits_{\Sigma}$ 表示在闭曲面 Σ 上积分,其中 Σ 为由平面 $x = 0, y = 0, z = 0$ 及 $x+y+z = 1$ 所围立体的边界面,如图 12-18 所示.

解 记
$$\Sigma_1: x = 0 (y \geq 0, z \geq 0, y+z \leq 1),$$
$$\Sigma_2: y = 0 (z \geq 0, x \geq 0, z+x \leq 1),$$
$$\Sigma_3: z = 0 (x \geq 0, y \geq 0, x+y \leq 1),$$
$$\Sigma_4: x+y+z = 1 (x \geq 0, y \geq 0, z \geq 0),$$

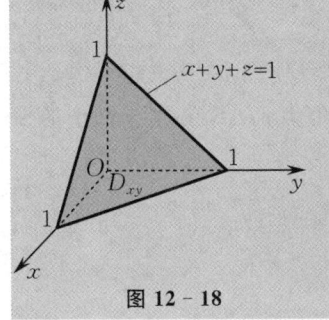

图 12-18

则 $I = \iint\limits_{\Sigma_1} xyz\,\mathrm{d}S + \iint\limits_{\Sigma_2} xyz\,\mathrm{d}S + \iint\limits_{\Sigma_3} xyz\,\mathrm{d}S + \iint\limits_{\Sigma_4} xyz\,\mathrm{d}S.$

在 $\Sigma_1, \Sigma_2, \Sigma_3$ 上，$xyz = 0$，故

$$\iint\limits_{\Sigma_1} xyz\,\mathrm{d}S = \iint\limits_{\Sigma_2} xyz\,\mathrm{d}S = \iint\limits_{\Sigma_3} xyz\,\mathrm{d}S = 0.$$

在 Σ_4 上，$z = 1 - x - y$，且

$$\sqrt{1 + z_x^2 + z_y^2} = \sqrt{1 + (-1)^2 + (-1)^2} = \sqrt{3},$$

又 Σ_4 在 xOy 面上的投影区域为 $D_{xy}: 0 \leqslant x \leqslant 1, 0 \leqslant y \leqslant 1-x$，故有

$$I = \iint\limits_{\Sigma_4} xyz\,\mathrm{d}S = \iint\limits_{D_{xy}} \sqrt{3}\,xy(1 - x - y)\,\mathrm{d}x\mathrm{d}y$$

$$= \sqrt{3} \int_0^1 \mathrm{d}x \int_0^{1-x} xy(1 - x - y)\,\mathrm{d}y = \frac{\sqrt{3}}{120}.$$

第五节　对坐标的曲面积分

一、对坐标的曲面积分的概念与性质

对坐标的曲面积分的定义及性质与对坐标的曲线积分完全类似. 对坐标的曲线积分与曲线方向有关，同样，对坐标的曲面积分也与曲面方向有关，因此下面先讨论曲面的方向.

在光滑的曲面 Σ 上任取一点 P_0，则 Σ 在点 P_0 处的法向量有两个方向，选定其中一个方向为正向，当动点 P 从点 P_0 出发沿曲面 Σ 任意连续移动且不越过边界，转一圈后回到点 P_0 时，如果法向量的正向都未曾改变，则称曲面 Σ 为**双侧曲面**；否则，称为**单侧曲面**. 我们常见的曲面如平面、球面都是双侧曲面，它们分别有上侧与下侧、内侧与外侧之分. 以后总假定所考虑的曲面是双侧的.

在讨论对坐标的曲面积分时，需要指定积分曲面的侧，这种取定了法向量正向即选定了侧的曲面，就称为**有向曲面**.

有向曲面在坐标面上的投影也是有向的，下面仅对曲面在 xOy 面上的投影加以讨论，其余情形以此类推.

设 Σ 是有向曲面，在 Σ 上取一小块曲面 ΔS，将 ΔS 投影到 xOy 面上得一投影区域，其面积记作 $(\Delta \sigma)_{xy}$. 假定 ΔS 上各点处的法向量与 z 轴正向的夹角为 γ，ΔS 在 xOy 面上的投影为 $(\Delta S)_{xy}$，则

$$(\Delta S)_{xy} = \begin{cases} (\Delta \sigma)_{xy}, & \cos \gamma > 0, \\ -(\Delta \sigma)_{xy}, & \cos \gamma < 0, \\ 0, & \cos \gamma = 0. \end{cases}$$

类似地，可以定义 ΔS 在 yOz 面及 zOx 面上的投影 $(\Delta S)_{yz}$ 及 $(\Delta S)_{zx}$.

下面我们将通过计算流向曲面一侧的流量来引入对坐标的曲面积分的概念.

设在三维空间 W 中有一流体稳定流动（流速与时间无关），该流体在任一点 $P(x,y,z)$ 处的流速是向量函数
$$v(x,y,z) = P(x,y,z)\boldsymbol{i} + Q(x,y,z)\boldsymbol{j} + R(x,y,z)\boldsymbol{k},$$
其中函数 P,Q,R 在 W 中连续. 又设 W 内有一有向曲面 Σ，求该流体在单位时间内以速度 $\boldsymbol{v}$ 流向 Σ 指定一侧的流量 Φ.

如图 12-19 所示，如果流体以常速 $\boldsymbol{v}$ 流过面积为 A 的平面一侧，在单位时间内的流量 Φ 是底面积为 A、斜高为 $|\boldsymbol{v}|$ 的斜柱体的体积，即
$$\Phi = A\boldsymbol{v} \cdot \boldsymbol{n},$$
其中 $\boldsymbol{n}$ 为平面的法向量正向上的单位向量.

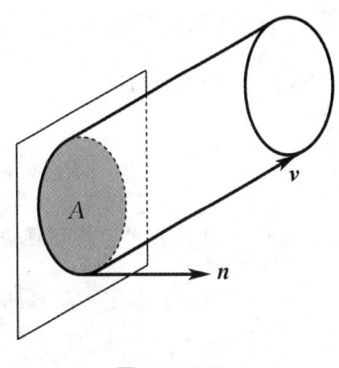

图 12-19

由于现在讨论的问题中流速是变速，且不是流过平面的一侧，而是流过曲面的一侧，故其流量不能直接用上述公式计算. 为此，我们用任意分法 T 将曲面 Σ 分成 n 个小曲面 $\Delta S_1, \Delta S_2, \cdots, \Delta S_n$，也用 $\Delta S_i (i=1,2,\cdots,n)$ 表示第 i 个小曲面的面积，在 ΔS_i 上任取一点 $P(\xi_i,\eta_i,\zeta_i)$，以 $\boldsymbol{v}(\xi_i,\eta_i,\zeta_i)$ 近似代替 ΔS_i 上每一点处的流速，则流体通过第 i 个小曲面 ΔS_i 的流量 $\Delta \Phi_i$ 的近似值为以 ΔS_i 为底，以 $\boldsymbol{v}(\xi_i,\eta_i,\zeta_i)$ 为斜高的斜柱体的体积，即
$$\Delta \Phi_i \approx \boldsymbol{v}(\xi_i,\eta_i,\zeta_i) \cdot \boldsymbol{n}_i \Delta S_i,$$
其中 $\boldsymbol{n}_i$ 为小曲面 ΔS_i 在点 $P(\xi_i,\eta_i,\zeta_i)$ 处的法向量正向上的单位向量. 设 $\boldsymbol{n}_i$ 与 x 轴，y 轴，z 轴正向的夹角分别为 $\alpha_i, \beta_i, \gamma_i$，则
$$\boldsymbol{n}_i = \cos \alpha_i \boldsymbol{i} + \cos \beta_i \boldsymbol{j} + \cos \gamma_i \boldsymbol{k}.$$
又
$$\cos \alpha_i \Delta S_i = (\Delta S_i)_{yz}, \quad \cos \beta_i \Delta S_i = (\Delta S_i)_{zx}, \quad \cos \gamma_i \Delta S_i = (\Delta S_i)_{xy},$$
于是流体以速度 $\boldsymbol{v}$ 流过曲面 Σ 指定一侧的总流量 Φ 的近似值为
$$\Phi \approx \sum_{i=1}^{n} \boldsymbol{v}(\xi_i,\eta_i,\zeta_i) \cdot \boldsymbol{n}_i \Delta S_i$$
$$= \sum_{i=1}^{n} (P(\xi_i,\eta_i,\zeta_i)\cos \alpha_i + Q(\xi_i,\eta_i,\zeta_i)\cos \beta_i + R(\xi_i,\eta_i,\zeta_i)\cos \gamma_i) \Delta S_i$$
$$= \sum_{i=1}^{n} (P(\xi_i,\eta_i,\zeta_i)(\Delta S_i)_{yz} + Q(\xi_i,\eta_i,\zeta_i)(\Delta S_i)_{zx} + R(\xi_i,\eta_i,\zeta_i)(\Delta S_i)_{xy}),$$
从而流体以速度 $\boldsymbol{v}$ 流过曲面 Σ 指定一侧的总流量 Φ 的精确值为
$$\Phi = \lim_{\lambda \to 0} \sum_{i=1}^{n} (P(\xi_i,\eta_i,\zeta_i)(\Delta S_i)_{yz} + Q(\xi_i,\eta_i,\zeta_i)(\Delta S_i)_{zx} + R(\xi_i,\eta_i,\zeta_i)(\Delta S_i)_{xy}),$$
其中 λ 为 n 个小曲面的直径中的最大值.

抽去上述实际问题中的物理意义,即可得到对坐标的曲面积分的定义.

定义 1 设 Σ 为光滑的有向曲面,函数 $R(x,y,z)$ 在 Σ 上有界.将 Σ 任意分成 n 个小曲面 $\Delta S_1, \Delta S_2, \cdots, \Delta S_n$,并用 $\Delta S_i (i=1,2,\cdots,n)$ 同时表示第 i 个小曲面的面积,小曲面 ΔS_i 在 xOy 面上的投影为 $(\Delta S_i)_{xy}$,在 ΔS_i 上任取一点 (ξ_i, η_i, ζ_i),如果当 n 个小曲面的直径中的最大值 $\lambda \to 0$ 时,

$$\lim_{\lambda \to 0} \sum_{i=1}^{n} R(\xi_i, \eta_i, \zeta_i)(\Delta S_i)_{xy}$$

总存在,则称此极限值为函数 $R(x,y,z)$ 在有向曲面 Σ 上对坐标 x,y 的曲面积分,记作 $\iint_{\Sigma} R(x,y,z) \mathrm{d}x\mathrm{d}y$,即

$$\iint_{\Sigma} R(x,y,z) \mathrm{d}x\mathrm{d}y = \lim_{\lambda \to 0} \sum_{i=1}^{n} R(\xi_i, \eta_i, \zeta_i)(\Delta S_i)_{xy},$$

其中 $R(x,y,z)$ 称为**被积函数**,Σ 称为**积分曲面**.

类似地,可以定义在有向曲面 Σ 上**对坐标 y,z 的曲面积分** $\iint_{\Sigma} P(x,y,z) \mathrm{d}y\mathrm{d}z$ 和**对坐标 z,x 的曲面积分** $\iint_{\Sigma} Q(x,y,z) \mathrm{d}z\mathrm{d}x$,即

$$\iint_{\Sigma} P(x,y,z) \mathrm{d}y\mathrm{d}z = \lim_{\lambda \to 0} \sum_{i=1}^{n} P(\xi_i, \eta_i, \zeta_i)(\Delta S_i)_{yz},$$

$$\iint_{\Sigma} Q(x,y,z) \mathrm{d}z\mathrm{d}x = \lim_{\lambda \to 0} \sum_{i=1}^{n} Q(\xi_i, \eta_i, \zeta_i)(\Delta S_i)_{zx}.$$

对坐标的曲面积分也称为**第二类曲面积分**.

当函数 $P(x,y,z), Q(x,y,z), R(x,y,z)$ 在有向曲面 Σ 上连续时,对坐标的曲面积分总存在.以后我们总假定 P, Q, R 在 Σ 上连续.

由定义可知,流体在单位时间内以变速 $\boldsymbol{v} = P\boldsymbol{i} + Q\boldsymbol{j} + R\boldsymbol{k}$ 流过有向曲面 Σ 指定侧的总流量 Φ 可用对坐标的曲面积分的组合来表示,即

$$\Phi = \iint_{\Sigma} P(x,y,z) \mathrm{d}y\mathrm{d}z + Q(x,y,z) \mathrm{d}z\mathrm{d}x + R(x,y,z) \mathrm{d}x\mathrm{d}y.$$

对坐标的曲面积分的性质与对坐标的曲线积分类似,此处不再重述.

二、对坐标的曲面积分的计算

定理 1 设函数 $R(x,y,z)$ 在曲面 $\Sigma: z = z(x,y)((x,y) \in D_{xy})$ 上连续,函数 $z = z(x,y)$ 在 D_{xy} 上具有一阶连续偏导数,则 $R(x,y,z)$ 在曲面 Σ 上对坐标 x,y 的曲面积分存在,且有

$$\iint_{\Sigma} R(x,y,z) \mathrm{d}x\mathrm{d}y = \pm \iint_{D_{xy}} R(x,y,z(x,y)) \mathrm{d}x\mathrm{d}y. \qquad (12.5.1)$$

证明从略.

注　(1) 公式(12.5.1)左端的 $dxdy$ 是曲面元素 dS 在 xOy 面上的投影,它是有方向的;而公式(12.5.1)右端的 $dxdy$ 是 Σ 在 xOy 面上的投影区域 D_{xy} 的面积元素,它是没有方向的.

(2) 公式(12.5.1)右端的 $\pm$ 号是由曲面 Σ 的法向量正向与 z 轴正向的夹角 γ 决定的:γ 为锐角时,取正号;γ 为钝角时,取负号;γ 为直角时,取零.

类似地,如果有向曲面 Σ 由 $x=x(y,z)((y,z)\in D_{yz})$ 给出,那么有

$$\iint_{\Sigma} P(x,y,z)\mathrm{d}y\mathrm{d}z=\pm\iint_{D_{yz}} P(x(y,z),y,z)\mathrm{d}y\mathrm{d}z;$$

如果有向曲面 Σ 由 $y=y(z,x)((z,x)\in D_{zx})$ 给出,那么有

$$\iint_{\Sigma} Q(x,y,z)\mathrm{d}z\mathrm{d}x=\pm\iint_{D_{zx}} Q(x,y(z,x),z)\mathrm{d}z\mathrm{d}x,$$

其中"$\pm$"号的取法与(12.5.1)式类似.

例 1　计算 $I=\oiint_{\Sigma} x\mathrm{d}y\mathrm{d}z+y\mathrm{d}z\mathrm{d}x+z\mathrm{d}x\mathrm{d}y$,$\Sigma$ 为球面 $x^2+y^2+z^2=R^2$,取外侧,如图 12-20 所示.

图 12-20

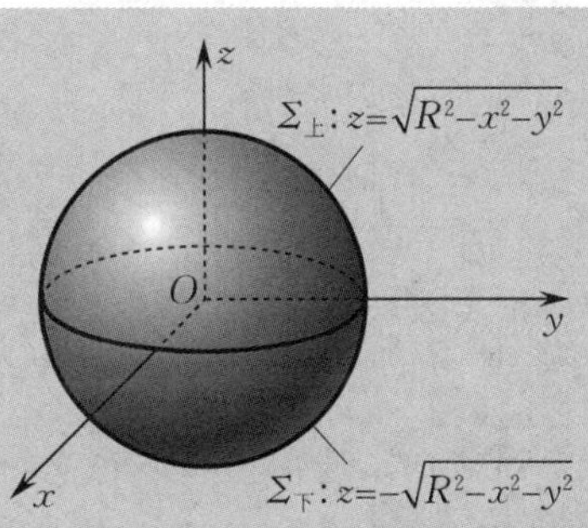

解　易知,曲面积分 Σ 在 xOy 面上的投影区域为

$$D_{xy}:x^2+y^2\leqslant R^2.$$

于是,利用轮换对称性得

$$\begin{aligned}I&=3\oiint_{\Sigma} z\mathrm{d}x\mathrm{d}y\\&=3\left(\iint_{D_{xy}}\sqrt{R^2-x^2-y^2}\,\mathrm{d}x\mathrm{d}y-\iint_{D_{xy}}-\sqrt{R^2-x^2-y^2}\,\mathrm{d}x\mathrm{d}y\right)\\&=6\int_0^{2\pi}\mathrm{d}\theta\int_0^R\sqrt{R^2-r^2}\,r\mathrm{d}r=4\pi R^3.\end{aligned}$$

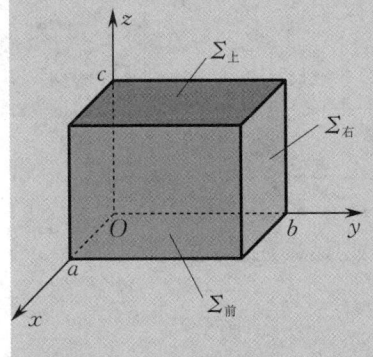

图 12-21

例 2　计算 $I=\oiint_{\Sigma} f(x)\mathrm{d}y\mathrm{d}z+g(y)\mathrm{d}z\mathrm{d}x+h(z)\mathrm{d}x\mathrm{d}y$,其中 Σ 为长立体 $0\leqslant x\leqslant a,0\leqslant y\leqslant b,0\leqslant z\leqslant c$ 的整个表面,取外侧,如图 12-21 所示.

解　记 $\Sigma_{上}:z=c((x,y)\in D_{xy})$,取上侧;$\Sigma_{下}:z=0((x,y)\in D_{xy})$,取下侧;$\Sigma_{左}:y=0((z,x)\in D_{zx})$,取左侧;$\Sigma_{右}:y=b((z,x)\in D_{zx})$,取右侧;$\Sigma_{前}:x=a((y,z)\in D_{yz})$,取前侧;$\Sigma_{后}:x=0((y,z)\in D_{yz})$,取后侧,其中 D_{xy},D_{zx},D_{yz} 分别是 Σ 在 xOy 面,zOx 面,yOz 面上的投影区域,则 $\Sigma=\Sigma_{上}+\Sigma_{下}+\Sigma_{左}+\Sigma_{右}+\Sigma_{前}+\Sigma_{后}$.

对于曲面 $\Sigma_{下}$，有

$$\iint_{\Sigma_{下}} f(x)\mathrm{d}y\mathrm{d}z + g(y)\mathrm{d}z\mathrm{d}x + h(z)\mathrm{d}x\mathrm{d}y = 0 + 0 - \iint_{D_{xy}} h(0)\mathrm{d}x\mathrm{d}y = -abh(0).$$

类似地，有

$$\iint_{\Sigma_{上}} f(x)\mathrm{d}y\mathrm{d}z + g(y)\mathrm{d}z\mathrm{d}x + h(z)\mathrm{d}x\mathrm{d}y = abh(c),$$

$$\iint_{\Sigma_{左}} f(x)\mathrm{d}y\mathrm{d}z + g(y)\mathrm{d}z\mathrm{d}x + h(z)\mathrm{d}x\mathrm{d}y = -acg(0),$$

$$\iint_{\Sigma_{右}} f(x)\mathrm{d}y\mathrm{d}z + g(y)\mathrm{d}z\mathrm{d}x + h(z)\mathrm{d}x\mathrm{d}y = acg(b),$$

$$\iint_{\Sigma_{前}} f(x)\mathrm{d}y\mathrm{d}z + g(y)\mathrm{d}z\mathrm{d}x + h(z)\mathrm{d}x\mathrm{d}y = bcf(a),$$

$$\iint_{\Sigma_{后}} f(x)\mathrm{d}y\mathrm{d}z + g(y)\mathrm{d}z\mathrm{d}x + h(z)\mathrm{d}x\mathrm{d}y = -bcf(0).$$

故

$$I = ab(h(c)-h(0)) + bc(f(a)-f(0)) + ac(g(b)-g(0)).$$

例 3 设通信卫星距地面的高度为 h，地球质量为 M，卫星质量为 m，卫星运行的角速度为 $\omega = \dfrac{2\pi}{24 \times 3\,600}$ rad/s，地球半径为 $R = 6\,400$ km，重力加速度为 $g = 9.8$ m/s^2，求通信卫星的覆盖面积。

解 取地球中心为坐标原点，以地球中心到卫星中心的连线为 z 轴建立空间直角坐标系，如图 12-22(a) 所示。由题意可知，卫星运行的线速度为 $v = \omega(R+h)$，于是由万有引力定律和牛顿第二定律得

$$G\frac{Mm}{(R+h)^2} = \frac{mv^2}{R+h} = m\omega^2(R+h),$$

其中 G 为引力常数。由上式整理得

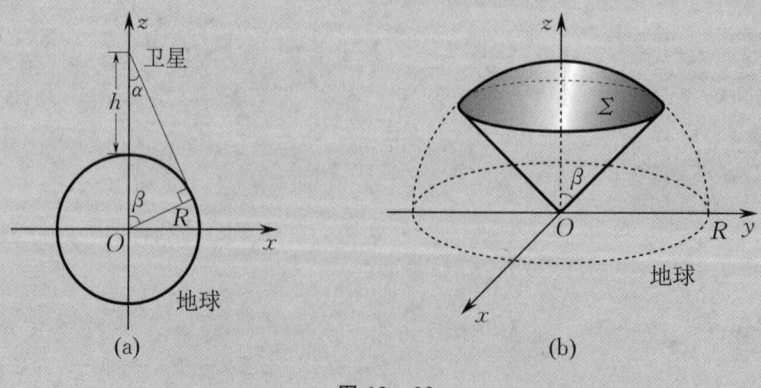

图 12-22

$$(R+h)^3 = \frac{GM}{\omega^2} = \frac{GM}{R^2} \cdot \frac{R^2}{\omega^2} = g\frac{R^2}{\omega^2},$$

即得
$$h = \left(g\frac{R^2}{\omega^2}\right)^{\frac{1}{3}} - R = \left[\left(9.8 \times \frac{6\,400\,000^2 \times 24^2 \times 3\,600^2}{4\pi^2}\right)^{\frac{1}{3}} - 6\,400\,000\right]\text{m}$$
$$\approx 36\,000\,000\text{ m} = 36\,000\text{ km}.$$

设卫星的覆盖面 Σ 是上半球面 $x^2+y^2+z^2=R^2(z\geqslant 0)$ 上被半顶角为 α 的圆锥体所限定的曲面部分(见图 12-22(b) 的阴影部分)，则卫星的覆盖面积(Σ 的面积) 为

$$S = \iint\limits_\Sigma \text{d}S = \iint\limits_D \sqrt{1+z_x^2+z_y^2}\,\text{d}x\text{d}y = \iint\limits_D \frac{R}{\sqrt{R^2-x^2-y^2}}\text{d}x\text{d}y,$$

其中 D 为 Σ 在 xOy 面上的投影区域，即 $D: x^2+y^2 \leqslant R^2\sin^2\beta\left(\beta=\frac{\pi}{2}-\alpha\right)$. 利用极坐标变换，得

$$S = \int_0^{2\pi}\text{d}\theta \int_0^{R\sin\beta} \frac{R}{\sqrt{R^2-r^2}}r\text{d}r = 2\pi R\int_0^{R\sin\beta} \frac{r}{\sqrt{R^2-r^2}}\text{d}r$$
$$= 2\pi R(-\sqrt{R^2-r^2})\Big|_0^{R\sin\beta} = 2\pi R(R-\sqrt{R^2-R^2\sin^2\beta})$$
$$= 2\pi R^2(1-\cos\beta).$$

由于 $\cos\beta = \sin\alpha = \dfrac{R}{R+h}$，代入上式，得

$$S = 2\pi R^2\left(1-\frac{R}{R+h}\right) = 2\pi R^2\frac{h}{R+h} = 4\pi R^2\frac{h}{2(R+h)}.$$

将 $R=6.4\times 10^6$ m，$h=36\times 10^6$ m 代入，得
$$S = 4\pi \times (6.4\times 10^6)^2 \times \frac{36\times 10^6}{2\times(6.4+36)\times 10^6}\text{ m}^2 \approx 2.19\times 10^{14}\text{ m}^2$$
$$= 2.19\times 10^8\text{ km}^2.$$

注意到地球表面积为 $4\pi R^2$，故乘积因子 $\dfrac{h}{2(R+h)}$ 就是卫星覆盖面积与地球表面积的比例系数，把数值代入，即得

$$\frac{h}{2(R+h)} = \frac{36\times 10^6}{2\times(6.4+36)\times 10^6} \approx 0.425.$$

由此可见，卫星覆盖地球 $\dfrac{1}{3}$ 以上的面积. 故使用三颗相间为 $\dfrac{2}{3}\pi$ 的通信卫星就可以覆盖全部地球表面.

三、两类曲面积分之间的联系

两类曲面积分之间的联系由以下公式给出：
$$\iint\limits_\Sigma P\text{d}y\text{d}z + Q\text{d}z\text{d}x + R\text{d}x\text{d}y = \iint\limits_\Sigma (P\cos\alpha + Q\cos\beta + R\cos\gamma)\text{d}S,$$

其中 $\cos\alpha, \cos\beta, \cos\gamma$ 为有向曲面 Σ 在点 (x,y,z) 处的法向量正向的方向余弦.

证 若有向曲面 Σ 的方程为 $z = z(x,y)$,方向取上侧,则

$$\cos\alpha = \frac{-z_x}{\sqrt{1+z_x^2+z_y^2}}, \quad \cos\beta = \frac{-z_y}{\sqrt{1+z_x^2+z_y^2}}, \quad \cos\gamma = \frac{1}{\sqrt{1+z_x^2+z_y^2}}.$$

设 Σ 在 xOy 面上的投影区域为 D_{xy},则

$$\iint_\Sigma R(x,y,z)\mathrm{d}x\mathrm{d}y = \iint_{D_{xy}} R(x,y,z(x,y))\mathrm{d}x\mathrm{d}y.$$

又

$$\iint_\Sigma R(x,y,z)\cos\gamma \mathrm{d}S = \iint_{D_{xy}} R(x,y,z(x,y)) \cdot \frac{1}{\sqrt{1+z_x^2+z_y^2}} \cdot \sqrt{1+z_x^2+z_y^2} \mathrm{d}x\mathrm{d}y$$

$$= \iint_{D_{xy}} R(x,y,z(x,y))\mathrm{d}x\mathrm{d}y,$$

故

$$\iint_\Sigma R(x,y,z)\mathrm{d}x\mathrm{d}y = \iint_\Sigma R(x,y,z)\cos\gamma \mathrm{d}S.$$

若有向曲面 Σ 的方程为 $z = z(x,y)$,方向取下侧,则

$$\cos\gamma = \frac{-1}{\sqrt{1+z_x^2+z_y^2}}.$$

此时同样可以推出

$$\iint_\Sigma R(x,y,z)\mathrm{d}x\mathrm{d}y = \iint_\Sigma R(x,y,z)\cos\gamma \mathrm{d}S.$$

同理,可证

$$\iint_\Sigma P(x,y,z)\mathrm{d}y\mathrm{d}z = \iint_\Sigma P(x,y,z)\cos\alpha \mathrm{d}S,$$

$$\iint_\Sigma Q(x,y,z)\mathrm{d}z\mathrm{d}x = \iint_\Sigma Q(x,y,z)\cos\beta \mathrm{d}S.$$

第六节 高斯公式和斯托克斯公式

一、高斯公式

格林公式给出了平面区域上的二重积分与围成该区域的边界闭曲线上的曲线积分之间的联系. 而本节要介绍的高斯(Gauss)公式是格林公式在三维空间的推广,它给出了空间闭区域上的三重积分与围成该区域的边界闭曲面上的曲面积分之间的联系.

定理1 设空间闭区域 Ω 是由分片光滑的闭曲面 Σ 所围成. 若函数 $P(x,y,z)$,

$Q(x,y,z)$, $R(x,y,z)$ 在 Ω 上具有一阶连续偏导数，则有

$$\iiint_\Omega \left(\frac{\partial P}{\partial x}+\frac{\partial Q}{\partial y}+\frac{\partial R}{\partial z}\right)\mathrm{d}x\mathrm{d}y\mathrm{d}z = \oiint_\Sigma P\mathrm{d}y\mathrm{d}z + Q\mathrm{d}z\mathrm{d}x + R\mathrm{d}x\mathrm{d}y \quad (12.6.1)$$

或

$$\iiint_\Omega \left(\frac{\partial P}{\partial x}+\frac{\partial Q}{\partial y}+\frac{\partial R}{\partial z}\right)\mathrm{d}x\mathrm{d}y\mathrm{d}z = \oiint_\Sigma (P\cos\alpha + Q\cos\beta + R\cos\gamma)\mathrm{d}S, \quad (12.6.2)$$

其中 Σ 取外侧，$\cos\alpha,\cos\beta,\cos\gamma$ 是 Σ 在点 (x,y,z) 处的法向量的方向余弦.

公式 (12.6.1) 或 (12.6.2) 称为**高斯公式**.

证 如果闭曲面 Σ 与平行于三条坐标轴的直线至多有两个交点（Σ 的平行于坐标轴的柱面部分除外），那么不妨设空间闭区域 Ω 是由光滑曲面 $\Sigma_1: z = z_1(x,y)$（$(x,y) \in D$，取下侧）与 $\Sigma_2: z = z_2(x,y)$（$(x,y) \in D$，取上侧）以及母线平行于 z 轴的柱面 Σ_3（取外侧）所围成（见图 12-23），其中 $z_1(x,y) \leqslant z_2(x,y)$，且 D 是 Σ 在 xOy 面上的投影区域，则有

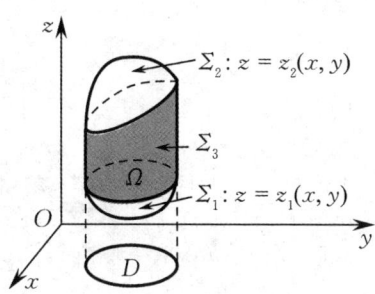

图 12 - 23

$$\iiint_\Omega \frac{\partial R}{\partial z}\mathrm{d}x\mathrm{d}y\mathrm{d}z = \iint_D \mathrm{d}x\mathrm{d}y \int_{z_1(x,y)}^{z_2(x,y)} \frac{\partial R}{\partial z}\mathrm{d}z = \iint_D R(x,y,z)\Big|_{z_1(x,y)}^{z_2(x,y)} \mathrm{d}x\mathrm{d}y$$

$$= \iint_D (R(x,y,z_2(x,y)) - R(x,y,z_1(x,y)))\mathrm{d}x\mathrm{d}y.$$

又因为

$$\oiint_\Sigma R(x,y,z)\mathrm{d}x\mathrm{d}y = \iint_{\Sigma_1} R(x,y,z)\mathrm{d}x\mathrm{d}y + \iint_{\Sigma_2} R(x,y,z)\mathrm{d}x\mathrm{d}y + \iint_{\Sigma_3} R(x,y,z)\mathrm{d}x\mathrm{d}y$$

$$= -\iint_D R(x,y,z_1(x,y))\mathrm{d}x\mathrm{d}y + \iint_D R(x,y,z_2(x,y))\mathrm{d}x\mathrm{d}y + 0$$

$$= \iint_D (R(x,y,z_2(x,y)) - R(x,y,z_1(x,y)))\mathrm{d}x\mathrm{d}y,$$

所以

$$\oiint_\Sigma R(x,y,z)\mathrm{d}x\mathrm{d}y = \iiint_\Omega \frac{\partial R}{\partial z}\mathrm{d}x\mathrm{d}y\mathrm{d}z.$$

同理，可证

$$\oiint_\Sigma P(x,y,z)\mathrm{d}y\mathrm{d}z = \iiint_\Omega \frac{\partial P}{\partial x}\mathrm{d}x\mathrm{d}y\mathrm{d}z,$$

$$\oiint_\Sigma Q(x,y,z)\mathrm{d}z\mathrm{d}x = \iiint_\Omega \frac{\partial Q}{\partial y}\mathrm{d}x\mathrm{d}y\mathrm{d}z.$$

将以上三式相加，即得高斯公式 (12.6.1).

如果闭曲面 Σ 与平行于坐标轴的直线的交点多于两个，则可用若干光滑的曲面将空

间闭区域 Ω 分成有限个小个体,使得每个小个体的边界闭曲面都满足上述条件,于是由以上讨论可知,高斯公式仍然成立.

而由两类曲面积分之间的联系可知,(12.6.2)式与(12.6.1)式的右端是相等的,故(12.6.2)式也成立.

例1 计算 $I = \oiint_{\Sigma}(x^3 - yz)\mathrm{d}y\mathrm{d}z - 2x^2 y\mathrm{d}z\mathrm{d}x + z\mathrm{d}x\mathrm{d}y$,其中 Σ 是由平面 $x = a$,$y = a, z = a$ 及三个坐标面所围成的立体 Ω 的表面,取外侧.

解 由高斯公式得

$$I = \iiint_{\Omega}(3x^2 - 2x^2 + 1)\mathrm{d}x\mathrm{d}y\mathrm{d}z = \int_0^a \mathrm{d}z \int_0^a \mathrm{d}y \int_0^a (x^2 + 1)\mathrm{d}x = \frac{a^5}{3} + a^3.$$

例2 计算 $I = \iint_{\Sigma}(x^2\cos\alpha + y^2\cos\beta + z^2\cos\gamma)\mathrm{d}S$,其中 Σ 是锥面 $x^2 + y^2 = z^2 (0 \leqslant z \leqslant h)$,取下侧,$\cos\alpha, \cos\beta, \cos\gamma$ 是积分曲面的外法线的方向余弦.

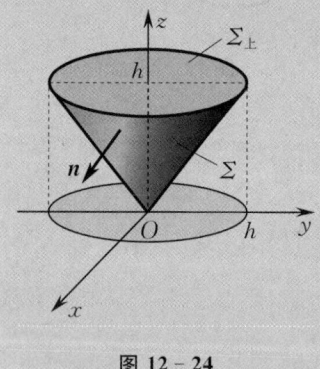

图 12 - 24

解 如图 12 - 24 所示,作辅助平面 $\Sigma_{上}: z = h$(取上侧),则 Σ 与 $\Sigma_{上}$ 构成一封闭曲面,且取外侧. 设 Σ 与 $\Sigma_{上}$ 所围成的空间闭区域为 Ω,则由高斯公式得

$$\oiint_{\Sigma+\Sigma_{上}}(x^2\cos\alpha + y^2\cos\beta + z^2\cos\gamma)\mathrm{d}S$$

$$= 2\iiint_{\Omega}(x + y + z)\mathrm{d}x\mathrm{d}y\mathrm{d}z$$

$$= 2\int_0^{2\pi}\mathrm{d}\theta\int_0^h r\mathrm{d}r\int_r^h [r(\cos\theta + \sin\theta) + z]\mathrm{d}z$$

$$= \frac{\pi}{2}h^4.$$

而平面 $\Sigma_{上}: z = h$ 的外法线正向与 z 轴正向相同,故其外法线的方向余弦是 $\cos\frac{\pi}{2}$, $\cos\frac{\pi}{2}, \cos 0$,且 $\Sigma_{上}$ 在 xOy 面上的投影区域为 $D: x^2 + y^2 \leqslant h^2$,于是

$$\iint_{\Sigma_{上}}(x^2\cos\alpha + y^2\cos\beta + z^2\cos\gamma)\mathrm{d}S$$

$$= \iint_D \left(x^2\cos\frac{\pi}{2} + y^2\cos\frac{\pi}{2} + h^2\cos 0\right)\mathrm{d}x\mathrm{d}y = \iint_D h^2\mathrm{d}x\mathrm{d}y = \pi h^4.$$

因此

$$I = \frac{\pi}{2}h^4 - \pi h^4 = -\frac{\pi}{2}h^4.$$

二、斯托克斯公式

斯托克斯(Stokes)公式也是格林公式在三维空间的推广,它将曲面上的曲面积分与围成该曲面的边界闭曲线上的曲线积分联系起来了.

定理 2 设 Γ 为分段光滑的空间有向闭曲线,Σ 是以 Γ 为边界的分片光滑的有向曲面,且 Γ 的正向与 Σ 的所取侧符合右手规则,即当右手的四指按 Γ 的正向弯曲时,右手的拇指指向 Σ 的所取侧(这时也称 Γ 是有向曲面 Σ 的正向边界曲线). 若函数 $P(x,y,z)$, $Q(x,y,z)$, $R(x,y,z)$ 在曲面 Σ(连同边界 Γ)上具有一阶连续偏导数,则有

$$\iint_{\Sigma}\left(\frac{\partial R}{\partial y}-\frac{\partial Q}{\partial z}\right)\mathrm{d}y\mathrm{d}z+\left(\frac{\partial P}{\partial z}-\frac{\partial R}{\partial x}\right)\mathrm{d}z\mathrm{d}x+\left(\frac{\partial Q}{\partial x}-\frac{\partial P}{\partial y}\right)\mathrm{d}x\mathrm{d}y=\oint_{\Gamma}P\mathrm{d}x+Q\mathrm{d}y+R\mathrm{d}z.$$
(12.6.3)

(12.6.3)式称为**斯托克斯公式**.

证 假定曲面 Σ 与平行于 z 轴的直线至多交于一点,则可设曲面 Σ 的方程为 $z=f(x,y)((x,y)\in D,$ 取上侧),其中 D 是 Σ 在 xOy 面上的投影区域,Σ 的正向边界曲线 Γ 在 xOy 面上的投影为区域 D 的正向边界 L(见图 12-25),于是有

$$\oint_{\Gamma}P(x,y,z)\mathrm{d}x=\oint_{L}P(x,y,f(x,y))\mathrm{d}x.$$

由两类曲面积分之间的联系得

$$\mathrm{d}z\mathrm{d}x=\cos\beta\mathrm{d}S=\frac{-f_y}{\sqrt{1+f_x^2+f_y^2}}\mathrm{d}S$$
$$=-f_y\cos\gamma\mathrm{d}S=-f_y\mathrm{d}x\mathrm{d}y,$$

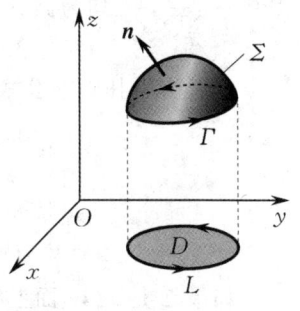

图 12-25

于是

$$\iint_{\Sigma}\frac{\partial P}{\partial z}\mathrm{d}z\mathrm{d}x-\frac{\partial P}{\partial y}\mathrm{d}x\mathrm{d}y=\iint_{\Sigma}-\frac{\partial P}{\partial z}\cdot\frac{\partial f}{\partial y}\mathrm{d}x\mathrm{d}y-\frac{\partial P}{\partial y}\mathrm{d}x\mathrm{d}y$$
$$=-\iint_{\Sigma}\left(\frac{\partial P}{\partial y}+\frac{\partial P}{\partial z}\cdot\frac{\partial f}{\partial y}\right)\mathrm{d}x\mathrm{d}y$$
$$=-\iint_{D}\frac{\partial}{\partial y}P(x,y,f(x,y))\mathrm{d}x\mathrm{d}y$$
$$=\oint_{L}P(x,y,f(x,y))\mathrm{d}x,$$

上式最后一个等号是由格林公式得到的. 因此

$$\oint_{\Gamma}P(x,y,z)\mathrm{d}x=\iint_{\Sigma}\frac{\partial P}{\partial z}\mathrm{d}z\mathrm{d}x-\frac{\partial P}{\partial y}\mathrm{d}x\mathrm{d}y.$$

对于 Σ 取下侧的情形,相应地也有上式成立.

同理可证,当 Σ 与平行于 x 轴的直线至多交于一点时,有

$$\oint_{\Gamma}Q(x,y,z)\mathrm{d}y=\iint_{\Sigma}\frac{\partial Q}{\partial x}\mathrm{d}x\mathrm{d}y-\frac{\partial Q}{\partial z}\mathrm{d}y\mathrm{d}z;$$

当 Σ 与平行于 y 轴的直线至多交于一点时,有

$$\oint_\Gamma R(x,y,z)\mathrm{d}z = \iint_\Sigma \frac{\partial R}{\partial y}\mathrm{d}y\mathrm{d}z - \frac{\partial R}{\partial x}\mathrm{d}z\mathrm{d}x.$$

将以上三式相加,即得斯托克斯公式.

如果曲面 Σ 与平行于坐标轴的直线的交点多于一个,则可将曲面 Σ 分成有限个小块,使得每一小块都满足上述条件,从而由以上讨论可知,在每一小块上斯托克斯公式都成立,故可得在曲面 Σ 上斯托克斯公式仍然成立.

为了便于记忆,可将斯托克斯公式(12.6.3)表示成

$$\iint_\Sigma \begin{vmatrix} \mathrm{d}y\mathrm{d}z & \mathrm{d}z\mathrm{d}x & \mathrm{d}x\mathrm{d}y \\ \dfrac{\partial}{\partial x} & \dfrac{\partial}{\partial y} & \dfrac{\partial}{\partial z} \\ P & Q & R \end{vmatrix} = \oint_\Gamma P\mathrm{d}x + Q\mathrm{d}y + R\mathrm{d}z,$$

其中 $\dfrac{\partial}{\partial x},\dfrac{\partial}{\partial y},\dfrac{\partial}{\partial z}$ 均为微分算子,$\begin{vmatrix} \dfrac{\partial}{\partial y} & \dfrac{\partial}{\partial z} \\ Q & R \end{vmatrix} = \dfrac{\partial R}{\partial y} - \dfrac{\partial Q}{\partial z}.$

或者将斯托克斯公式(12.6.3)表示成

$$\iint_\Sigma \begin{vmatrix} \cos\alpha & \cos\beta & \cos\gamma \\ \dfrac{\partial}{\partial x} & \dfrac{\partial}{\partial y} & \dfrac{\partial}{\partial z} \\ P & Q & R \end{vmatrix} \mathrm{d}S = \oint_\Gamma P\mathrm{d}x + Q\mathrm{d}y + R\mathrm{d}z.$$

如果 Σ 是 xOy 面上的一个平面闭区域,那么斯托克斯公式就变成了格林公式.所以说,格林公式是斯托克斯公式的特殊情况,斯托克斯公式是格林公式的推广.

例 3 计算 $I = \oint_\Gamma 3y\mathrm{d}x - xz\mathrm{d}y + yz^2\mathrm{d}z$,其中 Γ 为圆周 $x^2 + y^2 = 2z, z = 2$,且从 z 轴正向看去,圆周 Γ 取逆时针方向.

解 由斯托克斯公式得

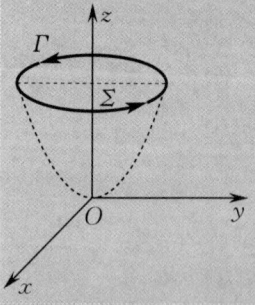

图 12-26

$$I = \iint_\Sigma \begin{vmatrix} \mathrm{d}y\mathrm{d}z & \mathrm{d}z\mathrm{d}x & \mathrm{d}x\mathrm{d}y \\ \dfrac{\partial}{\partial x} & \dfrac{\partial}{\partial y} & \dfrac{\partial}{\partial z} \\ 3y & -xz & yz^2 \end{vmatrix} = \iint_\Sigma (z^2 + x)\mathrm{d}y\mathrm{d}z - (z+3)\mathrm{d}x\mathrm{d}y,$$

上式中的 Σ 为闭曲线 Γ 所张成的曲面.如图 12-26 所示,不妨取 Σ 为平面 $z = 2$ 上被 Γ 所围部分,取上侧,且 Σ 在 xOy 面上的投影区域为 $D_{xy}: x^2 + y^2 \leqslant 4$,故

$$I = \iint_{D_{xy}} -(2+3)\mathrm{d}x\mathrm{d}y = -5\pi \cdot 2^2 = -20\pi.$$

例 4 计算 $I = \int_{L(A,B)} (x^2 - yz)\mathrm{d}x + (y^2 - zx)\mathrm{d}y + (z^2 - xy)\mathrm{d}z$,其中曲线 $L(A,B)$ 是螺旋线 $x = a\cos\theta, y = a\sin\theta, z = \dfrac{h}{2\pi}\theta(0 \leqslant \theta \leqslant 2\pi)$,点 $A(a,0,0)$ 和点

$B(a,0,h)$ 分别为它的起点和终点,如图 12-27 所示.

解 作辅助直线段 BA,则

$$\oint_{L(A,B)+BA} (x^2-yz)\mathrm{d}x+(y^2-zx)\mathrm{d}y+(z^2-xy)\mathrm{d}z$$

$$=\iint_{\Sigma}\begin{vmatrix} \mathrm{d}y\mathrm{d}z & \mathrm{d}z\mathrm{d}x & \mathrm{d}x\mathrm{d}y \\ \dfrac{\partial}{\partial x} & \dfrac{\partial}{\partial y} & \dfrac{\partial}{\partial z} \\ x^2-yz & y^2-zx & z^2-xy \end{vmatrix}=0,$$

上式中的 Σ 为闭曲线 $L(A,B)+BA$ 所张成的曲面.

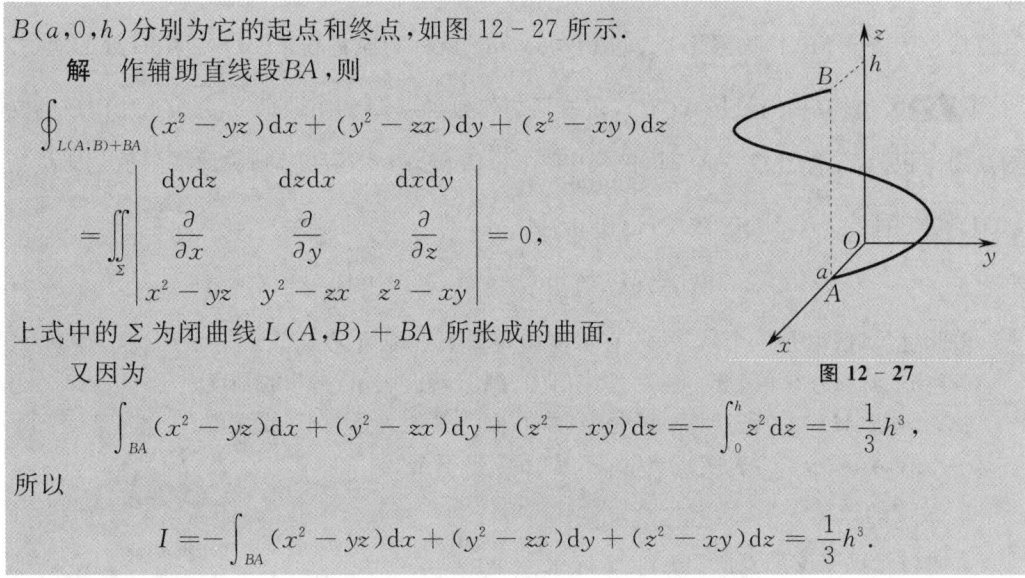

图 12-27

又因为

$$\int_{BA}(x^2-yz)\mathrm{d}x+(y^2-zx)\mathrm{d}y+(z^2-xy)\mathrm{d}z=-\int_0^h z^2\mathrm{d}z=-\frac{1}{3}h^3,$$

所以

$$I=-\int_{BA}(x^2-yz)\mathrm{d}x+(y^2-zx)\mathrm{d}y+(z^2-xy)\mathrm{d}z=\frac{1}{3}h^3.$$

第七节 场论初步

我们已经知道,如果在空间或部分空间 V 上分布着某种物理量,那么 V 就构成了一个场.若分布的物理量是标量,如温度、密度等,则它们形成的场为数量场,由数量函数 $f(x,y,z)$ 确定;若分布的物理量是向量,如引力、速度等,则它们形成的场为向量场,由向量函数 $\boldsymbol{A}(x,y,z)=P(x,y,z)\boldsymbol{i}+Q(x,y,z)\boldsymbol{j}+R(x,y,z)\boldsymbol{k}$ 确定.

一、散度

1. 散度的概念

如果在一光滑曲面 Σ 上分布着一流体速度场 $\boldsymbol{A}(M)$,那么该场在单位时间内通过曲面 Σ 的流量为 $\Phi=\iint_{\Sigma}\boldsymbol{A}(M)\cdot\boldsymbol{n}\mathrm{d}S$,其中 $\boldsymbol{n}$ 是曲面 Σ 的外法线的单位向量.如果 Σ 是闭曲面,那么 $\Phi=\oiint_{\Sigma}\boldsymbol{A}(M)\cdot\boldsymbol{n}\mathrm{d}S$ 表示该场在单位时间内通过闭曲面 Σ 的流量,即通过 Σ 的流出量与流入量之差,它可能有如下三种情况:

(1) $\Phi>0$,即流出量大于流入量,说明 Σ 内有"源头";

(2) $\Phi<0$,即流出量小于流入量,说明 Σ 内有"漏洞";

(3) $\Phi=0$,即流出量等于流入量,说明 Σ 内既无"源"亦无"洞",或者 Σ 内既有"源"又有"洞",但流量可以相互抵消.

下面要讨论曲面 Σ 内某一点处的流量.

设闭曲面 Σ 所围成的立体 Ω 的体积为 V,则向量场 $\boldsymbol{A}(M)$ 通过 Σ 的平均流量为

$$\overline{\Phi}=\frac{\Phi}{V}=\frac{1}{V}\oiint_{\Sigma}\boldsymbol{A}(M)\cdot\boldsymbol{n}\mathrm{d}S.$$

当 Ω 收缩为一点 M 时,极限 $\lim\limits_{\Omega \to M} \dfrac{1}{V} \oiint\limits_{\Sigma} \boldsymbol{A}(M) \cdot \boldsymbol{n} \mathrm{d}S$ 就称为向量场 $\boldsymbol{A}(M)$ 在点 M 处的流量。

定义 1 设有一向量场 $\boldsymbol{A}(M)$,在该场中作包含点 M 的闭曲面 Σ,并设 Σ 所围成的立体 Ω 的体积为 V. 若当 $\Omega \to M$ 时,极限 $\lim\limits_{\Omega \to M} \dfrac{1}{V} \oiint\limits_{\Sigma} \boldsymbol{A}(M) \cdot \boldsymbol{n} \mathrm{d}S$ 存在,则称此极限值是向量场 $\boldsymbol{A}(M)$ 在点 $M(x,y,z)$ 处的**散度**,记作 $\mathrm{div}\,\boldsymbol{A}(M)$,即

$$\mathrm{div}\,\boldsymbol{A}(M) = \lim_{\Omega \to M} \frac{1}{V} \oiint\limits_{\Sigma} \boldsymbol{A}(M) \cdot \boldsymbol{n}\, \mathrm{d}S.$$

由此可见,散度是一个数量场. 它可能出现如下三种情况:

(1) $\mathrm{div}\,\boldsymbol{A}(M) > 0$,表明点 M 是流出的"源",其值表示"源"的强度;

(2) $\mathrm{div}\,\boldsymbol{A}(M) < 0$,表明点 M 是吸收的"洞",其值表示"洞"的强度;

(3) $\mathrm{div}\,\boldsymbol{A}(M) = 0$,表明点 M 既不是"源"也不是"洞".

2. 散度的计算

下面讨论求散度的方法. 由于

$$\begin{aligned}
\mathrm{div}\,\boldsymbol{A}(M) &= \lim_{\Omega \to M} \frac{1}{V} \oiint\limits_{\Sigma} \boldsymbol{A}(M) \cdot \boldsymbol{n}\, \mathrm{d}S \\
&= \lim_{\Omega \to M} \frac{1}{V} \oiint\limits_{\Sigma} P(x,y,z)\mathrm{d}y\mathrm{d}z + Q(x,y,z)\mathrm{d}z\mathrm{d}x + R(x,y,z)\mathrm{d}x\mathrm{d}y \\
&= \lim_{\Omega \to M} \frac{1}{V} \iiint\limits_{\Omega} \left(\frac{\partial P}{\partial x} + \frac{\partial Q}{\partial y} + \frac{\partial R}{\partial z}\right) \mathrm{d}V \quad \text{(高斯公式)} \\
&= \lim_{\Omega \to M} \frac{1}{V} \cdot \left(\frac{\partial P}{\partial x} + \frac{\partial Q}{\partial y} + \frac{\partial R}{\partial z}\right)\bigg|_{(\xi,\eta,\zeta)} \cdot V \quad \text{(积分中值定值)},
\end{aligned}$$

其中 $(\xi,\eta,\zeta) \in \Omega$,当 $\Omega \to M$ 时,有 $(\xi,\eta,\zeta) \to M$,故

$$\mathrm{div}\,\boldsymbol{A}(M) = \left(\frac{\partial P}{\partial x} + \frac{\partial Q}{\partial y} + \frac{\partial R}{\partial z}\right)\bigg|_{M}.$$

上式就是计算散度的公式.

有了散度的定义,高斯公式还可表示为 $\oiint\limits_{\Sigma} \boldsymbol{A} \cdot \boldsymbol{n}\, \mathrm{d}S = \iiint\limits_{\Omega} \mathrm{div}\,\boldsymbol{A}\, \mathrm{d}x\mathrm{d}y\mathrm{d}z$.

例 1 求向量场 $\boldsymbol{A} = (x^2 + yz)\boldsymbol{i} + (y^2 + zx)\boldsymbol{j} + (z^2 + xy)\boldsymbol{k}$ 的散度.

解 由题意可知,$P = x^2 + yz$,$Q = y^2 + zx$,$R = z^2 + xy$,故

$$\mathrm{div}\,\boldsymbol{A} = \frac{\partial P}{\partial x} + \frac{\partial Q}{\partial y} + \frac{\partial R}{\partial z} = 2x + 2y + 2z.$$

前面我们讨论了流体速度中的流体在单位时间内以某流速流经场内一片光滑的有向曲面指定一侧的流量. 在电场和磁场中,也有类似的求电通量、磁通量的问题. 我们将流量、电通量、磁通量、光通量统称为通量. 下面给出一般通量的定义.

一般地,设某向量场由 $\boldsymbol{A}(x,y,z) = P(x,y,z)\boldsymbol{i} + Q(x,y,z)\boldsymbol{j} + R(x,y,z)\boldsymbol{k}$ 给出,其中函数 P,Q,R 都具有一阶连续偏导数,Σ 是场内的一片有向曲面,$\boldsymbol{n}$ 是 Σ 在点 (x,y,z) 处的单位法向量,则称 $\iint\limits_{\Sigma} \boldsymbol{A} \cdot \boldsymbol{n}\, \mathrm{d}S$ 为向量场 $\boldsymbol{A}$ 通过曲面 Σ 指定一侧的**通量**.

有了散度和通量的概念,高斯公式 $\oiint_{\Sigma} \boldsymbol{A} \cdot \boldsymbol{n} \mathrm{d}S = \iiint_{\Omega} \mathrm{div}\, \boldsymbol{A} \mathrm{d}x\mathrm{d}y\mathrm{d}z$ 就可解释为:向量场 $\boldsymbol{A}$ 通过闭曲面 Σ 的总通量等于由该闭曲面所围成的立体 Ω 上每一点处的散度的总和.

二、旋度

在向量场中,比如河流中常常发生涡旋现象,在旋涡附近的水绕着漩涡中心旋转.设有一自由转动的叶轮,将叶轮的轴放在漩涡中心,很显然叶轮会在漩涡中旋转,其上每一点处的旋转速度的大小与方向可用向量来描绘.为了研究这一现象,引入旋度的概念.

定义 2 设有向量场 $\boldsymbol{A}(x,y,z) = P(x,y,z)\boldsymbol{i} + Q(x,y,z)\boldsymbol{j} + R(x,y,z)\boldsymbol{k}$,其中函数 P,Q,R 均具有一阶连续偏导数,则称在三条坐标轴上的投影分别为 $\frac{\partial R}{\partial y} - \frac{\partial Q}{\partial z}$, $\frac{\partial P}{\partial z} - \frac{\partial R}{\partial x}$, $\frac{\partial Q}{\partial x} - \frac{\partial P}{\partial y}$ 的向量为向量场 $\boldsymbol{A}$ 的**旋度**,记作 $\mathrm{rot}\, \boldsymbol{A}$,即

$$\mathrm{rot}\, \boldsymbol{A} = \left(\frac{\partial R}{\partial y} - \frac{\partial Q}{\partial z}\right)\boldsymbol{i} + \left(\frac{\partial P}{\partial z} - \frac{\partial R}{\partial x}\right)\boldsymbol{j} + \left(\frac{\partial Q}{\partial x} - \frac{\partial P}{\partial y}\right)\boldsymbol{k} \quad \text{或} \quad \mathrm{rot}\, \boldsymbol{A} = \begin{vmatrix} \boldsymbol{i} & \boldsymbol{j} & \boldsymbol{k} \\ \frac{\partial}{\partial x} & \frac{\partial}{\partial y} & \frac{\partial}{\partial z} \\ P & Q & R \end{vmatrix}.$$

很显然,旋度场是一个向量场,旋度就是描绘涡旋现象的一个向量.

当 $\mathrm{rot}\, \boldsymbol{A}(M) = \boldsymbol{0}$ 时,表明点 M 不是旋涡;当 $\mathrm{rot}\, \boldsymbol{A}(M) \neq \boldsymbol{0}$ 时,表明点 M 存在旋涡,且 $\mathrm{rot}\, \boldsymbol{A}(M)$ 的模是点 M 处的旋转速度的大小.

在前述的向量场 $\boldsymbol{A}$ 中,我们称沿有向闭曲线 Γ 的曲线积分 $\oint_{\Gamma} P\mathrm{d}x + Q\mathrm{d}y + R\mathrm{d}z$ 为向量场 $\boldsymbol{A}$ 沿有向闭曲线 Γ 的**环流量**.

有了旋度和环流量的概念,就可以对斯托克斯公式的物理意义做出合理的解释.

设斯托克斯公式中的有向曲面 Σ 在点 (x,y,z) 处的单位法向量为

$$\boldsymbol{n} = \cos \alpha \boldsymbol{i} + \cos \beta \boldsymbol{j} + \cos \gamma \boldsymbol{k},$$

而 Σ 的正向边界曲线 Γ 的切向量为

$$\boldsymbol{\tau} = \cos \lambda \boldsymbol{i} + \cos \mu \boldsymbol{j} + \cos \nu \boldsymbol{k},$$

则斯托克斯公式可表示为

$$\iint_{\Sigma} \left[\left(\frac{\partial R}{\partial y} - \frac{\partial Q}{\partial z}\right)\cos\alpha + \left(\frac{\partial P}{\partial z} - \frac{\partial R}{\partial x}\right)\cos\beta + \left(\frac{\partial Q}{\partial x} - \frac{\partial P}{\partial y}\right)\cos\gamma\right]\mathrm{d}S$$
$$= \oint_{\Gamma} (P\cos\lambda + Q\cos\mu + R\cos\nu)\mathrm{d}s,$$

或者采用向量形式表示为

$$\iint_{\Sigma} \mathrm{rot}\, \boldsymbol{A} \cdot \boldsymbol{n} \mathrm{d}S = \oint_{\Gamma} \boldsymbol{A} \cdot \boldsymbol{\tau} \mathrm{d}s, \quad \text{即} \quad \iint_{\Sigma} (\mathrm{rot}\, \boldsymbol{A})_n \mathrm{d}S = \oint_{\Gamma} \boldsymbol{A}_{\tau} \mathrm{d}s,$$

其中 $(\mathrm{rot}\, \boldsymbol{A})_n = \mathrm{rot}\, \boldsymbol{A} \cdot \boldsymbol{n}$,$\boldsymbol{A}_{\tau} = \boldsymbol{A} \cdot \boldsymbol{\tau}$ 分别为旋度 $\mathrm{rot}\, \boldsymbol{A}$ 在 Σ 的法向量 $\boldsymbol{n}$ 上的投影和向量场 $\boldsymbol{A}$ 在 Γ 的切向量 $\boldsymbol{\tau}$ 上的投影.

因此,斯托克斯公式的物理意义可解释为:向量场 $\boldsymbol{A}$ 沿有向闭曲线 Γ 的环流量等于向量场 $\boldsymbol{A}$ 的旋度场 $\mathrm{rot}\, \boldsymbol{A}$ 通过 Γ 所张成的曲面 Σ 的通量.

附表 12　曲线积分与曲面积分图表

对弧长的曲线积分	1. 定义： $$\int_L f(x,y)\mathrm{d}s = \lim_{\lambda \to 0}\sum_{i=1}^n f(\xi_i,\eta_i)\Delta s_i,$$ $$\int_\Gamma f(x,y,z)\mathrm{d}s = \lim_{\lambda \to 0}\sum_{i=1}^n f(\xi_i,\eta_i,\zeta_i)\Delta s_i.$$ 2. 性质： (1) $\int_{\widehat{AB}} f(x,y)\mathrm{d}s = \int_{\widehat{BA}} f(x,y)\mathrm{d}s$ (2) $\int_L (f(x,y)\pm g(x,y))\mathrm{d}s$ $= \int_L f(x,y)\mathrm{d}s \pm \int_L g(x,y)\mathrm{d}s$ (3) $\int_L kf(x,y)\mathrm{d}s = k\int_L f(x,y)\mathrm{d}s$ (4) $\int_{L_1+L_2} f(x,y)\mathrm{d}s$ $= \int_{L_1} f(x,y)\mathrm{d}s + \int_{L_2} f(x,y)\mathrm{d}s$	3. 对弧长的曲线积分的计算： (1) 若 L 的参数方程为 $\begin{cases} x=\varphi(t),\\ y=\psi(t) \end{cases}$, $(\alpha \leqslant t \leqslant \beta)$, 则 $$\int_L f(x,y)\mathrm{d}s = \int_\alpha^\beta f(\varphi(t),\psi(t))\sqrt{\varphi'^2(t)+\psi'^2(t)}\,\mathrm{d}t$$ (2) 若 Γ 的参数方程为 $\begin{cases} x=\varphi(t),\\ y=\psi(t),\\ z=\omega(t) \end{cases}$, $(\alpha \leqslant t \leqslant \beta)$, 则 $$\int_\Gamma f(x,y,z)\mathrm{d}s = \int_\alpha^\beta f(\varphi(t),\psi(t),\omega(t))\sqrt{\varphi'^2(t)+\psi'^2(t)+\omega'^2(t)}\,\mathrm{d}t$$
对坐标的曲线积分	1. 定义： $$\int_L P(x,y)\mathrm{d}x = \lim_{\lambda \to 0}\sum_{i=1}^n P(\xi_i,\eta_i)\Delta x_i,$$ $$\int_L Q(x,y)\mathrm{d}y = \lim_{\lambda \to 0}\sum_{i=1}^n Q(\xi_i,\eta_i)\Delta y_i,$$ 组合形式 $$\int_L P(x,y)\mathrm{d}x + \int_L Q(x,y)\mathrm{d}y$$ $$= \int_L P(x,y)\mathrm{d}x + Q(x,y)\mathrm{d}y$$ 2. 性质： (1) $\int_L (f(x,y)\pm g(x,y))\mathrm{d}x$ $= \int_L f(x,y)\mathrm{d}x \pm \int_L g(x,y)\mathrm{d}x$ (2) $\int_L kf(x,y)\mathrm{d}x = k\int_L f(x,y)\mathrm{d}x$ (3) $\int_{L_1+L_2} P(x,y)\mathrm{d}x$ $= \int_{L_1} P(x,y)\mathrm{d}x + \int_{L_2} P(x,y)\mathrm{d}x$ (4) $\int_{L^-} P(x,y)\mathrm{d}x = -\int_L P(x,y)\mathrm{d}x$ 3. 对坐标的曲线积分的计算： (1) 若 L 的参数方程为 $\begin{cases} x=\varphi(t),\\ y=\psi(t) \end{cases}$, ($t$ 单调地从 α 变到 β), 则	$$\int_L P(x,y)\mathrm{d}x + Q(x,y)\mathrm{d}y =$$ $$\int_\alpha^\beta (P(\varphi(t),\psi(t))\varphi'(t) + Q(\varphi(t),\psi(t))\psi'(t))\mathrm{d}t$$ (2) 若 L 的参数方程为 $y=y(x)$ (x 从 a 变到 b), 则 $$\int_L P(x,y)\mathrm{d}x + Q(x,y)\mathrm{d}y$$ $$= \int_a^b (P(x,y(x)) + Q(x,y(x))y'(x))\mathrm{d}x$$ (3) 若 L 的参数方程为 $x=x(y)$ (y 从 c 变到 d), 则 $$\int_L P(x,y)\mathrm{d}x + Q(x,y)\mathrm{d}y$$ $$= \int_c^d (P(x(y),y)x'(y) + Q(x(y),y))\mathrm{d}y$$ 4. 两类曲线积分之间的联系： $$\int_L P\mathrm{d}x + Q\mathrm{d}y = \int_L (P\cos\alpha + Q\cos\beta)\mathrm{d}s,$$ 其中 $\cos\alpha,\cos\beta$ 为 L 在点 (x,y) 处的切向量的方向余弦 注：推广到三元函数, 有 $$\int_\Gamma P\mathrm{d}x + Q\mathrm{d}y + R\mathrm{d}z$$ $$= \int_\Gamma (P\cos\alpha + Q\cos\beta + R\cos\gamma)\mathrm{d}s,$$ 其中 $\cos\alpha,\cos\beta,\cos\gamma$ 为 Γ 在点 (x,y,z) 处的切向量的方向余弦

续表

格林公式及其应用	1.格林公式： (1) 定理：设闭区域 D 由分段光滑的闭曲线 L 所围成，且 L 是 D 的正向边界曲线. 若函数 $P(x,y)$ 及 $Q(x,y)$ 在 D 上具有一阶连续偏导数，则有 $$\iint\limits_{D}\left(\frac{\partial Q}{\partial x}-\frac{\partial P}{\partial y}\right)\mathrm{d}x\mathrm{d}y=\oint_{L}P\mathrm{d}x+Q\mathrm{d}y$$ (2) 应用： ① 简化曲线积分（注意格林公式的条件）； ② 简化二重积分； ③ 计算由闭曲线 L 所围成的平面闭区域 D 的面积 A，即 $A=\frac{1}{2}\oint_{L}x\mathrm{d}y-y\mathrm{d}x$ 2.平面曲线积分与路径无关的条件： (1) 条件：区域 G 是一个单连通域，函数 $P(x,y),Q(x,y)$ 在 G 内具有一阶连续偏导数	(2) 结论：$\int_{L}P\mathrm{d}x+Q\mathrm{d}y$ 在 G 内与路径无关的充要条件是 $\frac{\partial P}{\partial y}=\frac{\partial Q}{\partial x}$ 在 G 内恒成立 3.二元函数的全微分求积： (1) 条件：区域 G 是一个单连通域，函数 $P(x,y),Q(x,y)$ 在 G 内具有一阶连续偏导数 (2) 结论：$P\mathrm{d}x+Q\mathrm{d}y$ 在 G 内为某二元函数的全微分的充要条件是 $\frac{\partial P}{\partial y}=\frac{\partial Q}{\partial x}$ 在 G 内恒成立，且这个二元函数为 $$u(x,y)=\int_{x_0}^{x}P(x,y_0)\mathrm{d}x+\int_{y_0}^{y}Q(x,y)\mathrm{d}y$$ 或 $$u(x,y)=\int_{y_0}^{y}Q(x_0,y)\mathrm{d}y+\int_{x_0}^{x}P(x,y)\mathrm{d}x$$
对面积的曲面积分	1.定义： $$\iint\limits_{\Sigma}f(x,y,z)\mathrm{d}S=\lim_{\lambda\to 0}\sum_{i=1}^{n}f(\xi_i,\eta_i,\zeta_i)\Delta S_i$$ 2.性质：对面积的曲面积分具有与对弧长的曲线积分类似的性质 3.对面积的曲面积分的计算： (1) 若曲面 $\Sigma:z=z(x,y)((x,y)\in D_{xy})$，则 $$\iint\limits_{\Sigma}f(x,y,z)\mathrm{d}S$$ $$=\iint\limits_{D_{xy}}f(x,y,z(x,y))\sqrt{1+z_x^2+z_y^2}\mathrm{d}x\mathrm{d}y$$	(2) 若曲面 $\Sigma:y=y(z,x)((z,x)\in D_{zx})$，则 $$\iint\limits_{\Sigma}f(x,y,z)\mathrm{d}S$$ $$=\iint\limits_{D_{zx}}f(x,y(z,x),z)\sqrt{1+y_z^2+y_x^2}\mathrm{d}z\mathrm{d}x$$ (3) 若曲面 $\Sigma:x=x(y,z)((y,z)\in D_{yz})$，则 $$\iint\limits_{\Sigma}f(x,y,z)\mathrm{d}S$$ $$=\iint\limits_{D_{yz}}f(x(y,z),y,z)\sqrt{1+x_y^2+x_z^2}\mathrm{d}y\mathrm{d}z$$

续表

对坐标的曲面积分	1. 曲面的投影问题：曲面 ΔS 在 xOy 面上的投影 $$(\Delta S)_{xy} = \begin{cases} (\Delta \sigma)_{xy}, & \cos\gamma > 0, \\ -(\Delta \sigma)_{xy}, & \cos\gamma < 0, \\ 0, & \cos\gamma = 0, \end{cases}$$ 其中 $(\Delta\sigma)_{xy}$ 表示 ΔS 在 xOy 面上的投影区域的面积，γ 为 ΔS 的法向量与 z 轴正向的夹角。 注：可以类似地定义 ΔS 在 yOz 面及 zOx 面上的投影 $(\Delta S)_{yz}$ 及 $(\Delta S)_{zx}$。 2. 定义： $$\iint_\Sigma R(x,y,z)\mathrm{d}x\mathrm{d}y = \lim_{\lambda\to 0}\sum_{i=1}^n R(\xi_i,\eta_i,\zeta_i)(\Delta S_i)_{xy},$$ $$\iint_\Sigma P(x,y,z)\mathrm{d}y\mathrm{d}z = \lim_{\lambda\to 0}\sum_{i=1}^n P(\xi_i,\eta_i,\zeta_i)(\Delta S_i)_{yz},$$ $$\iint_\Sigma Q(x,y,z)\mathrm{d}z\mathrm{d}x = \lim_{\lambda\to 0}\sum_{i=1}^n Q(\xi_i,\eta_i,\zeta_i)(\Delta S_i)_{zx}.$$ 3. 性质：对坐标的曲面积分具有与对坐标的曲线积分类似的性质	4. 对坐标的曲面积分的计算： (1) 如果曲面 Σ 的方程为 $z=z(x,y)((x,y)\in D_{xy})$，则 $$\iint_\Sigma R(x,y,z)\mathrm{d}x\mathrm{d}y$$ $$= \pm\iint_{D_{xy}} R(x,y,z(x,y))\mathrm{d}x\mathrm{d}y$$ 注：公式右端的 $\pm$ 号是由曲面 Σ 的法向量正向与 z 轴正向的夹角 γ 决定的：γ 为锐角时，取正号；γ 为钝角时，取负号；γ 为直角时，取零。 (2) 如果曲面 Σ 的方程为 $x=x(y,z)((y,z)\in D_{yz})$，则 $$\iint_\Sigma P(x,y,z)\mathrm{d}y\mathrm{d}z$$ $$= \pm\iint_{D_{yz}} P(x(y,z),y,z)\mathrm{d}y\mathrm{d}z$$ 注：公式右端的 $\pm$ 号是由曲面 Σ 的法向量正向与 x 轴正向的夹角 α 决定的：α 为锐角时，取正号；α 为钝角时，取负号；α 为直角时，取零。 (3) 如果曲面 Σ 的方程为 $y=y(z,x)((z,x)\in D_{zx})$，则 $$\iint_\Sigma Q(x,y,z)\mathrm{d}z\mathrm{d}x$$ $$= \pm\iint_{D_{zx}} Q(x,y(z,x),z)\mathrm{d}z\mathrm{d}x$$ 注：公式右端的 $\pm$ 号是由曲面 Σ 的法向量正向与 y 轴正向的夹角 β 决定的：β 为锐角时，取正号；β 为钝角时，取负号；β 为直角时，取零。 5. 两类曲面积分之间的联系： $$\iint_\Sigma P\mathrm{d}y\mathrm{d}z + Q\mathrm{d}z\mathrm{d}x + R\mathrm{d}x\mathrm{d}y$$ $$= \iint_\Sigma (P\cos\alpha + Q\cos\beta + R\cos\gamma)\mathrm{d}S,$$ 其中 $\cos\alpha,\cos\beta,\cos\gamma$ 为 Σ 在点 (x,y,z) 处的法向量正向的方向余弦

续表

高斯公式与斯托克斯公式	1.高斯公式： (1) 条件：空间闭区域 Ω 由分片光滑的闭曲面 Σ（取外侧）所围成，函数 $P(x,y,z),Q(x,y,z),R(x,y,z)$ 在 Ω 上具有一阶连续偏导数 (2) 结论： $$\iiint_{\Omega}\left(\frac{\partial P}{\partial x}+\frac{\partial Q}{\partial y}+\frac{\partial R}{\partial z}\right)\mathrm{d}x\mathrm{d}y\mathrm{d}z$$ $$=\oiint_{\Sigma}P\mathrm{d}y\mathrm{d}z+Q\mathrm{d}z\mathrm{d}x+R\mathrm{d}x\mathrm{d}y$$ $$=\oiint_{\Sigma}(P\cos\alpha+Q\cos\beta+R\cos\gamma)\mathrm{d}S,$$ 其中 $\cos\alpha,\cos\beta,\cos\gamma$ 为 Σ 在点 (x,y,z) 处的法向量的方向余弦 2.斯托克斯公式： (1) 条件：设 Γ 为分段光滑的空间有向闭曲线，Σ 是以 Γ 为边界的分片光滑的有向曲面，且 Γ 的正向与 Σ 的所取侧符合右手规则；函数 $P(x,y,z),Q(x,y,z),R(x,y,z)$ 在曲面 Σ（连同边界 Γ）上具有一阶连续偏导数 (2) 结论： $$\iint_{\Sigma}\left(\frac{\partial R}{\partial y}-\frac{\partial Q}{\partial z}\right)\mathrm{d}y\mathrm{d}z+\left(\frac{\partial P}{\partial z}-\frac{\partial R}{\partial x}\right)\mathrm{d}z\mathrm{d}x$$ $$+\left(\frac{\partial Q}{\partial x}-\frac{\partial P}{\partial y}\right)\mathrm{d}x\mathrm{d}y=\oint_{\Gamma}P\mathrm{d}x+Q\mathrm{d}y+R\mathrm{d}z$$ 或 $$\iint_{\Sigma}\begin{vmatrix}\mathrm{d}y\mathrm{d}z & \mathrm{d}z\mathrm{d}x & \mathrm{d}x\mathrm{d}y \\ \frac{\partial}{\partial x} & \frac{\partial}{\partial y} & \frac{\partial}{\partial z} \\ P & Q & R\end{vmatrix}=\oint_{\Gamma}P\mathrm{d}x+Q\mathrm{d}y+R\mathrm{d}z$$ 注：高斯公式和斯托克斯公式都是格林公式的推广	3.物理应用： (1) 通量：$\Phi=\iint_{\Sigma}P\mathrm{d}y\mathrm{d}z+Q\mathrm{d}z\mathrm{d}x+R\mathrm{d}x\mathrm{d}y$ (2) 散度：$\mathrm{div}\,\mathbf{A}=\frac{\partial P}{\partial x}+\frac{\partial Q}{\partial y}+\frac{\partial R}{\partial z}$ (3) 环流量：$\oint_{\Gamma}\mathbf{A}\cdot\boldsymbol{\tau}\mathrm{d}s=\oint_{\Gamma}P\mathrm{d}x+Q\mathrm{d}y+R\mathrm{d}z$ (4) 旋度： $$\mathrm{rot}\,\mathbf{A}=\begin{vmatrix}\mathbf{i} & \mathbf{j} & \mathbf{k} \\ \frac{\partial}{\partial x} & \frac{\partial}{\partial y} & \frac{\partial}{\partial z} \\ P & Q & R\end{vmatrix}$$ $$=\left(\frac{\partial R}{\partial y}-\frac{\partial Q}{\partial z}\right)\mathbf{i}+\left(\frac{\partial P}{\partial z}-\frac{\partial R}{\partial x}\right)\mathbf{j}$$ $$+\left(\frac{\partial Q}{\partial x}-\frac{\partial P}{\partial y}\right)\mathbf{k}$$

习题十二

A 组

1. 填空题

(1) 设在 xOy 面内有一质量非均匀分布的曲线弧 L,其上点 (x,y) 处的线密度为 $\mu(x,y)$,则该曲线弧的质量 $M = $ _____,它对于 x 轴的转动惯量 $I_x = $ _____,它对于 y 轴的转动惯量 $I_y = $ _____,它的质心坐标为 $\bar{x} = $ _____,$\bar{y} = $ _____.

(2) 设平面曲线弧 L 为下半圆周 $y = -\sqrt{1-x^2}$,则 $\int_L (x^2+y^2)\mathrm{d}s = $ _____.

(3) 设 L 为螺旋线 $x = R\cos t, y = R\sin t, z = Rt$ 上对应 $0 \leqslant t \leqslant 2\pi$ 的一段弧,则 $\int_L (x^2+y^2+z^2)\mathrm{d}s = $ _____.

(4) $\oint_L \dfrac{x\mathrm{d}y - y\mathrm{d}x}{x^2+y^2} = $ _____,其中 L 为 xOy 面上由曲线 $y^2 = 2(x+1)$ 与直线 $x = 1$ 所围成的平面区域的正向边界.

(5) $\int_{(1,1)}^{(2,3)} (x+y)\mathrm{d}x + (x-y)\mathrm{d}y = $ _____.

2. 选择题

(1) 设函数 $P = -\dfrac{y}{x^2+y^2}, Q = \dfrac{x}{x^2+y^2}$,则下列结论中正确的是( ).

A. 对于任意的光滑闭曲线 L,都有 $\oint_L P\mathrm{d}x + Q\mathrm{d}y = 0$

B. 曲线积分 $\int_L P\mathrm{d}x + Q\mathrm{d}y$ 在 G 内与路径无关,其中 G 为包含坐标原点的开区域

C. $P\mathrm{d}x + Q\mathrm{d}y$ 是二元函数 $u(x,y) = \int_1^x P(x,1)\mathrm{d}x + \int_1^y Q(x,y)\mathrm{d}y$ 的全微分

D. $\int_L P\mathrm{d}x + Q\mathrm{d}y = 2\pi$,其中 L 为包围坐标原点的任意简单闭曲线

(2) 下列曲线积分中在 xOy 面内与路径无关的是( ).

A. $\int_L \dfrac{y\mathrm{d}x - x\mathrm{d}y}{x^2+y^2}$

B. $\int_L f\left(\dfrac{x}{y}\right)\dfrac{x\mathrm{d}y - y\mathrm{d}x}{y^2}$,其中函数 $f(u)$ 连续可导

C. $\int_L y\mathrm{d}x$

D. $\int_L \mathrm{e}^x(\cos y\mathrm{d}x - \sin y\mathrm{d}y)$

(3) 设曲面 $\Sigma: x^2+y^2+z^2 = a^2 (z \geqslant 0)$,$\Sigma_1$ 为 Σ 在第 Ⅰ 卦限中的部分,则有( ).

A. $\iint_\Sigma x\mathrm{d}S = 4\iint_{\Sigma_1} x\mathrm{d}S$ B. $\iint_\Sigma y\mathrm{d}S = 4\iint_{\Sigma_1} y\mathrm{d}S$

C. $\iint\limits_{\Sigma} z\mathrm{d}S = 4\iint\limits_{\Sigma_1} z\mathrm{d}S$ D. $\iint\limits_{\Sigma} xyz\mathrm{d}S = 4\iint\limits_{\Sigma_1} xyz\mathrm{d}S$

3. 计算下列对弧长的曲线积分：

(1) $\int_L (x+y)\mathrm{d}s$，其中 L 为联结两点 $(1,0)$ 和 $(0,1)$ 的直线段；

(2) $\oint_L x\mathrm{d}s$，其中 L 为直线 $y = x$ 及曲线 $y = x^2$ 所围成的平面区域的边界；

(3) $\oint_L e^{\sqrt{x^2+y^2}}\mathrm{d}s$，其中 L 为曲线 $x^2 + y^2 = a^2$ 与直线 $y = x$，$y = 0$ 所围成的平面图形的第一象限部分的边界；

(4) $\int_\Gamma x^2 yz\mathrm{d}s$，其中 Γ 为折线 $ABCD$，这里点 A,B,C,D 依次为 $(0,0,0),(0,0,2),(1,0,2),(1,3,2)$；

(5) $\int_L y^2\mathrm{d}s$，其中 L 为摆线 $x = a(t-\sin t), y = a(1-\cos t)$ 对应 $0 \leqslant t \leqslant 2\pi$ 的一段.

4. 计算下列对坐标的曲线积分：

(1) $\int_L (x^2 - y^2)\mathrm{d}x$，其中 L 是曲线 $y = x^2$ 上从点 $(0,0)$ 到点 $(2,1)$ 的一段有向弧；

(2) $\int_L y\mathrm{d}x + x\mathrm{d}y$，其中 L 为圆周 $x = R\cos t, y = R\sin t$ 上对应 t 从 0 到 $\dfrac{\pi}{2}$ 的一段有向弧；

(3) $\int_\Gamma x\mathrm{d}x + y\mathrm{d}y + (x+y-1)\mathrm{d}z$，其中 Γ 是从点 $(1,1,1)$ 到点 $(2,3,4)$ 的一段有向弧.

5. 设 Γ 是曲线 $x = t, y = t^2, z = t^3$ 上相应于 t 从 0 到 1 的有向曲线弧，把对坐标的曲线积分 $\int_\Gamma P\mathrm{d}x + Q\mathrm{d}y + R\mathrm{d}z$ 化为对弧长的曲线积分.

6. 设 z 轴与重力方向一致，求质量为 m 的质点从位置 (x_1,y_1,z_1) 沿直线移动到位置 (x_2,y_2,z_2) 时，重力所做的功（重力加速度为 g）.

7. 利用格林公式计算下列曲线积分：

(1) $\oint_L xy^2\mathrm{d}y - x^2 y\mathrm{d}x$，其中 $L: x^2 + y^2 = a^2$，取正向；

(2) $\int_L (x^2 - y)\mathrm{d}x - (x + \sin^2 y)\mathrm{d}y$，其中 L 是曲线 $y = \sqrt{2x - x^2}$ 上由点 $(0,0)$ 到点 $(1,1)$ 的一段有向弧；

(3) $\oint_L \dfrac{y\mathrm{d}x - x\mathrm{d}y}{2(x^2 + y^2)}$，其中 $L:(x-1)^2 + y^2 = 2$，取正向.

8. 证明：曲线积分 $\int_L (6xy^2 - y^3)\mathrm{d}x + (6x^2 y - 3xy^2)\mathrm{d}y$ 在 xOy 面内与路径无关，并计算曲线积分 $\int_{(1,2)}^{(3,4)} (6xy^2 - y^3)\mathrm{d}x + (6x^2 y - 3xy^2)\mathrm{d}y$.

9. 用两种不同的方法计算 $\int_L (2xy^3 - y^2\cos x)\mathrm{d}x + (1 - 2y\sin x + 3x^2 y^2)\mathrm{d}y$，其中 L 为曲线 $2x = \pi y^2$ 上由点 $O(0,0)$ 到点 $A\left(\dfrac{\pi}{2},1\right)$ 的一段有向弧.

10. 验证：$(3x^2 y + 8xy^2)\mathrm{d}x + (x^3 + 8x^2 y + 12ye^y)\mathrm{d}y$ 在 xOy 面内为某二元函数 $u(x,y)$ 的全微分，并求出 $u(x,y)$.

11. 计算 $\oiint_\Sigma (x^2 + y^2)\mathrm{d}S$，其中 Σ 是锥面 $z = \sqrt{x^2 + y^2}$ 与平面 $z = 1$ 所围成的空间区域的边界曲面.

12. 计算 $\iint\limits_{\Sigma} dS$,其中 Σ 是抛物面 $z = 2-(x^2+y^2)$ 在 xOy 面上方的部分曲面.

13. 计算 $\oiint\limits_{\Sigma} z^2 dS$,其中 Σ 是曲面 $z = \sqrt{3(x^2+y^2)}$ 与平面 $z=3$ 所围立体的整个表面.

14. 求分布均匀的曲面 $z = \sqrt{a^2-x^2-y^2}$ 的质心坐标.

15. 计算下列对坐标的曲面积分:

(1) $\iint\limits_{\Sigma} (x^2+2x^2y^2+5z^3)dxdy$,其中 Σ 是柱面 $x^2+y^2=1$ 上被平面 $z=0,z=4$ 所截得的部分,取外侧;

(2) $\oiint\limits_{\Sigma} yzdydz+xzdzdx+xydxdy$,其中 Σ 是由三个坐标面与平面 $x+y+z=a$ 所围成的四面体的整个表面,取外侧;

(3) $\iint\limits_{\Sigma}(f(x,y,z)+x)dydz+(2f(x,y,z)+y)dzdx+(f(x,y,z)+z)dxdy$,其中 $f(x,y,z)$ 为连续函数,Σ 是平面 $x-y+z=1$ 在第 Ⅳ 卦限的部分,取上侧.

16. 把对坐标的曲面积分 $\iint\limits_{\Sigma} P(x,y,z)dydz+Q(x,y,z)dzdx+R(x,y,z)dxdy$ 化为对面积的曲面积分,其中 Σ 是平面 $3x+2y+2\sqrt{3}z=6$ 在第 Ⅰ 卦限的部分,取上侧.

17. 利用高斯公式计算下列曲面积分:

(1) $\oiint\limits_{\Sigma} x^2ydxdy+y^2zdydz+x^2zdzdx$,其中 Σ 为一闭曲面;

(2) $\oiint\limits_{\Sigma} xdydz+ydzdx+xdxdy$,其中 Σ 为由平面 $x+2y+z=a(a>0)$ 及三个坐标面所围成的四面体的整个表面,取外侧;

(3) $\iint\limits_{\Sigma} (y^2-x)dydz+(z^2-y)dzdx+(x^2-z)dxdy$,其中 Σ 为抛物面 $z=2-x^2-y^2$ 上对应 $1 \leqslant z \leqslant 2$ 的部分,取上侧;

(4) $\oiint\limits_{\Sigma} x^2dydz+y^2dzdx+z^2dxdy$,其中 Σ 为球面 $(x-a)^2+(y-b)^2+(z-c)^2=R^2$,取外侧.

18. 求下列向量场 $\boldsymbol{A}$ 穿过曲面 Σ 流向指定侧的通量:

(1) $\boldsymbol{A}=(2x-z)\boldsymbol{i}+x^2y\boldsymbol{j}-xz^2\boldsymbol{k}$,$\Sigma$ 为立方体 $0 \leqslant x \leqslant a,0 \leqslant y \leqslant a,0 \leqslant z \leqslant a$ 的整个表面,流向外侧;

(2) $\boldsymbol{A}=yz\boldsymbol{i}+zx\boldsymbol{j}+xy\boldsymbol{k}$,$\Sigma$ 为圆柱体 $x^2+y^2 \leqslant a^2,0 \leqslant z \leqslant h$ 的整个表面,流向外侧.

19. 求向量场 $\boldsymbol{A}=e^{xy}\boldsymbol{i}+\cos(xy)\boldsymbol{j}+\cos(xz^2)\boldsymbol{k}$ 的散度.

20. 利用斯托克斯公式计算下列曲线积分:

(1) $\oint_{\Gamma}(y-z)dx+(z-x)dy+(x-y)dz$,其中 Γ 为椭圆 $x^2+y^2=1,x+z=1$,从 z 轴正向看去,Γ 为逆时针方向;

(2) $\oint_{ABCA} y^2dx+z^2dy+x^2dz$,其中折线 $ABCA$ 是以点 $A(a,0,0),B(0,a,0),C(0,0,a)$ 为顶点的三角形区域的正向边界;

(3) $\oint_{\Gamma} x^2y^3dx+dy+dz$,其中 Γ 为逆时针方向的圆周 $x^2+y^2=a^2,z=0$.

21. 求向量场 $\boldsymbol{A}=x^2\sin y\boldsymbol{i}+y^2\sin(xz)\boldsymbol{j}+xy\boldsymbol{k}$ 的旋度.

22. 求向量场 $A = (x-z)i + (x^3+yz)j - 3xy^2 k$ 沿有向闭曲线 Γ（逆时针）的环流量，其中 Γ 为圆周 $z = 2 - \sqrt{x^2+y^2}, z = 0$.

B 组

1. 设曲线积分 $\int_L xy^2 dx + y\varphi(x) dy$ 在 xOy 面内与路径无关，其中函数 $\varphi(x)$ 具有连续导数，且 $\varphi(0) = 0$，计算 $\int_{(0,0)}^{(1,1)} xy^2 dx + y\varphi(x) dy$.

2. 设位于点 $(0,1)$ 处的质点 A 对于质点 M 的引力大小为 $\dfrac{k}{r^2}$（$k > 0$ 为常数，r 为质点 A 与质点 M 之间的距离），在该引力的作用下，质点 M 沿曲线 $y = \sqrt{2x-x^2}$ 自点 $B(2,0)$ 运动到点 $O(0,0)$，求在此运动过程中质点 A 对于质点 M 的引力所做的功.

3. 计算曲面积分 $\iint_\Sigma x(8y+1) dydz + 2(1-y^2) dzdx - 4yz dxdy$，其中 Σ 是曲线 $\begin{cases} z = \sqrt{y-1}, \\ x = 0 \end{cases}$ ($1 \leqslant y \leqslant 3$) 绕 y 轴旋转一周所形成的有向曲面，它的法向量与 y 轴正向的夹角大于 $\dfrac{\pi}{2}$.

4. 设函数 $r = \sqrt{x^2+y^2+z^2}$，求 $\mathrm{div}(\mathrm{grad}\, r)\Big|_{(1,-2,2)}$.

考研真题精选十二

一、填空题

1. 设 Ω 是由锥面 $z = \sqrt{x^2+y^2}$ 与半球面 $z = \sqrt{R^2-x^2-y^2}$ 所围成的空间区域，Σ 是 Ω 的整个边界，取外侧，则 $\oiint_\Sigma x dydz + y dzdx + z dxdy = $ _____. (2005,数一)

2. 设 Σ 是锥面 $z = \sqrt{x^2+y^2}$ ($0 \leqslant z \leqslant 1$)，取下侧，则 $\iint_\Sigma x dydz + 2y dzdx + 3(z-1) dxdy = $ _____. (2006,数一)

3. 设曲面 $\Sigma: |x| + |y| + |z| = 1$，则 $\oiint_\Sigma (x+|y|) dS = $ _____. (2007,数一)

4. 设曲面 Σ 是上半球面 $z = \sqrt{4-x^2-y^2}$，取上侧，则 $\iint_\Sigma xy dydz + x dzdx + x^2 dxdy = $ _____. (2008,数一)

5. 已知曲线 $L: y = x^2$ ($0 \leqslant x \leqslant \sqrt{2}$)，则 $\int_L x ds = $ _____. (2009,数一)

6. 已知曲线 L 的方程为 $y = 1 - |x|$ ($x \in [-1,1]$)，起点为 $(-1,0)$，终点为点 $(1,0)$，则曲线积分 $\int_L xy dx + x^2 dy = $ _____. (2010,数一)

二、选择题

设曲线 $f(x,y) = 1$（函数 $f(x,y)$ 具有一阶连续偏导数）过第二象限内的点 M 和第四象限内的点 N，L 为该曲线上从点 M 到点 N 的一段有向弧，则下列曲线积分中小于零的是（ ）.

A. $\int_L f(x,y) dx$ B. $\int_L f(x,y) dy$

C. $\int_L f(x,y)\mathrm{d}s$ D. $\int_L f_x(x,y)\mathrm{d}x + f_y(x,y)\mathrm{d}y$ (2007，数一)

三、解答题

1. 设函数 $\varphi(y)$ 具有连续导数，且在围绕坐标原点的任意分段光滑的有向简单闭曲线 L 上，曲线积分 $\oint_L \dfrac{\varphi(y)\mathrm{d}x + 2xy\mathrm{d}y}{2x^2 + y^4}$ 的值恒为同一常数.

(1) 证明：对于右半平面 $x > 0$ 内的任意分段光滑的有向简单闭曲线 C，都有 $\oint_C \dfrac{\varphi(y)\mathrm{d}x + 2xy\mathrm{d}y}{2x^2 + y^4} = 0$；

(2) 求函数 $\varphi(y)$ 的表达式.   (2005，数一)

2. 设在上半平面 $D = \{(x,y) \mid y > 0\}$ 内，函数 $f(x,y)$ 具有一阶连续偏导数，且对于任意 $t > 0$，都有 $f(tx, ty) = t^{-2} f(x,y)$. 证明：对于 D 内的任意分段光滑的有向简单闭曲线 L，都有

$$\oint_L y f(x,y)\mathrm{d}x - x f(x,y)\mathrm{d}y = 0.$$ (2006，数一)

3. 计算曲面积分

$$I = \iint_\Sigma xz\mathrm{d}y\mathrm{d}z + 2xy\mathrm{d}z\mathrm{d}x + 3xy\mathrm{d}x\mathrm{d}y,$$

其中 Σ 为曲面 $z = 1 - x^2 - \dfrac{y^2}{4} (0 \leqslant z \leqslant 1)$，取上侧.   (2007，数一)

4. 计算曲线积分

$$\int_L \sin 2x\mathrm{d}x + 2(x^2 - 1)y\mathrm{d}y = 0,$$

其中 L 是曲线 $y = \sin x$ 上从点 $(0,0)$ 到点 $(\pi, 0)$ 的一段有向弧.   (2009，数一)

5. 计算曲面积分

$$I = \oiint_\Sigma \dfrac{x\mathrm{d}y\mathrm{d}z + y\mathrm{d}z\mathrm{d}x + z\mathrm{d}x\mathrm{d}y}{(x^2 + y^2 + z^2)^{\frac{3}{2}}},$$

其中 Σ 是曲面 $2x^2 + 2y^2 + z^2 = 4$，取外侧.   (2009，数一)

6. 设 P 为椭球面 $S: x^2 + y^2 + z^2 - yz = 1$ 上的动点. 若 S 在点 P 处的切平面与 xOy 面垂直，求点 P 的轨迹 C，并计算曲面积分

$$I = \iint_\Sigma \dfrac{(x + \sqrt{3})|y - 2z|}{\sqrt{4 + y^2 + z^2 - 4yz}}\mathrm{d}S,$$

其中 Σ 是椭球面 S 位于曲线 C 上方的部分.   (2010，数一)

第十三章 无穷级数

无穷级数是研究函数的一个重要工具,在抽象理论与应用学科中,它都具有重要的地位.一方面,我们可以借助级数来表示许多有用的非初等函数,例如有些微分方程的解不是初等函数,但可用级数表示出来;另一方面,我们可将初等函数表示为级数,从而能够借助级数来研究这些函数的性质,以及计算它的近似值.

无穷级数分为常数项级数和函数项级数两部分.

第一节 常数项级数的概念与性质

一、常数项级数的概念

观察以下无穷数列：

(1) $0.3, 0.03, 0.003, \cdots$，其一般项为 $u_n = \dfrac{3}{10^n}$，前 n 项和为 $S_n = \dfrac{\dfrac{3}{10}\left(1-\dfrac{1}{10^n}\right)}{1-\dfrac{1}{10}}$；

(2) $\dfrac{1}{2}, \dfrac{1}{4}, \dfrac{1}{8}, \cdots$，其一般项为 $u_n = \dfrac{1}{2^n}$，前 n 项和为 $S_n = \dfrac{\dfrac{1}{2}\left(1-\dfrac{1}{2^n}\right)}{1-\dfrac{1}{2}}$；

(3) $1, 1, 1, \cdots$，其一般项为 $u_n = 1$，前 n 项和为 $S_n = n$；

(4) $1, -1, 1, -1, \cdots$，其一般项为 $u_n = (-1)^{n-1}$，前 n 项和为 $S_n = \begin{cases} 1, & n \text{ 为奇数}, \\ 0, & n \text{ 为偶数}. \end{cases}$

如果用加号分别将以上每个数列的所有项连接起来，那么能得到无穷多个加数的和，这些和是否存在？若存在，它是多少？为了回答这两个问题，先给出下面两个概念．

定义 1 若给定一个数列 $u_1, u_2, \cdots, u_n, \cdots$，则由它构成的表达式

$$u_1 + u_2 + \cdots + u_n + \cdots$$

称为**（常数项）无穷级数**，简称**（常数项）级数**，记作 $\sum\limits_{n=1}^{\infty} u_n$，即

$$\sum_{n=1}^{\infty} u_n = u_1 + u_2 + \cdots + u_n + \cdots, \tag{13.1.1}$$

其中 u_n 称为该级数的**一般项**或**通项**，$S_n = u_1 + u_2 + \cdots + u_n$ 称为该级数的**前 n 项部分和**，简称**部分和**．由

$$S_1 = u_1, \quad S_2 = u_1 + u_2, \quad \cdots, \quad S_n = u_1 + u_2 + \cdots + u_n, \quad \cdots$$

构成的数列 $\{S_n\}$ 称为该级数的**部分和数列**．

若用加号把前面给出的无穷数列连接起来，则得到相应的常数项级数，它们可分别表示为

$$\sum_{n=1}^{\infty} \dfrac{3}{10^n}; \quad \sum_{n=1}^{\infty} \dfrac{1}{2^n}; \quad \sum_{n=1}^{\infty} 1; \quad \sum_{n=1}^{\infty} (-1)^{n-1}.$$

定义 2 如果级数 $\sum\limits_{n=1}^{\infty} u_n$ 的部分和数列 $\{S_n\}$ 有极限 S，即

$$\lim_{n \to \infty} S_n = S,$$

那么称**级数** $\sum\limits_{n=1}^{\infty} u_n$ **收敛**. 这时极限 S 称为该级数的**和**,并写成

$$S = \sum_{n=1}^{\infty} u_n = u_1 + u_2 + \cdots + u_n + \cdots.$$

如果部分和数列 $\{S_n\}$ 没有极限,那么称**级数** $\sum\limits_{n=1}^{\infty} u_n$ **发散**.

当级数(13.1.1)收敛时,其部分和 S_n 是其和 S 的近似值,它们之间的差值

$$r_n = S - S_n = u_{n+1} + u_{n+2} + \cdots$$

称为该级数的**余项**,$|r_n|$ 表示用近似值 S_n 代替 S 时所产生的误差.

因为

$$\lim_{n\to\infty} \frac{\frac{3}{10}\left(1 - \frac{1}{10^n}\right)}{1 - \frac{1}{10}} = \frac{1}{3}; \quad \lim_{n\to\infty} \frac{\frac{1}{2}\left(1 - \frac{1}{2^n}\right)}{1 - \frac{1}{2}} = 1;$$

$$\lim_{n\to\infty} n = +\infty; \quad \lim_{n\to\infty} \sum_{k=1}^{n}(-1)^{k-1} \text{ 不存在},$$

所以 $\sum\limits_{n=1}^{\infty} \frac{3}{10^n}$ 收敛于 $\frac{1}{3}$;$\sum\limits_{n=1}^{\infty} \frac{1}{2^n}$ 收敛于 1;而 $\sum\limits_{n=1}^{\infty} n, \sum\limits_{n=1}^{\infty} (-1)^{n-1}$ 发散.

级数收敛说明,其无限多个加数的和存在;级数发散说明,其无限多个加数的和不存在或为无穷大.

> **例1** 讨论几何级数 $\sum\limits_{n=0}^{\infty} aq^n = a + aq + aq^2 + \cdots + aq^n + \cdots$ 的敛散性 ($q \neq 0$).
>
> **解** 当 $|q| < 1$ 时,$\lim\limits_{n\to\infty} S_n = \lim\limits_{n\to\infty} \frac{a(1-q^n)}{1-q} = \frac{a}{1-q}$,此时级数收敛于 $\frac{a}{1-q}$.
>
> 当 $|q| = 1$ 时,若 $q = 1$,则 $S_n = na$;若 $q = -1$,则 $S_n = \begin{cases} a, & n \text{ 为奇数} \\ 0, & n \text{ 为偶数} \end{cases}$,故 $\lim\limits_{n\to\infty} S_n$ 不存在,此时级数发散.
>
> 当 $|q| > 1$ 时,$\lim\limits_{n\to\infty} S_n = \lim\limits_{n\to\infty} \frac{a(1-q^n)}{1-q} = \infty$,此时级数发散.
>
> 综上可知,对于几何级数 $\sum\limits_{n=0}^{\infty} aq^n$,当 $|q| < 1$ 时收敛;当 $|q| \geq 1$ 时发散.
>
> **例2** 证明:级数 $\frac{1}{1 \cdot 4} + \frac{1}{4 \cdot 7} + \cdots + \frac{1}{(3n-2) \cdot (3n+1)} + \cdots$ 收敛,并求其和.
>
> **证** 因为
>
> $$S_n = \frac{1}{1 \cdot 4} + \frac{1}{4 \cdot 7} + \cdots + \frac{1}{(3n-2) \cdot (3n+1)}$$
> $$= \frac{1}{3}\left(1 - \frac{1}{4} + \frac{1}{4} - \frac{1}{7} + \cdots + \frac{1}{3n-2} - \frac{1}{3n+1}\right)$$
> $$= \frac{1}{3}\left(1 - \frac{1}{3n+1}\right),$$

所以 $\lim\limits_{n\to\infty} S_n = \dfrac{1}{3}$. 故原级数收敛，其和为 $\dfrac{1}{3}$.

例 3 证明：**调和级数** $1 + \dfrac{1}{2} + \dfrac{1}{3} + \cdots + \dfrac{1}{n} + \cdots = \sum\limits_{n=1}^{\infty} \dfrac{1}{n}$ 是发散的.

证 易知
$$S_1 = 1 < S_2 = 1 + \dfrac{1}{2} < S_3 = 1 + \dfrac{1}{2} + \dfrac{1}{3} < \cdots,$$
即部分和数列 $\{S_n\}$ 严格单调增加.

现在考虑数列 $\{S_{2^n}\}$，即 $S_2, S_4, S_8, \cdots, S_{2^n}, \cdots$. 因为
$$\begin{aligned}
S_{2^n} &= 1 + \dfrac{1}{2} + \left(\dfrac{1}{3} + \dfrac{1}{4}\right) + \left(\dfrac{1}{5} + \dfrac{1}{6} + \dfrac{1}{7} + \dfrac{1}{8}\right) + \cdots \\
&\quad + \left(\dfrac{1}{2^{n-1}+1} + \dfrac{1}{2^{n-1}+2} + \cdots + \dfrac{1}{2^n}\right) \\
&> 1 + \dfrac{1}{2} + \left(\dfrac{1}{4} + \dfrac{1}{4}\right) + \left(\dfrac{1}{8} + \dfrac{1}{8} + \dfrac{1}{8} + \dfrac{1}{8}\right) + \cdots \\
&\quad + \left(\dfrac{1}{2^n} + \dfrac{1}{2^n} + \cdots + \dfrac{1}{2^n}\right) \\
&= 1 + \dfrac{1}{2} + \dfrac{1}{2} + \dfrac{1}{2} + \cdots + \dfrac{1}{2} = 1 + \dfrac{1}{2}n,
\end{aligned}$$
所以
$$\lim_{n\to\infty} S_{2^n} \geq \lim_{n\to\infty}\left(1 + \dfrac{1}{2}n\right) = +\infty,$$
即
$$\lim_{n\to\infty} S_{2^n} = +\infty.$$
而对于任意的正整数 $n \geq 2$，总存在正整数 m，使得 $2^{m-1} \leq n < 2^m$，从而
$$S_{2^{m-1}} \leq S_n < S_{2^m}.$$
因此
$$\lim_{n\to\infty} S_n = +\infty,$$
故调和级数发散.

二、收敛级数的基本性质

性质 1 若级数 $\sum\limits_{n=1}^{\infty} u_n$ 收敛于和 S，则级数 $\sum\limits_{n=1}^{\infty} ku_n$（$k$ 为任意常数）也收敛，且其和为 kS.

证 设级数 $\sum\limits_{n=1}^{\infty} u_n$ 与 $\sum\limits_{n=1}^{\infty} ku_n$ 的部分和分别为 S_n 及 T_n，则
$$T_n = ku_1 + ku_2 + \cdots + ku_n = kS_n,$$
从而 $\lim\limits_{n\to\infty} T_n = \lim\limits_{n\to\infty} kS_n = kS$. 故 $\sum\limits_{n=1}^{\infty} ku_n$ 收敛，且其和为 kS.

推论 1 级数的每一项同乘以一个不为零的常数后,它的敛散性不会改变(请读者自行证明).

性质 2 若级数 $\sum_{n=1}^{\infty} u_n, \sum_{n=1}^{\infty} v_n$ 分别收敛于和 S,T,则级数 $\sum_{n=1}^{\infty}(u_n \pm v_n)$ 也收敛,且其和为 $S \pm T$.

证 设级数 $\sum_{n=1}^{\infty} u_n, \sum_{n=1}^{\infty} v_n$ 的部分和分别为 S_n 和 T_n,则级数 $\sum_{n=1}^{\infty}(u_n \pm v_n)$ 的部分和为
$$A_n = (u_1 \pm v_1) + (u_2 \pm v_2) + \cdots + (u_n \pm v_n) = S_n \pm T_n,$$
从而
$$\lim_{n \to \infty} A_n = \lim_{n \to \infty}(S_n \pm T_n) = S \pm T. \qquad \blacksquare$$

这一性质表明,收敛级数可以逐项相加与逐项相减.

性质 3 在级数中去掉、加上或改变有限项,不会改变级数的敛散性.

证明从略,只举例说明. 例如,去掉发散的调和级数 $\sum_{n=1}^{\infty} \frac{1}{n}$ 的前 10 项,得级数
$$\sum_{n=1}^{\infty} \frac{1}{10+n} = \frac{1}{11} + \frac{1}{12} + \cdots + \frac{1}{10+n} + \cdots,$$
显然该级数依然发散.

性质 4 若级数 $\sum_{n=1}^{\infty} u_n$ 收敛,则对该级数的项任意加括号后所得的级数
$$(u_1 + u_2 + \cdots + u_{n_1}) + (u_{n_1+1} + u_{n_1+2} + \cdots + u_{n_2}) + \cdots + (u_{n_{k-1}+1} + u_{n_{k-1}+2} \cdots + u_{n_k}) + \cdots$$
仍收敛,且其和不变.

用 $\{A_k\}$ 表示加括号后的级数的部分和数列. 设原级数的部分和数列为 $\{S_n\}$,则 $A_k = S_{n_k}$ $(k=1,2,\cdots)$,即 $\{A_k\}$ 是 $\{S_n\}$ 的子数列. 于是由 $\{S_n\}$ 的收敛性及收敛数列与子数列的关系可知,$\{A_k\}$ 必收敛,且有 $\lim_{k \to \infty} A_k = \lim_{n \to \infty} S_n$.

注 该性质的逆命题不成立. 例如,级数 $(1-1) + (1-1) + \cdots$ 收敛,去括号后所得的级数 $1-1+1-1+\cdots$ 却是发散的.

性质 5(级数收敛的必要条件) 若级数 $\sum_{n=1}^{\infty} u_n$ 收敛,则它的一般项 u_n 趋于零,即
$$\lim_{n \to \infty} u_n = 0.$$

证 设 $\sum_{n=1}^{\infty} u_n$ 的部分和为 S_n,且 $S_n \to S(n \to \infty)$,则
$$\lim_{n \to \infty} u_n = \lim_{n \to \infty}(S_n - S_{n-1}) = S - S = 0. \qquad \blacksquare$$

注 (1) 该性质的逆命题不成立,即若级数 $\sum_{n=1}^{\infty} u_n$ 的一般项 u_n 趋于零,而 $\sum_{n=1}^{\infty} u_n$ 不一定收敛. 例如调和级数 $\sum_{n=1}^{\infty} \frac{1}{n}$,其一般项 $\frac{1}{n} \to 0(n \to \infty)$,然而 $\sum_{n=1}^{\infty} \frac{1}{n}$ 却发散.

(2) 该性质的逆否命题成立,即若级数的一般项 u_n 不趋于零,则级数 $\sum_{n=1}^{\infty} u_n$ 必发散.

*三、柯西审敛原理

定理 1（柯西审敛原理） 级数 $\sum\limits_{n=1}^{\infty} u_n$ 收敛的充要条件是对于任意的正数 ε，总存在正整数 N，使得当 $n > N$ 时，对于任意的正整数 p，都有

$$|u_{n+1} + u_{n+2} + \cdots + u_{n+p}| < \varepsilon$$

成立.

证 设级数 $\sum\limits_{n=1}^{\infty} u_n$ 的部分和为 S_n，则

$$|u_{n+1} + u_{n+2} + \cdots + u_{n+p}| = |S_{n+p} - S_n|.$$

于是根据数列的柯西收敛准则，即得本定理的结论. ∎

例 4 证明：级数 $\sum\limits_{n=1}^{\infty} \dfrac{1}{n^2}$ 收敛.

证 因为对于任意的正整数 p，有

$$\begin{aligned}
|u_{n+1} + u_{n+2} + \cdots + u_{n+p}| &= \frac{1}{(n+1)^2} + \frac{1}{(n+2)^2} + \cdots + \frac{1}{(n+p)^2} \\
&< \frac{1}{n(n+1)} + \frac{1}{(n+1)(n+2)} + \cdots + \frac{1}{(n+p-1)(n+p)} \\
&= \frac{1}{n} - \frac{1}{n+1} + \frac{1}{n+1} - \frac{1}{n+2} + \cdots + \frac{1}{n+p-1} - \frac{1}{n+p} \\
&= \frac{1}{n} - \frac{1}{n+p} < \frac{1}{n},
\end{aligned}$$

所以对于任意给定的 $\varepsilon > 0$，要使得 $|u_{n+1} + u_{n+2} + \cdots + u_{n+p}| < \varepsilon$ 成立，只需 $n > \dfrac{1}{\varepsilon}$ 即可. 故取 $N = \left[\dfrac{1}{\varepsilon}\right]$，则当 $n > N$ 时，有 $|u_{n+1} + u_{n+2} + \cdots + u_{n+p}| < \dfrac{1}{n} < \varepsilon$ 成立. 因此，级数 $\sum\limits_{n=1}^{\infty} \dfrac{1}{n^2}$ 收敛. ∎

第二节 常数项级数的审敛法

我们将分类介绍常数项级数的审敛法. 首先介绍的是正项级数的审敛法，然后再以此为基础介绍其他类型的级数的审敛法.

一、正项级数及其审敛法

定义 1 在级数 $\sum\limits_{n=1}^{\infty} u_n$ 中，如果 $u_n \geqslant 0 (n = 1, 2, \cdots)$，那么称该级数为**正项级数**.

显然，正项级数的部分和数列

$$S_1 = u_1, \quad S_2 = u_1 + u_2, \quad \cdots, \quad S_n = u_1 + u_2 + \cdots + u_n, \quad \cdots$$

是单调增加的. 由此可推出判定正项级数收敛的充要条件.

定理 1 正项级数 $\sum_{n=1}^{\infty} u_n$ 收敛的充要条件是它的部分和数列 $\{S_n\}$ 有界.

由定理 1 可知,如果正项级数 $\sum_{n=1}^{\infty} u_n$ 发散,则它的部分和数列无界,即 $S_n \to +\infty (n \to \infty)$,从而 $\lim_{n \to \infty} \sum_{n=1}^{\infty} u_n = +\infty$.

由定理 1 也可推出正项级数的一个基本的审敛法.

定理 2(比较审敛法) 设有两个正项级数 $\sum_{n=1}^{\infty} u_n$ 和 $\sum_{n=1}^{\infty} v_n$,且
$$u_n \leqslant v_n \quad (n=1,2,\cdots).$$

(1) 若级数 $\sum_{n=1}^{\infty} v_n$ 收敛,则级数 $\sum_{n=1}^{\infty} u_n$ 收敛;

(2) 若级数 $\sum_{n=1}^{\infty} u_n$ 发散,则级数 $\sum_{n=1}^{\infty} v_n$ 发散.

证 (1) 设级数 $\sum_{n=1}^{\infty} v_n$ 收敛于 T,级数 $\sum_{n=1}^{\infty} u_n$ 的部分和为 S_n,则
$$S_n = u_1 + u_2 + \cdots + u_n \leqslant v_1 + v_2 + \cdots + v_n \leqslant T \quad (n=1,2,\cdots),$$

即 $\sum_{n=1}^{\infty} u_n$ 的部分和数列 $\{S_n\}$ 有界. 故 $\sum_{n=1}^{\infty} u_n$ 收敛.

(2) 用反证法. 假设级数 $\sum_{n=1}^{\infty} v_n$ 收敛,则由已知条件 $u_n \leqslant v_n$ 可知,级数 $\sum_{n=1}^{\infty} u_n$ 收敛. 这与题设 $\sum_{n=1}^{\infty} u_n$ 发散矛盾,故假设不成立,即 $\sum_{n=1}^{\infty} v_n$ 发散.

推论 1 设有两个正项级数 $\sum_{n=1}^{\infty} u_n$ 和 $\sum_{n=1}^{\infty} v_n$.

(1) 若级数 $\sum_{n=1}^{\infty} v_n$ 收敛,且存在正整数 N,使得当 $n > N$ 时,有 $u_n \leqslant k v_n (k > 0)$ 成立,则级数 $\sum_{n=1}^{\infty} u_n$ 收敛;

(2) 若级数 $\sum_{n=1}^{\infty} v_n$ 发散,且存在正整数 N,使得当 $n > N$ 时,有 $u_n \geqslant k v_n (k > 0)$ 成立,则级数 $\sum_{n=1}^{\infty} u_n$ 发散.

例 1 判断级数 $\sum_{n=1}^{\infty} 2^n \sin \frac{1}{3^n}$ 和 $\sum_{n=1}^{\infty} \frac{1}{2n-1}$ 的敛散性.

解 (1) 因为 $2^n \sin \frac{1}{3^n} \leqslant 2^n \frac{1}{3^n} = \left(\frac{2}{3}\right)^n$,而级数 $\sum_{n=1}^{\infty} \left(\frac{2}{3}\right)^n$ 收敛,所以 $\sum_{n=1}^{\infty} 2^n \sin \frac{1}{3^n}$ 收敛.

(2) 因为 $\frac{1}{2n-1} \geqslant \frac{1}{2n}$,而级数 $\sum_{n=1}^{\infty} \frac{1}{2n} = \frac{1}{2} \sum_{n=1}^{\infty} \frac{1}{n}$ 发散,所以 $\sum_{n=1}^{\infty} \frac{1}{2n-1}$ 发散.

例2 讨论 p 级数 $\sum_{n=1}^{\infty} \frac{1}{n^p} = 1 + \frac{1}{2^p} + \frac{1}{3^p} + \cdots + \frac{1}{n^p} + \cdots (p > 0)$ 的敛散性.

解 当 $0 < p \leqslant 1$ 时,$n^p \leqslant n$,从而 $\frac{1}{n^p} \geqslant \frac{1}{n}$. 而 $\sum_{n=1}^{\infty} \frac{1}{n}$ 发散,故 $\sum_{n=1}^{\infty} \frac{1}{n^p}$ 发散.

当 $p > 1$ 时,对于任意的正实数 x,存在正整数 n,使得 $n-1 < x \leqslant n$,从而 $\frac{1}{n^p} \leqslant \frac{1}{x^p}$,且

$$\frac{1}{n^p} = \int_{n-1}^{n} \frac{1}{n^p} dx \leqslant \int_{n-1}^{n} \frac{1}{x^p} dx = \frac{1}{1-p} x^{1-p} \Big|_{n-1}^{n}$$

$$= -\frac{1}{1-p} \left[\frac{1}{(n-1)^{p-1}} - \frac{1}{n^{p-1}} \right] \quad (n = 2, 3, \cdots).$$

考虑级数 $\sum_{n=2}^{\infty} \left[\frac{1}{(n-1)^{p-1}} - \frac{1}{n^{p-1}} \right]$,它的部分和为

$$S_n = 1 - \frac{1}{2^{p-1}} + \frac{1}{2^{p-1}} - \frac{1}{3^{p-1}} + \cdots + \frac{1}{n^{p-1}} - \frac{1}{(n+1)^{p-1}} = 1 - \frac{1}{(n+1)^{p-1}},$$

由 $\lim_{n \to \infty} S_n = 1$ 可知,这个级数收敛. 故由比较审敛法推得,$\sum_{n=1}^{\infty} \frac{1}{n^p}$ 收敛.

综上可知,当 $p > 1$ 时,p 级数收敛;当 $0 < p \leqslant 1$ 时,p 级数发散.

例3 判断下列级数的敛散性:

(1) $\sum_{n=1}^{\infty} \frac{1}{\sqrt{n(n^2+1)}}$; (2) $\sum_{n=2}^{\infty} \frac{1}{\sqrt[5]{n^2-1}}$.

解 (1) 因为 $\frac{1}{\sqrt{n(n^2+1)}} < \frac{1}{\sqrt{n(n^2+0)}} = \frac{1}{n^{\frac{3}{2}}}$,且级数 $\sum_{n=1}^{\infty} \frac{1}{n^{\frac{3}{2}}}$ 收敛,所以原级数收敛.

(2) 因为 $\frac{1}{\sqrt[5]{n^2-1}} > \frac{1}{\sqrt[5]{n^2}} = \frac{1}{n^{\frac{2}{5}}}$,且级数 $\sum_{n=2}^{\infty} \frac{1}{n^{\frac{2}{5}}}$ 发散,所以原级数发散.

定理3(比较审敛法的极限形式) 设两个正项级数 $\sum_{n=1}^{\infty} u_n$ 和 $\sum_{n=1}^{\infty} v_n$ 满足

$$\lim_{n \to \infty} \frac{u_n}{v_n} = k \quad (0 \leqslant k \leqslant +\infty, v_n \neq 0).$$

(1) 若级数 $\sum_{n=1}^{\infty} v_n$ 收敛,且 $0 \leqslant k < +\infty$,则级数 $\sum_{n=1}^{\infty} u_n$ 也收敛;

(2) 若级数 $\sum_{n=1}^{\infty} v_n$ 发散,且 $0 < k \leqslant +\infty$,则级数 $\sum_{n=1}^{\infty} u_n$ 也发散.

证 (1) 若 $\sum_{n=1}^{\infty} v_n$ 收敛,且 $0 \leqslant k < +\infty$,则由 $\lim_{n \to \infty} \frac{u_n}{v_n} = k$ 可知,对于正数 ε_0,存在正整数 N,使得当 $n > N$ 时,有 $\left| \frac{u_n}{v_n} - k \right| < \varepsilon_0$,即 $\frac{u_n}{v_n} < \varepsilon_0 + k$,亦即 $u_n < (\varepsilon_0 + k) v_n$ 成立. 故 $\sum_{n=1}^{\infty} u_n$ 收敛.

(2) 若 $\sum_{n=1}^{\infty} v_n$ 发散，且 $0 < k < +\infty$，则由 $\lim_{n\to\infty} \dfrac{u_n}{v_n} = k$ 可知，对于正数 ε_0（不妨设 $\varepsilon_0 < k$），存在正整数 N，使得当 $n > N$ 时，有 $\left|\dfrac{u_n}{v_n} - k\right| < \varepsilon_0$，即 $\dfrac{u_n}{v_n} > k - \varepsilon_0$，亦即 $u_n > (k - \varepsilon_0) v_n$ 成立. 故 $\sum_{n=1}^{\infty} u_n$ 发散.

若 $\sum_{n=1}^{\infty} v_n$ 发散，且 $k = +\infty$，则由 $\lim_{n\to\infty} \dfrac{u_n}{v_n} = +\infty$ 可知，对于正数 1，存在正整数 N，使得当 $n > N$ 时，有 $\dfrac{u_n}{v_n} > 1$，即 $u_n > v_n$ 成立. 故 $\sum_{n=1}^{\infty} u_n$ 发散. ∎

例 4 判断下列级数的敛散性：

(1) $\sum_{n=1}^{\infty} \ln\left(1 + \dfrac{1}{n}\right)$； (2) $\sum_{n=1}^{\infty} \dfrac{1}{n \cdot n!}$.

解 (1) 因为 $\lim_{n\to\infty} \dfrac{\ln\left(1 + \dfrac{1}{n}\right)}{\dfrac{1}{n}} = 1$，而 $\sum_{n=1}^{\infty} \dfrac{1}{n}$ 发散，所以原级数发散.

(2) 因为 $\lim_{n\to\infty} \dfrac{\dfrac{1}{n \cdot n!}}{\dfrac{1}{n!}} = \lim_{n\to\infty} \dfrac{1}{n} = 0$，而

$$\dfrac{1}{n!} = \dfrac{1}{1 \cdot 2 \cdot 3 \cdots n} < \dfrac{1}{1 \cdot 2 \cdot 2 \cdots 2} = \dfrac{1}{2^{n-1}},$$

且级数 $\sum_{n=1}^{\infty} \dfrac{1}{2^{n-1}}$ 收敛，故级数 $\sum_{n=1}^{\infty} \dfrac{1}{n!}$ 收敛，所以原级数收敛.

定理 4（比值审敛法——达朗贝尔（d'Alembert）判别法）设正项级数 $\sum_{n=1}^{\infty} u_n$ 满足

$$\lim_{n\to\infty} \dfrac{u_{n+1}}{u_n} = \rho,$$

则

(1) 当 $\rho < 1$ 时，级数 $\sum_{n=1}^{\infty} u_n$ 收敛；

(2) 当 $\rho > 1$ 时，级数 $\sum_{n=1}^{\infty} u_n$ 发散；

(3) 当 $\rho = 1$ 时，级数 $\sum_{n=1}^{\infty} u_n$ 可能收敛也可能发散.

证 (1) 当 $\rho < 1$ 时，取适当小的正数 ε，使得 $\rho + \varepsilon = \gamma < 1$，则对于正数 ε，存在正整数 m，当 $n \geqslant m$ 时，有 $\dfrac{u_{n+1}}{u_n} < \rho + \varepsilon = \gamma$，即

$$u_{m+1} < \gamma u_m, \quad u_{m+2} < \gamma^2 u_m, \quad \cdots, \quad u_{m+k} < \gamma^k u_m, \quad \cdots,$$

从而有
$$u_{m+1}+u_{m+2}+\cdots+u_{m+k}+\cdots < \gamma u_m + \gamma^2 u_m + \cdots + \gamma^k u_m + \cdots = \sum_{k=1}^{\infty}\gamma^k u_m.$$

而级数 $\sum_{k=1}^{\infty}\gamma^k u_m (\gamma<1)$ 收敛，故 $\sum_{n=1}^{\infty}u_n$ 收敛.

(2) 当 $\rho>1$ 时，取适当小的正数 ε，使得 $\rho-\varepsilon>1$，则对于正数 ε，存在正整数 m，当 $n\geqslant m$ 时，有 $\frac{u_{n+1}}{u_n}>\rho-\varepsilon>1$，即 $u_{n+1}>u_n$. 也就是说，当 $n\geqslant m$ 时，u_n 单调增加，从而 $\lim_{n\to\infty}u_n\neq 0$，故 $\sum_{n=1}^{\infty}u_n$ 发散.

(3) 当 $\rho=1$ 时，例如，对于 p 级数 $\sum_{n=1}^{\infty}\frac{1}{n^p}$ ($p>0$)，总有 $\rho=\lim_{n\to\infty}\frac{n^p}{(n+1)^p}=1$，但由例 2 的结果可知，当 $p\leqslant 1$ 时，p 级数 $\sum_{n=1}^{\infty}\frac{1}{n^p}$ 发散；当 $p>1$ 时，p 级数 $\sum_{n=1}^{\infty}\frac{1}{n^p}$ 收敛. 故当 $\rho=1$ 时，$\sum_{n=1}^{\infty}u_n$ 可能收敛也可能发散.

例 5 判断下列级数的敛散性：

(1) $\sum_{n=1}^{\infty}\frac{n!}{n^n}$;   (2) $\sum_{n=1}^{\infty}\frac{5^n}{n^5}$.

解 (1) 因为
$$\lim_{n\to\infty}\frac{\frac{(n+1)!}{(n+1)^{n+1}}}{\frac{n!}{n^n}}=\lim_{n\to\infty}\left(\frac{n}{n+1}\right)^n=\lim_{n\to\infty}\frac{1}{\left(1+\frac{1}{n}\right)^n}=\frac{1}{e}<1,$$

所以原级数收敛.

(2) 因为
$$\lim_{n\to\infty}\frac{\frac{5^{n+1}}{(n+1)^5}}{\frac{5^n}{n^5}}=\lim_{n\to\infty}5\left(\frac{n}{n+1}\right)^5=5>1,$$

所以原级数发散.

定理 5（根值审敛法——柯西判别法） 设正项级数 $\sum_{n=1}^{\infty}u_n$ 满足
$$\lim_{n\to\infty}\sqrt[n]{u_n}=\rho,$$
则

(1) 当 $\rho<1$ 时，级数 $\sum_{n=1}^{\infty}u_n$ 收敛；

(2) 当 $\rho>1$ 时，级数 $\sum_{n=1}^{\infty}u_n$ 发散；

(3) 当 $\rho = 1$ 时，级数 $\sum\limits_{n=1}^{\infty} u_n$ 可能收敛也可能发散.

该定理的证明与定理 4 类似，这里从略.

例 6 判断下列级数的敛散性：

(1) $\sum\limits_{n=1}^{\infty} \left(\dfrac{n}{2n+1} \right)^n$； (2) $\sum\limits_{n=1}^{\infty} \dfrac{2^n}{3^{\ln n}}$.

解 (1) 因 $\lim\limits_{n\to\infty} \sqrt[n]{\left(\dfrac{n}{2n+1}\right)^n} = \dfrac{1}{2} < 1$，故原级数收敛.

(2) 因 $\lim\limits_{n\to\infty} \sqrt[n]{\dfrac{2^n}{3^{\ln n}}} = \lim\limits_{n\to\infty} \dfrac{2}{3^{\frac{\ln n}{n}}} = \dfrac{2}{3^0} = 2 > 1$，故原级数发散.

二、交错级数及其审敛法

定义 2 形如 $\sum\limits_{n=1}^{\infty} (-1)^n u_n$ 或 $\sum\limits_{n=1}^{\infty} (-1)^{n-1} u_n (u_n > 0, n = 1, 2, \cdots)$ 的级数称为**交错级数**.

定理 6（莱布尼茨定理） 如果交错级数 $\sum\limits_{n=1}^{\infty} (-1)^{n-1} u_n$ 满足以下条件：

(1) $u_n \geqslant u_{n+1} (n = 1, 2, \cdots)$；

(2) $\lim\limits_{n\to\infty} u_n = 0$，

那么该交错级数收敛，且其和 $S \leqslant u_1$，其余项 r_n 的绝对值 $|r_n| \leqslant u_{n+1}$.

证 先讨论该交错级数的部分和数列的子数列 $\{S_{2k}\}$. 对于任意的正整数 k，有

$$S_{2(k+1)} = u_1 - u_2 + u_3 - u_4 + \cdots + u_{2k-1} - u_{2k} + u_{2k+1} - u_{2k+2},$$

$$S_{2k} = u_1 - u_2 + u_3 - u_4 + \cdots + u_{2k-1} - u_{2k},$$

于是有

$$S_{2(k+1)} - S_{2k} = u_{2k+1} - u_{2k+2}.$$

由 $u_n \geqslant u_{n+1}$ 可知，$u_{2k+1} \geqslant u_{2k+2}$，即 $S_{2(k+1)} \geqslant S_{2k}$，故 $\{S_{2k}\}$ 是单调增加的. 又由于

$$S_{2k} = u_1 - u_2 + u_3 - u_4 + \cdots + u_{2k-1} - u_{2k}$$
$$= u_1 - (u_2 - u_3) - (u_4 - u_5) - \cdots - (u_{2k-2} - u_{2k-1}) - u_{2k} \leqslant u_1,$$

即 $\{S_{2k}\}$ 有上界，因此 $\{S_{2k}\}$ 收敛，不妨设 $\lim\limits_{k\to\infty} S_{2k} = S$.

又由 $S_{2k+1} = S_{2k} + u_{2k+1}$ 及 $\lim\limits_{n\to\infty} u_n = 0$ 可知，$\lim\limits_{k\to\infty} S_{2k+1} = S$，即数列 $\{S_{2k+1}\}$ 也收敛于 S.

于是 $\lim\limits_{n\to\infty} S_n = S$，故交错级数 $\sum\limits_{n=1}^{\infty} (-1)^{n-1} u_n$ 收敛，且其和 $S \leqslant u_1$. 而余项为

$$r_n = (-1)^n (u_{n+1} - u_{n+2} + \cdots),$$

故 $|r_n| = u_{n+1} - u_{n+2} + \cdots \leqslant u_{n+1}$. ■

例 7 判断级数 $\sum\limits_{n=1}^{\infty}(-1)^{n-1}\dfrac{1}{\sqrt{n}}$ 的敛散性.

解 因为 $u_n=\dfrac{1}{\sqrt{n}}>\dfrac{1}{\sqrt{n+1}}=u_{n+1}$,且 $\lim\limits_{n\to\infty}u_n=\lim\limits_{n\to\infty}\dfrac{1}{\sqrt{n}}=0$,所以原级数收敛.

三、绝对收敛与条件收敛

下面要讨论的是**任意项级数**(它的各项为任意实数)的敛散性.

定义 3 如果任意项级数 $\sum\limits_{n=1}^{\infty}u_n$ 各项的绝对值所构成的正项级数 $\sum\limits_{n=1}^{\infty}|u_n|$ 收敛,那么称 $\sum\limits_{n=1}^{\infty}u_n$ **绝对收敛**;如果 $\sum\limits_{n=1}^{\infty}u_n$ 收敛,而 $\sum\limits_{n=1}^{\infty}|u_n|$ 发散,那么称 $\sum\limits_{n=1}^{\infty}u_n$ **条件收敛**.

任意项级数 $\sum\limits_{n=1}^{\infty}u_n$ 的敛散性与正项级数 $\sum\limits_{n=1}^{\infty}|u_n|$ 的敛散性有如下关系:

定理 7 如果级数 $\sum\limits_{n=1}^{\infty}|u_n|$ 收敛,那么级数 $\sum\limits_{n=1}^{\infty}u_n$ 必定收敛.

证 令 $v_n=\dfrac{1}{2}(u_n+|u_n|)$,则

$$v_n=\begin{cases}u_n, & u_n\geqslant 0,\\ 0, & u_n<0,\end{cases}$$

于是有 $v_n\geqslant 0$ 且 $v_n\leqslant|u_n|$.因此,$\sum\limits_{n=1}^{\infty}v_n$ 为正项级数,且由 $\sum\limits_{n=1}^{\infty}|u_n|$ 收敛及比较审敛法得知,$\sum\limits_{n=1}^{\infty}v_n$ 收敛.又 $u_n=2v_n-|u_n|$,故 $\sum\limits_{n=1}^{\infty}u_n$ 收敛. ∎

例 8 判断下列级数的敛散性.若级数收敛,则指出它是绝对收敛还是条件收敛:

(1) $\sum\limits_{n=1}^{\infty}\dfrac{\sin\dfrac{n\pi}{4}}{n^2}$; (2) $\sum\limits_{n=1}^{\infty}\dfrac{(-1)^n}{\sqrt{n}}$.

解 (1) 显然,

$$\sum_{n=1}^{\infty}\dfrac{\sin\dfrac{n\pi}{4}}{n^2}=\dfrac{\dfrac{\sqrt{2}}{2}}{1}+\dfrac{1}{2^2}+\dfrac{\dfrac{\sqrt{2}}{2}}{3^2}-\dfrac{\dfrac{\sqrt{2}}{2}}{5^2}-\dfrac{1}{6^2}-\dfrac{\dfrac{\sqrt{2}}{2}}{7^2}+\cdots$$

为任意项级数.由于 $\left|\dfrac{\sin\dfrac{n\pi}{4}}{n^2}\right|\leqslant\dfrac{1}{n^2}$,且级数 $\sum\limits_{n=1}^{\infty}\dfrac{1}{n^2}$ 收敛,因此级数 $\sum\limits_{n=1}^{\infty}\left|\dfrac{\sin\dfrac{n\pi}{4}}{n^2}\right|$ 收敛.故原级数绝对收敛.

(2) 因为 $u_n=\dfrac{1}{\sqrt{n}}>\dfrac{1}{\sqrt{n+1}}=u_{n+1}$,且 $\lim\limits_{n\to\infty}u_n=\lim\limits_{n\to\infty}\dfrac{1}{\sqrt{n}}=0$,所以原级数收敛.但由于 $\sum\limits_{n=1}^{\infty}\left|\dfrac{(-1)^n}{\sqrt{n}}\right|=\sum\limits_{n=1}^{\infty}\dfrac{1}{\sqrt{n}}=\sum\limits_{n=1}^{\infty}\dfrac{1}{n^{\frac{1}{2}}}$,因此级数 $\sum\limits_{n=1}^{\infty}\left|\dfrac{(-1)^n}{\sqrt{n}}\right|$ 发散.故原级数条件收敛.

绝对收敛级数有很多性质是条件收敛级数不具备的,下面给出绝对收敛级数的两个性质.

我们知道,有限项之和的运算满足结合律、交换律与分配律,这些运算规律给有限项之和的运算带来了极大的方便.而级数是无限项之和的运算,它是否也满足上述的这些运算规律呢?以下定理给出了答案.

定理 8 若级数 $\sum_{n=1}^{\infty} u_n$ 绝对收敛,其和为 S,则任意交换级数 $\sum_{n=1}^{\infty} u_n$ 各项的位置,得到的新级数 $\sum_{k=1}^{\infty} u_{n_k}$ 也绝对收敛,且其和也为 S.

定理 9 若级数 $\sum_{n=1}^{\infty} u_n$ 和 $\sum_{n=1}^{\infty} v_n$ 都绝对收敛,其和分别为 S 和 T,则它们的柯西乘积级数

$$\sum_{i,j=1}^{\infty} u_i v_j = u_1 v_1 + (u_1 v_2 + u_2 v_1) + \cdots + (u_1 v_n + u_2 v_{n-1} + \cdots + u_n v_1) + \cdots$$

也绝对收敛,且其和为 $S \cdot T$.

上述两个定理的证明从略.它们说明,绝对收敛级数满足交换律和分配律.故绝对收敛级数无限项之和具有与有限项之和类似的运算规律.

第三节 幂 级 数

一、函数项级数的概念

如果函数列 $\{u_n(x)\}$ 中的每个函数在区间 I 上都有定义,将它们用加号连接起来,则称所得表达式

$$\sum_{n=1}^{\infty} u_n(x) = u_1(x) + u_2(x) + \cdots + u_n(x) + \cdots \tag{13.3.1}$$

为定义在区间 I 上的**(函数项)无穷级数**,简称**(函数项)级数**,其前 n 项的和

$$S_n(x) = u_1(x) + u_2(x) + \cdots + u_n(x)$$

称为**函数项级数**(13.3.1)**的部分和**.

对于任意数 $x_0 \in I$,将 x_0 代入函数项级数(13.3.1)中,则得到一个常数项级数

$$\sum_{n=1}^{\infty} u_n(x_0) = u_1(x_0) + u_2(x_0) + \cdots + u_n(x_0) + \cdots. \tag{13.3.2}$$

若级数(13.3.2)收敛,则称点 x_0 为函数项级数(13.3.1)的**收敛点**;若级数(13.3.2)发散,则称点 x_0 为函数项级数(13.3.1)的**发散点**.收敛点的集合称为函数项级数(13.3.1)的**收敛域**,发散点的集合称为函数项级数(13.3.1)的**发散域**.

显然,函数项级数(13.3.1)在其收敛域中的每一点处都有和.于是,函数项级数(13.3.1)的和是定义在其收敛域上的函数,称为**和函数**,记作 $S(x)$,即

$$\lim_{n\to\infty} S_n(x) = S(x)$$

或

$$S(x) = \sum_{n=1}^{\infty} u_n(x) = u_1(x) + u_2(x) + \cdots + u_n(x) + \cdots.$$

设函数项级数(13.3.1)的和函数 $S(x)$ 与它的部分和 $S_n(x)$ 的差为 $R_n(x)$,即

$$R_n(x) = S(x) - S_n(x) = u_{n+1}(x) + u_{n+2}(x) + \cdots,$$

称之为函数项级数(13.3.1)的**余项**,且对于收敛域上的任意点 x,均有

$$\lim_{n\to\infty} R_n(x) = \lim_{n\to\infty}(S(x) - S_n(x)) = 0.$$

例1 讨论函数项级数 $\sum\limits_{n=0}^{\infty} x^n$ 的收敛域.

解 该级数为等比级数,且公比为 x,从而当 $|x| \geqslant 1$ 时,级数发散;当 $|x| < 1$ 时,级数收敛,其和函数为 $\dfrac{1}{1-x}$,即

$$\frac{1}{1-x} = 1 + x + x^2 + \cdots + x^n + \cdots \quad (|x| < 1).$$

于是,函数项级数 $\sum\limits_{n=0}^{\infty} x^n$ 的收敛域为开区间 $(-1,1)$.

例2 讨论函数项级数 $\sum\limits_{n=1}^{\infty} \dfrac{\sin nx}{n^2}$ 的收敛域.

解 对于任意的 $x \in \mathbb{R}$,有 $\left|\dfrac{\sin nx}{n^2}\right| \leqslant \dfrac{1}{n^2}$,而级数 $\sum\limits_{n=1}^{\infty} \dfrac{1}{n^2}$ 收敛,故级数 $\sum\limits_{n=1}^{\infty} \dfrac{\sin nx}{n^2}$ 绝对收敛.于是,原函数项级数的收敛域为 $\mathbb{R}$.

二、幂级数及其收敛域

形如

$$\sum_{n=0}^{\infty} a_n(x-x_0)^n = a_0 + a_1(x-x_0) + a_2(x-x_0)^2 + \cdots + a_n(x-x_0)^n + \cdots \quad (13.3.3)$$

或

$$\sum_{n=0}^{\infty} a_n x^n = a_0 + a_1 x + a_2 x^2 + \cdots + a_n x^n + \cdots \quad (13.3.4)$$

的函数项级数称为**幂级数**,其中常数 $a_0, a_1, a_2, \cdots, a_n, \cdots$ 称为**幂级数的系数**.

幂级数的结构很简单,它在一定范围内具有类似于多项式的性质,因此它也是应用最为广泛的函数项级数.

不难发现,若令 $x - x_0 = y$,则形如(13.3.3)式的幂级数即可变成形如(13.3.4)式的幂级数.因此,我们重点讨论形如(13.3.4)式的幂级数.

显然,幂级数(13.3.4)在 $x = 0$ 处收敛.那么除了点 $x = 0$ 外,幂级数(13.3.4)是否还有其他的收敛点呢?它的收敛域是什么?下面的阿贝尔(Abel)定理及其推论将会给出

答案.

定理 1（阿贝尔定理） 如果幂级数 $\sum_{n=0}^{\infty} a_n x^n$ 在 $x = x_0 (x_0 \neq 0)$ 处收敛，那么对于满足 $|x| < |x_0|$ 的一切点 x，该幂级数均绝对收敛；如果幂级数 $\sum_{n=0}^{\infty} a_n x^n$ 在 $x = x_0 (x_0 \neq 0)$ 处发散，那么对于满足 $|x| > |x_0|$ 的一切点 x，该幂级数均发散.

证 （1）因 x_0 是 $\sum_{n=0}^{\infty} a_n x^n$ 的收敛点，故 $\sum_{n=0}^{\infty} a_n x_0^n$ 收敛，从而 $\lim_{n \to \infty} a_n x_0^n = 0$. 于是，存在常数 $M > 0$，使得 $a_n x_0^n \leqslant M (n = 0, 1, 2, \cdots)$. 由于

$$|a_n x^n| = \left| a_n x_0^n \frac{x^n}{x_0^n} \right| = |a_n x_0^n| \left| \frac{x}{x_0} \right|^n \leqslant M \left| \frac{x}{x_0} \right|^n,$$

且当 $|x| < |x_0|$ 时，$\left| \frac{x}{x_0} \right| < 1$，此时等比级数 $\sum_{n=0}^{\infty} M \left| \frac{x}{x_0} \right|^n$ 收敛，因此级数 $\sum_{n=0}^{\infty} |a_n x^n|$ 收敛，从而级数 $\sum_{n=0}^{\infty} a_n x^n$ 绝对收敛.

（2）用反证法. 假设 $\sum_{n=0}^{\infty} a_n x^n$ 在满足 $|x| > |x_0|$ 的点 x_1 处收敛，则由（1）可知，$\sum_{n=0}^{\infty} a_n x^n$ 在点 x_0 处必收敛. 这与题意矛盾，故假设不成立，即对于满足 $|x| > |x_0|$ 的一切点 x，$\sum_{n=0}^{\infty} a_n x^n$ 发散. ∎

由阿贝尔定理可知，如果幂级数在点 $x_0 (x_0 \neq 0)$ 处收敛，那么该级幂级数必在以坐标原点为中心，以 $|x_0|$ 为半径的区间 $(-|x_0|, |x_0|)$ 内绝对收敛；如果幂级数在点 x_0 处发散，那么该幂级数必在 $(-\infty, -|x_0|) \cup (|x_0|, +\infty)$ 上发散.

推论 1 如果幂级数 $\sum_{n=0}^{\infty} a_n x^n$ 不是仅在 $x = 0$ 这一点处收敛，也不是在整个数轴上都收敛，那么必有一个确定的正数 R 存在，使得

（1）当 $|x| < R$ 时，该幂级数绝对收敛；

（2）当 $|x| > R$ 时，该幂级数发散；

（3）当 $x = -R$ 或 $x = R$ 时，该幂级数可能收敛也可能发散.

这样的正数 R 称为幂级数 $\sum_{n=0}^{\infty} a_n x^n$ 的**收敛半径**，开区间 $(-R, R)$ 称为幂级数 $\sum_{n=0}^{\infty} a_n x^n$ 的**收敛区间**（见图 13-1）.

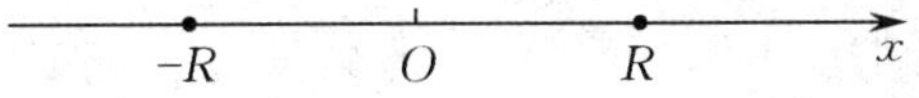

图 13-1

由上述讨论可知，幂级数的收敛域有如下三种情况：

（1）仅在 $x = 0$ 处收敛，即收敛域为一点 $x = 0$，此时规定收敛半径为 $R = 0$.

（2）除了点 $x = 0$ 外还有收敛点，但并非在整个实数域上收敛，设此时的收敛半径为

R,则收敛域为 $(-R,R)$,$[-R,R)$,$(-R,R]$ 或 $[-R,R]$ 这四个区间之一.

(3) 对于一切实数点 x 都收敛,即收敛域为 $(-\infty,+\infty)$,此时规定收敛半径 $R=+\infty$.

下面的定理给出了收敛半径的求法.

定理 2 对于幂级数 $\sum_{n=0}^{\infty} a_n x^n$,如果 $\lim_{n\to\infty}\left|\dfrac{a_{n+1}}{a_n}\right|=\rho$,那么

(1) 当 $\rho \neq 0$ 时,其收敛半径为 $R=\dfrac{1}{\rho}$;

(2) 当 $\rho = 0$ 时,其收敛半径为 $R=+\infty$;

(3) 当 $\rho =+\infty$ 时,其收敛半径为 $R=0$.

证 因为 $\dfrac{|a_{n+1}x^{n+1}|}{|a_n x^n|}=\left|\dfrac{a_{n+1}}{a_n}\right||x|$,且 $\lim_{n\to\infty}\left|\dfrac{a_{n+1}}{a_n}\right|=\rho$,所以

$$\lim_{n\to\infty}\dfrac{|a_{n+1}x^{n+1}|}{|a_n x^n|}=\rho|x|.$$

(1) 若 $\rho \neq 0$,则当 $\rho|x|<1$,即 $|x|<\dfrac{1}{\rho}$ 时,级数 $\sum_{n=0}^{\infty}|a_n x^n|$ 收敛,从而级数 $\sum_{n=0}^{\infty} a_n x^n$ 绝对收敛;当 $\rho|x|>1$ 即 $|x|>\dfrac{1}{\rho}$ 时,级数 $\sum_{n=0}^{\infty}|a_n x^n|$ 从某项开始有 $|a_{n+1}x^{n+1}|>|a_n x^n|$,即 $\{|a_n x^n|\}$ 非负且单调增加,故 $|a_n x^n|$ 不趋于零,$a_n x^n$ 也不趋于零,从而级数 $\sum_{n=0}^{\infty}a_n x^n$ 发散,于是 $R=\dfrac{1}{\rho}$.

(2) 若 $\rho=0$,则对于任意的 $x \neq 0$,均有 $\lim_{n\to\infty}\dfrac{|a_{n+1}x^{n+1}|}{|a_n x^n|}=0<1$.故对于任意实数 x,级数 $\sum_{n=0}^{\infty}|a_n x^n|$ 都收敛,从而级数 $\sum_{n=0}^{\infty}a_n x^n$ 都绝对收敛,于是 $R=+\infty$.

(3) 若 $\rho=+\infty$,则对于除了 $x=0$ 以外的任意实数 x,均有 $\rho|x|=+\infty>1$.因此,由(1)的证明过程可知,对于任意非零实数 x,级数 $\sum_{n=0}^{\infty}a_n x^n$ 发散,故 $\sum_{n=0}^{\infty}a_n x^n$ 的收敛点只有 $x=0$,于是 $R=0$. ∎

例 3 求幂级数 $\sum_{n=1}^{\infty}\dfrac{2^n}{n}x^n$ 的收敛域.

解 因为 $\lim_{n\to\infty}\left|\dfrac{\frac{2^{n+1}}{n+1}}{\frac{2^n}{n}}\right|=2$,所以收敛半径为 $R=\dfrac{1}{2}$.

当 $x=-\dfrac{1}{2}$ 时,级数 $\sum_{n=1}^{\infty}\dfrac{2^n}{n}\left(-\dfrac{1}{2}\right)^n=\sum_{n=1}^{\infty}\dfrac{(-1)^n}{n}$ 收敛.

当 $x=\dfrac{1}{2}$ 时,级数 $\sum_{n=1}^{\infty}\dfrac{2^n}{n}\left(\dfrac{1}{2}\right)^n=\sum_{n=1}^{\infty}\dfrac{1}{n}$ 发散.

故原幂级数的收敛域为 $\left[-\dfrac{1}{2}, \dfrac{1}{2}\right)$.

例 4 求幂级数 $\sum\limits_{n=1}^{\infty}\dfrac{1}{n^2}(x-2)^n$ 的收敛域.

解 因为 $\lim\limits_{n\to\infty}\left|\dfrac{\frac{1}{(n+1)^2}}{\frac{1}{n^2}}\right|=1$,所以收敛半径为 $R=1$.

当 $x-2=-1$,即 $x=1$ 时,级数 $\sum\limits_{n=1}^{\infty}\dfrac{1}{n^2}(-1)^n$ 收敛.

当 $x-2=1$,即 $x=3$ 时,级数 $\sum\limits_{n=1}^{\infty}\dfrac{1}{n^2}$ 收敛.

故原幂级数的收敛域为 $[1,3]$.

例 5 求幂级数 $\sum\limits_{n=1}^{\infty}\dfrac{1}{n!}x^n$ 的收敛域.

解 因为

$$\lim_{n\to\infty}\left|\dfrac{\frac{1}{(n+1)!}}{\frac{1}{n!}}\right|=\lim_{n\to\infty}\dfrac{1}{n+1}=0,$$

所以收敛半径为 $R=+\infty$. 故原幂级数的收敛域为 $(-\infty,+\infty)$.

例 6 求幂级数 $\sum\limits_{n=1}^{\infty}n^n x^n$ 的收敛域.

解 因为

$$\lim_{n\to\infty}\left|\dfrac{(n+1)^{n+1}}{n^n}\right|=\lim_{n\to\infty}(n+1)\left(1+\dfrac{1}{n}\right)^n=+\infty,$$

所以收敛半径为 $R=0$. 故原幂级数的收敛域为 $\{0\}$.

例 7 求幂级数 $\sum\limits_{n=1}^{\infty}\dfrac{2n-1}{2^n}x^{2n-2}$ 的收敛域.

解 因为 $\lim\limits_{n\to\infty}\left|\dfrac{\frac{2n+1}{2^{n+1}}x^{2n}}{\frac{2n-1}{2^n}x^{2n-2}}\right|=\dfrac{|x|^2}{2}$,所以当 $\dfrac{|x|^2}{2}<1$,即 $|x|<\sqrt{2}$ 时,级数收敛;

当 $\dfrac{|x|^2}{2}>1$,即 $|x|>\sqrt{2}$ 时,级数发散,故收敛半径为 $R=\sqrt{2}$.

当 $x=-\sqrt{2}$ 时,级数 $\sum\limits_{n=1}^{\infty}\dfrac{2n-1}{2^n}(-\sqrt{2})^{2n-2}=\sum\limits_{n=1}^{\infty}\dfrac{2n-1}{2}$ 发散.

当 $x=\sqrt{2}$ 时,级数 $\sum\limits_{n=1}^{\infty}\dfrac{2n-1}{2^n}(\sqrt{2})^{2n-2}=\sum\limits_{n=1}^{\infty}\dfrac{2n-1}{2}$ 发散.

故原幂级数的收敛域为 $(-\sqrt{2},\sqrt{2})$.

三、幂级数的运算

1. 四则运算

有限个幂级数在其公共的收敛域内可做加、减、乘、除（除式不为零的点处）运算. 设幂级数 $\sum_{n=0}^{\infty} a_n x^n, \sum_{n=0}^{\infty} b_n x^n$ 的收敛域分别为 $(-R_1, R_1)$ 和 $(-R_2, R_2)$，记 $R = \min\{R_1, R_2\}$，则在 $(-R, R)$ 内，有

(1) 加法：$\sum_{n=0}^{\infty} a_n x^n + \sum_{n=0}^{\infty} b_n x^n = \sum_{n=0}^{\infty} (a_n + b_n) x^n$；

(2) 减法：$\sum_{n=0}^{\infty} a_n x^n - \sum_{n=0}^{\infty} b_n x^n = \sum_{n=0}^{\infty} (a_n - b_n) x^n$；

(3) 乘法：$\sum_{n=0}^{\infty} a_n x^n \cdot \sum_{n=0}^{\infty} b_n x^n = a_0 b_0 + (a_0 b_1 + a_1 b_0) x + (a_0 b_2 + a_1 b_1 + a_2 b_0) x^2$
$$+ \cdots + (a_0 b_n + a_1 b_{n-1} + \cdots + a_n b_0) x^n + \cdots;$$

(4) 除法：$\dfrac{\sum_{n=0}^{\infty} a_n x^n}{\sum_{n=0}^{\infty} b_n x^n} = \sum_{n=0}^{\infty} c_n x^n$，其中常数 $c_n (n = 0, 1, 2, \cdots)$ 由等式

$$\sum_{n=0}^{\infty} a_n x^n = \sum_{n=0}^{\infty} b_n x^n \cdot \sum_{n=0}^{\infty} c_n x^n$$

确定，比较该等式两端同次项系数，即得

$$a_0 = b_0 c_0,$$
$$a_1 = b_1 c_0 + b_0 c_1,$$
$$a_2 = b_2 c_0 + b_1 c_1 + b_0 c_2,$$
$$\cdots\cdots$$

解上述方程组，可求出 $c_0, c_1, c_2, \cdots$.

2. 幂级数的和函数的性质

性质 1 幂级数 $\sum_{n=0}^{\infty} a_n x^n$ 的和函数 $S(x)$ 在其收敛域 I 上连续.

性质 2 幂级数 $\sum_{n=0}^{\infty} a_n x^n$ 的和函数 $S(x)$ 在其收敛域 I 上可积，并有逐项积分公式

$$\int_0^x S(x) \mathrm{d}x = \int_0^x \left(\sum_{n=0}^{\infty} a_n x^n \right) \mathrm{d}x = \sum_{n=0}^{\infty} \int_0^x a_n x^n \mathrm{d}x = \sum_{n=0}^{\infty} \frac{a_n}{n+1} x^{n+1} \quad (x \in I),$$

且逐项积分后所得的幂级数和原幂级数有相同的收敛半径.

性质 3 幂级数 $\sum_{n=0}^{\infty} a_n x^n$ 的和函数 $S(x)$ 在其收敛区间 $(-R, R)$ 内可导，并有逐项求导公式

$$S'(x) = \Big(\sum_{n=0}^{\infty} a_n x^n\Big)' = \sum_{n=1}^{\infty} n a_n x^{n-1} \quad (-R < x < R),$$

且逐项求导后所得的幂级数和原幂级数有相同的收敛半径.

例 8 求幂级数 $\sum_{n=1}^{\infty} \dfrac{x^{n-1}}{n+1}$ 的和函数.

解 因为 $\lim\limits_{n \to \infty} \dfrac{\frac{1}{n+2}}{\frac{1}{n+1}} = 1$，所以收敛半径为 $R = 1$. 当 $x = -1$ 时,级数 $\sum_{n=1}^{\infty} \dfrac{(-1)^{n-1}}{n+1}$ 收敛;当 $x = 1$ 时,级数 $\sum_{n=1}^{\infty} \dfrac{1}{n+1}$ 发散.因此,原幂级数的收敛域为 $[-1, 1)$.

令 $S(x) = \sum_{n=1}^{\infty} \dfrac{x^{n-1}}{n+1} (-1 \leqslant x < 1)$，则 $S(0) = \dfrac{1}{2}$. 又 $x^2 S(x) = \sum_{n=1}^{\infty} \dfrac{x^{n+1}}{n+1}$，利用性质对其求导,得

$$(x^2 S(x))' = \sum_{n=1}^{\infty} \Big(\dfrac{x^{n+1}}{n+1}\Big)' = \sum_{n=1}^{\infty} x^n = \dfrac{x}{1-x} \quad (-1 < x < 1).$$

再对上式从 0 到 x 积分,得

$$x^2 S(x) = \int_0^x \dfrac{x}{1-x} \mathrm{d}x = -x - \ln(1-x) \quad (-1 \leqslant x < 1).$$

于是,当 $x \neq 0$ 时,有 $S(x) = -\dfrac{x + \ln(1-x)}{x^2}$. 因此

$$S(x) = \begin{cases} -\dfrac{x + \ln(1-x)}{x^2}, & -1 \leqslant x < 1 \text{ 且 } x \neq 0, \\ \dfrac{1}{2}, & x = 0. \end{cases}$$

第四节 函数展开成幂级数

一、泰勒级数

由上一节的讨论我们知道,若能将**函数展开成幂级数**(也就是说,能找到这样一个幂级数,它在某区间内收敛,且其和函数恰好就是所给函数),则对于研究函数的性质和计算函数的近似值都会带来极大的方便.但现在有两个问题需要解决,一是什么样的函数可展开成幂级数(条件问题);二是怎么将函数展开成幂级数(幂级数的系数确定问题).

先来看第二个问题.设给定的函数 $f(x)$ 在点 x_0 的某邻域内具有各阶导数,且它可以展开成幂级数,即

$$f(x) = \sum_{n=0}^{\infty} a_n (x - x_0)^n,$$

或者说上述等式右边的幂级数收敛于 $f(x)$,那么幂级数 $\sum\limits_{n=0}^{\infty} a_n(x-x_0)^n$ 的系数 $a_n(n=0,1,2,\cdots)$ 该如何确定?

先对等式 $f(x)=\sum\limits_{n=0}^{\infty} a_n(x-x_0)^n$ 两端同时求 n 阶导数,再令 $x=x_0$,即得
$$a_n = \frac{f^{(n)}(x_0)}{n!} \quad (n=0,1,2,\cdots),$$
这就得到了所求系数. 称这样确定的系数为函数 $f(x)$ 在点 x_0 处的**泰勒系数**,而以泰勒系数为系数的幂级数
$$\sum_{n=0}^{\infty} \frac{f^{(n)}(x_0)}{n!}(x-x_0)^n$$
称为函数 $f(x)$ 在点 x_0 处的**泰勒级数**.

现在再来看第一个问题:函数具有什么条件时可以展开成幂级数?因为泰勒级数就是幂级数,所以该问题成为函数具有什么条件时可以展开成泰勒级数?下面的定理给出了答案.

定理 1 设函数 $f(x)$ 在点 x_0 的某邻域 $U(x_0)$ 内具有各阶导数,则 $f(x)$ 在 $U(x_0)$ 内能展开成泰勒级数的充要条件是 $f(x)$ 的泰勒公式中的余项 $R_n(x)$ 当 $n\to\infty$ 时的极限为零,即
$$\lim_{n\to\infty} R_n(x) = 0 \quad (x\in U(x_0)).$$

证　必要性 设函数 $f(x)$ 在 $U(x_0)$ 内能展开成泰勒级数,则
$$f(x) = \sum_{n=0}^{\infty} \frac{f^{(n)}(x_0)}{n!}(x-x_0)^n.$$
已知 $f(x)$ 的 n 阶泰勒公式为
$$f(x) = S_{n+1}(x) + R_n(x),$$
其中 $S_{n+1}(x)$ 为 $f(x)$ 的泰勒级数的前 $n+1$ 项部分和,则
$$\lim_{n\to\infty} S_{n+1}(x) = f(x),$$
从而
$$\lim_{n\to\infty} R_n(x) = \lim_{n\to\infty}(f(x)-S_{n+1}(x)) = f(x)-f(x) = 0.$$

充分性 设 $\lim\limits_{n\to\infty} R_n(x)=0$,则由 $f(x)$ 的 n 阶泰勒公式可知,
$$\lim_{n\to\infty} S_{n+1}(x) = \lim_{n\to\infty}(f(x)-R_n(x)) = f(x)-0 = f(x),$$
即 $f(x)$ 的泰勒级数在 $U(x_0)$ 内收敛,且其和函数就是 $f(x)$. ∎

当 $x_0=0$ 时,泰勒级数为
$$\sum_{n=0}^{\infty} \frac{f^{(n)}(0)}{n!} x^n = f(0) + f'(0)x + \frac{f''(0)}{2!}x^2 + \cdots + \frac{f^{(n)}(0)}{n!}x^n + \cdots,$$
称为函数 $f(x)$ 的**麦克劳林级数**. 显然,麦克劳林级数是关于 x 的幂级数.

二、将函数展开成 x 的幂级数

1. 直接展开法

利用直接展开法将函数 $f(x)$ 展开成 x 的幂级数的具体步骤如下：

(1) 求出函数 $f(x)$ 的各阶导数；

(2) 计算函数 $f(x)$ 及其各阶导数在 $x=0$ 处的值；

(3) 写出 $f(x)$ 的麦克劳林级数，并求出其收敛半径 R；

(4) 在区间 $(-R,R)$ 内，考察当 $n\to\infty$ 时，$f(x)$ 的 n 阶麦克劳林公式中的余项 $R_n(x)$ 是否趋于零，即

$$\lim_{n\to\infty}R_n(x)=\lim_{n\to\infty}\frac{f^{(n+1)}(\xi)}{(n+1)!}x^{n+1}=0 \quad (\xi 在 0 到 x 之间)$$

是否成立，如果成立，那么 $f(x)$ 在 $(-R,R)$ 内的幂级数展开式为

$$f(x)=f(0)+f'(0)x+\frac{f''(0)}{2!}x^2+\cdots+\frac{f^{(n)}(0)}{n!}x^n+\cdots \quad (-R<x<R).$$

例 1 将函数 $f(x)=e^x$ 展开成 x 的幂级数.

解 (1) $f^{(n)}(x)=e^x\ (n=0,1,2,\cdots)$.

(2) $f^{(n)}(0)=e^0=1\ (n=0,1,2,\cdots)$.

(3) e^x 的麦克劳林级数为 $1+x+\dfrac{x^2}{2!}+\cdots+\dfrac{x^n}{n!}+\cdots$，其收敛半径为 $R=+\infty$，收敛域为 $(-\infty,+\infty)$.

(4) 因为余项的绝对值为

$$|R_n(x)|=\left|\frac{e^{\xi}}{(n+1)!}x^{n+1}\right|<e^{|x|}\frac{|x|^{n+1}}{(n+1)!} \quad (\xi 在 0 与 x 之间),$$

而 $\dfrac{|x|^{n+1}}{(n+1)!}$ 是收敛级数 $\sum\limits_{n=0}^{\infty}\dfrac{|x|^{n+1}}{(n+1)!}$ 的一般项，所以对于任意实数 x，当 $n\to\infty$ 时，$e^{|x|}\dfrac{|x|^{n+1}}{(n+1)!}\to 0$，即当 $n\to\infty$ 时，$R_n(x)\to 0$.

因此，e^x 的幂级数展开式为

$$e^x=1+x+\frac{x^2}{2!}+\cdots+\frac{x^n}{n!}+\cdots \quad (-\infty<x<+\infty). \tag{13.4.1}$$

例 2 将函数 $f(x)=\sin x$ 展开成 x 的幂级数.

解 (1) $f^{(n)}(x)=\sin\left(x+n\dfrac{\pi}{2}\right)\ (n=0,1,2,\cdots)$.

(2) $f^{(n)}(0)\ (n=0,1,2,\cdots)$ 按顺序循环地取 $0,1,0,-1,0,1,0,-1,\cdots$.

(3) $\sin x$ 的麦克劳林级数为 $x-\dfrac{x^3}{3!}+\cdots+(-1)^n\dfrac{x^{2n+1}}{(2n+1)!}+\cdots$，其收敛半径为 $R=+\infty$，收敛域为 $(-\infty,+\infty)$.

(4) 可验证,对于任意有限实数 x,有

$$|R_n(x)| = \left|\frac{\sin\left[\xi + \frac{(n+1)\pi}{2}\right]}{(n+1)!}x^{n+1}\right| \leqslant \frac{|x|^{n+1}}{(n+1)!} \to 0 \quad (n \to \infty),$$

其中 ξ 在 0 与 x 之间.

因此,$\sin x$ 的幂级数展开式为

$$\sin x = \sum_{n=0}^{\infty}\frac{(-1)^n x^{2n+1}}{(2n+1)!} = x - \frac{x^3}{3!} + \cdots + (-1)^n\frac{x^{2n+1}}{(2n+1)!} + \cdots \quad (-\infty < x < +\infty).$$

(13.4.2)

用类似的方法可以得到函数 $\cos x$ 的幂级数展开式为

$$\cos x = \sum_{n=0}^{\infty}\frac{(-1)^n x^{2n}}{(2n)!} = 1 - \frac{x^2}{2!} + \cdots + (-1)^n\frac{x^{2n}}{(2n)!} + \cdots \quad (-\infty < x < +\infty).$$

(13.4.3)

例 3 将函数 $f(x) = (1+x)^\alpha$ (α 为任意实数)展开成 x 的幂级数.

解 (1) $f'(x) = \alpha(1+x)^{\alpha-1}$,

$f''(x) = \alpha(\alpha-1)(1+x)^{\alpha-2}$,

……

$f^{(n)}(x) = \alpha(\alpha-1)\cdots(\alpha-n+1)(1+x)^{\alpha-n}$,

……

(2) $f(0) = 1, f'(0) = \alpha, f''(0) = \alpha(\alpha-1), \cdots, f^{(n)}(0) = \alpha(\alpha-1)\cdots(\alpha-n+1), \cdots$

(3) $(1+x)^\alpha$ 的麦克劳林级数为

$$1 + \alpha x + \frac{\alpha(\alpha-1)}{2!}x^2 + \cdots + \frac{\alpha(\alpha-1)\cdots(\alpha-n+1)}{n!}x^n + \cdots,$$

其收敛半径为 $R=1$,收敛区间为 $(-1,1)$.

(4) 这里考察余项,有

$$|R_{n-1}(x)| = \left|\frac{\alpha(\alpha-1)\cdots(\alpha-n+1)x^n}{n!}\right|\left|\frac{1-\theta}{1+\theta x}\right|^{n-1}|1+\theta x|^{\alpha-1} \quad (0 < \theta < 1).$$

当 $0 \leqslant x < 1$ 时,有 $\left|\frac{1-\theta}{1+\theta x}\right| < 1$;当 $-1 < x < 0$ 时,有

$$1 + \theta x = 1 - \theta|x| > 1 - \theta > 0,$$

这时也有 $\left|\frac{1-\theta}{1+\theta x}\right| < 1$. 综上可知,当 $-1 < x < 1$ 时,恒有 $\left|\frac{1-\theta}{1+\theta x}\right| < 1$. 于是,对于任意的 $x \in (-1,1)$ 及任意的正整数 n,$\left|\frac{1-\theta}{1+\theta x}\right|^{n-1}$ 恒有界.

对于任意的 $x \in (-1,1)$,$|1+\theta x|^{\alpha-1} \leqslant 2^{\alpha-1}$ (α 是常数),于是 $|1+\theta x|^{\alpha-1}$ 也有界. 又对于任意的 $x \in (-1,1)$,有 $\lim_{n\to\infty}\frac{\alpha(\alpha-1)\cdots(\alpha-n+1)x^n}{n!} = 0$,故 $\lim_{n\to\infty}R_{n-1}(x) = 0$.

因此,$(1+x)^\alpha$ 的幂级数展开式为

$$(1+x)^\alpha = 1 + \alpha x + \frac{\alpha(\alpha-1)}{2!}x^2 + \cdots + \frac{\alpha(\alpha-1)\cdots(\alpha-n+1)}{n!}x^n + \cdots \quad (-1 < x < 1).$$
(13.4.4)

这个展开式也称为**二项展开式**.

上面四个展开式(13.4.1)～(13.4.4)，再加上展开式

$$\frac{1}{1-x} = \sum_{n=0}^{\infty} x^n \quad (|x|<1)$$

都要作为公式记下来，不仅要记公式，还要记其收敛域，以备以后使用.

2. 间接展开法

对于已知的幂级数展开式利用恒等变换、变量替换、四则运算、性质（逐项求导和逐项积分）等手段将给定函数展开成幂级数的方法称为**间接展开法**.

例 4 将函数 $f(x) = \ln(1+x)$ 展开成 x 的幂级数.

解 因为

$$f'(x) = \frac{1}{1+x} = \frac{1}{1-(-x)} = \sum_{n=0}^{\infty} (-x)^n$$

$$= \sum_{n=0}^{\infty} (-1)^n x^n \quad (-1 < x < 1),$$

所以将上式从 0 到 x 逐项积分，即得 $\ln(1+x)$ 的幂级数展开式为

$$\ln(1+x) = x - \frac{x^2}{2} + \frac{x^3}{3} - \frac{x^4}{4} + \cdots + (-1)^n \frac{x^{n+1}}{n+1} + \cdots \quad (-1 < x < 1).$$

又因为上式右端的幂级数在 $x=1$ 处收敛，而函数 $\ln(1+x)$ 在 $x=1$ 处有定义且连续，所以 $\ln(1+x)$ 的幂级数展开式的收敛域为 $(-1, 1]$.

例 4 的结果也要作为公式记下.

例 5 将函数 $f(x) = \arcsin x$ 展开成 x 的幂级数.

解 因为

$$f'(x) = \frac{1}{\sqrt{1-x^2}} = (1-x^2)^{-\frac{1}{2}}$$

$$= 1 + \frac{1}{2}x^2 + \cdots + \frac{(2n-1)!!}{(2n)!!}x^{2n} + \cdots$$

$$= 1 + \sum_{n=1}^{\infty} \frac{(2n-1)!!}{(2n)!!} x^{2n} \quad (-1 < x < 1),$$

所以将上式从 0 到 x 逐项积分，可得

$$\arcsin x = x + \sum_{n=1}^{\infty} \frac{(2n-1)!!}{(2n)!!(2n+1)} x^{2n+1} \quad (-1 < x < 1).$$

又因为上式右端的幂级数在 $x = \pm 1$ 处收敛，而函数 $\arcsin x$ 在 $x = \pm 1$ 处有定义且连续，所以 $\arcsin x$ 的幂级数展开式的收敛域为 $[-1, 1]$.

例 6 将函数 $f(x) = \sin x$ 展开成 $x - \dfrac{\pi}{4}$ 的幂级数.

解 $\sin x = \sin\left[\dfrac{\pi}{4} + \left(x - \dfrac{\pi}{4}\right)\right]$

$= \sin\dfrac{\pi}{4}\cos\left(x - \dfrac{\pi}{4}\right) + \cos\dfrac{\pi}{4}\sin\left(x - \dfrac{\pi}{4}\right)$

$= \dfrac{\sqrt{2}}{2}\left[\cos\left(x - \dfrac{\pi}{4}\right) + \sin\left(x - \dfrac{\pi}{4}\right)\right].$

而

$\cos\left(x - \dfrac{\pi}{4}\right) = \sum_{n=0}^{\infty} (-1)^n \dfrac{\left(x - \dfrac{\pi}{4}\right)^{2n}}{(2n)!}$

$= 1 - \dfrac{\left(x - \dfrac{\pi}{4}\right)^2}{2!} + \dfrac{\left(x - \dfrac{\pi}{4}\right)^4}{4!} - \cdots \quad (-\infty < x < +\infty),$

$\sin\left(x - \dfrac{\pi}{4}\right) = \sum_{n=0}^{\infty} (-1)^n \dfrac{\left(x - \dfrac{\pi}{4}\right)^{2n+1}}{(2n+1)!}$

$= \left(x - \dfrac{\pi}{4}\right) - \dfrac{\left(x - \dfrac{\pi}{4}\right)^3}{3!} + \dfrac{\left(x - \dfrac{\pi}{4}\right)^5}{5!} - \cdots \quad (-\infty < x < +\infty),$

故

$\sin x = \dfrac{\sqrt{2}}{2}\left[1 + \left(x - \dfrac{\pi}{4}\right) - \dfrac{\left(x - \dfrac{\pi}{4}\right)^2}{2!} - \dfrac{\left(x - \dfrac{\pi}{4}\right)^3}{3!}\right.$

$\left. + \dfrac{\left(x - \dfrac{\pi}{4}\right)^4}{4!} + \dfrac{\left(x - \dfrac{\pi}{4}\right)^5}{5!} - \cdots\right] \quad (-\infty < x < +\infty).$

例 7 将函数 $f(x) = \dfrac{1}{x^2 + 4x + 3}$ 展开成 $x - 1$ 的幂级数.

解 $f(x) = \dfrac{1}{x^2 + 4x + 3} = \dfrac{1}{(x+1)(x+3)} = \dfrac{1}{2}\left(\dfrac{1}{1+x} - \dfrac{1}{3+x}\right)$

$= \dfrac{1}{4}\left[\dfrac{1}{1 + \dfrac{x-1}{2}} - \dfrac{1}{2} \cdot \dfrac{1}{1 + \dfrac{x-1}{4}}\right]$

$= \dfrac{1}{4}\left[\sum_{n=0}^{\infty} \dfrac{(-1)^n}{2^n}(x-1)^n - \dfrac{1}{2}\sum_{n=0}^{\infty} \dfrac{(-1)^n}{4^n}(x-1)^n\right]$

$= \sum_{n=0}^{\infty} (-1)^n \left(\dfrac{1}{2^{n+2}} - \dfrac{1}{2^{2n+3}}\right)(x-1)^n,$

其收敛域为 $(-1,3) \cap (-3,5) = (-1,3)$.

第五节　函数的幂级数展开式在近似计算中的应用

例1　计算 π 的近似值.

解　利用 $\arctan x$ 的幂级数展开式来计算.

因为 $(\arctan x)' = \dfrac{1}{1+x^2} = \sum\limits_{n=0}^{\infty}(-1)^n x^{2n}(-1 < x < 1)$，所以

$$\arctan x = \sum_{n=0}^{\infty}(-1)^n \frac{1}{2n+1}x^{2n+1}$$

$$= x - \frac{x^3}{3} + \frac{x^5}{5} - \cdots + (-1)^n \frac{x^{2n+1}}{2n+1} + \cdots \quad (-1 < x < 1).$$

取 $x=1$，则有 $\dfrac{\pi}{4} = 1 - \dfrac{1}{3} + \dfrac{1}{5} - \cdots + (-1)^n \dfrac{1}{2n+1} + \cdots$，故

$$\pi = 4\left[1 - \frac{1}{3} + \frac{1}{5} - \cdots + (-1)^n \frac{1}{2n+1} + \cdots\right].$$

但上式右端的级数收敛太慢，用它来计算 π 的近似值无实际意义.

为了提高级数的收敛速度，取 $x = \dfrac{\sqrt{3}}{3}$，则有

$$\frac{\pi}{6} = \frac{1}{\sqrt{3}} - \frac{1}{3(\sqrt{3})^3} + \frac{1}{5(\sqrt{3})^5} - \cdots + (-1)^n \frac{1}{2n+1} \cdot \frac{1}{(\sqrt{3})^{2n+1}} + \cdots,$$

即

$$\pi = 2\sqrt{3}\left[1 - \frac{1}{3 \cdot 3} + \frac{1}{5 \cdot 3^2} - \cdots + (-1)^n \frac{1}{(2n+1)3^n} + \cdots\right].$$

若取前八项部分和作为 π 的近似值，则其误差不超过第九项的绝对值，即

$$|r_8| = 2\sqrt{3} \cdot \frac{1}{17 \cdot 3^8} = \frac{2\sqrt{3}}{111\,537} < \frac{3.5}{100\,000} = 0.000\,035.$$

此时

$$\pi \approx 2\sqrt{3}\left(1 - \frac{1}{3 \cdot 3} + \frac{1}{5 \cdot 3^2} - \frac{1}{7 \cdot 3^3} + \frac{1}{9 \cdot 3^4} - \frac{1}{11 \cdot 3^5} + \frac{1}{13 \cdot 3^6} - \frac{1}{15 \cdot 3^7}\right)$$

$$= 2\sqrt{3}\left(1 - \frac{1}{9} + \frac{1}{45} - \frac{1}{189} + \frac{1}{729} - \frac{1}{2\,673} + \frac{1}{9\,477} - \frac{1}{32\,805}\right)$$

$$\approx 3.141\,6.$$

例2　计算 $\sqrt[5]{240}$ 的近似值(精确到 $0.000\,1$).

解　因为

$$\sqrt[5]{240} = \sqrt[5]{243-3} = 3\left(1 - \frac{1}{3^4}\right)^{\frac{1}{5}},$$

所以在二项展开式中取 $\alpha = \dfrac{1}{5}, x = -\dfrac{1}{3^4}$,即得

$$\sqrt[5]{240} = 3\left(1 - \dfrac{1}{5} \cdot \dfrac{1}{3^4} - \dfrac{1 \cdot 4}{5^2 \cdot 2!} \cdot \dfrac{1}{3^8} - \dfrac{1 \cdot 4 \cdot 9}{5^3 \cdot 3!} \cdot \dfrac{1}{3^{12}} - \cdots\right).$$

上式右端的级数收敛较快,取前两项部分和作为近似值,则其误差为

$$|r_2| = 3\left(\dfrac{1 \cdot 4}{5^2 \cdot 2!} \cdot \dfrac{1}{3^8} + \dfrac{1 \cdot 4 \cdot 9}{5^3 \cdot 3!} \cdot \dfrac{1}{3^{12}} + \cdots\right)$$

$$< 6 \cdot \dfrac{1}{5^2} \cdot \dfrac{1}{3^8}\left[1 + \dfrac{1}{81} + \left(\dfrac{1}{81}\right)^2 + \cdots\right]$$

$$= \dfrac{6}{25} \cdot \dfrac{1}{3^8} \cdot \dfrac{1}{1 - \dfrac{1}{81}} = \dfrac{1}{25 \cdot 27 \cdot 40} < \dfrac{1}{10\,000},$$

即这个近似值满足精度要求.因此

$$\sqrt[5]{240} \approx 3\left(1 - \dfrac{1}{5} \cdot \dfrac{1}{3^4}\right) \approx 2.992\,6.$$

例 3 计算定积分 $\dfrac{2}{\sqrt{\pi}} \displaystyle\int_0^{\frac{1}{2}} e^{-x^2} dx$ 的近似值$\left(\text{精确到 } 0.000\,1,\text{取 } \dfrac{1}{\sqrt{\pi}} \approx 0.564\,19\right)$.

解 因为

$$e^{-x^2} = 1 + \dfrac{(-x^2)}{1!} + \dfrac{(-x^2)^2}{2!} + \cdots + \dfrac{(-x^2)^n}{n!} + \cdots$$

$$= \sum_{n=0}^{\infty} (-1)^n \dfrac{x^{2n}}{n!} \quad (-\infty < x < +\infty),$$

所以

$$\dfrac{2}{\sqrt{\pi}} \int_0^{\frac{1}{2}} e^{-x^2} dx = \dfrac{2}{\sqrt{\pi}} \int_0^{\frac{1}{2}} \left[\sum_{n=0}^{\infty} \dfrac{(-1)^n}{n!} x^{2n}\right] dx = \dfrac{2}{\sqrt{\pi}} \sum_{n=0}^{\infty} \dfrac{(-1)^n}{n!} \cdot \dfrac{\left(\dfrac{1}{2}\right)^{2n+1}}{2n+1}$$

$$= \dfrac{1}{\sqrt{\pi}}\left(1 - \dfrac{1}{2^2 \cdot 3} + \dfrac{1}{2^4 \cdot 5 \cdot 2!} - \dfrac{1}{2^6 \cdot 7 \cdot 3!} + \cdots\right).$$

取前四项部分和作为近似值,则其误差为

$$|r_4| \leq \dfrac{1}{\sqrt{\pi}} \cdot \dfrac{1}{2^8 \cdot 9 \cdot 4!} < \dfrac{1}{10\,000},$$

即这个近似值满足精度要求.因此

$$\dfrac{2}{\sqrt{\pi}} \int_0^{\frac{1}{2}} e^{-x^2} dx \approx \dfrac{1}{\sqrt{\pi}}\left(1 - \dfrac{1}{2^2 \cdot 3} + \dfrac{1}{2^4 \cdot 5 \cdot 2!} - \dfrac{1}{2^6 \cdot 7 \cdot 3!}\right) \approx 0.520\,5.$$

第六节 傅里叶级数

自然界存在许多周期变化的现象,它们都是用周期函数来描绘的.简单的周期现象,

如单摆运动可以用一个三角函数 $y = \sin \omega t$ 或 $y = \cos \omega t$ 来描绘,而复杂的周期现象,如电磁波等就需要用许多个甚至无限多个正弦函数及余弦函数叠加起来描绘.这一节将要讨论的是无限多个正弦函数及余弦函数之和的问题.

一、三角函数系与三角级数

我们把函数列
$$1, \cos x, \sin x, \cos 2x, \sin 2x, \cdots, \cos nx, \sin nx, \cdots$$
称为**三角函数系**.三角函数系具有下列性质:

$$\int_{-\pi}^{\pi} \sin nx \, dx = 0 \quad (n = 1, 2, \cdots);$$

$$\int_{-\pi}^{\pi} \cos nx \, dx = 0 \quad (n = 1, 2, \cdots);$$

$$\int_{-\pi}^{\pi} \sin mx \cos nx \, dx = 0 \quad (m, n = 1, 2, \cdots);$$

$$\int_{-\pi}^{\pi} \sin mx \sin nx \, dx = \begin{cases} 0, & m, n = 1, 2, \cdots \text{ 且 } m \neq n, \\ \pi, & m = n = 1, 2, \cdots; \end{cases}$$

$$\int_{-\pi}^{\pi} \cos mx \cos nx \, dx = \begin{cases} 0, & m, n = 1, 2, \cdots \text{ 且 } m \neq n, \\ \pi, & m = n = 1, 2, \cdots. \end{cases}$$

请读者自行验证以上等式.

由上述性质可知,三角函数系中任意两个不同的函数之积在区间 $[-\pi, \pi]$ 上的定积分都为零.我们把这一性质称为**三角函数系的正交性**.

以三角函数系为基础的函数项级数

$$\frac{a_0}{2} + a_1 \cos x + b_1 \sin x + a_2 \cos 2x + b_2 \sin 2x + \cdots + a_n \cos nx + b_n \sin nx + \cdots$$

称为**三角级数**,它可简写为

$$\frac{a_0}{2} + \sum_{n=1}^{\infty} (a_n \cos nx + b_n \sin nx). \tag{13.6.1}$$

二、周期函数展开成傅里叶级数

如果以 2π 为周期的周期函数 $f(x)$ 在区间 $[-\pi, \pi]$ 上能展开成三角级数(13.6.1),或者说三角级数(13.6.1)在 $[-\pi, \pi]$ 上收敛于 $f(x)$,即

$$f(x) = \frac{a_0}{2} + \sum_{n=1}^{\infty} (a_n \cos nx + b_n \sin nx), \tag{13.6.2}$$

那么三角级数(13.6.1)的系数 $a_0, a_n, b_n (n = 1, 2, \cdots)$ 该如何确定呢?它们与函数 $f(x)$ 有怎样的关系?

先求系数 a_0.对(13.6.2)式两端从 $-\pi$ 到 π 逐项积分,得

$$\int_{-\pi}^{\pi} f(x) \, dx = \int_{-\pi}^{\pi} \frac{a_0}{2} \, dx + \sum_{n=1}^{\infty} \left(a_n \int_{-\pi}^{\pi} \cos nx \, dx + b_n \int_{-\pi}^{\pi} \sin nx \, dx \right).$$

根据三角函数系的正交性,上述等式右边除了第一项以外,其余各项都为零,从而有

$$\int_{-\pi}^{\pi} f(x)\,\mathrm{d}x = \int_{-\pi}^{\pi} \frac{a_0}{2}\mathrm{d}x = a_0 \pi,$$

于是

$$a_0 = \frac{1}{\pi}\int_{-\pi}^{\pi} f(x)\,\mathrm{d}x.$$

再求系数 $a_n(n=1,2,\cdots)$. 用 $\cos mx$ 乘 (13.6.2) 式的两端,再从 $-\pi$ 到 π 逐项积分,得

$$\int_{-\pi}^{\pi} f(x)\cos mx\,\mathrm{d}x$$
$$= \frac{a_0}{2}\int_{-\pi}^{\pi}\cos mx\,\mathrm{d}x + \sum_{n=1}^{\infty}\left(a_n\int_{-\pi}^{\pi}\cos nx\cos mx\,\mathrm{d}x + b_n\int_{-\pi}^{\pi}\sin nx\cos mx\,\mathrm{d}x\right).$$

根据三角函数系的正交性,上述等式右边只有 $n=m$ 这一项不为零,其余项均为零,从而有

$$\int_{-\pi}^{\pi} f(x)\cos nx\,\mathrm{d}x = a_n\int_{-\pi}^{\pi}\cos^2 nx\,\mathrm{d}x = a_n\pi,$$

于是

$$a_n = \frac{1}{\pi}\int_{-\pi}^{\pi} f(x)\cos nx\,\mathrm{d}x \quad (n=1,2,\cdots).$$

类似地,用 $\sin mx$ 乘 (13.6.2) 式的两端,再从 $-\pi$ 到 π 逐项积分,可求得

$$b_n = \frac{1}{\pi}\int_{-\pi}^{\pi} f(x)\sin nx\,\mathrm{d}x \quad (n=1,2,\cdots).$$

又因 a_0 恰好符合 a_n 当 $n=0$ 时的表达式,故上述系数可合并写为

$$\begin{cases} a_n = \dfrac{1}{\pi}\int_{-\pi}^{\pi} f(x)\cos nx\,\mathrm{d}x & (n=0,1,2,\cdots), \\ b_n = \dfrac{1}{\pi}\int_{-\pi}^{\pi} f(x)\sin nx\,\mathrm{d}x & (n=1,2,\cdots). \end{cases} \quad (13.6.3)$$

如果 (13.6.3) 式中的定积分都存在,那么称由 (13.6.3) 式所确定的系数 a_0,a_n,b_n ($n=1,2,\cdots$) 为函数 $f(x)$ 的**傅里叶**(Fourier)**系数**,而以傅里叶系数为系数的三角级数称为 $f(x)$ 的**傅里叶级数**,即

$$\frac{a_0}{2} + \sum_{n=1}^{\infty}(a_n\cos nx + b_n\sin nx), \quad (13.6.4)$$

其中

$$a_n = \frac{1}{\pi}\int_{-\pi}^{\pi} f(x)\cos nx\,\mathrm{d}x \quad (n=0,1,2,\cdots),$$
$$b_n = \frac{1}{\pi}\int_{-\pi}^{\pi} f(x)\sin nx\,\mathrm{d}x \quad (n=1,2,\cdots).$$

只要函数 $f(x)$ 在区间 $[-\pi,\pi]$ 上可积,则我们总能够给出 $f(x)$ 的傅里叶级数. 但这样又引出两个问题:

(1) $f(x)$ 的傅里叶级数在 $[-\pi,\pi]$ 上是否收敛?

(2) 如果 $f(x)$ 的傅里叶级数在 $[-\pi,\pi]$ 上收敛,那它是否一定收敛于 $f(x)$?

回答不是肯定的,即函数 $f(x)$ 的傅里叶级数在 $[-\pi,\pi]$ 上可能收敛也可能发散,而且就算级数收敛,也不一定收敛于 $f(x)$.

那么究竟当函数满足什么条件时,它的傅里叶级数才会在 $[-\pi,\pi]$ 上收敛,且收敛于函数本身呢?

定理 1(收敛定理,狄利克雷充分条件)　设函数 $f(x)$ 是周期为 2π 的周期函数. 如果它满足:

(1) 在一个周期内连续或只有有限个第一类间断点;

(2) 在一个周期内至多只有有限个极值点,

那么 $f(x)$ 的傅里叶级数收敛,并且当 x 是 $f(x)$ 的连续点时,级数收敛于 $f(x)$;当 x 是 $f(x)$ 的间断点时,级数收敛于 $\dfrac{1}{2}(f(x^-)+f(x^+))$.

证明从略.

例 1　设 $f(x)$ 是以 2π 为周期的周期函数,如图 13-2 所示,它在区间 $(-\pi,\pi]$ 上的表达式为

$$f(x)=\begin{cases}0, & -\pi<x\leqslant 0,\\ 1, & 0<x\leqslant\pi,\end{cases}$$

将 $f(x)$ 展开成傅里叶级数.

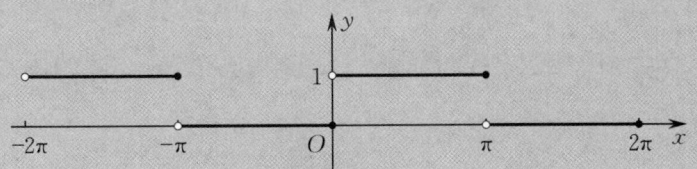

图 13-2

解　显然,$f(x)$ 满足收敛定理的条件. 计算其傅里叶系数,得

$$a_0=\frac{1}{\pi}\int_{-\pi}^{\pi}f(x)\mathrm{d}x=\frac{1}{\pi}\int_0^{\pi}\mathrm{d}x=1,$$

$$a_n=\frac{1}{\pi}\int_{-\pi}^{\pi}f(x)\cos nx\,\mathrm{d}x=\frac{1}{\pi}\int_0^{\pi}\cos nx\,\mathrm{d}x=0\quad(n=1,2,\cdots),$$

$$b_n=\frac{1}{\pi}\int_{-\pi}^{\pi}f(x)\sin nx\,\mathrm{d}x=\frac{1}{\pi}\int_0^{\pi}\sin nx\,\mathrm{d}x=\frac{1}{\pi n}(-\cos nx)\Big|_0^{\pi}$$

$$=\frac{1}{n\pi}[1-(-1)^n]=\begin{cases}\dfrac{2}{n\pi}, & n=1,3,\cdots,\\ 0, & n=2,4,\cdots.\end{cases}$$

当 $x\neq k\pi(k=0,\pm 1,\pm 2,\cdots)$ 时,$f(x)$ 的傅里叶级数收敛于 $f(x)$,即

$$f(x)=\frac{1}{2}+\frac{2}{\pi}\sum_{k=1}^{\infty}\frac{1}{2k-1}\sin(2k-1)x$$

$$=\frac{1}{2}+\frac{2}{\pi}\left(\sin x+\frac{\sin 3x}{3}+\frac{\sin 5x}{5}+\cdots\right).$$

当 $x = k\pi (k = 0, \pm 1, \pm 2, \cdots)$ 时，$f(x)$ 不连续，此时其傅里叶级数收敛于
$$\frac{1}{2}(f(x^-) + f(x^+)) = \frac{1}{2}.$$

例 2 将函数
$$f(x) = \begin{cases} x, & -\pi \leqslant x < 0, \\ 0, & 0 \leqslant x < \pi \end{cases}$$
展开成傅里叶级数.

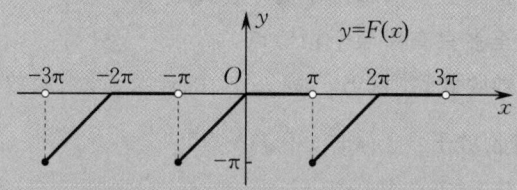

图 13-3

解 对 $f(x)$ 做**周期延拓**，即通过在区间 $[-\pi,\pi)$ 以外补充函数 $f(x)$ 的定义，使得拓展后的函数 $F(x)$ 为定义在区间 $(-\infty, +\infty)$ 上，且以 2π 为周期的周期函数(见图 13-3). 显然，$F(x)$ 满足收敛定理的条件. 计算其傅里叶系数，得

$$a_0 = \frac{1}{\pi}\int_{-\pi}^{\pi} F(x)\mathrm{d}x = \frac{1}{\pi}\int_{-\pi}^{0} x\mathrm{d}x = -\frac{\pi}{2},$$

$$a_n = \frac{1}{\pi}\int_{-\pi}^{\pi} F(x)\cos nx\,\mathrm{d}x = \frac{1}{\pi}\int_{-\pi}^{0} x\cos nx\,\mathrm{d}x$$

$$= \frac{1}{\pi}\left(\frac{x\sin nx}{n} + \frac{\cos nx}{n^2}\right)\bigg|_{-\pi}^{0} = \frac{1}{n^2\pi}(1 - \cos n\pi)$$

$$= \frac{1}{n^2\pi}[1 - (-1)^n] = \begin{cases} \dfrac{2}{n^2\pi}, & n = 1, 3, \cdots, \\ 0, & n = 2, 4, \cdots, \end{cases}$$

$$b_n = \frac{1}{\pi}\int_{-\pi}^{\pi} F(x)\sin nx\,\mathrm{d}x = \frac{1}{\pi}\int_{-\pi}^{0} x\sin nx\,\mathrm{d}x$$

$$= \frac{1}{\pi}\left(-\frac{x\cos nx}{n} + \frac{\sin nx}{n^2}\right)\bigg|_{-\pi}^{0} = -\frac{\cos n\pi}{n}$$

$$= \frac{(-1)^{n+1}}{n} \quad (n = 1, 2, \cdots).$$

当 $x \in (-\pi, \pi)$ 时，$F(x)$ 的傅里叶级数收敛于 $F(x)$，即 $f(x)$，于是有

$$f(x) = -\frac{\pi}{4} + \left(\frac{2}{\pi}\cos x + \sin x\right) - \frac{1}{2}\sin 2x$$

$$+ \left(\frac{2}{\pi \cdot 3^2}\cos 3x + \frac{1}{3}\sin 3x\right) - \frac{1}{4}\sin 4x + \cdots.$$

当 $x = -\pi$ 时，其傅里叶级数收敛于
$$\frac{1}{2}(f(-\pi^+) + f(\pi^-)) = \frac{1}{2}(-\pi + 0) = -\frac{\pi}{2}.$$

三、奇、偶函数的傅里叶级数

如果 $f(x)$ 是以 2π 为周期的偶函数，那么 $f(x)\cos nx$ 也是偶函数，$f(x)\sin nx$ 是奇函数，于是 $f(x)$ 的傅里叶系数为

$$a_n = \frac{1}{\pi}\int_{-\pi}^{\pi} f(x)\cos nx\,\mathrm{d}x = \frac{2}{\pi}\int_0^{\pi} f(x)\cos nx\,\mathrm{d}x \quad (n=0,1,2,\cdots),$$

$$b_n = \frac{1}{\pi}\int_{-\pi}^{\pi} f(x)\sin nx\,\mathrm{d}x = 0 \quad (n=1,2,\cdots).$$

显然，偶函数的傅里叶级数只含有常数项和余弦函数项，故此时也称其傅里叶级数为**余弦级数**.

如果 $f(x)$ 是以 2π 为周期的奇函数，那么 $f(x)\cos nx$ 也是奇函数，$f(x)\sin nx$ 是偶函数，于是 $f(x)$ 的傅里叶系数为

$$a_n = \frac{1}{\pi}\int_{-\pi}^{\pi} f(x)\cos nx\,\mathrm{d}x = 0 \quad (n=0,1,2,\cdots),$$

$$b_n = \frac{1}{\pi}\int_{-\pi}^{\pi} f(x)\sin nx\,\mathrm{d}x = \frac{2}{\pi}\int_0^{\pi} f(x)\sin nx\,\mathrm{d}x \quad (n=1,2,\cdots).$$

显然，奇函数的傅里叶级数只含有正弦函数项，故此时也称其傅里叶级数为**正弦级数**.

例 3 将函数
$$f(x) = |x|$$
在区间 $[-\pi,\pi]$ 上展开成傅里叶级数.

解 $f(x) = |x|$ 在 $[-\pi,\pi]$ 上是偶函数，则

$$a_0 = \frac{2}{\pi}\int_0^{\pi} x\,\mathrm{d}x = \pi,$$

$$a_n = \frac{2}{\pi}\int_0^{\pi} x\cos nx\,\mathrm{d}x = \frac{2}{n^2\pi}[(-1)^n - 1] = \begin{cases} -\dfrac{4}{n^2\pi}, & n=1,3,\cdots, \\ 0, & n=2,4,\cdots, \end{cases}$$

$$b_n = 0 \quad (n=1,2,\cdots).$$

于是，在 $[-\pi,\pi]$ 上，有

$$|x| = \frac{\pi}{2} - \frac{4}{\pi}\left(\cos x + \frac{\cos 3x}{3^2} + \frac{\cos 5x}{5^2} + \cdots\right).$$

例 4 将函数
$$f(x) = x \quad (-\pi \leqslant x \leqslant \pi)$$
展开成傅里叶级数.

解 $f(x) = x$ 在 $[-\pi,\pi]$ 上是奇函数，则

$$a_n = 0 \quad (n=0,1,2,\cdots),$$

$$b_n = \frac{2}{\pi}\int_0^{\pi} x\sin nx\,\mathrm{d}x = (-1)^{n-1}\frac{2}{n} \quad (n=1,2,\cdots).$$

于是,在$(-\pi,\pi)$内,有
$$x = 2\left(\sin x - \frac{\sin 2x}{2} + \frac{\sin 3x}{3} - \cdots\right).$$

当$x = \pm\pi$时,$f(x)$的傅里叶级数收敛于$\frac{1}{2}(f(-\pi^+) + f(\pi^-)) = 0$.

在实际应用中,有时需要将定义在区间$[0,\pi]$上的函数$f(x)$展开成正弦级数(或余弦级数),这时我们就要先对$f(x)$做**奇**(或**偶**)**延拓**,即在$(-\pi,0)$内补充函数$f(x)$的定义,得到定义在$(-\pi,\pi)$内的函数$F(x)$,并使得$F(x)$为$(-\pi,\pi)$内的奇(或偶)函数(在奇延拓中,如果$f(0) \neq 0$,则规定$F(0) = 0$);然后将$F(x)$展开成傅里叶级数,则这个级数必定是正弦级数(或余弦级数);最后再限制x在$(0,\pi)$上的取值,就可以得到$f(x)$的正弦级数(或余弦级数)展开式.

例 5 将函数
$$f(x) = x + 1 \quad (0 \leqslant x \leqslant \pi)$$
分别展开成正弦级数和余弦级数.

解 先展开成正弦级数. 对$f(x)$进行奇延拓,如图 13-4 所示,则其傅里叶系数为
$$a_n = 0 \quad (n = 0, 1, 2, \cdots),$$
$$b_n = \frac{2}{\pi}\int_0^\pi (x+1)\sin nx\, dx = \frac{2}{\pi}\left[-\frac{(x+1)\cos nx}{n} + \frac{\sin nx}{n^2}\right]\Big|_0^\pi$$
$$= \frac{2}{n\pi}[1 - (\pi+1)\cos n\pi] = \begin{cases} \dfrac{2}{\pi} \cdot \dfrac{\pi+2}{n}, & n = 1, 3, \cdots, \\ -\dfrac{2}{n}, & n = 2, 4, \cdots. \end{cases}$$

于是,在$(0,\pi)$内,有
$$x + 1 = \frac{2}{\pi}\left[(\pi+2)\sin x - \frac{\pi}{2}\sin 2x + \frac{1}{3}(\pi+2)\sin 3x - \frac{\pi}{4}\sin 4x + \cdots\right].$$

在$x = 0$及$x = \pi$处,$f(x)$的傅里叶级数都收敛于零,它不等于原来函数$f(x)$的值.

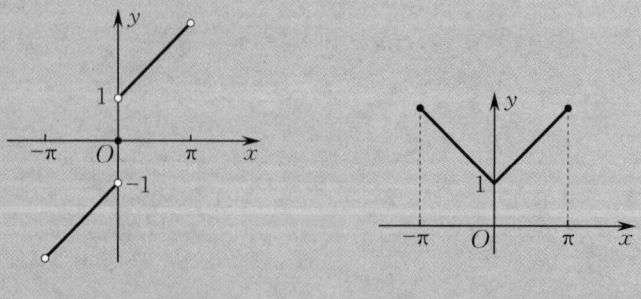

图 13-4　　　　　　图 13-5

再展开成余弦级数,对$f(x)$进行偶延拓,如图 13-5 所示,则其傅里叶系数为

$$a_0 = \frac{2}{\pi}\int_0^\pi (x+1)\,\mathrm{d}x = \pi + 2,$$
$$a_n = \frac{2}{\pi}\int_0^\pi (x+1)\cos nx\,\mathrm{d}x = \frac{2}{\pi}\left[\frac{(x+1)\sin nx}{n} + \frac{\cos nx}{n^2}\right]\bigg|_0^\pi$$
$$= \frac{2}{n^2\pi}(\cos n\pi - 1) = \begin{cases} -\dfrac{4}{n^2\pi}, & n = 1,3,\cdots, \\ 0, & n = 2,4,\cdots, \end{cases}$$
$$b_n = 0 \quad (n = 1,2,\cdots).$$

于是，在$[0,\pi]$上，有
$$x + 1 = \frac{\pi}{2} + 1 - \frac{4}{\pi}\left(\cos x + \frac{1}{3^2}\cos 3x + \frac{1}{5^2}\cos 5x + \cdots\right).$$

第七节 一般周期函数的傅里叶级数

根据实际需要，下面来讨论以 $2l$ 为周期的周期函数的傅里叶级数展开式. 如果函数 $f(x)$ 以 $2l$ 为周期，那么我们只需在区间 $[-l,l]$ 上讨论即可，其方法是做变量替换 $t = \frac{\pi}{l}x$，将以 $2l$ 为周期的周期函数 $f(x)$ 换成以 2π 为周期的周期函数 $\varphi(t)$，再按上一节所介绍的方法展开.

定理 1 设周期为 $2l$ 的周期函数 $f(x)$ 满足收敛定理的条件，则它的傅里叶级数展开式为
$$f(x) = \frac{a_0}{2} + \sum_{n=1}^{\infty}\left(a_n\cos\frac{n\pi x}{l} + b_n\sin\frac{n\pi x}{l}\right),$$

其中
$$x \in C = \left\{x \,\bigg|\, f(x) = \frac{1}{2}(f(x^-) + f(x^+))\right\},$$

且它的傅里叶系数为
$$a_n = \frac{1}{l}\int_{-l}^{l} f(x)\cos\frac{n\pi x}{l}\,\mathrm{d}x \quad (n = 0,1,2,\cdots),$$
$$b_n = \frac{1}{l}\int_{-l}^{l} f(x)\sin\frac{n\pi x}{l}\,\mathrm{d}x \quad (n = 1,2,\cdots).$$

特别地，当 $f(x)$ 为奇函数时，其傅里叶级数展开式为
$$f(x) = \sum_{n=1}^{\infty} b_n\sin\frac{n\pi x}{l} \quad (x \in C),$$

其中
$$b_n = \frac{1}{l}\int_{-l}^{l} f(x)\sin\frac{n\pi x}{l}\,\mathrm{d}x = \frac{2}{l}\int_0^l f(x)\sin\frac{n\pi x}{l}\,\mathrm{d}x \quad (n = 1,2,\cdots).$$

当 $f(x)$ 为偶函数时,其傅里叶级数展开式为

$$f(x) = \frac{a_0}{2} + \sum_{n=1}^{\infty} a_n \cos \frac{n\pi x}{l} \quad (x \in C),$$

其中

$$a_n = \frac{1}{l}\int_{-l}^{l} f(x)\cos\frac{n\pi x}{l}dx = \frac{2}{l}\int_{0}^{l} f(x)\cos\frac{n\pi x}{l}dx \quad (n=0,1,2,\cdots).$$

证 做变量替换 $t = \frac{\pi}{l}x$,则当 $x = -l$ 时,$t = -\pi$;当 $x = l$ 时,$t = \pi$.

又设 $f(x) = f\left(\frac{lt}{\pi}\right) = \varphi(t)$,则 $\varphi(t)$ 是以 2π 为周期的周期函数,且满足收敛定理的条件,从而可将 $\varphi(t)$ 展开成傅里叶级数,即

$$\varphi(t) = \frac{a_0}{2} + \sum_{n=1}^{\infty}(a_n \cos nt + b_n \sin nt),$$

其中

$$a_n = \frac{1}{\pi}\int_{-\pi}^{\pi} \varphi(t)\cos nt\, dt \quad (n=0,1,2,\cdots),$$

$$b_n = \frac{1}{\pi}\int_{-\pi}^{\pi} \varphi(t)\sin nt\, dt \quad (n=1,2,\cdots).$$

由于 $\varphi(t) = f(x)$,因此代入 $t = \frac{\pi}{l}x$,则得 $f(x)$ 的傅里叶级数展开式

$$f(x) = \frac{a_0}{2} + \sum_{n=1}^{\infty}\left(a_n \cos\frac{n\pi x}{l} + b_n \sin\frac{n\pi x}{l}\right),$$

其中

$$a_n = \frac{1}{l}\int_{-l}^{l} f(x)\cos\frac{n\pi x}{l}dx \quad (n=0,1,2,\cdots),$$

$$b_n = \frac{1}{l}\int_{-l}^{l} f(x)\sin\frac{n\pi x}{l}dx \quad (n=1,2,\cdots).$$

类似地,可以证明定理的其余部分. ∎

例1 将函数

$$f(x) = \begin{cases} 0, & -2 \leqslant x < 0, \\ p, & 0 \leqslant x \leqslant 2, \end{cases} \quad (p \neq 0,\text{为常数})$$

展开成傅里叶级数,$f(x)$ 的图形如图 13-6 所示.

解 计算 $f(x)$ 的傅里叶系数,得

$$a_0 = \frac{1}{2}\int_{-2}^{2} f(x)dx = \frac{1}{2}\int_{0}^{2} p\, dx = p,$$

$$a_n = \frac{1}{2}\int_{-2}^{2} f(x)\cos\frac{n\pi x}{2}dx = \frac{1}{2}\int_{0}^{2} p\cos\frac{n\pi x}{2}dx$$

$$= \frac{p}{n\pi}\sin\frac{n\pi x}{2}\bigg|_{0}^{2} = 0 \quad (n=1,2,\cdots),$$

$$b_n = \frac{1}{2}\int_{-2}^{2} f(x)\sin\frac{n\pi x}{2}dx = \frac{1}{2}\int_{0}^{2} p\sin\frac{n\pi x}{2}dx$$

$$= -\frac{p}{n\pi}\cos\frac{n\pi x}{2}\bigg|_{0}^{2} = \frac{p}{n\pi}[1-(-1)^n] \quad (n=1,2,\cdots).$$

于是,在$(-2,0)\cup(0,2)$内有

$$f(x) = \frac{p}{2} + \frac{2p}{\pi}\left(\sin\frac{\pi x}{2} + \frac{1}{3}\sin\frac{3\pi x}{2} + \frac{1}{5}\sin\frac{5\pi x}{2} + \cdots\right).$$

在$x=0$和$x=\pm 2$处,$f(x)$的傅里叶级数收敛于$\frac{p}{2}$.

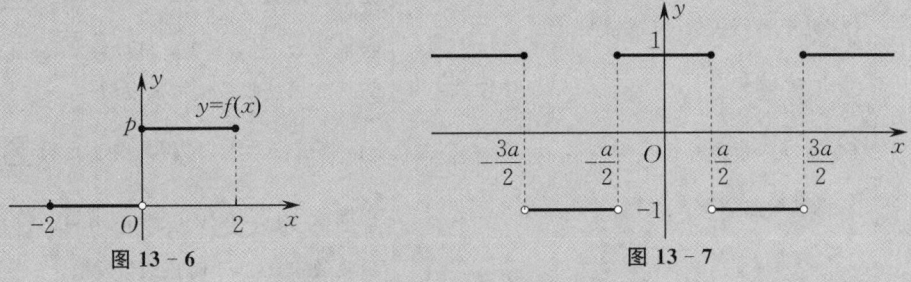

图 13-6   图 13-7

例2 将函数

$$f(x) = \begin{cases} 1, & 0 \leqslant x \leqslant \frac{a}{2}, \\ -1, & \frac{a}{2} < x \leqslant a \end{cases} \quad (a>0)$$

展开为余弦级数.

解 对$f(x)$进行偶延拓,如图 13-7 所示,则其傅里叶系数为

$$a_0 = \frac{2}{a}\left[\int_{0}^{\frac{a}{2}}dx + \int_{\frac{a}{2}}^{a}(-1)dx\right] = 0,$$

$$a_n = \frac{2}{a}\left[\int_{0}^{\frac{a}{2}}\cos\frac{n\pi x}{a}dx + \int_{\frac{a}{2}}^{a}(-1)\cos\frac{n\pi x}{a}dx\right]$$

$$= \frac{2}{n\pi}\left(\sin\frac{n\pi x}{a}\bigg|_{0}^{\frac{a}{2}} - \sin\frac{n\pi x}{a}\bigg|_{\frac{a}{2}}^{a}\right)$$

$$= \frac{4}{n\pi}\sin\frac{n\pi}{2} \quad (n=1,2,\cdots),$$

$$b_n = 0 \quad (n=1,2,\cdots).$$

于是,在$\left[0,\frac{a}{2}\right)\cup\left(\frac{a}{2},a\right]$上,有

$$f(x) = \frac{4}{\pi}\left[\cos\frac{\pi x}{\frac{a}{2}} - \frac{1}{3}\cos\frac{3\pi x}{\frac{a}{2}} + \frac{1}{5}\cos\frac{5\pi x}{\frac{a}{2}} - \frac{1}{7}\cos\frac{7\pi x}{\frac{a}{2}} + \cdots\right].$$

当$x=\frac{a}{2}$时,$f(x)$的傅里叶级数收敛于 0.

附表 13　无穷级数图表

| 常数项级数、正项级数及其审敛法、交错级数及其审敛法 | 1. 常数项级数：
(1) 定义：$\sum_{n=1}^{\infty} u_n = u_1 + u_2 + \cdots + u_n + \cdots$
(2) 判别：常数项级数收敛(发散) $\Leftrightarrow \lim_{n\to\infty} S_n$ 存在(不存在)；级数 $\sum_{n=1}^{\infty} u_n$ 收敛的必要条件是 $\lim_{n\to\infty} u_n = 0$
(3) 几个参照级数的敛散性：
① 几何级数 $\sum_{n=0}^{\infty} aq^n$ 当 $|q|<1$ 时收敛，当 $|q| \geq 1$ 时发散；
② 调和级数 $\sum_{n=1}^{\infty} \frac{1}{n}$ 发散；
③ p 级数 $\sum_{n=1}^{\infty} \frac{1}{n^p}$ 当 $p>1$ 时收敛，当 $0<p\leq 1$ 时发散
2. 正项级数及其审敛法：
(1) 正项级数 $\sum_{n=1}^{\infty} u_n$ 收敛 $\Leftrightarrow$ 它的部分和数列 $\{S_n\}$ 有界
(2) 比较审敛法：
① 设 $\sum_{n=1}^{\infty} u_n$ 和 $\sum_{n=1}^{\infty} v_n$ 均为正项级数，且 $u_n \leq v_n (n=1,2,\cdots)$，则当 $\sum_{n=1}^{\infty} v_n$ 收敛时 $\sum_{n=1}^{\infty} u_n$ 收敛，当 $\sum_{n=1}^{\infty} u_n$ 发散时 $\sum_{n=1}^{\infty} v_n$ 发散；
② 比较审敛法的极限形式：设两个正项级数 $\sum_{n=1}^{\infty} u_n$ 和 $\sum_{n=1}^{\infty} v_n$ 满足 $\lim_{n\to\infty} \frac{u_n}{v_n} = k (0 \leq k \leq +\infty, v_n \neq 0)$. 若级数 $\sum_{n=1}^{\infty} v_n$ 收敛，且 $0 \leq k < +\infty$，则级数 $\sum_{n=1}^{\infty} u_n$ 也收敛；若级数 $\sum_{n=1}^{\infty} v_n$ 发散，且 $0<k\leq+\infty$，则级数 $\sum_{n=1}^{\infty} u_n$ 也发散. | (3) 比值审敛法（达朗贝尔判别法）：设 $\sum_{n=1}^{\infty} u_n$ 是正项级数. 如果 $\lim_{n\to\infty} \frac{u_{n+1}}{u_n} = \rho$，则当 $\rho<1$ 时该级数收敛；当 $\rho>1$ 时该级数发散；当 $\rho=1$ 时该级数可能收敛也可能发散
(4) 根值审敛法（柯西判别法）：设 $\sum_{n=1}^{\infty} u_n$ 是正项级数. 如果 $\lim_{n\to\infty} \sqrt[n]{u_n} = \rho$，则当 $\rho<1$ 时该级数收敛；当 $\rho>1$ 时该级数发散；当 $\rho=1$ 时该级数可能收敛也可能发散
3. 交错级数及其审敛法：如果交错级数 $\sum_{n=1}^{\infty} (-1)^{n-1} u_n$ 满足条件：
① $u_n \geq u_{n+1} (n=1,2,\cdots)$；
② $\lim_{n\to\infty} u_n = 0$，
则该交错级数收敛，且其和 $S \leq u_1$，其余项 r_n 的绝对值 $|r_n| \leq u_{n+1}$
4. 绝对收敛与条件收敛：
(1) 定义：若 $\sum_{n=1}^{\infty} |u_n|$ 收敛，则称 $\sum_{n=1}^{\infty} u_n$ 为绝对收敛；若 $\sum_{n=1}^{\infty} |u_n|$ 发散，而 $\sum_{n=1}^{\infty} u_n$ 收敛，则称 $\sum_{n=1}^{\infty} u_n$ 为条件收敛
(2) 定理：若 $\sum_{n=1}^{\infty} |u_n|$ 收敛，则 $\sum_{n=1}^{\infty} u_n$ 必定收敛 |

续表

| 函数项级数、幂级数、将函数展开成幂级数 | 1. 定义：
(1) 函数项级数：
$$\sum_{n=1}^{\infty} u_n(x) = u_1(x) + u_2(x) + \cdots + u_n(x) + \cdots$$
(2) 收敛域：函数项级数 $\sum_{n=1}^{\infty} u_n(x)$ 的所有收敛点的集合称为收敛域，所有发散点的集合称为发散域
(3) 和函数：在收敛域上，函数项级数的和是 x 的函数 $S(x)$，称 $S(x)$ 为函数项级数的和函数. 函数项级数的部分和为 $S_n(x)$，在收敛域上，有 $\lim_{n\to\infty} S_n(x) = S(x)$
(4) 幂级数：形如 $\sum_{n=0}^{\infty} a_n(x-x_0)^n$ 的函数项级数称为幂级数，其中 $a_n(n=0,1,2,\cdots)$ 称为幂级数的系数. 当 $x_0=0$ 时，$\sum_{n=0}^{\infty} a_n x^n$ 是最简单的幂级数形式
2. 收敛半径：对于幂级数 $\sum_{n=0}^{\infty} a_n x^n$，如果 $\lim_{n\to\infty}\left|\dfrac{a_{n+1}}{a_n}\right|=\rho$，那么
(1) 当 $\rho\neq 0$ 时，其收敛半径为 $R=\dfrac{1}{\rho}$
(2) 当 $\rho=0$ 时，其收敛半径为 $R=+\infty$
(3) 当 $\rho=+\infty$ 时，其收敛半径为 $R=0$ | 3. 幂级数的四则运算：设幂级数 $\sum_{n=0}^{\infty} a_n x^n$ 和 $\sum_{n=0}^{\infty} b_n x^n$ 的收敛半径分别为 R_1 和 R_2，记 $R=\min\{R_1,R_2\}$，则在 $(-R,R)$ 内，有
(1) 加法：$\sum_{n=0}^{\infty} a_n x^n + \sum_{n=0}^{\infty} b_n x^n = \sum_{n=0}^{\infty}(a_n+b_n)x^n$
(2) 减法：$\sum_{n=0}^{\infty} a_n x^n - \sum_{n=0}^{\infty} b_n x^n = \sum_{n=0}^{\infty}(a_n-b_n)x^n$
(3) 乘法：$\sum_{n=0}^{\infty} a_n x^n \cdot \sum_{n=0}^{\infty} b_n x^n = \sum_{n=0}^{\infty} c_n x^n$，其中 $c_n = a_0 b_n + a_1 b_{n-1} + \cdots + a_n b_0$
(4) 除法：$\dfrac{\sum_{n=0}^{\infty} a_n x^n}{\sum_{n=0}^{\infty} b_n x^n} = \sum_{n=0}^{\infty} c_n x^n$，其中 $c_n(n=0,1,2,\cdots)$ 由方程组 $a_n = c_0 b_n + c_1 b_{n-1} + \cdots + c_n b_0$ 确定
4. 幂级数的和函数的分析性质：
(1) 幂级数 $\sum_{n=0}^{\infty} a_n x^n$ 的和函数 $S(x)$ 在其收敛域 I 上连续
(2) 幂级数 $\sum_{n=0}^{\infty} a_n x^n$ 的和函数 $S(x)$ 在其收敛域 I 上可积，并有逐项积分公式，且逐项积分后所得的幂级数和原幂级数有相同的收敛半径
(3) 幂级数 $\sum_{n=0}^{\infty} a_n x^n$ 的和函数 $S(x)$ 在其收敛区间 $(-R,R)$ 内可导，并有逐项求导公式，且逐项求导后所得的幂级数和原幂级数有相同的收敛半径 |

函数项级数、幂级数、将函数展开成幂级数	5.将函数展开成幂级数：
	(1) 直接展开法：利用直接展开法将函数 $f(x)$ 展开成 x 的幂级数的具体步骤如下：
	① 求出函数 $f(x)$ 的各阶导数；
	② 计算函数 $f(x)$ 及其各阶导数在 $x=0$ 处的值；
	③ 写出 $f(x)$ 的麦克劳林级数，并求出其收敛半径 R；
	④ 在区间 $(-R,R)$ 内，考察当 $n\to\infty$ 时，$f(x)$ 的 n 阶麦克劳林公式中的余项 $R_n(x)$ 是否趋于零，即
	$$\lim_{n\to\infty}R_n(x)=\lim_{n\to\infty}\frac{f^{(n+1)}(\xi)}{(n+1)!}x^{n+1}=0$$
	(ξ 在 0 到 x 之间)
	是否成立，如果成立，那么 $f(x)$ 在 $(-R,R)$ 内的幂级数展开式为
	$$f(x)=f(0)+f'(0)x+\frac{f''(0)}{2!}x^2+\cdots$$
	$$+\frac{f^{(n)}(0)}{n!}x^n+\cdots \quad (-R<x<R)$$
	(2) 间接展开法：对于已知的幂级数展开式利用恒等变换、变量替换、四则运算、分析性质(逐项求导和逐项积分)等手段将给定函数展开成幂级数
		6.常见的函数的幂级数展开式：
		(1) $\dfrac{1}{1-x}=\sum\limits_{n=0}^{\infty}x^n,x\in(-1,1)$
		(2) $e^x=\sum\limits_{n=0}^{\infty}\dfrac{x^n}{n!},x\in(-\infty,+\infty)$
		(3) $\sin x=\sum\limits_{n=0}^{\infty}(-1)^n\dfrac{x^{2n+1}}{(2n+1)!},$
		    $x\in(-\infty,+\infty)$
		(4) $\cos x=\sum\limits_{n=0}^{\infty}(-1)^n\dfrac{x^{2n}}{(2n)!},$
		    $x\in(-\infty,+\infty)$
		(5) $\ln(1+x)=\sum\limits_{n=0}^{\infty}(-1)^n\dfrac{x^{n+1}}{n+1},x\in(-1,1]$
		(6) $(1+x)^\alpha=1+\sum\limits_{n=1}^{\infty}\dfrac{\alpha(\alpha-1)\cdots(\alpha-n+1)}{n!}x^n,$
		    $x\in(-1,1)$

续表

傅里叶级数	1. 傅里叶级数： $$f(x) = \frac{a_0}{2} + \sum_{n=1}^{\infty}(a_n \cos nx + b_n \sin nx),$$ 其中傅里叶系数为 $$\begin{cases} a_n = \dfrac{1}{\pi}\int_{-\pi}^{\pi} f(x)\cos nx\, dx, & n=0,1,2,\cdots, \\ b_n = \dfrac{1}{\pi}\int_{-\pi}^{\pi} f(x)\sin nx\, dx, & n=1,2,\cdots \end{cases}$$ 2. 狄利克雷充分条件(收敛定理)：设 $f(x)$ 是以 2π 为周期的周期函数. 如果它满足条件：在一个周期内连续或只有有限个第一类间断点，并且至多只有有限个极值点，则 $f(x)$ 的傅里叶级数收敛，并且当 x 是 $f(x)$ 的连续点时，级数收敛于 $f(x)$；当 x 是 $f(x)$ 的间断点时，收敛于 $\dfrac{f(x^-)+f(x^+)}{2}$. 3. 将函数展开成正弦级数或余弦级数： (1) 当周期为 2π 的奇函数 $f(x)$ 展开成傅里叶级数时，它的傅里叶级数为正弦级数 $$\sum_{n=1}^{\infty} b_n \sin nx$$ (2) 当周期为 2π 的偶函数 $f(x)$ 展开成傅里叶级数时，它的傅里叶级数为余弦级数 $$\frac{a_0}{2} + \sum_{n=1}^{\infty} a_n \cos nx$$	4. 非周期函数的周期延拓： (1) 奇延拓：令 $$F(x) = \begin{cases} f(x), & 0 < x < \pi, \\ 0, & x = 0, \\ -f(-x), & -\pi < x < 0, \end{cases}$$ 则 $f(x)$ 的傅里叶级数展开式为 $$f(x) = \sum_{n=1}^{\infty} b_n \sin nx \quad (0 < x < \pi)$$ (2) 偶延拓：令 $F(x) = \begin{cases} f(x), & 0 \leqslant x < \pi, \\ f(-x), & -\pi < x < 0, \end{cases}$ 则 $f(x)$ 的傅里叶级数展开式为 $$f(x) = \frac{a_0}{2} + \sum_{n=1}^{\infty} a_n \cos nx \quad (0 < x < \pi)$$ 5. 以 $2l$ 为周期的周期函数的傅里叶级数：若周期为 $2l$ 的周期函数 $f(x)$ 满足收敛定理的条件，则它的傅里叶级数展开式为 $$f(x) = \frac{a_0}{2} + \sum_{n=1}^{\infty}\left(a_n \cos\frac{n\pi x}{l} + b_n \sin\frac{n\pi x}{l}\right),$$ 其中 $$\begin{cases} a_n = \dfrac{1}{l}\int_{-l}^{l} f(x)\cos\dfrac{n\pi x}{l} dx, & n=0,1,2,\cdots, \\ b_n = \dfrac{1}{l}\int_{-l}^{l} f(x)\sin\dfrac{n\pi x}{l} dx, & n=1,2,\cdots \end{cases}$$

习题十三

A 组

1. 根据级数的敛散性定义判断下列级数的敛散性:

(1) $\sum_{n=1}^{\infty}(\sqrt{n+1}-\sqrt{n})$;

(2) $\dfrac{1}{1\cdot 3}+\dfrac{1}{3\cdot 5}+\cdots+\dfrac{1}{(2n-1)(2n+1)}+\cdots$;

(3) $\sin\dfrac{\pi}{6}+\sin\dfrac{2\pi}{6}+\cdots+\sin\dfrac{n\pi}{6}+\cdots$.

2. 判断下列级数的敛散性:

(1) $-\dfrac{8}{9}+\dfrac{8}{9^{2}}-\dfrac{8}{9^{3}}+\cdots+(-1)^{n}\dfrac{8}{9^{n}}+\cdots$; (2) $\dfrac{1}{3}+\dfrac{1}{6}+\dfrac{1}{9}+\cdots+\dfrac{1}{3n}+\cdots$;

(3) $\dfrac{1}{3}+\dfrac{1}{\sqrt{3}}+\dfrac{1}{\sqrt[3]{3}}+\cdots+\dfrac{1}{\sqrt[n]{3}}+\cdots$; (4) $\dfrac{3}{2}+\dfrac{3^{2}}{2^{2}}+\dfrac{3^{3}}{2^{3}}+\cdots+\dfrac{3^{n}}{2^{n}}+\cdots$;

(5) $\left(\dfrac{1}{2}+\dfrac{1}{3}\right)+\left(\dfrac{1}{2^{2}}+\dfrac{1}{3^{2}}\right)+\cdots+\left(\dfrac{1}{2^{n}}+\dfrac{1}{3^{n}}\right)+\cdots$.

*3. 用柯西审敛原理判断下列级数的敛散性:

(1) $\sum_{n=1}^{\infty}\dfrac{(-1)^{n+1}}{n}$; (2) $\sum_{n=0}^{\infty}\left(\dfrac{1}{3n+1}+\dfrac{1}{3n+2}-\dfrac{1}{3n+3}\right)$.

4. 用比较审敛法判断下列级数的敛散性:

(1) $1+\dfrac{1}{3}+\dfrac{1}{5}+\cdots+\dfrac{1}{2n-1}+\cdots$; (2) $1+\dfrac{1+2}{1+2^{2}}+\dfrac{1+3}{1+3^{2}}+\cdots+\dfrac{1+n}{1+n^{2}}+\cdots$;

(3) $\dfrac{1}{2\cdot 5}+\dfrac{1}{3\cdot 6}+\cdots+\dfrac{1}{(n+1)(n+4)}+\cdots$; (4) $\sin\dfrac{\pi}{2}+\sin\dfrac{\pi}{2^{2}}+\cdots+\sin\dfrac{\pi}{2^{n}}+\cdots$;

(5) $\sum_{n=1}^{\infty}\dfrac{1}{1+a^{n}}\quad(a>0)$.

5. 用比值审敛法判断下列级数的敛散性:

(1) $\dfrac{3}{1\cdot 2}+\dfrac{3^{2}}{2\cdot 2^{2}}+\dfrac{3^{3}}{3\cdot 2^{3}}+\cdots+\dfrac{3^{n}}{n\cdot 2^{n}}+\cdots$; (2) $\sum_{n=1}^{\infty}\dfrac{n^{2}}{3^{n}}$;

(3) $\sum_{n=1}^{\infty}\dfrac{2^{n}n!}{n^{n}}$; (4) $\sum_{n=1}^{\infty}n\sin\dfrac{\pi}{2^{n+1}}$.

6. 用根值审敛法判断下列级数的敛散性:

(1) $\sum_{n=1}^{\infty}\left(\dfrac{n}{2n+1}\right)^{n}$; (2) $\sum_{n=1}^{\infty}\dfrac{1}{[\ln(n+1)]^{n}}$;

(3) $\sum_{n=1}^{\infty}\left(\dfrac{n}{3n-1}\right)^{2n-1}$;

(4) $\sum_{n=1}^{\infty}\left(\dfrac{b}{a_{n}}\right)^{n}$ (当 $n\to\infty$ 时, $a_{n}\to a$, 且 a_{n},b,a 均为正数).

7. 判断下列级数的敛散性:

(1) $\dfrac{3}{4} + 2 \cdot \left(\dfrac{3}{4}\right)^2 + 3 \cdot \left(\dfrac{3}{4}\right)^3 + \cdots + n \cdot \left(\dfrac{3}{4}\right)^n + \cdots$;

(2) $\dfrac{1^4}{1!} + \dfrac{2^4}{2!} + \dfrac{3^4}{3!} + \cdots \dfrac{n^4}{n!} + \cdots$;

(3) $\displaystyle\sum_{n=1}^{\infty} \dfrac{n+1}{n(n+2)}$;

(4) $\displaystyle\sum_{n=1}^{\infty} 2^n \sin \dfrac{\pi}{3^n}$;

(5) $\displaystyle\sum_{n=1}^{\infty} \sqrt{\dfrac{n+1}{n}}$;

(6) $\dfrac{1}{a+b} + \dfrac{1}{2a+b} + \cdots + \dfrac{1}{na+b} + \cdots \quad (a>0, b>0)$.

8. 判断下列级数的敛散性. 若级数收敛,则指出其是条件收敛还是绝对收敛:

(1) $1 - \dfrac{1}{\sqrt{2}} + \dfrac{1}{\sqrt{3}} - \dfrac{1}{\sqrt{4}} + \cdots$;

(2) $\displaystyle\sum_{n=1}^{\infty} (-1)^{n+1} \dfrac{n}{3^{n+1}}$;

(3) $\dfrac{1}{3} \cdot \dfrac{1}{2} - \dfrac{1}{3} \cdot \dfrac{1}{2^2} + \dfrac{1}{3} \cdot \dfrac{1}{2^3} - \dfrac{1}{3} \cdot \dfrac{1}{2^4} + \cdots$;

(4) $\dfrac{1}{\ln 2} - \dfrac{1}{\ln 3} + \dfrac{1}{\ln 4} - \dfrac{1}{\ln 5} + \cdots$;

(5) $\displaystyle\sum_{n=1}^{\infty} (-1)^{n-1} \dfrac{2^{n^2}}{n!}$.

9. 求下列幂级数的收敛域:

(1) $\displaystyle\sum_{n=1}^{\infty} n x^n$;

(2) $\displaystyle\sum_{n=1}^{\infty} (-1)^n \dfrac{x^n}{n^2}$;

(3) $\displaystyle\sum_{n=1}^{\infty} \dfrac{x^n}{2 \cdot 4 \cdot \cdots \cdot (2n)}$;

(4) $\displaystyle\sum_{n=1}^{\infty} \dfrac{x^n}{n \cdot 3^n}$;

(5) $\displaystyle\sum_{n=1}^{\infty} \dfrac{2^n}{n^2+1} x^n$;

(6) $\displaystyle\sum_{n=1}^{\infty} (-1)^n \dfrac{x^{2n+1}}{2n+1}$;

(7) $\displaystyle\sum_{n=1}^{\infty} \dfrac{2n-1}{2^n} x^{2n-2}$;

(8) $\displaystyle\sum_{n=1}^{\infty} \dfrac{(x-5)^n}{\sqrt{n}}$.

10. 求下列幂级数的和函数:

(1) $\displaystyle\sum_{n=1}^{\infty} n x^{n-1}$;

(2) $\displaystyle\sum_{n=1}^{\infty} \dfrac{x^{4n+1}}{4n+1}$;

(3) $\displaystyle\sum_{n=1}^{\infty} \dfrac{x^{2n-1}}{2n-1}$.

11. 将下列函数展开成 x 的幂级数,并求其收敛域:

(1) $\operatorname{sh} x = \dfrac{e^x - e^{-x}}{2}$;

(2) $\ln(a+x) \quad (a>0)$;

(3) a^x;

(4) $\sin^2 x$;

(5) $(1+x)\ln(1+x)$;

(6) $\dfrac{x}{\sqrt{1+x^2}}$.

12. 将下列函数展开成 $x-1$ 的幂级数,并求其收敛域:

(1) $\sqrt{x^3}$; (2) $\lg x$.

13. 将函数 $f(x) = \cos x$ 展开成 $x + \dfrac{\pi}{3}$ 的幂级数.

14. 将函数 $f(x) = \dfrac{1}{x}$ 展开成 $x - 3$ 的幂级数.

15. 将函数 $f(x) = \dfrac{1}{x^2 + 3x + 2}$ 展开成 $x + 4$ 的幂级数.

16. 利用函数的幂级数展开式,求下列各数的近似值:

(1) $\ln 3$ (精确到 0.000 1);

(2) $\sqrt[9]{522}$ (精确到 0.000 01);

(3) $\cos 2°$ (精确到 0.000 1).

17. 求定积分 $\int_0^{0.5} \dfrac{1}{1+x^4} dx$ 的近似值 (精确到 0.000 1).

18. 将下列以 2π 为周期的周期函数 $f(x)$ 展开成傅里叶级数,其中 $f(x)$ 在区间 $[-\pi,\pi)$ 上的表达式分别为

(1) $f(x) = 3x^2 + 1$; (2) $f(x) = e^{2x}$;

(3) $f(x) = \begin{cases} bx, & -\pi \leqslant x < 0, \\ ax, & 0 \leqslant x < \pi \end{cases}$ $(a > 0, b > 0)$.

19. 将函数 $f(x) = \dfrac{\pi - x}{2} (0 \leqslant x \leqslant \pi)$ 展开成正弦级数.

20. 将函数 $f(x) = 2x^2 (0 \leqslant x \leqslant \pi)$ 展开成余弦级数.

21. 将下列周期函数展开成傅里叶级数,其中函数在一个周期上的表达式分别为

(1) $f(x) = 1 - x^2$ $\left(-\dfrac{1}{2} \leqslant x < \dfrac{1}{2}\right)$;

(2) $f(x) = \begin{cases} 2x + 1, & -3 \leqslant x < 0, \\ 1, & 0 \leqslant x < 3. \end{cases}$

B 组

1. 判断下列级数的敛散性:

(1) $\sum\limits_{n=1}^{\infty} 2^{-n-(-1)^n}$; (2) $\sum\limits_{n=1}^{\infty} \left(\dfrac{3n}{3n+1}\right)^n$;

(3) $\sum\limits_{n=2}^{\infty} \dfrac{1}{\sqrt{n}} \ln \dfrac{n+1}{n-1}$.

2. 判断下列级数的敛散性:

(1) $\sum\limits_{n=2}^{\infty} \dfrac{(-1)^n}{n - \ln n}$; (2) $\sum\limits_{n=2}^{\infty} \dfrac{(-1)^n}{\sqrt{n^2 + (-1)^n}}$.

3. 设级数 $\sum\limits_{n=1}^{\infty} a_n$, $\sum\limits_{n=1}^{\infty} c_n$ 都收敛,且满足 $a_n \leqslant b_n \leqslant c_n (n=1,2,\cdots)$. 试证:级数 $\sum\limits_{n=1}^{\infty} b_n$ 收敛.

4. 设 $a_n > 0, b_n > 0, \dfrac{a_{n+1}}{a_n} \leqslant \dfrac{b_{n+1}}{b_n} (n=1,2,\cdots)$. 试证:若级数 $\sum\limits_{n=1}^{\infty} b_n$ 收敛,则级数 $\sum\limits_{n=1}^{\infty} a_n$ 收敛.

5. 求幂级数 $\sum\limits_{n=1}^{\infty} \dfrac{2n+1}{n!} x^{2n}$ 的和函数 $S(x)$.

考研真题精选十三

一、填空题

1. 已知幂级数 $\sum_{n=1}^{\infty} a_n(x+2)^n$ 在 $x=0$ 处收敛，在 $x=-4$ 处发散，则幂级数 $\sum_{n=0}^{\infty} a_n(x-3)^n$ 的收敛域为 _____。 (2008,数一)

2. 幂级数 $\sum_{n=1}^{\infty} \dfrac{e^n-(-1)^n}{n^2} x^n$ 的收敛半径为 _____。 (2009,数三)

二、选择题

1. 设 $a_n > 0 \ (n=1,2,\cdots)$。若级数 $\sum_{n=1}^{\infty} a_n$ 发散，级数 $\sum_{n=1}^{\infty}(-1)^{n-1} a_n$ 收敛，则下列结论中正确的是（ ）.

   A. 级数 $\sum_{n=1}^{\infty} a_{2n-1}$ 收敛，级数 $\sum_{n=1}^{\infty} a_{2n}$ 发散
   B. 级数 $\sum_{n=1}^{\infty} a_{2n}$ 收敛，级数 $\sum_{n=1}^{\infty} a_{2n-1}$ 发散
   C. 级数 $\sum_{n=1}^{\infty}(a_{2n-1}+a_{2n})$ 收敛
   D. 级数 $\sum_{n=1}^{\infty}(a_{2n-1}-a_{2n})$ 收敛 (2005,数三)

2. 若级数 $\sum_{n=1}^{\infty} a_n$ 收敛，则（ ）.

   A. 级数 $\sum_{n=1}^{\infty}|a_n|$ 收敛
   B. 级数 $\sum_{n=1}^{\infty}(-1)^n a_n$ 收敛
   C. 级数 $\sum_{n=1}^{\infty} a_n a_{n+1}$ 收敛
   D. 级数 $\sum_{n=1}^{\infty} \dfrac{a_n+a_{n+1}}{2}$ 收敛 (2006,数一、三)

3. 设两个数列 $\{a_n\},\{b_n\}$。若 $\lim_{n\to\infty} a_n = 0$，则（ ）.

   A. 当级数 $\sum_{n=1}^{\infty} b_n$ 收敛时，级数 $\sum_{n=1}^{\infty} a_n b_n$ 收敛
   B. 当级数 $\sum_{n=1}^{\infty} b_n$ 发散时，级数 $\sum_{n=1}^{\infty} a_n b_n$ 发散
   C. 当级数 $\sum_{n=1}^{\infty}|b_n|$ 收敛时，级数 $\sum_{n=1}^{\infty} a_n^2 b_n^2$ 收敛
   D. 当级数 $\sum_{n=1}^{\infty}|b_n|$ 发散时，级数 $\sum_{n=1}^{\infty} a_n^2 b_n^2$ 发散

   (2009,数一)

三、解答题

1. 求幂级数 $\sum_{n=1}^{\infty}(-1)^{n-1}\left[1+\dfrac{1}{n(2n-1)}\right]x^{2n}$ 的收敛区间及和函数 $S(x)$。 (2005,数一)

2. 求幂级数 $\sum_{n=1}^{\infty}\left(\dfrac{1}{2n+1}-1\right)x^{2n}$ 在区间 $(-1,1)$ 内的和函数 $S(x)$。 (2005,数三)

3. 将函数 $f(x) = \dfrac{x}{2+x-x^2}$ 展开成 x 的幂级数. (2006,数一)

4. 求幂级数 $\sum_{n=1}^{\infty} \dfrac{(-1)^{n-1} x^{2n+1}}{n(2n-1)}$ 的收敛域及和函数 $S(x)$。 (2006,数三)

5. 设幂级数 $\sum_{n=0}^{\infty} a_n x^n$ 在区间 $(-\infty,+\infty)$ 上收敛，和函数 $y(x)$ 满足 $y''-2xy'-4y=0,y(0)=0,y'(0)=1$。

   (1) 证明：$a_{n+2} = \dfrac{2}{n+1} a_n \quad (n=1,2,\cdots)$；

   (2) 求 $y(x)$ 的表达式. (2007,数一)

6. 将函数 $f(x) = \dfrac{1}{x^2 - 3x - 4}$ 展开成 $x-1$ 的幂级数,并指出其收敛区间. (2007,数三)

7. 将函数 $f(x) = 1 - x^2 \,(0 \leqslant x \leqslant \pi)$ 展开成余弦级数,并求级数 $\sum\limits_{n=1}^{\infty} \dfrac{(-1)^{n-1}}{n^2}$ 的和. (2008,数一)

8. 设银行存款的年利率为 $r = 0.05$,并依年复利计息. 某基金会希望通过存款 A 万元实现第一年提取 19 万元,第二年提取 28 万元……第 n 年提取 $10 + 9n$ 万元,并能按此规律一直提取下去,问:A 至少应为多少万元? (2008,数三)

9. 设 $a_n (n = 1, 2, \cdots)$ 为曲线 $y = x^n$ 与 $y = x^{n+1}$ 所围成区域的面积,记 $S_1 = \sum\limits_{n=1}^{\infty} a_n$,$S_2 = \sum\limits_{n=1}^{\infty} a_{2n-1}$,求 S_1 与 S_2 的值. (2009,数一)

10. 求幂级数 $\sum\limits_{n=1}^{\infty} \dfrac{(-1)^{n-1}}{2n-1} x^{2n}$ 的收敛域及和函数 $S(x)$. (2010,数一)

$\cos\alpha = \dfrac{2}{\sqrt{21}}, \cos\beta = \dfrac{1}{\sqrt{21}}, \cos\gamma = \dfrac{4}{\sqrt{21}}$.

10. 向量 a 在 x 轴上的投影为 13，在 y 轴上的分向量为 $7j$.

11. $(2,3,6)$ 或 $\left(\dfrac{190}{49}, \dfrac{285}{49}, \dfrac{570}{49}\right)$.

12. $\left(\dfrac{\sqrt{3}}{3}, \dfrac{\sqrt{3}}{3}, \dfrac{\sqrt{3}}{3}\right)$.

13. (1) -6；(2) -61.

14. (1) 38；(2) -113；(3) 9.

15. $-\dfrac{4}{7}$.

16. 5 880 J.

17. $\dfrac{\pi}{3}$.

18. $2x + 3y - 4z - 1 = 0$.

19. 略.

20. (1) $3i - 7j - 5k$；(2) $42i - 98j - 70k$；(3) $-42i + 98j + 70k$；(4) $\mathbf{0}$.

21. (1) 24；(2) 84.

22. $\left(\pm\dfrac{\sqrt{3}}{3}, \pm\dfrac{\sqrt{3}}{3}, \mp\dfrac{\sqrt{3}}{3}\right), \dfrac{5\sqrt{13}}{26}$.

23. 1.

24. 略.

25. $\pm\dfrac{1}{5}(4j - 3k)$.

26. $\dfrac{1}{2} + \sqrt{2} + \sqrt{3} + \dfrac{3\sqrt{5}}{2}$.

27. 略.

28. $3x - 2y + 6z + 2 = 0$.

29. $x + 7y - 3z - 59 = 0$.

30. $\dfrac{x}{4} + \dfrac{y}{2} + \dfrac{z}{4} = 1$.

31. $x - 3y - 2z = 0$.

32. 略.

33. $x - y = 0$.

34. (1) -4；(2) $\pm\dfrac{\sqrt{70}}{2}$.

35. (1) $m = -\dfrac{2}{3}, l = 18$；(2) $l = 6$.

36. $2x - y - 3z = 0$.

37. $\pm\dfrac{1}{\sqrt{30}}(5i + j - 2k)$.

38. $\dfrac{x-1}{2} = \dfrac{y+2}{3} = \dfrac{z-1}{-2}$ 或 $\dfrac{x-3}{2} = \dfrac{y-1}{3} = \dfrac{z+1}{-2}$.

39. $\dfrac{x}{1} = \dfrac{y-7}{-7} = \dfrac{z-17}{-19}$, $\begin{cases} x = t, \\ y = 7 - 7t, \\ z = 17 - 19t. \end{cases}$

40. (1) $(2, -3, 6)$; (2) $(-2, 1, 3)$.

41. (1) $\dfrac{\pi}{2}$; (2) $\arccos \dfrac{6}{13\sqrt{5}}$.

42. (1) $\dfrac{x-2}{3} = \dfrac{y+3}{-1} = \dfrac{z-4}{2}$; (2) $\dfrac{x}{-2} = \dfrac{y-2}{3} = \dfrac{z-4}{1}$; (3) $\dfrac{x+1}{2} = \dfrac{y-2}{-1} = \dfrac{z-1}{3}$.

43. (1) 直线不在平面上; (2) 直线垂直于平面; (3) 直线在平面上.

44. $x + 2y + 3z = 0$.

45. $2x + 15y + 7z + 7 = 0$.

46. $\left(-\dfrac{5}{3}, \dfrac{2}{3}, \dfrac{2}{3}\right)$.

47. 1.

48. $\dfrac{3\sqrt{2}}{2}$.

49. $x^2 + y^2 + z^2 - 2x - 6y + 4z = 0$.

50. $8x^2 + 8y^2 + 8z^2 - 68x + 108y - 114z + 779 = 0$.

51. ~ 53. 略.

54. (1) $(3, 4, -2), (6, -2, 2)$; (2) $(4, -3, 2)$.

55. $\begin{cases} x^2 + y^2 = 9, \\ z = \pm 5. \end{cases}$

56. $\begin{cases} \left(x - \dfrac{1}{2}\right)^2 + y^2 = \dfrac{5}{4}, \\ z = 0. \end{cases}$

57. $\begin{cases} x^2 + y^2 = \dfrac{a^2}{2}, \\ z = 0. \end{cases}$

58. (1) $\begin{cases} -\dfrac{y^2}{\left(\dfrac{5\sqrt{5}}{3}\right)^2} + \dfrac{z^2}{\left(\dfrac{2\sqrt{5}}{3}\right)^2} = 1, \\ x = 2, \end{cases}$ 即平面 $x = 2$ 上的一个双曲线;

(2) $\begin{cases} \dfrac{x^2}{9} + \dfrac{z^2}{4} = 1, \\ y = 0, \end{cases}$ 即 zOx 面上的一个椭圆;

(3) $\begin{cases} \dfrac{x^2}{18} + \dfrac{z^2}{8} = 1, \\ y = 5, \end{cases}$ 即平面 $y = 5$ 上的一个椭圆;

(4) $\begin{cases} \dfrac{x^2}{9} - \dfrac{y^2}{25} = 0, \\ z = 2, \end{cases}$ 即平面 $z = 2$ 上的两条直线.

59. 交线在 xOy 面上的投影为 $\begin{cases} x^2 + 20y^2 - 24x - 116 = 0, \\ z = 0; \end{cases}$

交线在 yOz 面上的投影为 $\begin{cases} 20y^2 + 4z^2 - 60z - 35 = 0, \\ x = 0; \end{cases}$

交线在 zOx 面上的投影为 $\begin{cases} x - 2z + 3 = 0, \\ y = 0. \end{cases}$

B 组

1. $\overrightarrow{D_1A} = -c - \dfrac{1}{5}a, \overrightarrow{D_2A} = -c - \dfrac{2}{5}a, \overrightarrow{D_3A} = -c - \dfrac{3}{5}a, \overrightarrow{D_4A} = -c - \dfrac{4}{5}a.$

2. 略.

3. $\overrightarrow{OM} = \left(\dfrac{11}{4}, -\dfrac{1}{4}, 3\right).$

4. 略.

5. $-4, \dfrac{\sqrt{2}}{2}.$

6. $(x+3)^2 + (y+3)^2 + (z+3)^2 = 3^2$ 或 $(x+5)^2 + (y+5)^2 + (z+5)^2 = 5^2.$

考研真题精选八

一、$\sqrt{2}.$

二、(1) $S_1: \dfrac{x^2}{4} + \dfrac{y^2 + z^2}{3} = 1, S_2: (x-4)^2 - 4y^2 - 4z^2 = 0$; (2) $\pi.$

习 题 九

A 组

1. (1) 开集、无界集；聚点集：$\mathbf{R}^2$；边界：$\{(x,y) \mid x = 0\}.$

    (2) 既非开集又非闭集，有界集；聚点集：$\{(x,y) \mid 1 \leqslant x^2 + y^2 \leqslant 4\}$；边界：
    $$\{(x,y) \mid x^2 + y^2 = 1\} \cup \{(x,y) \mid x^2 + y^2 = 4\}.$$

    (3) 开集、区域、无界集；聚点集：$\{(x,y) \mid y \leqslant x^2\}$；边界：$\{(x,y) \mid y = x^2\}.$

    (4) 闭集、有界集；聚点集即其本身；边界：
    $$\{(x,y) \mid (x-1)^2 + y^2 = 1\} \cup \{(x,y) \mid (x+1)^2 + y^2 = 1\}.$$

2. $t^2 f(x,y).$

3. $(x+y)^{xy} + (xy)^{2x}.$

4. (1) $\{(x,y) \mid y^2 - 2x + 1 > 0\}$;

    (2) $\{(x,y) \mid x + y > 0, x - y > 0\}$;

    (3) $\{(x,y) \mid 4x - y^2 \geqslant 0, 1 - x^2 - y^2 > 0, x^2 + y^2 \neq 0\}$;

    (4) $\{(x,y,z) \mid x > 0, y > 0, z > 0\}$;

    (5) $\{(x,y) \mid x \geqslant 0, y \geqslant 0, x^2 \geqslant y\}$;

    (6) $\{(x,y) \mid y - x > 0, x \geqslant 0, x^2 + y^2 < 1\}$;

    (7) $\{(x,y,z) \mid x^2 + y^2 \neq 0, x^2 + y^2 - z^2 \geqslant 0\}.$

5. (1) $\ln 2$; (2) $+\infty$; (3) $-\dfrac{1}{4}$; (4) 2; (5) 0; (6) 0.

6. (1) 连续； (2) 不连续.

7. (1) 函数在直线 $y=-x$ 上的所有点处间断,而在其余点处均连续；

(2) 函数在抛物线 $y^2=2x$ 上的所有点处间断,而在其余点处均连续；

(3) 函数在点 $(0,0)$ 处间断,而在其余点处均连续.

8. (1) $\dfrac{\partial z}{\partial x}=2xy+\dfrac{1}{y^2},\dfrac{\partial z}{\partial y}=x^2-\dfrac{2x}{y^3}$；

(2) $\dfrac{\partial s}{\partial u}=\dfrac{1}{v}-\dfrac{v}{u^2},\dfrac{\partial s}{\partial v}=-\dfrac{u}{v^2}+\dfrac{1}{u}$；

(3) $\dfrac{\partial z}{\partial x}=\dfrac{1}{2}\ln(x^2+y^2)+\dfrac{x^2}{x^2+y^2},\dfrac{\partial z}{\partial y}=\dfrac{xy}{x^2+y^2}$；

(4) $\dfrac{\partial z}{\partial x}=\dfrac{2}{y}\csc\dfrac{2x}{y},\dfrac{\partial z}{\partial y}=-\dfrac{2x}{y^2}\csc\dfrac{2x}{y}$；

(5) $\dfrac{\partial z}{\partial x}=y^2(1+xy)^{y-1},\dfrac{\partial z}{\partial y}=(1+xy)^{y-1}\left[\ln(1+xy)+\dfrac{xy}{1+xy}\right]$；

(6) $\dfrac{\partial u}{\partial x}=yz^{xy}\ln z,\dfrac{\partial u}{\partial y}=xz^{xy}\ln z,\dfrac{\partial u}{\partial z}=xyz^{xy-1}$；

(7) $\dfrac{\partial u}{\partial x}=\dfrac{z(x-y)^{z-1}}{1+(x-y)^{2z}},\dfrac{\partial u}{\partial y}=-\dfrac{z(x-y)^{z-1}}{1+(x-y)^{2z}},\dfrac{\partial u}{\partial z}=\dfrac{(x-y)^z\ln(x-y)}{1+(x-y)^{2z}}$；

(8) $\dfrac{\partial u}{\partial x}=\dfrac{y}{z}x^{\frac{y}{z}-1},\dfrac{\partial u}{\partial y}=\dfrac{1}{z}x^{\frac{y}{z}}\ln x,\dfrac{\partial u}{\partial z}=-\dfrac{y}{z^2}x^{\frac{y}{z}}\ln x$；

(9) $\dfrac{\partial z}{\partial x}=\cos\sqrt{x},\dfrac{\partial z}{\partial y}=-e^{y^2}$.

9. ~ 10. 略.

11. 1.

12. (1) $\dfrac{\partial z}{\partial x}=4x^3-8xy^2,\dfrac{\partial z}{\partial y}=4y^3-8x^2y,\dfrac{\partial^2 z}{\partial x^2}=12x^2-8y^2,\dfrac{\partial^2 z}{\partial y^2}=12y^2-8x^2$,

$\dfrac{\partial^2 z}{\partial y\partial x}=-16xy,\dfrac{\partial^2 z}{\partial x\partial y}=-16xy$；

(2) $\dfrac{\partial z}{\partial x}=-\dfrac{y}{x^2+y^2},\dfrac{\partial z}{\partial y}=\dfrac{x}{x^2+y^2},\dfrac{\partial^2 z}{\partial x^2}=\dfrac{2xy}{(x^2+y^2)^2},\dfrac{\partial^2 z}{\partial y^2}=-\dfrac{2xy}{(x^2+y^2)^2}$,

$\dfrac{\partial^2 z}{\partial x\partial y}=\dfrac{y^2-x^2}{(x^2+y^2)^2},\dfrac{\partial^2 z}{\partial y\partial x}=\dfrac{y^2-x^2}{(x^2+y^2)^2}$；

(3) $\dfrac{\partial z}{\partial x}=2xe^{x^2+y},\dfrac{\partial z}{\partial y}=e^{x^2+y},\dfrac{\partial^2 z}{\partial x^2}=2e^{x^2+y}(2x^2+1),\dfrac{\partial^2 z}{\partial y^2}=e^{x^2+y}$,

$\dfrac{\partial^2 z}{\partial x\partial y}=2xe^{x^2+y},\dfrac{\partial^2 z}{\partial y\partial x}=2xe^{x^2+y}$.

13. 2,0,0.

14. $0,-\dfrac{1}{y^2}$.

15. (1) $du=x^yy^zz^x\left(\dfrac{y}{x}+\ln z\right)dx+x^yy^zz^x\left(\dfrac{z}{y}+\ln x\right)dy+x^yy^zz^x\left(\dfrac{x}{z}+\ln y\right)dz$；

(2) $dz=-\dfrac{x}{(x^2+y^2)^{\frac{3}{2}}}(ydx-xdy)$；

(3) $du=y^zx^{y^z-1}dx+x^{y^z}\ln x\cdot zy^{z-1}dy+\ln x\cdot x^{y^z}\cdot\ln y\cdot y^zdz$；

(4) $du=\dfrac{y}{z}x^{\frac{y}{z}-1}dx+\ln x\cdot x^{\frac{y}{z}}\cdot\dfrac{1}{z}dy+\ln x\cdot x^{\frac{y}{z}}\cdot\left(-\dfrac{y}{z^2}\right)dz$.

16. (1) $\frac{1}{3}dx + \frac{2}{3}dy$； (2) $dx - dy$.

17. (1) $\Delta z = (x+\Delta x)^2 - (x+\Delta x)(y+\Delta y) + 2(y+\Delta y)^2 - z = 9.68 - 8 = 1.68$，
    $dz = (2x-y)\Delta x + (-x+4y)\Delta y = 1.6$；
    (2) $\Delta z = e^{(x+\Delta x)(y+\Delta y)} - e^{xy} = e(e^{0.265}-1) = 0.30e$，
    $dz = ye^{xy}\Delta x + xe^{xy}\Delta y = e^{xy}(y\Delta x + x\Delta y) = 0.25e$.

18. (1) 1； (2) 4.998； (3) 2.039 3.

19. 0.062 cm.

20. 0.09 L.

21. (1) $\frac{\partial z}{\partial u} = 3u^2 \sin v\cos v(\cos v - \sin v)$，
    $\frac{\partial z}{\partial v} = -2u^3 \sin v\cos v(\sin v + \cos v) + u^3(\sin^3 v + \cos^3 v)$；
    (2) $\frac{\partial z}{\partial u} = \frac{-v}{u^2+v^2}, \frac{\partial z}{\partial v} = \frac{u}{u^2+v^2}$；
    (3) $\frac{du}{dx} = \frac{e^x + 3x^2 e^{x^3}}{e^x + e^{x^3}}$；
    (4) $\frac{du}{dt} = 4e^{2t}$；
    (5) $\frac{dz}{dx} = f_1 + f_2 e^x + f_3 \sec x\tan x$.

22. (1) $\frac{\partial u}{\partial x} = 2xf_1 + ye^{xy}f_2, \frac{\partial u}{\partial y} = -2yf_1 + xe^{xy}f_2$；
    (2) $\frac{\partial u}{\partial x} = \frac{1}{y}f_1, \frac{\partial u}{\partial y} = -\frac{x}{y^2}f_1 + \frac{1}{z}f_2, \frac{\partial u}{\partial z} = -\frac{y}{z^2}f_2$；
    (3) $\frac{\partial u}{\partial x} = f_1 + yf_2 + yzf_3, \frac{\partial u}{\partial y} = xf_2 + xzf_3, \frac{\partial u}{\partial z} = xyf_3$.

23. ~ 24. 略.

25. $\frac{\partial^2 z}{\partial x^2} = 2f' + 4x^2 f'', \frac{\partial^2 z}{\partial x\partial y} = 4xyf'', \frac{\partial^2 z}{\partial y^2} = 2f' + 4y^2 f''$.

26. (1) $\frac{\partial^2 z}{\partial x^2} = f_{11} + \frac{2}{y}f_{12} + \frac{1}{y^2}f_{22}, \frac{\partial^2 z}{\partial x\partial y} = -\frac{x}{y^2}\left(f_{12} + \frac{1}{y}f_{22}\right) - \frac{1}{y^2}f_2, \frac{\partial^2 z}{\partial y^2} = \frac{2x}{y^3}f_2 + \frac{x^2}{y^4}f_{22}$；
    (2) $\frac{\partial^2 z}{\partial x^2} = 2yf_2 + y^4 f_{11} + 4xy^3 f_{12} + 4x^2 y^2 f_{22}$，
    $\frac{\partial^2 z}{\partial x\partial y} = 2yf_1 + 2xf_2 + 2xy^3 f_{11} + 2x^3 yf_{22} + 5x^2 y^2 f_{12}$，
    $\frac{\partial^2 z}{\partial y^2} = 2xf_1 + 4x^2 y^2 f_{11} + 4x^3 yf_{12} + x^4 f_{22}$；
    (3) $\frac{\partial^2 z}{\partial x^2} = e^{x+y}f_3 - \sin xf_1 + \cos^2 xf_{11} + 2e^{x+y}\cos xf_{13} + e^{2(x+y)}f_{33}$，
    $\frac{\partial^2 z}{\partial x\partial y} = e^{x+y}f_3 - \cos x\sin yf_{12} + e^{x+y}\cos xf_{23} - e^{x+y}\sin yf_{32} + e^{2(x+y)}f_{33}$，
    $\frac{\partial^2 z}{\partial y^2} = e^{x+y}f_3 - \cos yf_2 + \sin^2 yf_{22} - 2e^{x+y}\sin yf_{23} + e^{2(x+y)}f_{33}$.

27. (1) $\frac{dy}{dx} = \frac{y^2 - e^x}{\cos y - 2xy}$；

(2) $\dfrac{dy}{dx} = \dfrac{y+x}{x-y}$;

(3) $\dfrac{\partial z}{\partial x} = \dfrac{yz - \sqrt{xyz}}{\sqrt{xyz} - xy}, \dfrac{\partial z}{\partial y} = \dfrac{xz - 2\sqrt{xyz}}{\sqrt{xyz} - xy}$;

(4) $\dfrac{\partial z}{\partial x} = \dfrac{yz}{z^2 - xy}, \dfrac{\partial^2 z}{\partial y^2} = \dfrac{2x^3 yz}{(xy - z^2)^3}$.

28. 略.

29. (1) $\dfrac{dy}{dx} = \dfrac{e^y}{1 - xe^y}$;

(2) $\dfrac{\partial z}{\partial x} = -\dfrac{x^2 - yz}{z^2 - xy}, \dfrac{\partial z}{\partial y} = -\dfrac{y^2 - xz}{z^2 - xy}$;

(3) $\dfrac{\partial z}{\partial x} = \dfrac{1 + yz\sin(xyz)}{1 - xy\sin(xyz)}, \dfrac{\partial z}{\partial y} = \dfrac{1 + xz\sin(xyz)}{1 - xy\sin(xyz)}$.

30. $\dfrac{\partial z}{\partial x} = \dfrac{F_1}{x^2 F_2}, \dfrac{\partial z}{\partial y} = \dfrac{F_2 - y^2 F_1}{y^2 F_2}$.

31. (1) $\dfrac{dy}{dx} = -\dfrac{x(6z+1)}{2y(3z+1)}, \dfrac{dz}{dx} = \dfrac{x}{(3z+1)}$;

(2) $\dfrac{\partial u}{\partial x} = \dfrac{-ux + yv}{x^2 + y^2}, \dfrac{\partial v}{\partial x} = -\dfrac{ux - yu}{x^2 + y^2}, \dfrac{\partial u}{\partial y} = -\dfrac{ux + yu}{x^2 + y^2}, \dfrac{\partial v}{\partial y} = \dfrac{ux - yv}{x^2 + y^2}$;

(3) $\dfrac{\partial u}{\partial x} = \dfrac{-uf_1(2yvg_2 - 1) - f_2 g_1}{(xf_1 - 1)(2yvg_2 - 1) - f_2 g_1}, \dfrac{\partial v}{\partial x} = \dfrac{g_1(xf_1 + uf_1 - 1)}{(xf_1 - 1)(2yvg_2 - 1) - f_2 g_1}$;

(4) $\dfrac{\partial u}{\partial x} = \dfrac{\sin v}{e^u(\sin v - \cos v) + 1}, \dfrac{\partial v}{\partial x} = \dfrac{\cos v - e^u}{u[e^u(\sin v - \cos v) + 1]}$,

$\dfrac{\partial u}{\partial y} = \dfrac{-\cos v}{e^u(\sin v - \cos v)}, \dfrac{\partial v}{\partial y} = \dfrac{\sin v + e^u}{u[e^u(\sin v - \cos v) + 1]}$.

32. $\dfrac{\partial z}{\partial x} = \dfrac{v\cos v - u\sin v}{e^u}, \dfrac{\partial z}{\partial y} = \dfrac{v\sin v + u\cos v}{e^u}$.

*33. $f(x,y) = 2 + 3(x-2) + (y+1) + (x-2)^2 - (x-2)(y+1) + (y+1)^2 + (x-2)^3$.

*34. $f(x,y) = 1 + (y-1) + (x-1)(y-1) + R_2$.

B 组

1. (1) C； (2) A； (3) C； (4) D； (5) C； (6) B； (7) A.

2. 略.

3. $a = 2, b = -2$.

4. 2.

5. $\dfrac{\partial^2 z}{\partial y^2} = x^5 f_{11} + 2x^3 f_{12} + xf_{22}, \dfrac{\partial^2 z}{\partial x \partial y} = 4x^3 f_1 + 2xf_2 + x^4 y f_{11} - y f_{22}$.

6. 略.

考研真题精选九

一、1. $2edx + (e+2)dy$.　　2. $4dx - 2dy$.　　3. $yx^{y-1}f_1 + y^x \ln y f_2$.

4. $2\left(-\dfrac{y}{x}f_1 + \dfrac{x}{y}f_2\right)$.　　5. $\dfrac{\sqrt{2}}{2}(\ln 2 - 1)$.　　6. $yf_{12} + f_2 + xyf_{22}$.

7. $1 + 2\ln 2$.　　8. $\cos(x+y)f_1 + ye^{xy}f_2$.

二、1. B.　2. D.　3. C.　4. D.　5. B.

三、1. $\dfrac{2y}{x} f'\left(\dfrac{y}{x}\right)$.

2. (1) $\dfrac{1}{x} - \dfrac{1-\pi x}{\arctan x}$;　(2) π.

3. (1) $\dfrac{1}{\varphi'+1}[(2x-\varphi')dx + (2y-\varphi')dy]$;　(2) $-\dfrac{2(2x+1)\varphi''}{(1+\varphi')^3}$.

4. $dz = (f_1 + f_2 + yf_3)dx + (f_1 - f_2 + xf_3)dy$.

$\dfrac{\partial^2 z}{\partial x \partial y} = f_{11} + (x+y)f_{13} - f_{22} + (x-y)f_{23} + xyf_{33} + f_3$.

习 题 十

A 组

1. (1) 切线方程为 $\dfrac{x-\dfrac{a}{2}}{a} = \dfrac{y-\dfrac{b}{2}}{0} = \dfrac{z-\dfrac{c}{2}}{-c}$,法平面方程为 $ax - cz - \dfrac{a^2}{2} + \dfrac{c^2}{2} = 0$;

   (2) 切线方程为 $\dfrac{x-1}{1} = \dfrac{y+2}{0} = \dfrac{z-1}{-1}$,法平面方程为 $x - z = 0$;

   (3) 切线方程为 $\dfrac{x-x_0}{1} = \dfrac{y-y_0}{\dfrac{m}{y_0}} = \dfrac{z-z_0}{-\dfrac{1}{2z_0}}$,

   法平面方程为 $(x-x_0) + \dfrac{m}{y_0}(y-y_0) - \dfrac{1}{2z_0}(z-z_0) = 0$.

2. $t = \dfrac{\pi}{2}$,切线方程为 $\dfrac{x-\dfrac{\pi}{2}+1}{1} = \dfrac{y-1}{1} = \dfrac{z-2\sqrt{2}}{\sqrt{2}}$,

   法平面方程为 $x + y + \sqrt{2}z - \left(4 + \dfrac{\pi}{2}\right) = 0$.

3. (1) 切平面方程为 $2x + 4y - z = 5$,法线方程为 $\dfrac{x-1}{2} = \dfrac{y-2}{4} = \dfrac{z-5}{-1}$;

   (2) 切平面方程为 $x - y + 2z - \dfrac{\pi}{2} = 0$,法线方程为 $\dfrac{x-1}{-\dfrac{1}{2}} = \dfrac{y-1}{\dfrac{1}{2}} = \dfrac{z-\dfrac{\pi}{4}}{-1}$.

4. 所求点为 $(2,-1,-2)$,法线方程为 $\dfrac{x-2}{-1} = \dfrac{y+1}{2} = \dfrac{z+2}{-1}$,切平面方程为 $x - 2y + z - 2 = 0$.

5. $\dfrac{\pi}{4}$.

6. ~ 7. 略.

8. $1 + 2\sqrt{3}$.

9. $\dfrac{98}{13}$.

10. 取得最大方向导数的方向为该点处梯度 $\mathbf{grad}\,u(2,1,1) = \mathbf{i} + 2\mathbf{j} + 2\mathbf{k}$ 的方向,这个最大方向导数为该点处梯度的模 $|\mathbf{grad}\,u(2,1,1)| = 3$.

11. (1) 极大值为 $z(0,0) = 0$,极小值为 $z(2,2) = -8$;

    (2) 极小值为 $z\left(\dfrac{1}{2}, -1\right) = -\dfrac{e}{2}$;

(3) 极大值为 $z(3,2)=36$;

(4) 极小值为 $z(0,0)=0$, 极大值为 $z=e^{-1}$;

(5) 当 $a<0$ 时, $z\left(\dfrac{a}{3},\dfrac{a}{3}\right)=\dfrac{a^3}{27}$ 为极小值, 当 $a>0$ 时, $z\left(\dfrac{a}{3},\dfrac{a}{3}\right)=\dfrac{a^3}{27}$ 为极大值.

12. 极小值为 $z(-2,0)=1$, 极大值 $z\left(\dfrac{16}{7},0\right)=-\dfrac{8}{7}$.

13. $\left(\dfrac{8}{5},\dfrac{16}{5}\right)$.

14. $\dfrac{\sqrt{3}}{6}$.

15. 最长距离为 $\sqrt{9+5\sqrt{3}}$, 最短距离为 $\sqrt{9-5\sqrt{3}}$.

16. $\left(\dfrac{a}{\sqrt{3}},\dfrac{b}{\sqrt{3}},\dfrac{c}{\sqrt{3}}\right)$.

B 组

1. (1) C; (2) A; (3) A; (4) C; (5) C.

2. $\dfrac{\sqrt{2}}{3}$.

3. 极大值为 $z\left(\dfrac{1}{2},\dfrac{1}{2}\right)=\dfrac{1}{4}$.

4. $\dfrac{1}{ab}\sqrt{2(a^2+b^2)}$.

考研真题精选十

一、$\dfrac{\sqrt{3}}{3}$.

二、1. D. 2. A. 3. D.

三、1. 由题意可知, $f(x,y)=x^2-y^2+2$, 故最大值为 $f(\pm 1,0)=3$, 最小值为 $f(0,\pm 2)=-2$.

2. 最大值为 $f(0,2)=8$, 最小值为 $f(0,0)=0$.

3. 最远的点为 $(-5,-5,5)$, 最近的点为 $(1,1,1)$.

4. 最大值为 $u\Big|_{(-2,-2,8)}=72$, 最小值为 $u\Big|_{(1,1,2)}=6$.

5. 极小值为 $f\left(0,\dfrac{1}{e}\right)=-\dfrac{1}{e}$.

6. 最大值为 $u\Big|_{(1,\sqrt{5},2)}=u\Big|_{(-1,-\sqrt{5},-2)}=5\sqrt{5}$, 最小值为 $u\Big|_{(-1,\sqrt{5},-2)}=u\Big|_{(1,-\sqrt{5},2)}=-5\sqrt{5}$.

习 题 十 一

A 组

1. (1) ×; (2) ×; (3) √; (4) ×; (5) √; (6) ×; (7) ×; (8) √.

2. (1) 18π; (2) $0,2$; (3) $\dfrac{16\pi}{3}$; (4) $\displaystyle\int_{-1}^{1}\mathrm{d}x\int_{-\sqrt{1-x^2}}^{\sqrt{1-x^2}}\mathrm{d}y\int_{x^2+y^2}^{1}f(x,y,z)\mathrm{d}z$;

(5) $\displaystyle\int_{0}^{1}\mathrm{d}x\int_{0}^{\sqrt{1-x^2}}\mathrm{d}y\int_{0}^{\sqrt{x^2+y^2}}f(x,y,z)\mathrm{d}z$.

3. (1) $\dfrac{1}{6}(e^3-e^{-3})(e^2-e^{-2})$;　(2) $\dfrac{20}{3}$;　(3) $-\dfrac{\pi}{2}$;　(4) $\dfrac{6}{55}$.

4. (1) $\displaystyle\int_0^4 dx\int_{\frac{x}{2}}^{\sqrt{x}} f(x,y)dy$;　　(2) $\displaystyle\int_0^1 dy\int_{2-y}^{\sqrt{1-y^2}+1} f(x,y)dx$;

   (3) $\displaystyle\int_0^1 dy\int_{\arcsin y}^{\pi-\arcsin y} f(x,y)dx + \int_{-1}^0 dy\int_{-2\arcsin y}^{\pi} f(x,y)dx$;

   (4) $\displaystyle\int_0^2 dx\int_{\frac{x}{2}}^{3-x} f(x,y)dy$.

5. (1) $\displaystyle\int_0^{\frac{\pi}{2}} d\theta\int_0^{2a\cos\theta} r^3 dr$;　　(2) $\displaystyle\int_0^{\frac{\pi}{4}} d\theta\int_0^{a\sec\theta} r^2 dr$;

   (3) $\displaystyle\int_0^{\frac{\pi}{4}} d\theta\int_0^{\tan\theta\sec\theta} dr$;　　(4) $\displaystyle\int_0^{\frac{\pi}{2}} d\theta\int_0^a r^3 dr$.

6. (1) $\pi(e^4-1)$;　(2) $-\dfrac{9}{2}\pi$;　(3) $\dfrac{3}{64}\pi^2$.

7. (1) $\dfrac{1}{3}\left(\pi-\dfrac{4}{3}\right)R^3$;　(2) $\dfrac{171}{64}$;　(3) $\dfrac{2}{3}\pi(b^3-a^3)$;　(4) $14a^4$.

8. 6π.

9. $\dfrac{4}{3}$.

10. (1) $\dfrac{1}{364}$;　(2) $\dfrac{1}{2}\left(\ln 2-\dfrac{5}{8}\right)$;　(3) $\dfrac{\pi R^2 h^2}{4}$.

11. 直角坐标系:$I = \displaystyle\int_0^1 dx\int_{-\sqrt{1-x^2}}^{\sqrt{1-x^2}} dy\int_{x^2+y^2}^{\sqrt{2-x^2-y^2}} z^2 dz$;

    柱面坐标系:$I = \displaystyle\int_0^{2\pi} d\theta\int_0^1 dr\int_{r^2}^{\sqrt{2-r^2}} z^2 r dz$;

    球面坐标系:$I = \displaystyle\int_0^{2\pi} d\theta\int_0^{\frac{\pi}{4}} d\varphi\int_0^{\sqrt{2}} r^4 \cos^2\varphi\sin\varphi dr$.

12. (1) $\dfrac{7\pi}{12}$;　(2) $\dfrac{16\pi}{3}$.

13. (1) $\dfrac{4\pi}{5}$;　(2) $\dfrac{\pi}{10}$.

14. (1) $\dfrac{8}{9}$;　(2) $\dfrac{7\pi a^4}{6}$;　(3) $\dfrac{8\sqrt{2}-7}{6}$.

15. 6π.

16. $k\pi R^4$.

17. $2a^2(\pi-2)$.

18. $\sqrt{2}\pi$.

19. $16R^2$.

20. $\left(\dfrac{35}{48},\dfrac{35}{48}\right)$.

21. $I_x=\dfrac{4}{15}\rho, I_y=\dfrac{4}{3}\rho$.

22. $\left(0,0,\dfrac{3}{8}\dfrac{b^4-a^4}{b^3-a^3}\right)$.

23. $\dfrac{1}{4}M\left(a^2+\dfrac{1}{3}h^2\right)$,其中 $M=\pi a^2 h$ 为题设圆柱体的质量.

B 组

1. 略.

2. (1) $\dfrac{7}{3}\ln 2$；(2) $\dfrac{e-1}{2}$.

3. $\dfrac{1}{8}$.

4. $\dfrac{11}{30}$.

5. $\dfrac{1}{6}-\dfrac{1}{3e}$.

6.~7. 略.

8. $\dfrac{4\pi a^4(k+m+n)}{15}$.

9. $\begin{cases} f'(0), & f(0)=0, \\ \infty, & f(0)\neq 0. \end{cases}$

考研真题精选十一

一、1. $\dfrac{\pi}{4}$. 2. $\dfrac{1}{2}$. 3. $\dfrac{4}{15}\pi$. 4. $\dfrac{2}{3}$.

二、1. D. 2. A. 3. C. 4. B. 5. A. 6. A. 7. A. 8. C. 9. B. 10. D.

三、1. $\dfrac{3}{8}$. 2. $\dfrac{\pi}{4}-\dfrac{1}{3}$. 3. $\dfrac{\pi}{2}\ln 2$. 4. $\dfrac{2}{9}$. 5. $\dfrac{1}{3}+4\sqrt{2}\ln(\sqrt{2}+1)$.

6. $\dfrac{19}{4}+\ln 2$. 7. $-\dfrac{8}{3}$. 8. $\dfrac{1}{3}-\dfrac{\pi}{16}$. 9. $\dfrac{14}{15}$.

习 题 十 二

A 组

1. (1) $\int_L \mu(x,y)\,\mathrm{d}s$, $\int_L y^2\mu(x,y)\,\mathrm{d}s$, $\int_L x^2\mu(x,y)\,\mathrm{d}s$, $\dfrac{\int_L x\mu(x,y)\,\mathrm{d}s}{\int_L \mu(x,y)\,\mathrm{d}s}$, $\dfrac{\int_L y\mu(x,y)\,\mathrm{d}s}{\int_L \mu(x,y)\,\mathrm{d}s}$；(2) π；

(3) $2\sqrt{2}\pi R^3\left(1+\dfrac{4}{3}\pi^2\right)$；(4) 2π；(5) $\dfrac{5}{2}$.

2. (1) D；(2) D；(3) C.

3. (1) $\sqrt{2}$；(2) $\dfrac{1}{12}(5\sqrt{5}+6\sqrt{2}-1)$；(3) $e^a\left(2+\dfrac{\pi}{4}a\right)-2$；(4) 0；(5) $\dfrac{256}{15}a^3$.

4. (1) $-\dfrac{56}{15}$；(2) 0；(3) 13.

5. $\int_\Gamma \dfrac{P+2xQ+3yR}{\sqrt{1+4x^2+9y^2}}\,\mathrm{d}s$.

6. $mg(z_2-z_1)$.

7. (1) $\dfrac{\pi}{2}a^4$；(2) $\dfrac{\sin 2}{4}-\dfrac{7}{6}$；(3) $-\pi$.

8. 证明略, 236.

9. $\dfrac{\pi^2}{4}$.

10. 证明略. $x^3y + 4x^2y^2 - 12e^y + 12ye^y$.

11. $\dfrac{1+\sqrt{2}}{2}\pi$.

12. $\dfrac{13}{3}\pi$.

13. 54π.

14. $\left(0, 0, \dfrac{a}{2}\right)$.

15. (1) $\dfrac{16\pi}{3}$; (2) $\dfrac{1}{8}$; (3) $\dfrac{1}{2}$.

16. $\iint\limits_{\Sigma}\left(\dfrac{3}{5}P + \dfrac{2}{5}Q + \dfrac{2\sqrt{3}}{5}R\right)\mathrm{d}S$.

17. (1) 0; (2) $\dfrac{1}{4}a^3$; (3) $\dfrac{9\pi}{4}$; (4) $\dfrac{8}{3}\pi(a+b+c)R^3$.

18. (1) $a^3\left(2 - \dfrac{a^2}{6}\right)$; (2) 0.

19. $ye^{xy} - x\sin(xy) - 2xz\sin(xz^2)$.

20. (1) $-\sqrt{2}$; (2) $-\dfrac{3}{2}a^3$; (3) $-\dfrac{\pi}{8}a^6$.

21. $[x - xy^2\cos(xz)]\boldsymbol{i} - y\boldsymbol{j} + [y^2z\cos(xz) - x^2\cos y]\boldsymbol{k}$.

22. 12π.

B 组

1. $\dfrac{1}{2}$.

2. $k\left(1 - \dfrac{1}{\sqrt{5}}\right)$.

3. 34π.

4. $\dfrac{2}{3}$.

考研真题精选十二

一、1. $(2-\sqrt{2})\pi R^3$. 2. 2π. 3. $\dfrac{4}{3}\sqrt{3}$. 4. 4π. 5. $\dfrac{13}{6}$. 6. 0.

二、B.

三、1. (1) 略; (2) $\varphi(y) = -y^2$. 2. 略. 3. π.

4. $-\dfrac{1}{2}\pi^2$. 5. 4π. 6. C;$\begin{cases} x^2 + \dfrac{3}{4}y^2 = 1, \\ 2z - y = 0, \end{cases}$ 2π.

习题十三

A 组

1. (1) 发散; (2) 收敛; (3) 发散.

2. (1) 收敛； (2) 发散； (3) 发散； (4) 发散； (5) 收敛.

*3. (1) 收敛； (2) 发散.

4. (1) 发散； (2) 发散； (3) 收敛； (4) 收敛；
   (5) $a \leqslant 1$ 时发散, $a > 1$ 时收敛.

5. (1) 发散； (2) 收敛； (3) 收敛； (4) 收敛.

6. (1) 收敛； (2) 收敛； (3) 收敛； (4) $b < a$ 时收敛, $b > a$ 时发散, $b = a$ 时不能确定.

7. (1) 收敛； (2) 收敛； (3) 收敛； (4) 收敛； (5) 发散； (6) 发散.

8. (1) 条件收敛； (2) 绝对收敛； (3) 绝对收敛； (4) 条件收敛； (5) 发散.

9. (1) $(-1,1)$； (2) $[-1,1]$； (3) $(-\infty,+\infty)$； (4) $[-3,3]$；
   (5) $\left[-\dfrac{1}{2},\dfrac{1}{2}\right]$； (6) $[-1,1]$； (7) $(-\sqrt{2},\sqrt{2})$； (8) $[4,6]$.

10. (1) $\dfrac{1}{(1-x)^2}$ $(-1 < x < 1)$；

    (2) $\dfrac{1}{4}\ln\dfrac{1+x}{1-x} + \dfrac{1}{2}\arctan x - x$ $(-1 < x < 1)$；

    (3) $\dfrac{1}{2}\ln\dfrac{1+x}{1-x}$ $(-1 < x < 1)$.

11. (1) $\sum\limits_{n=1}^{\infty} \dfrac{x^{2n-1}}{(2n-1)!}$ $(x \in (-\infty,+\infty))$；

    (2) $\ln a + \sum\limits_{n=1}^{\infty}(-1)^{n-1}\dfrac{1}{n}\left(\dfrac{x}{a}\right)^n$ $(x \in (-a,a])$；

    (3) $\sum\limits_{n=0}^{\infty}\dfrac{(x\ln a)^n}{n!}$ $(x \in (-\infty,+\infty))$；

    (4) $\sum\limits_{n=1}^{\infty}(-1)^{n-1}\dfrac{(2x)^{2n}}{2(2n)!}$ $(x \in (-\infty,+\infty))$；

    (5) $x + \sum\limits_{n=2}^{\infty}\dfrac{(-1)^n x^n}{n(n-1)}$ $(x \in (-1,1])$；

    (6) $x + \sum\limits_{n=1}^{\infty}(-1)^n\dfrac{2(2n)!}{(n!)^2}\left(\dfrac{x}{2}\right)^{2n+1}$ $(x \in (-1,1])$.

12. (1) $1 + \dfrac{3(x-1)}{2} + \sum\limits_{n=0}^{\infty}(-1)^n\dfrac{(2n)!}{(n!)^2}\dfrac{3}{(n+1)(n+2)2^n}\left(\dfrac{x-1}{2}\right)^{n+2}$ $(x \in [0,2])$；

    (2) $\dfrac{1}{\ln 10}\sum\limits_{n=1}^{\infty}(-1)^{n-1}\dfrac{(x-1)^n}{n}$ $(x \in [0,2])$.

13. $\dfrac{1}{2} + \dfrac{1}{2}\sum\limits_{n=0}^{\infty}(-1)^n\left[\dfrac{\left(x+\dfrac{\pi}{3}\right)^{2n}}{(2n)!} + \sqrt{3}\dfrac{\left(x+\dfrac{\pi}{3}\right)^{2n+1}}{(2n+1)!}\right]$ $(x \in (-\infty,+\infty))$.

14. $\dfrac{1}{3}\sum\limits_{n=0}^{\infty}(-1)^n\dfrac{(x-3)^n}{3^n}$ $(x \in (0,6))$.

15. $\sum\limits_{n=0}^{\infty}\left(\dfrac{1}{2^{n+1}} - \dfrac{1}{3^{n+1}}\right)(x+4)^n$ $(x \in (-6,-2))$.

16. (1) $1.098\ 6$； (2) $2.004\ 30$； (3) $0.999\ 4$.

17. $0.494\ 0$.

18. (1) $\pi^2 + 1 + 12\sum\limits_{n=1}^{\infty}\dfrac{(-1)^n}{n^2}\cos nx$ $(x \in (-\infty,+\infty))$；

习题参考答案

习 题 八

A组

1. 在 xOy 面上的点，$z=0$；在 yOz 面上的点，$x=0$；在 zOx 面上的点，$y=0$。x 轴上的点，$y=z=0$；y 轴上的点，$x=z=0$；z 轴上的点，$x=y=0$。

2. $5\sqrt{2}, \sqrt{34}, \sqrt{41}, 5$.

3. 点 $\left(0, 0, \dfrac{14}{9}\right)$.

4. 略.

5. $5\boldsymbol{a} - 11\boldsymbol{b} + 7\boldsymbol{c}$.

6. 2.

7. $A(-2, 3, 0)$.

8. (1) $\mathrm{Prj}_x \overrightarrow{P_1P_2} = 3, \mathrm{Prj}_y \overrightarrow{P_1P_2} = 1, \mathrm{Prj}_z \overrightarrow{P_1P_2} = -2$；

   (2) $|\overrightarrow{P_1P_2}| = \sqrt{14}$；

   (3) $\cos\alpha = \dfrac{3}{\sqrt{14}}, \cos\beta = \dfrac{1}{\sqrt{14}}, \cos\gamma = \dfrac{-2}{\sqrt{14}}$；

   (4) $\left(\dfrac{3}{\sqrt{14}}, \dfrac{1}{\sqrt{14}}, \dfrac{-2}{\sqrt{14}}\right)$.

9. 因为合力为 $\boldsymbol{F} = (2, 1, 4)$，所以 $\boldsymbol{F}$ 的大小为 $|\boldsymbol{F}| = \sqrt{2^2 + 1^2 + 4^2} = \sqrt{21}$，方向余弦为

(2) $\dfrac{e^{2\pi}-e^{-2\pi}}{\pi}\left[\dfrac{1}{4}+\sum\limits_{n=1}^{\infty}\dfrac{(-1)^n}{n^2+4}(2\cos nx-n\sin nx)\right]$

$(x\neq(2n+1)\pi,n=0,\pm1,\pm2,\cdots)$;

(3) $\dfrac{a-b}{4}\pi+\sum\limits_{n=1}^{\infty}\left\{\dfrac{[1-(-1)^n](b-a)}{n^2\pi}\cos nx+\dfrac{(-1)^{n-1}(a+b)}{n}\sin nx\right\}$

$(x\neq(2n+1)\pi,n=0,\pm1,\pm2,\cdots)$.

19. $\sum\limits_{n=1}^{\infty}\dfrac{1}{n}\sin nx\ \ (x\in(0,\pi])$.

20. $\dfrac{2\pi^2}{3}+8\sum\limits_{n=1}^{\infty}\dfrac{(-1)^n}{n^2}\cos nx\ \ (x\in[0,\pi])$.

21. (1) $\dfrac{11}{12}+\dfrac{1}{\pi^2}\sum\limits_{n=1}^{\infty}\dfrac{(-1)^{n+1}}{n^2}\cos 2n\pi x\ \ (x\in(-\infty,+\infty))$;

(2) $-\dfrac{1}{2}+\sum\limits_{n=1}^{\infty}\left\{\dfrac{6}{n^2\pi^2}[1-(-1)^n]\cos\dfrac{n\pi x}{3}+\dfrac{6}{n\pi}(-1)^{n+1}\sin\dfrac{n\pi x}{3}\right\}$

$(x\neq 3+6n,n=0,\pm1,\pm2,\cdots)$.

B 组

1. (1) 收敛；(2) 发散；(3) 收敛.

2. (1) 收敛；(2) 收敛.

3. ~ 4. 略.

5. $S(x)=e^{x^2}(2x^2+1)-1\ (-\infty<x<+\infty)$.

考研真题精选十三

一、1. $(1,5]$. 2. e^{-1}.

二、1. D. 2. D. 3. C.

三、1. $S(x)=\dfrac{x^2}{1+x^2}+2\arctan x-\ln(1+x^2)$, 收敛区间为 $(-1,1)$.

2. $S(x)=\begin{cases}\dfrac{1}{2x}\ln\dfrac{1+x}{1-x}-\dfrac{1}{1-x^2}, & |x|\in(0,1),\\ 0, & x=0.\end{cases}$

3. $\dfrac{1}{3}\sum\limits_{n=0}^{\infty}\left[\dfrac{1}{2^n}-(-1)^n\right]x^n\ (|x|<1)$.

4. $S(x)=2x^2\arctan x-x\ln(1+x^2)$, 收敛域为 $[-1,1]$.

5. (1) 略；(2) $y(x)=xe^{x^2}\ (x\in(-\infty,+\infty))$.

6. $-\dfrac{1}{5}\sum\limits_{n=0}^{\infty}\left[\dfrac{1}{3^{n+1}}+\dfrac{(-1)^n}{2^{n+1}}\right](x-1)^n$, 收敛区间为 $(-1,3)$.

7. $1-\dfrac{\pi^2}{3}+4\sum\limits_{n=1}^{\infty}\dfrac{(-1)^{n+1}}{n^2}\cos nx\ \ (0\leqslant x\leqslant\pi),\dfrac{\pi^2}{12}$.

8. 3 980 万元.

9. $S_1=\dfrac{1}{2},S_2=1-\ln 2$.

10. $S(x)=x\arctan x$, 收敛域为 $[-1,1]$.